霞ヶ浦の水生植物 —1972〜1993. 変遷の記録

桜井善雄　信州大学名誉教授　編著
国土交通省霞ヶ浦河川事務所

信山社サイテック

この「霞ヶ浦の水生植物―1972～1993.変遷の記録」は（財）河川環境管理財団の河川整備基金の助成を受けています。

はじめに ― 霞ヶ浦の水生植物調査の経緯と本書の成り立ち

　水生植物を含めて、霞ヶ浦の生物の総合的な調査が始められたのは、本書の編著者の一人である桜井がかかわった限りにおいては、昭和47年（1972）からである。この調査は、当時の建設省霞ヶ浦工事事務所と水資源開発公団霞ヶ浦開発建設所によって企画されたもので、調査のための専門家による調査団が組織された経緯の詳細は承知していないが、奈良女子大学理学部教授の津田松苗博士を団長とし、プランクトン、付着生物、微生物および一次生産、底生動物、魚類等のそれぞれの分野の専門家が参加し、水生植物の担当として私にも参加が求められた。

　当時、水生植物は私の主な研究対象ではなかったが、その数年前にやむをえない事情で長野県の諏訪湖浄化対策のための総合調査に参加し、湖全域の空中写真を撮影して水生植物の生活形による植生図を作成し、一方で湖面における坪刈り調査を行って全湖の現存量を測定したことがあったので、津田教授が湖の環境対策を目的としたそのような実用的な水生植物の調査手法に注目されて、私を指名したのかもしれない。

　霞ヶ浦の生物の総合調査は、昭和47年から49年まで3年にわたって行われ、各年度の調査成果の報告書[注1、2]が刊行された。その後さらに昭和55年には、この調査に参加した研究者の執筆による総カラー版（B5判、174ページ）の『霞ヶ浦の生物』[注3]（写真）が刊行され、関係地域の公共機関や学校等に配布された。最盛期の霞ヶ浦の生物を解説付きでまとめたこのカラー写真集は、この湖の生物を知る貴重な資料として刊行当時から今日まで、この湖に関心をもつ研究者や市民に広く活用されている。

　さて、霞ヶ浦の生物の総合調査は上記の3年間で一段落したのであるが、湖の水質やその他の環境の変化に敏感に反応し、また一方で魚類、

表紙の写真は、かつて西浦右岸の最下流に存在したアサザの大群落である。

注1）建設省霞ヶ浦工事事務所・水資源開発公団霞ヶ浦開発建設所（1973）：霞ヶ浦生物調査報告書．昭和48年3月．
　2）建設省関東地方建設局霞ヶ浦工事事務所（1975）：昭和49年度霞ヶ浦生物調査報告書．
　3）建設省関東地方建設局霞ヶ浦工事事務所・水資源開発公団霞ヶ浦開発建設所（1980）：霞ヶ浦の生物（カラー写真図鑑）．

目　次

はじめに ― 霞ヶ浦の水生植物調査の経緯と本書の成り立ち ………………………………… iii

Ⅰ．湖の沿岸帯植生のはたらき ………………………………………………………………… 1

Ⅱ．近年における霞ヶ浦の湖岸植生の変遷 …………………………………………………… 5

Ⅲ．霞ヶ浦の水生植物と沿岸帯のはたらき …………………………………………………… 11
　1．水生植物のあらまし ……………………………………………………………………… 11
　　1－1　水生植物群落の特徴 ……………………………………………………………… 12
　　1－2　水生植物のはたらき ……………………………………………………………… 12
　　1－3　湖水の汚濁と水生植物 …………………………………………………………… 14
　　1－4　霞ヶ浦の水生植物相 ……………………………………………………………… 15
　　1－5　帰化水生植物 ……………………………………………………………………… 15
　　1－6　水生植物からみた霞ヶ浦湖岸の自然度 ………………………………………… 15
　　1－7　水生植物の図版について ………………………………………………………… 17
　2．水生植物概説 ……………………………………………………………………………… 18
　水生植物写真 ………………………………………………………………………………… 31

Ⅳ．1972年(昭和47)の水生植物と植生図 …………………………………………………… 49
　まえがき ……………………………………………………………………………………… 49
　1．調査内容、時期、場所、方法 …………………………………………………………… 51
　　1－1　調査内容 …………………………………………………………………………… 51
　　1－2　調査時期と調査場所 ……………………………………………………………… 51
　　1－3　調査方法 …………………………………………………………………………… 52
　　　(1) 植生調査 …………………………………………………………………………… 52
　　　(2) 生活形による植生図の作成 ……………………………………………………… 53
　　　(3) 生活形別の現存量の測定 ………………………………………………………… 53
　　　(4) VSおよびC、N、Pの化学分析 …………………………………………………… 55
　2．調査結果ならびに考察 …………………………………………………………………… 56
　　2－1　水生植物の植物相と群落組成 …………………………………………………… 56
　　2－2　生活形による現存植生図(西浦) ………………………………………………… 64

vii

目　次

　　　2−3　水生植物の現存量（西浦） ……………………………………………………… 67
　　　2−4　水生植物のVSおよびC、N、P組成ならびに
　　　　　　水生植物体として存在するそれらの現存量 …………………………………… 67
　　　2−5　水生植物からみた霞ヶ浦の特性 ………………………………………………… 69
　　　2−6　将来における霞ヶ浦の人為的変革が水生植物に及ぼす影響の予測、
　　　　　　ならびにその対策 ………………………………………………………………… 71
　　3．まとめ ……………………………………………………………………………………… 72
　　霞ヶ浦（西浦）水生植物の生活形による植生図（1972年8月） …………………………… 75

Ⅴ．1978年（昭和53）の水生植物と植生図 ……………………………………………………… 87
　　まえがき ………………………………………………………………………………………… 87
　　1．調査内容と調査の経過 …………………………………………………………………… 87
　　2．調査結果ならびに考察 …………………………………………………………………… 87
　　　2−1　霞ヶ浦（西浦）の水生植物相 …………………………………………………… 87
　　　2−2　霞ヶ浦（西浦）に出現する水生植物の生態写真および標本写真 …………… 90
　　　2−3　水生植物の群落組成 ……………………………………………………………… 90
　　　2−4　水生植物の生活形による植生図と植被面積 …………………………………… 95
　　　2−5　水生植物の現存量 ………………………………………………………………… 97
　　　2−6　1972年と1978年の調査結果からみた霞ヶ浦（西浦）の水生植物の変化 …… 99
　　　2−7　水生植物群落の定期調査定点の選定と詳細な植生図の作成 ………………… 102
　　　2−8　水生植物の耐乾性について ……………………………………………………… 104
　　3．まとめ―現状の総合評価と水生植物の保護対策について ……………………………… 106
　　4．摘　　要 …………………………………………………………………………………… 108
　　霞ヶ浦（西浦）水生植物の生活形による植生図（1978年8月～9月） …………………… 111

Ⅵ．1982年（昭和57）の水生植物と植生図 ……………………………………………………… 139
　　まえがき ………………………………………………………………………………………… 139
　　1．調査内容と調査の経過 …………………………………………………………………… 139
　　　　（1）植生調査 …………………………………………………………………………… 139
　　　　（2）生活形による植生図の作成 ……………………………………………………… 140
　　　　（3）生活形別の現存量の測定 ………………………………………………………… 140
　　2．調査結果ならびに考察 …………………………………………………………………… 141
　　　2−1　霞ヶ浦水域の水生植物相 ………………………………………………………… 141
　　　2−2　霞ヶ浦水域の水生植物群落組成と種の優占度 ………………………………… 145
　　　2−3　群落組成調査地点における水生植物の生育状況 ……………………………… 149
　　　2−4　水生植物の生活形による植生図と水生植物が分布する湖岸線長 …………… 154

viii

    2-5 水生植物の生活形による植被面積および群落の平均沖出し幅 ……………………… 157
    2-6 水生植物の生活形別の現存量 ………………………………………………………… 161
    2-7 西浦における水生植物の優占種、水生植物が分布する湖岸線長、
        植被面積および現存量の近年における変化 ……………………………………… 164
        (1) 優占種の変化 ……………………………………………………………………… 165
        (2) 1調査地点当たりの出現種数の変化 …………………………………………… 165
        (3) 水生植物群落が分布する湖岸線長の変化 …………………………………… 165
        (4) 植被面積および群落の沖出し幅の変化 ……………………………………… 167
        (5) 現存量の変化 …………………………………………………………………… 170
    2-8 西浦の水生植物調査定点における調査結果および
        北浦における定点の選定について ………………………………………………… 170
  3. まとめ ……………………………………………………………………………………………… 174
  霞ヶ浦水生植物の生活形による植生図（1982年9月） ……………………………………………… 177

Ⅶ. 1972〜1982年の間における霞ヶ浦の水生植物の変化 ……………………………………………… 217
  はじめに …………………………………………………………………………………………… 217
  1. 種の変化 ……………………………………………………………………………………… 217
  2. 湖岸線長に対する水生植物群落の占有率の変化 ………………………………………… 219
  3. 植被面積の変化 ……………………………………………………………………………… 220
  4. 現存量の変化 ………………………………………………………………………………… 220
  5. まとめ ………………………………………………………………………………………… 220

Ⅷ. 1988（昭和63）年および1993（平成5）年の水生植物調査結果 …………………………………… 223
  1. 1988（昭和63）年の調査結果（西浦） ……………………………………………………… 223
  2. 1993（平成5）年の調査結果（西浦および北浦） …………………………………………… 223

Ⅸ. 関連資料 ……………………………………………………………………………………………… 225
  1. 霞ヶ浦の水生植物 ……………………………………………………………………………… 225
    はじめに ……………………………………………………………………………………… 225
    1) 霞ヶ浦・北浦の水生植物群落の分布（要旨） …………………………………………… 225
    2) 水生植物の沈水部の体表面積（要旨） …………………………………………………… 227
    3) 水生植物の沈水部体表の着生細菌量 …………………………………………………… 228
    4) 水生植物の分解速度 ……………………………………………………………………… 234
    5) 沈水植物による湖水からの無機NおよびPの吸収速度 ……………………………… 237
    6) 霞ヶ浦の湖底泥および水生植物の重金属含量 ………………………………………… 239
  2. 琵琶湖、霞ヶ浦および千曲川における抽水植物の成長速度と生産力 ………………… 247

目　次

3. 枯死した抽水植物の分解による湖水からの奪酸素 ……………………………………… 250
4. 湖沼沿岸帯における抽水植物の立地条件 ………………………………………………… 253
5. 植生と湖岸景観 ― アンケート調査の結果から ………………………………………… 256
6. 抽水植物の成長・枯死過程における植物体中N、P含量の変動とその現存量 ………… 264
7. ヨシ植栽地の土壌条件に関する実験的検討 ……………………………………………… 272
8. ヨシの地上部と地下部における無機成分の分布 ………………………………………… 276
9. 抽水植物群落復元技術の現状と課題 ……………………………………………………… 281
10. 湖岸・河岸帯の植栽時における土壌浸食防止材料の検討（第1報）…………………… 290
11. 湖岸・河岸帯の植栽時における土壌浸食防止材料の検討（第2報）…………………… 294
12. 霞ヶ浦におけるヨシ群落崩壊の現状とその原因 ………………………………………… 300
13. 固化剤を混合した浚渫排土へのヨシ、マコモ、ヒメガマの
　　植栽に関する基礎試験結果 ……………………………………………………………… 303

I.
湖の沿岸帯植生のはたらき

　霞ヶ浦における水生植物の近年における変遷についての記録に入る前に、水生植物群落を含む湖の沿岸帯の植生がもつ重要な機能についてふれておきたい。

　このことについては後の章でも取り上げるので、ここではその大要を述べるにとどめる。

　湖の沿岸帯というのは、湖岸の陸地にあって水位の変動や波浪などによる湖水の影響を直接受ける地帯から、汀線から先の湖水の中で水底に植物が生育する最深部までの範囲をさす生態学の用語である。

　この定義からわかるように、湖における沿岸帯の規模は、湖岸の地形、すなわち緩傾斜の沖積地形がどれだけ存在するかという地形的な要素と、湖水の透明度、すなわち植物が光合成をして成長するのに必要な量の日光が届く水深の深さによって決まる。つまり、霞ヶ浦のような利根川水系の三角州地帯の入り江に形成された湖は、水生植物を含む沿岸帯の植物群落が大規模に発達する特性をもともと備えていたのである。

　沿岸帯に発達する植生は、典型的には図1－1のように示すことができる。図に区分して描いたような、比較的乾燥した陸地から深い水中までに生育する植物の各群は、それぞれ生態的な特性によって区分されたもので、生活形と呼ばれる。

　これらの生活形に属する植物のうち、一般に水生植物と呼ばれるものは、季節等によって著しい水位の変動を被る湿生植物の中のある種（湿生植物と水生植物の間には厳密な区別はない）と、常に水中の環境に生育する抽水植物、浮葉植物、沈水植物、および図には描かれていないが、ウキクサ類やホテイアオイのように根系が地中に固着しないで、波のまにまに浮き漂っている浮標植物を総称している。

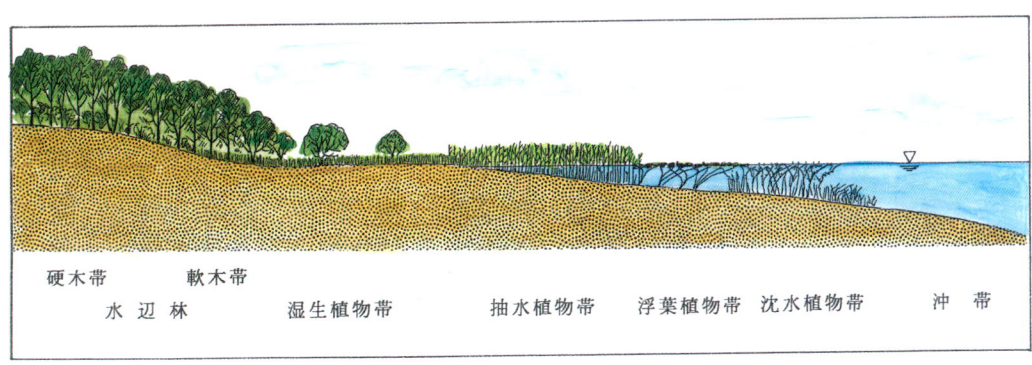

図1－1　多様な生活形の植生が発達した湖の沿岸帯の断面模式図

I. 湖の沿岸帯植生のはたらき

表1-1 湖の沿岸帯の植物群落がもつさまざまなはたらき

はたらき			水辺林	湿地植物群落	抽水植物群落	浮葉植物群落	沈水植物群落
動物のすみ場		魚・エビ類の産卵と稚魚・幼生のすみ場			○	○	○
		野鳥の営巣・育雛・かくれ場	○	○	○	+	
		野鳥への餌の供給	○	○	○	○	○
		昆虫類・両生類のすみ場と餌の供給	○	○	○	○	○
		底生動物や貝類への餌の供給	+	+	○	○	○
		付着生物の着生基体			○	○	○
その他	水質の浄化	土砂や汚濁物質の流入阻止	○	○	○		+
		有機物の分解浄化		○	○		
		湖水と底泥から栄養塩の吸収		○	○	○	○
		植物プランクトンの抑制			○	○	+
	湖岸の保護	密生した根茎による侵食防止	○	○	○		
		密生群落による波消しとしぶき防止	○	○	○	+	+
	資源の供給	人間の食べ物	○	○	○	○	○
		生活用品の材料	○	○	○	+	+
		家畜の餌と農地の肥料	○	○	○		○
	おだやかな水辺景観の形成		○	○	○	○	+

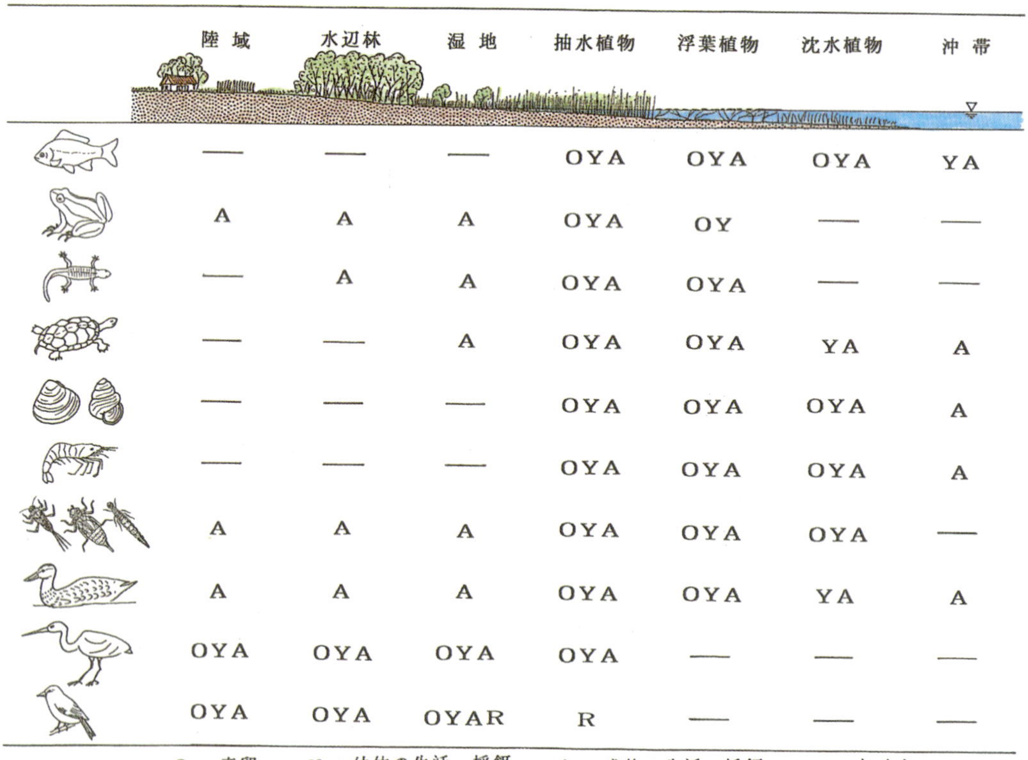

	陸域	水辺林	湿地	抽水植物	浮葉植物	沈水植物	沖帯
魚	—	—	—	OYA	OYA	OYA	YA
カエル	A	A	A	OYA	OY	—	—
イモリ	—	A	A	OYA	OYA	—	—
カメ	—	—	A	OYA	OYA	YA	A
貝	—	—	—	OYA	OYA	OYA	A
エビ	—	—	—	OYA	OYA	OYA	A
昆虫	A	A	A	OYA	OYA	OYA	—
カモ	A	A	A	OYA	OYA	YA	A
サギ	OYA	OYA	OYA	OYA	—	—	—
小鳥	OYA	OYA	OYAR	R	—	—	—

O：産卵　　Y：幼体の生活・採餌　　A：成体の生活・採餌　　R：ねぐら

図1-2 多様な動物にすみ場を提供する湖の沿岸帯の植物群落

これら多様な生活形をもつ沿岸帯の植物群落発達の程度は、その湖岸帯の環境条件によって群落規模においても種構成においても千差万別であるが、それぞれの生活形の群落がもつ生態的およびその他のはたらきを一般論的に要約すれば、**表1-1**のようになる。

 さらに、これらのはたらきのうち、湖岸の水辺に生活するさまざまな動物群に対して、生活史の諸段階に必要な"すみ場"を提供するはたらきを大胆にまとめると、**図1-2**のようになる。なおこの図には、さらに小型の哺乳類の生活に対する寄与も含めなければならないだろう。

 以上の概論からもわかるように、湖の沿岸帯の多様な内容をそなえた植生は、湖の自然環境や景観、さらに産業の面では漁業生物の生育・生産にとって、沖帯の広い開水面とは異なった、この地帯に固有の重要な役割を担っているのである。このような沿岸帯は、自然環境保全の面で重要視されるいわゆるエコトーン(推移帯)の一つの典型である。

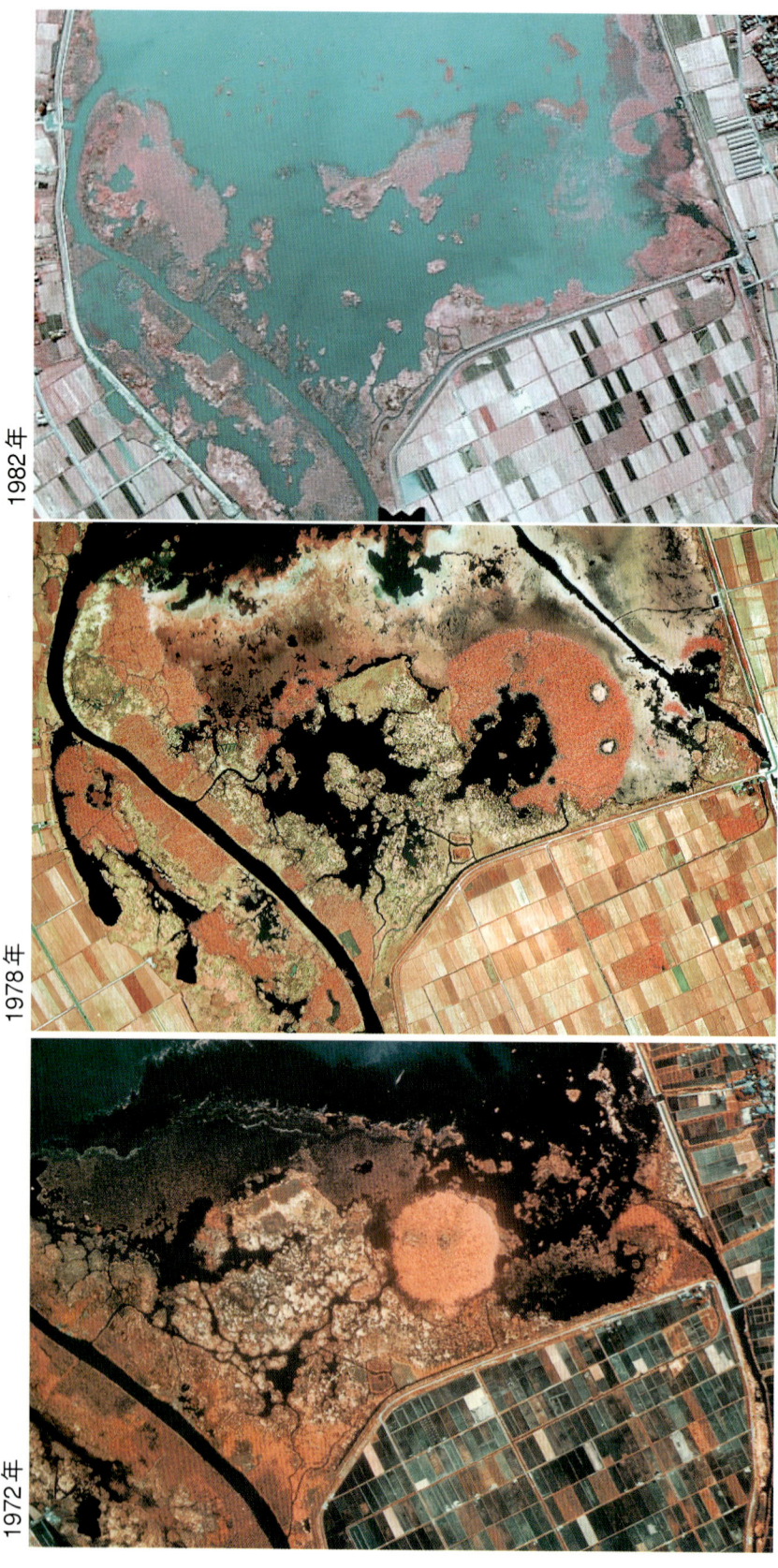

植生図作成のために撮影された空中写真（西浦、高浜入りの奥部）　赤外線カラー。赤色が濃いほど活性の高い植生を示す。

左：1972年9月撮影。オニバスの大群落がはっきりわかるが、最盛期を過ぎており、沖側の群落外縁は吹き寄せたアオコにおおわれている。
中：1978年10月撮影。オニバスの群落はみられず、広大なネニドシの群落に変わり、しかも吹き寄せたアオコにおおわれて枯死・腐敗している。
右：1982年9月撮影。浮葉植物群落の大部分およびアオコのマットである。1972年に比べて拡大した円形群落はハス。群落外縁の赤い帯は沈水植物群落の全てが消えた。

II.
近年における霞ヶ浦の湖岸植生の変遷

　表2-1は、私がかかわってきた1970年代初頭から近年まで、およそ30年間にみられた霞ヶ浦の水生植物を含む湖岸植生の盛衰や、それに関連する主な水域管理の事業、および私がその間におこなってきた調査活動等の大要をまとめたものである。

表2-1　近年（1971〜2001）における霞ヶ浦の湖岸植生の変遷と関連事項

期	年	事業等	植生の変化	調査活動
I期	1971 (S46)	築堤始まる	水生植物繁茂最盛期（平均沖出し幅約100m）	
	1972 (S47)	全湖岸航空写真 生物相総合調査	オニバス大群落（14ha）	全湖岸群落空撮 生活形植生図作成
	1973 (S48)		アオコ発生始まる	群落・フロラ調査
	1974 (S49)		群落かなり健全	群落・フロラ調査 着生細菌、NP・重金属含有量
II期	1975 (S50)	底泥浚渫始まる 水位調節始まる	オニバス減少 オニビシ増加	
	1978 (S53)	全湖岸航空写真	アオコ大発生 開けた湖岸にはまだ水生植物多い 浮葉増加／沈水減少 高浜入り江でアオコに覆われオニビシ大群落枯死	生活形植生図作成 主要種の写真撮影 群落・フロラ調査
	1980 (S55)	『霞ヶ浦の生物』発刊		群落・フロラ調査
	1982 (S57)	全湖岸航空写真	アオコ吹き寄せでマコモ枯死発生 沈水植物激減	生活形植生図作成 群落・フロラ調査
III期	1985 (S60)	植生護岸試験 　　　（福島）	ヨシ・マコモの生育立地の侵食始まる	抽水植物生産力測定 抽水植物NP季節変化
	1986 (S61)			抽水植物立地の土壌特性調査
	1987 (S62)		アオコ発生つづく	群落・フロラ調査
	1988 (S63)	ヨシ原浄化施設 　　　（山王川）	全湖沈水植物消滅 浮葉植物激減 ヨシ・マコモ群落の株化・後退目立つ	群落・フロラ調査
IV期	1990 (H02)	全湖岸航空写真 ヨシ原浄化施設 　　　（清明川）	ヨシ群落株化（全湖） 侵食で復元ヨシ群落壊滅	ヨシ群落株化現地試験 群落・フロラ調査
	1991 (H03)		ヤナギ根系腐敗で倒伏	ヨシ群落株化調査
	1992 (H04)	大規模浚渫始まる 築堤完了		浚渫固化土植栽試験
	1993 (H05)	養浜植生帯復元 　　　（大岩田） ヨシ群落復元（牛渡・麻生・水原）	沈水植物なし 浮葉植物僅少（全湖で3カ所）	群落・フロラ調査
	1998 (H10)	河口湿地造成（川尻川）	浮葉・沈水多少復活し始める	
V期	2000 (H12)	湖岸植生帯保全検討会		検討会に参加
	2001 (H13)	湖岸植生帯回復事業始まる		

5

II. 近年における霞ヶ浦の湖岸植生の変遷

　この表からも、近年における霞ヶ浦の湖岸植生の劇的ともいえる盛衰の過程を読み取ることができよう。本書全体がこのような過程の内容についての詳しい記録なので、ここではその最も根本的な原因である湖水の富栄養化〜過栄養化によって引き起こされる水生植物を主とする湖岸植生の盛衰（変遷）の道筋と、この期間に実際に霞ヶ浦の高浜の入り江で観察された典型的あるいは象徴的ともいえる現象について述べることにする。

　図2－1は、表2－1に示した調査研究の中途で作成した、湖の富栄養化の進行にともなうそれぞれの生活形の水生植物の消長を大まかに図示したものである。この図は、霞ヶ浦での実際の観察の結果に基づいてつくられたものであるが、湖の富栄養化の進行と水生植物の盛衰との関係の一般的な傾向を示している。

　しかし、霞ヶ浦ではその後の経過から、さらにこの図の右端の底質の強腐敗による抽水植物（特にヨシ群落）の減退に続いて、生育地の基盤の侵食による群落の株化・崩壊（**写真2－1a、b**）をつけ加える必要があることがわかった。この抽水植物の生育地の基盤侵食の主な原因としては、

① かつて抽水植物群落の地先の浅水帯の湖面に広がっていた浮葉植物や沈水植物の群落の消滅、および湖岸の改修と築堤による湖岸線の平滑化と堤外の浅瀬帯の減少による湖流、波浪および返し波のエネルギー減殺力の低下
② 地先の沖帯の浚渫による生育地の土砂の移動と侵食の促進
③ 水位が高まる洪水時に湖外から木材、竹竿、古タイヤなどの粗大ゴミが流入し、風下の湖岸

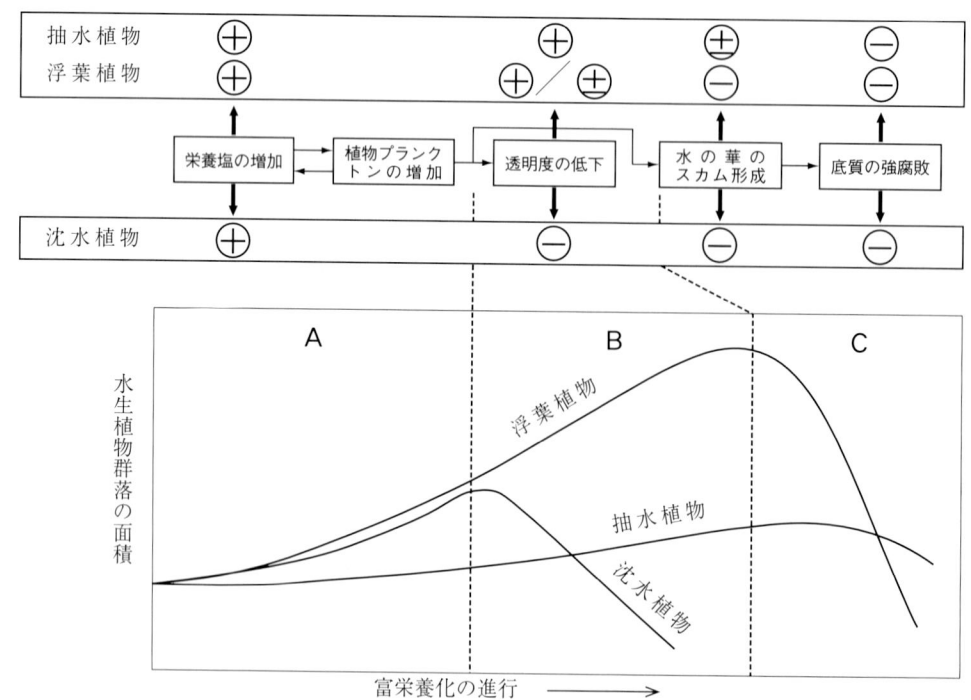

図2－1　湖の富栄養化にともなう水生植物群落の変化を示す模式図

II. 近年における霞ヶ浦の湖岸植生の変遷

写真2−1　最近急速に進行した霞ヶ浦湖岸の
ヨシ群落の株化と崩壊

a：株化により群落の崩壊が進んでいるヨシ群落
b：株化したヨシ群落の"株"の断面。上の白線はかつての湖底面、下の白線は侵食によって低下した現在の湖底面を示す。

　株化した群落は正常群落に比べて、一定面積当たりの茎数は10数倍、地上部現存量は10倍強に達し、波浪の攻撃によって倒れ易い。

に吹き寄せられローリングして湖岸植生に損傷を与える（写真2−2）、などをあげることができる。

　霞ヶ浦の湖岸帯の中で、1970年代に水生植物群落に最も劇的な変化がみられたのは、高浜入りの奥部である。この地域には、恋瀬川からの土砂の供給によって形成された広い浅瀬帯が存在し、霞ヶ浦全体からみても1970年代には水生植物群落が特によく発達し、その沖出し幅が数百mにも達していた場所である。

写真2−2　洪水によって流入し、沿岸帯植生に
著しい損傷を与える粗大ゴミ

　1972年のこの入り江の植生図を図2−2に、また同年の8月にヘリコプターから撮影した空撮斜め写真を写真2−3に示した。これらの記録写真からわかるように、この年、高浜の入り江には幅（東西方向）約180m、長さ（南北方向）約800mに達するオニバスの大群落があった（写真2−4）。これは、おそらくわが国に存在したこの植物の群落の最大値の記録であろう。さらに、この群落の沖側にはオオカナダモを優占種とし、これにクロモ、マツモ、イバラモ等が混生する密度の高い沈水植物の幅100mを超える群落がとりまいていた。

　このオニバスの群落はその後年々急速に縮小し、代わって1972年にわずかにみられたオニビシの群落が、オニバスの生育場所に侵入して急速に群落を拡大した。そして1978年の調査では、オニバスはわずか1,2株を残してほぼ完全に消滅し、沈水植物群落もまた完全に消滅して、こ

II. 近年における霞ヶ浦の湖岸植生の変遷

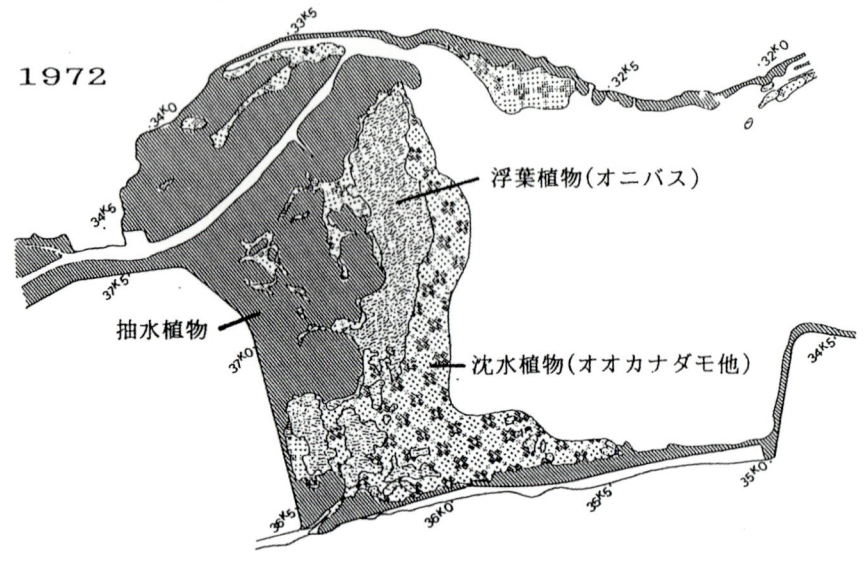

図2−2 高浜入り奥部の1972年の植生図

写真2−3 1972年8月の高浜入り奥部の斜め
　　　　写真（南西から北東に向かって撮影）

手前左の褐色の群落とその右の青緑色の群落はそれぞれマコモとハスが優占する抽水植物群落、その向こうに広がる細長い浅緑色の群落がオニバス群落、さらに沖側の黒い帯状の群落は沈水植物群落である。偏光フィルター使用。

写真2−4 高浜入り奥部のオニバスの大群落
　　　　（1972年8月）

れらが生育していた入り江奥部の浅瀬帯は、ひと続きで45haに達するオニビシ大群落によって占められていた。このときの植生図が図2−3である。この6年の間のオニビシの群落拡大は、富栄養化による湖水の透明度の低下と、それぞれの植物の種の生活戦略の特性が総合された結果であろうが、1年に数haを超えるその速度には驚くばかりである。

しかし、この年度あたりから霞ヶ浦の富栄養化はさらに進み、湖水のT-P濃度は平均で1mg/lに迫り、CODは10mg/lを超え、表2−1のようにアオコの大発生が続いた。その結果、このオニビシの大群落も同年の8月下旬の現地調査の際には、入り江の奥に吹き寄せられたアオコの軟

II. 近年における霞ヶ浦の湖岸植生の変遷

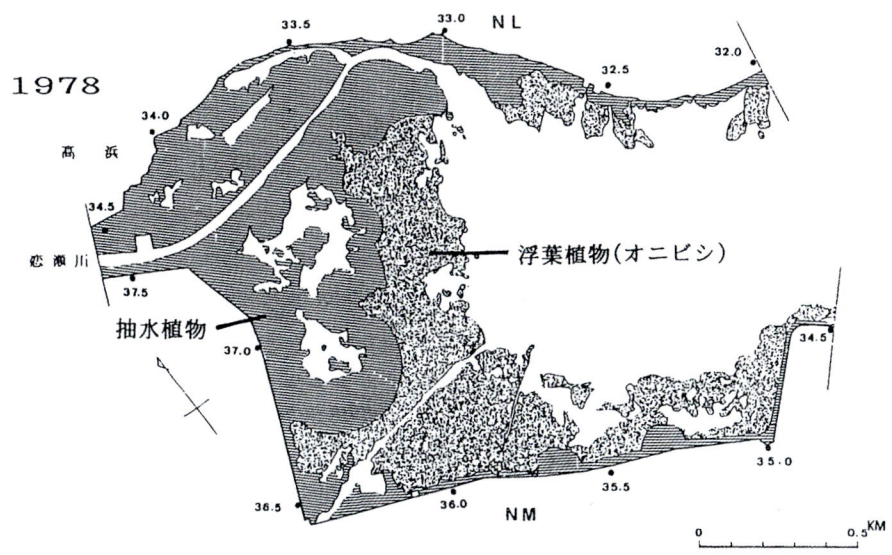

図2−3　高浜入り奥部の1978年の植生図

写真2−5　吹き寄せられたアオコの軟泥におおわれて枯死腐敗したオニビシ群落（1978年8月）

写真2−6　1979年8月の高浜入り奥部
数年前に10数haのオニバス群落がみられた水域は無植生の開水面となった。

泥に厚く覆われて全面的に枯死し、しかもその軟泥とともに腐敗して黒いスカム状になり、強い悪臭が湖面をおおっていた（写真2−5）。そして翌年の夏、この水域は抽水植物群落を残して無植生の開水面となった（写真2−6）。

　その後数年を経て、この水面にはまばらなガガブタの群落がみられたが、それもやがて消滅し、現在も植生のない水面が広がっている。以上のような、高浜の入り江奥部の水域にみられた湖水の過度の富栄養化によって引き起こされた水生植物群落の急激な変化は、その規模と構成する植物の種に違いはあっても、この時期に霞ヶ浦の全域で起き現象の縮図であり、かつ典型であったということができる。そしてその影響は、湖水の富栄養化と湖岸植生の立地環境の劣化が改善されていない今日まで、なお尾を引いているのである。

III.
霞ヶ浦の水生植物と沿岸帯のはたらき

1. 水生植物のあらまし

　湖や川の水中やそのまわりの湿地に生育する水生植物は、生活形や生育場所によって、ふつう次のような諸群に分けられる（図3－1）。

　　　湿生植物　　　抽水植物　　　浮葉植物
　　　沈水植物　　　浮漂植物

　抽水植物は、水底の土の中に根を張り、茎葉を水面上に抽出する植物をいい、ヨシ、マコモ、ガマなどがその代表者である。自然の地形が保たれているいる湖岸では、抽水植物は水際線より外側の湿地にも生育し、湿生植物と混生する。むしろ両者の間にははっきりした区別はないといってよく、これら2つの群をあわせて沼沢植物と呼ぶこともある。沼沢植物の中には、人工の沼沢地である水田の雑草となるものが多い。

　浮葉植物は、ヒシやアサザのように湖底に根があり葉を水面に浮べる植物で、また沈水植物はエビモやマツモのように、ふつう茎葉をすべて水面下に没して生活する植物を指す。浮漂植物は文字通り植物体が根によって固着せず、浮き漂っている植物で、小型の植物ではウキクサ類、大型のものではホテイアオイがそれである。

　浮葉植物、沈水植物、および浮漂植物は、まとめて水中植物と呼ばれ、水中生活への適応が進んでいて、溜り水または流れ水の存在はそれらの生育、繁殖に欠くことのできない条件である。このような植物の仲間には、分類上の1つの科のすべての種が水中生活者であるものが多い。

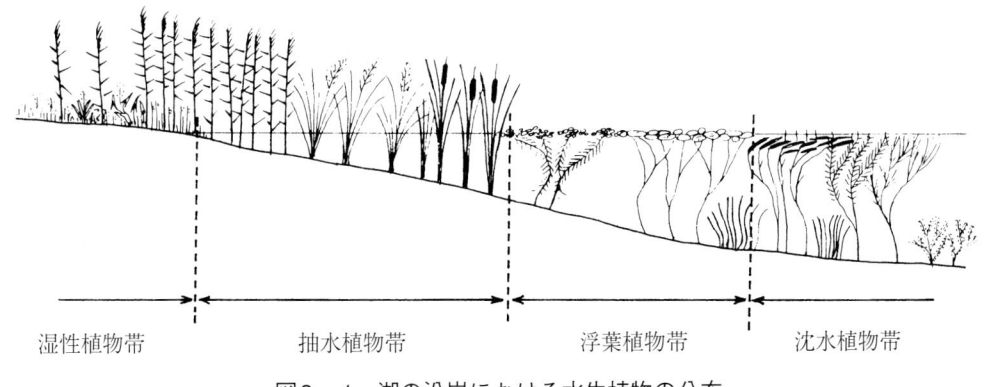

図3－1　湖の沿岸における水生植物の分布

注）この章は『霞ヶ浦の生物』の水生植物の部分におさめられたものである。

III. 霞ヶ浦の水生植物と沿岸帯のはたらき

1－1　水生植物群落の特徴

　陸がなだらかな傾斜で湖底に連なっているような自然の湖岸では、陸側から、湿生植物群落、抽水植物群落、浮葉植物群落、沈水植物群落の順序で、沖に向って帯状に配列する場合が多い。浮漂植物は浮葉植物群落や抽水植物群落、あるいは舟だまりの防波堤などによって、沖の開水面と区切られた水面に浮遊している。水深の浅い沿岸帯が沖に向って広がっているところでは、必ずしも上記のような帯状配列でなく、浮葉植物と沈水植物が混生したり、両者の群落が塊状に入り組んでいることもある。

　しかし、水生植物の群落は、陸上の植物群落とちがって、多くの生活形、多くの種が混って生育している場合は比較的少なく、たとえ混生しても、2～3m²内に多くて3～4種くらいで、ただ1種の植物から成る純群落の場合が多い。湖底の傾斜が比較的急な沿岸帯では、そのような傾向が特に著しい。このような現象がみられるのは、水中では光の量、底質、湖流など水生植物の生育を左右する環境条件の変化が、陸上に比べ、水深や場所によって著しいためであろう。

　水生植物が分布する限界水深は、湖水の透明度、すなわち植物の成長を支えるに足る光量が到達する深さによって決まる。したがって、湖水が富栄養化その他の原因によって汚濁し、透明度が低下すれば、水生植物はさまざまな影響を被る。このことについては後に述べる。

1－2　水生植物のはたらき

　人間社会の影響によって湖が汚れてくると、水草の群落にはゴミがひっかかったり、風で吹き寄せられたアオコが絡んだりして、岸から見るといかにも汚なく見え、また水草の群落が広がると船外機のスクリューに絡まって舟行にも障害が出るため、水生植物はしばしば邪魔者扱いされる。しかし、水生植物は、陸上で森林などが果していると同じように、湖の生物群集の一員として、あるいは人間の生活との直接的なかかわりあいにおいて、さまざまな大切な働きをしている。そのいくつかをあげてみよう。

①湖岸のヨシ、マコモ、ガマなどの大型抽水植物の群落は、水鳥や小鳥が営巣し、ひなを育てる
　かくれ場となる。霞ヶ浦でも、マコモの群落の中に分け入ると、カイツブリの巣〔鳰（にお）の

写真3－1　マコモ群落中につくられたカイツブリの浮巣（鳰の浮巣と呼ばれる。）
左：親鳥は巣を離れる時枯草で卵をかくす。右：枯草のおおいを取った状態（スケールは30cm）

浮巣と呼ばれる〕をみつけることができる（**写真3－1**）。

② 抽水植物、浮葉植物、あるいは沈水植物の茎が林立する水生植物群落の中は、稚魚やエビの幼生が、大きな魚による捕食を逃れ、水草の表面に着生する小さな藻類や動物を餌にして成長する大切な場所となる（**写真3－2**）。漁業の面では"藻場（もば）"と呼ばれ、水産資源保護のために重要視される。

写真3－2　ヨシ群落の中で育つエビの幼生

③ 水生植物群落は、トンボなど水生昆虫の幼虫や、カエルその他の両生類など、湖のさまざまな生物たちの生活、繁殖の場所を提供する。

④ 水生植物の水中に浸かっている体表には、細菌、かび、藻類など、沢山の微生物が付着して生活しており、水中の有機物の分解浄化に役立っている。これらの着生生物はまた前記のように、稚魚やエビの幼虫などの餌科になる。

⑤ 水生植物が繁茂すれば、それだけ湖水の中の栄養塩を吸吸し、また水の中に透過する太陽の光を遮るため、植物プランクトンの繁殖をある程度抑制することになる。湖が小さいほどその効果が著しい。しかし霞ヶ浦のような大きな湖では、沿岸帯に比べ水草の無い沖帯の面積が圧倒的に大きいので、このような効果はあまり大きくない。冬期に枯れた水草をそのまま放置すれば再び湖に栄養塩を放出する。

⑥ 浮葉植物群落や水面まで成長する沈水植物の密生群落は、波浪をある程度抑える。また湖岸に広く密生し、地下茎が岸辺の土をしっかりおさえているヨシ、マコモ、ガマなどの大型抽水植物の群落は、強い波による湖岸の侵食を防ぎ、また湖外からの土砂の流入をある程度阻止する。わが国の古い農書（たとえば「百姓伝記」、1681年頃）も、池や川の縁に上記のような抽水植物を植えることをすすめている。

⑦ 水生植物の群落は湖岸の景観を構成する要素でもある。多くの人々が植物におおわれた変化のある湖岸のたたずまいに、美しさと安らぎを覚えるのは、水生植物がもっている多面的な働きに対して、意識の中に潜在的に持っている信頼感によるのかもしれない。

また水草のある風景は、そのやさしさの故に、人への思慕の心をも呼び起す。

　　　　水草生う流れに添えば母在す　　　　　　　　　　大竹克子
　　　　城ある町亡き友の町水草生う　　　　　　　　　　秋元不死男

⑧ 水生植物の中には、古来われわれ日本人の日常生活に直接役立ってきたものが多い。実や若芽が食用にされるもの、生活用具の材料に使われるもの、観賞の対象となるもの、肥料や家畜の餌料になるものなど、かつて水辺の住民の生活の中には、水草がさまざまな形で組み込まれていた。特に日本人の生活との結びつきが強かったヨシ、マコモ、ガマ、イ、ハス、フトイ、コウホネ、オモダカ、ヒルムシロ、ミズアオイ、ウキクサなどにまつわるざまざまな事象は、俳

Ⅲ. 霞ヶ浦の水生植物と沿岸帯のはたらき

句の季題にも多くとり入れられ、昔からたくさんの名句を生んでいる。現在のわれわれの社会でも、ある種の水生植物を食用や観賞用に栽培したり、あるいは野生のものを採取したりして、日常生活や盂蘭盆などの民俗的な行事に活かしている。

1－3 湖水の汚濁と水生植物

わが国では、近年各地の湖の汚濁が問題になっているが、これは水生植物にもさまざまな影響を及ぼす。湖では重金属や農薬などいわゆる有害物による汚染も重要であるが、最も一般的なのは、霞ヶ浦でも最大の問題であるような、湖水の過度の富栄養化であろう。富栄養化が著しく進んだ平地の湖では、アオコなど植物プランクトンの大発生により、水利用にさまざまな悪影響を及ぼす。湖が富栄養化してゆく過程では、ある段階までは水生植物も増加してゆくようにみえる。しかし、プランクトンの増加が著しくなり、透明度が低下すると、水中の光量が減少して、まずある種の沈水植物が影響を受ける。沈水植物でこのような変化に敏感なのは、シャジクモ類、バイカモ、フサモ、トリゲモ、セキショウモなどであり、これらは早期に姿を消してゆくが、逆にエビモ、ササバモ、ホザキノフサモなどの沈水植物は耐性が強く、優占度を増し、密生群落をつくるようになる。

湖水の富栄養化にともない、浮葉植物のうちジュンサイやオニバスは打撃を受けるが、ある種の浮葉植物は増加の傾向を示す。中でもヒシ類やアサザは、湖水の透明度が低下すると、かなり急速に群落を拡大する。西浦の高浜入りの奥部では、昭和47年に1ha前後しかなかったヒシの群落が、6年後の昭和53年には45haにも達した。この期間に高浜入りの水域の富栄養化は急速に進んだのであるが、ヒシの増加とは逆にオニバスと沈水植物の群落はほとんど姿を消している。

抽水植物は上記のような湖水の富栄養化の影響を直接受けることは少ないが、湖岸に吹き寄せられ腐敗する植物プランクトンのスカムで根元が厚くおおわれると、マコモなどは夏でも枯死することがある。

霞ヶ浦の西浦を図3－2のように3つに区分すると、現在各湖盆の富栄養化の程度はⅠ、Ⅱ、Ⅲの順に進んでいるが、水生植物の最近数年間における変化にも、これに対応したちがいがみられる。すなわち、Ⅰの区域は浮葉植物だけでなく沈水植物も増加している段階、Ⅱの区域は沈水植物が減少し、浮葉植物が増加している段階にあり、Ⅲの区域は最も富栄養化が進んで、沈水植物が著しく減少している段階にある。

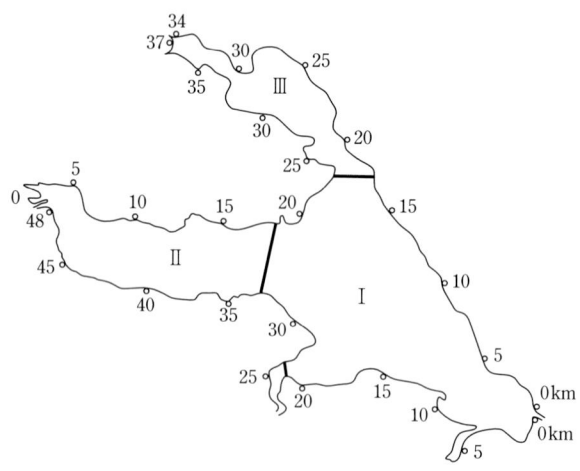

図3－2　西浦の3つの湖盆

それぞれの湖盆の間で富栄養化の程度に差があり、それが水生植物の種類や量にも影響を及ぼしている。

1-4 霞ヶ浦の水生植物相

　霞ヶ浦は周囲に広い水郷を擁する関東最大の湖であり、植物相も豊かであるが、昔からこれを体系的に継続調査した報告はない。しかし、黒田(1899)、茨城県(1958)、山内・籾山(1971)、桜井ほか(1972, 1978, 1979)の調査結果を総合すると、これまでにこの湖で発見された水生植物の種は26科96種に達している。

　しかし前に述べたように、近年湖水の汚濁のため植物相にもかなり変化が起り、過去に記録されたもののうち、シャジグモ科、ヒルムシロ科、イバラモ科、キンポウゲ科、タヌキモ科に属する何種かの沈水植物、トチカザミ科、オモダカ科に属する何種かの小型抽水植物、および浮葉植物のオニバスとジュンサイなどはほとんど、あるいは全く、発見されなくなってしまった。これらのうち特にオニバスは全国的にみても分布が限られている貴重な植物である。昭和47年頃には、高浜入りの奥部に幅180m、長さ800mに達するオニバスの巨大な群落があったが、現在は完全に消滅してしまった（II章解説参照）。惜しいことである。

　以上のように、霞ヶ浦の水生植物相は、昔に比べればかなり貧しくなった。しかしそれでも昭和54年には、西浦とその周辺水域の調査で25科、63種が確認され、なおかなり多様性が保たれている。

　現在の霞ヶ浦を代表する水生植物の優占種は、抽水植物ではヨシ、マコモ、ヒメがマ、浮葉植物ではヒシ類とアサザ、沈水植物ではササバモ、ホザキノフサモ、リュウノヒゲモ、エビモ、ヒロハノエビモ、セキショウモ、およびササエビモである。

1-5 帰化水生植物

　わが国の湿生植物や水田雑草の中には東南アジアを原産地とする史前帰化植物が多いが、明治以後に帰化した水生植物も各地の湖沼に広がっている。霞ヶ浦で現在見られるこのような最近の帰化水生植物としては、オオカナダモ、コカナダモ、オオフサモ、フサジュンサイをあげることができる。

　これらのうちオオカナダモは、すでに数年以上前から、西浦全域の湾入部や舟だまりなど、波の静かな泥深い水域に進入蔓延し、場所によっては舟を通さぬほどの大きな密生群落を形成している。コカナダモは今のところ分布が限られており、北浦の下流部や外浪逆浦ではふつうにみられるが、西浦にはまだ侵入していないようである。しかし北利根川には発見されているので、今後かなり速かに北上し、かつて琵琶湖や諏訪湖でみられたように、在来種のクロモの生育をおさえて分布を広げることが予想される。オオフサモおよびフサジュンサイの分布は、霞ヶ浦水域ではきわめて限られており、またこの数年間にあまり分散、拡大している様子はみられない。

1-6 水生植物からみた霞ヶ浦湖岸の自然度

　緩傾斜の自然湖岸では、人為的な撹乱がない限り、岸から沖に向って、抽水植物、浮葉植物、および沈水植物の群落が成立する傾向があることはすでに述べた。どこでも必ずこのような群落ができるとは限らないが、自然度の高い湖岸ほど、水生植物の生活形も出現種も多様性に富んで

III. 霞ヶ浦の水生植物と沿岸帯のはたらき

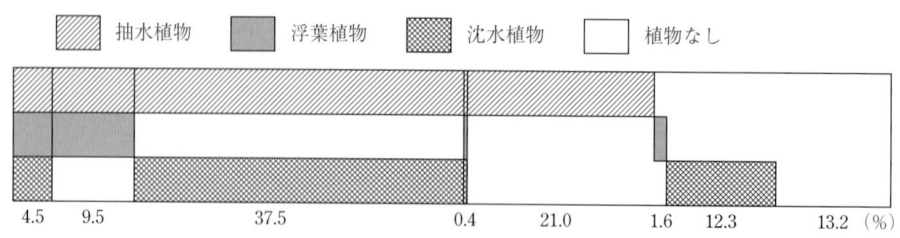

図3-3 西浦全湖岸における水生植物群落の存在状況(昭和53年8月)
0.5kmごとに区切り、3つの生活形の存否によりタイプ分けした。

いる。

　霞ヶ浦の西浦の湖岸線は121kmあり、現在はそのごく一部を残して、完成堤防あるいは暫定堤防が設けられているが、水生物群落の現状からみた湖岸の自然度はどうであろうか。

　図3-3は、昭和53年の夏から秋にかけて撮影した西浦の全湖岸線をカバーする1万分の1の航空写真をもとにして、湖岸線を0.5kmごとに区切り、区分内における水生植物の3つの生活形の在否により分類して、それぞれのタイプの存在割合を算出したものである。図にみられるように、西浦の湖岸は、人為による改修が進んでいるとはいえ、なおその50％の区画(0.5kmごとの)には抽水植物群落のほか浮葉植物、沈水植物の両者またはその1つをもった、かなり自然度の高い湖岸が残っている。このことは、霞ヶ浦のいわば総合的な"自然"にとって好ましいことである。

　1つの場所に生育している水生植物の種の数についても、昭和53年の夏に、西浦の任意に選んだ55の地点について調べた結果がある。図3-4はそれをまとめたもので、各地点において岸から沖に向うおよそ20m幅の範囲内に見出された水生植物の種のうちから湿生植物と浮漂植物を除き、抽水、浮葉、沈水の3つの生活

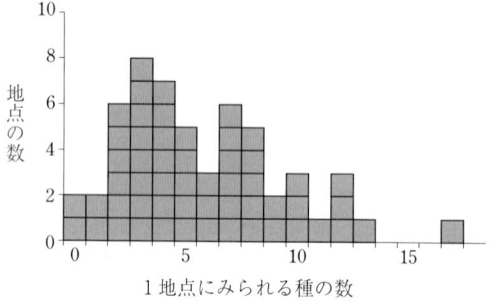

図3-4 西浦の55地点における水生植物出現種数の頻度分布(湿生植物と浮漂植物を除く、昭和53年8月)

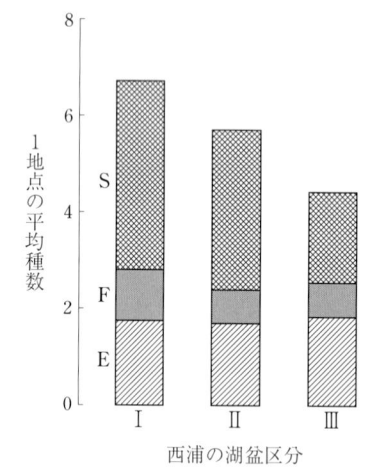

図3-5 西浦の3つの湖盆(図3-4参照)における水生植物の平均出現種数
(昭和53年8月)
E:抽水植物, F:浮葉植物, S:沈水植物

形の植物について、出現種数の頻度分布を示してある。図のように、1つの地点に数種以上の水生植物をみることのできる場所が半数以上あり、霞ヶ浦の水生植物群落の種多様性は、わが国の平野部に存在する他の湖に比べ、決して低いものではない。なお、図3-4に示したような西浦

の3つに分けた湖盆について、上記の調査結果から出現種数を比較すると**図3－5**のようになる。この図をみると、透明度の低下が著しい湖盆ほど、沈水植物相が単純になっていることがわかる。

1－7　水生植物の図版について

　次節に示した水生植物の解説には、霞ヶ浦に現生するか、あるいは最近まで存在した植物の中から、21の科に属する63種を収録した。配列の順序は、生活形別とし、抽水植物、浮葉植物、沈水植物、湿生植物の順とした。写真はできるだけその植物が生育している状況がわかるものと、採取した標本を撮影したものとを並べたが、中にはその一方だけのものもある。

　水生植物は陸上の植物とちがって、水中にあるため、その生育の現場を見る機会が少なく、また軟弱なものが多いために腊葉標本にしても大分様子が変ってしまう。したがってこのような写真は、水生植物のあるがままの状態を知るには大変好都合である。しかし写真では細部がわからないので、自分で採集した植物をくわしく同定するような場合は、不十分である。体制がよく似ている種の多いイネ科、カヤツリグサ科、ヒルムシロ科などでは特にむずかしい。したがって、もし水生植物についてくわしい同定を必要とするような場合には、専門の植物図鑑などの図や記載をよく読んでいただきたい。その意味で、本書では説明もごく簡略にして、霞ヶ浦の水生植物について、その全ぼうを知り、理解を深めてもらうことを目的とした。

　なお、章の最後に収録した写真のほとんどは、昭和47年から昭和54年の間に、筆者が霞ヶ浦において撮影したものである。しかし、現在この湖で発見できなくなった二、三のものについてはほかで撮影した写真を用いた。

III. 霞ヶ浦の水生植物と沿岸帯のはたらき

2. 水生植物概説

1. ヨ シ *Phragmites communis* TRINIUS　　　　　　　　　　　　　　　　　　イネ科

一名アシ。古くはハマオギと呼ばれ、アシは関西地方の呼び名という。高山地帯を除き、強酸性湖にも汽水湖にも生育し、日本全国のどこの水辺にも見られる多年草である。地中に地下茎が縦横に走り、茎を密生して大群落をつくる。高さは1～3m。北にゆくほど群落はまばらになり、草丈も低くなる傾向がある。8～10月に穂を出し花をつける。

霞ヶ浦においても、全湖周にみられる抽水植物の優占種で、水辺景観の主役となっている。

　　　　　舟ゆけば筑波したがう芦の花　　　　　　　　富安風生

大型抽水植物として、ヨシ、マコモ、ガマが存在するところでは、最も陸側に分布するのが普通だが、マコモやガマがないところでは抽水植物帯の最前線をつくる。

よく成長したヨシの茎は、昔から「すだれ」、「すのこ」、「よしず」などに編まれ、また土壁の「こまい」に使われ、日本人にはなじみの深い水草である。早春に土の中に伸びる新芽は、筍に似て淡紅色をおび、「あしづの」と呼ばれ、茹でて食用にすることができる。

2. マコモ *Zizania latifolia* TURCZ.　　　　　　　　　　　　　　　　　　　イネ科

古名カツミ。日本全国に分布する多年生の抽水植物。太い地下茎が湖底を横にはい、節から太い1～2mの茎を立てる。地下茎を縦に割ると美しい隔膜状の髄がみられる。8～10月頃花穂を出し、開花する。花穂の上半分は雌花穂で淡緑色、下半分は雄花穂でやや赤紫色をおび、花後脱落する。

霞ヶ浦では全湖周に分布するが、やや泥深いところを好む傾向がある。マコモの群落の中には、その茎や葉を重ねてつくったカイツブリの浮巣がみられる（12ページ）。鳰（にお）の浮巣と呼ばれる。親鳥は巣を離れる時、マコモの葉で卵をおおって見えないようにする。

　　　　　先舟はまこもの中や鳰の声　　　　　　　　石水
　　　　　浮巣みて事足りぬれば漕ぎかえる　　　　　虚子

マコモは古くから日本人の生活とつながりが深い。葉は長くて軟かく、五月節句にはこれで粽（ちまき）を巻き、また盂蘭盆には刈って菰蓆や菰馬をつくる地方がある。早春に出る筍のような新芽は、ヨシと同じく食べることができる。また若い植物体に黒穂病菌がつくと肥大して軟らかくなり、中国ではこれを食用にする。マコモの種実はこぼれ易いが、昔は菰米と呼ばれ、米麦に混ぜたり粉にして食用にしたという。

3. フトイ *Scirpus lacustris* L. subsp. *creber* (FERN.) T. KOYAMA　　　　カヤツリグサ科

日本の全土の水辺に分布する多年草。太い地下茎が地中をはい、節から円柱状の茎を単生する。高さ80～200cm、太さ1～2cm。葉は茎の基部にある鞘の先に小さく残る。7～10月に茎の先端部に多数の小穂をつける。

霞ヶ浦におけるフトイの分布はごく限られており、また大きな群落もみられない。

フトイは観賞用に池に植えられることがある。また茎を乾してむしろに編むが、あまり強くない。若芽、根茎は食用になる。

4. ヒメガマ　*Typha angustifolia*　L. ガマ科
5. ガ　マ　*Typha latifolia*　L. ガマ科
6. コガマ　*Typha olientalis*　PLESL. ガマ科

いずれも日本全国の水辺に広く分布する多年性の抽水植物で、地下茎は底土中を縦横にはい、茎葉を水上に抽出し純群落をつくることが多い。3つの種は表に示すような諸点で見分けること

ガマ属3種の比較（大滝による）

	草丈(m)	葉の大きさ		花穂の長さ(cm)		花 粉
		長さ(m)	幅(cm)	雄花穂	雌花穂	
ヒメガマ	1.5〜2.5	1.5〜2.5	0.8〜1.2	15〜25	7〜20	合成しない
ガ　マ	1.0〜3.0	1.0〜2.0	1.0〜2.0	7〜15	15〜20	4個ずつ合成する
コガマ	1.0〜1.5	1.0〜1.5	0.6〜0.8	5〜10	10〜15	合成しない

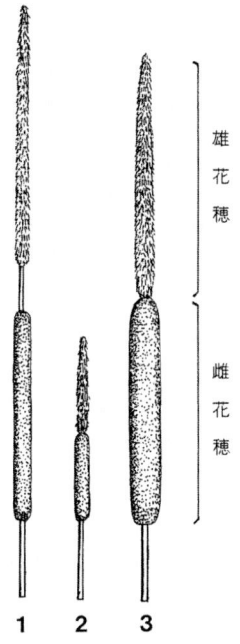

3種のガマの花穂の比較

ができる。7〜8月頃、茎の先端に花穂をつける。花穂は2段に分れ、上が雄花穂、下が雌花穂であるが、3つの種の間に図のようなちがいがある。写真（4〜6）はすべて夏の終りに撮影されたもので、雄花穂はすでになくなっている。

霞ヶ浦ではヒメガマが圧倒的に多く、特に西浦、北浦の下流部や与田浦、外浪逆浦では幅数十m、長さ数百mに及ぶ大きな純群落もみられる。大型の抽水植物の中では最も外側、すなわち沖側に生えることが多い。ガマとヒメガマは、湖中にはほとんど見出されず、湖に連なる水路や湖周の湿地、休耕田などに小群落を散見する程度である。

ガマ、ヒメガマの葉は、十分成長したものを刈り取って乾かし、がまござを織り、また茎ですだれをつくることもある。花粉は蒲黄（ほおう）と呼ばれ、止血剤として使われる。地下茎にはでん粉が含まれ食用になる。秋になると雌花穂がほほけて、長毛をもった小果が風に飛ばされる。がまの穂綿という。昔はこれを集めてふとんに入れたり、火打石を使うときの火口（ほくち）にしたという。まだほほけないコガマの花穂は、生花の材料に使われる。

　　　　蒲の穂のほゝけつくして未だ飛ばず　　　　　　五十嵐播水

7. ハ　ス　*Nelumbo nucifera*　GAERTN. スイレン科

霞ヶ浦の周囲は、全国に名だたる"れんこん"の産地で、西浦奥部の湖中に見られる自生群落も、おそらく人為的に植えられたものか、または栽培株が逸出したものであろう。条件の良い場

III. 霞ヶ浦の水生植物と沿岸帯のはたらき

所にあるハスの群落は、1年に平均16mの速さで広がってゆく。

多年生草本で、泥の中に地下茎（れんこん）があり、長い葉柄をもった浮葉と抽水葉を出す。葉柄には刺状の突起が散生する。7～8月頃、長い花茎を出して、紅色または白色の美しい花を開く。花は夜明けに咲き、昼前にはしぼむ。4日間ほど開閉を繰り返して散る。暗いうちに蓮見舟を仕立てて、夜明けの湖にハスの開花を見る風流もある。

　　　大紅蓮大白蓮の夜明かな　　　　　　　　　　　　虚子
　　　蓮散華美しきものまた壊る　　　　　　　　　　　橋本多佳子

花が散ったあと、花床が肥大し、はちの巣状となり、中に果実を入れる。"はちす"という。

果実は熟すれば抜け落ちる。果皮は黒く堅く、発芽しにくい。果皮を削るか濃硫酸でとかし、よく水洗して植えると発芽がよい。

わが国の栽培ハスは、明治9年(1876)中国南部から輸入されたもので、れんこんが美味である。品種改良され、多くの栽培品種がある。果実も生で、あるいは茹でて食用にすることができる。

8. コウホネ　*Nuphar japonicum* DC.　　　　　　　　　　　　　スイレン科

日本全国に分布する多年性草本で、水底の地中に太い地下茎をもち、その先端部から葉を出す。抽水葉と沈水葉があり、抽水葉は厚く光沢があるが、沈水葉は薄く波打っている。6～9月に花柄が抽出し、その頂に1個の黄色花を開く。地下茎は直径数cmに達し、白く、内容は海綿状で、白骨を思わせる。コウホネ（川骨）の名があるゆえんである。比較的砂質または礫まじりの底質の、水深の浅い場所に生育する。

霞ヶ浦ではきわめてまれで、押堀の新利根川河口に小群落をみる程度である。

葉も地下茎も茹でて食用になる。地下茎はまた強壮薬、止血薬に用いられる。

9. ミクリ　*Sparganium erectum* L. p. p.　　　　　　　　　　　ミクリ科

浅い水中に生える多年生の抽水植物。底土中に地下茎があり群落をつくる。茎は直立して高さ70～80cm、葉は根生し、下部の背面にははっきりした縦肋がある。6～8月に花穂を生じ、分枝し、各枝の下方に1～3個の雌性球花とその上方に雄性球花を多数つける。和名はこの球花をクリの実に見立て、「実クリ」の意という。写真9－bは雄性球花がすでに脱落している。

10. ミズアオイ　*Monochoria Korsakowii* REGEL et MAACK　　　ミズアオイ科

日本全国に分布し、湖の岸辺の浅所、水辺の湿地、水田などに生える1年草。高さ20～40cm、葉は葵（あおい）に似て光沢があり、9～10月頃、葉より上まで伸びる花序を出し、美しい紫色の花をつける。

古くは菜葱（なぎ）と呼ばれ、若い植物は食用になる。観賞用に植えられることもある。

霞ヶ浦では、湖の汀線付近にも散見されるが、ハス田の中に多い。ハスの葉かげのものは高さ80cm以上にも達する。

11. コナギ　*Monochoria vaginalis*　(BURM. f.) PRESL. var. *plantaginea*　(ROXB.) SOLMS LAUB.
ミズアオイ科

北海道には少ないが、全国的に湖岸の湿地や水田に分布し、水田の強害草の1つになっている。10～20cmの1年草。多汁質で、9～10月頃、短かい花序を出し、紫色の可憐な小花をつける。花序は葉より高くならない。

霞ヶ浦では、湖の汀線付近の湿地、湖周の水田や沼地などに分布するが、まとまった群落となることはない。

コナギは、小さいナギ（ミズアオイ）の意。古くから幼植物は食用にされた。東南アジア原産で、古い時代にイネとともに渡来した史前帰化植物であろう。

12. サンカクイ　*Scirpus triqueter*　L.
カヤツリグサ科

日本全土の水辺や湿地に生える多年草。地下茎を引き、その各節から茎を単生する。茎の断面は、はっきりした三角形で、高さ50～100cm、基部には鞘があり、その先に小さい葉をつける。7～10月花穂を出し、小穂は熟すると錆褐色になる。

霞ヶ浦では、湖岸の汀線付近の湿地に小群落を散見する。また、休耕した水田に一面に生えることがある。

13. オモダカ　*Sagittaria trifolia*　L.
オモダカ科

全国に分布し、浅い水中や水田に生える多年草。秋に地下に走出枝を出して、その先にくちばし状の小球茎をつけ、翌年これが発芽する。6～10月、20～60cmの花茎を立て、雌雄異花の輪生総状花序をつける。上は雄花、下は雌花、3弁の白い清楚な花である。

霞ヶ浦では、湖の汀線付近の湿地に散生するが、用水路や水田、休耕田、あるいはハス田の縁などにも多い。

葉は鋭い矢じり形をしているため、戦に勝つ草として武士に好まれ、戦国時代の武家の紋章に使われて今日に及んでいる。水田では強害草の1つであるが、花や植物全体が美しいので、池に植えたり水盤に生けたりして観賞する。

食用に栽培されるクワイは、オモダカの変種である。

14. ウリカワ　*Sagittaria pygmaea*　MIQUEL
オモダカ科

日本全国の湿地や水田に分布する多年草。地下茎の先に新芽をつくって増え、かなりまとまった群落を形成する。線形の葉は長さ10～20cmくらい、皮引きでむいたキウリの皮に似ているためその名がある。7～9月頃花茎を立て、上部に白い雄花、下部に雌花をつける。雌花は無柄である。

霞ヶ浦では、湖の汀線付近の湿地や沼、水田、ハス田にみられる。

III. 霞ヶ浦の水生植物と沿岸帯のはたらき

15. ミズワラビ　*Ceratopteris thalictroides*　BRONGN. 　　　　　ミズワラビ科

　北海道を除き、全国の池沼や水田の浅い水中、湿地に生ずる。暖地に多い。シダ植物で、ミズシダともいう。裸葉（栄養葉、下側の短い葉）と実葉（胞子葉、上部の線状の葉）がある。若葉は食用になる。

　霞ヶ浦では、湖岸の湿地や水田に散生する。大きな群落はみられない。

16. オオフサモ　*Myriophyllum brasiliense*　CAMB. 　　　　　アリノトウグサ科

　ブラジルの原産で、大正年間に観賞植物として輸入され、庭園の池などに植えられたものが逸出し、帰化した。雌雄異株で、日本には雌株だけが帰化している。分枝によって増え、根で越冬する。多年生草本。暖地に多く、関東以北には分布しないようである。関西ではしばしば水田地帯の水路をおおいつくす。

　霞ヶ浦における分布は限定されており、舟だまりの中、大型抽水植物の根元、水田の用水路などに小群落を散見する程度であるが、今後次第に増えるかもしれない。

17. アサザ　*Nymphoides peltata*　(GMEL.) O.KUNTZE 　　　　　リンドウ科

　暖地性で、本州、四国、九州の平地の湖沼に分布する多年生の浮葉植物。湖底の泥中を地下茎が横にはい、長い茎を水面に伸ばし、長い柄をもった葉を浮べる。しばしば大群落をつくり、6～9月の頃キウリの花に似た美しい黄色の5弁花を次々に開く。ハナジュンサイ、イヌジュンサイの別名がある。

　霞ヶ浦では、ほぼ全湖に散発的に分布し、波浪の影響を受ける開水域にも大きな群落をつくる。特に西浦右岸下流の北利根川河口の大群落は、面積3haに及ぶ純群落で、夏秋の頃沖側から眺めると、ガマの群落を背景にして一面に黄色の花を開いた風景はなかなか美しく、見ごたえがある。この群落も、他の群落も、年々少しづつ拡大しているようである。

　若い茎葉は茹でて食用になる。

　なお、アサザは水の欠乏に強く、水位が低下した湖岸の乾土に根をおろし、1カ月以上も生育し、花をつけることもある。

18. ガガブタ　*Nymphoides indica*　(L.) O.KUNTZE 　　　　　リンドウ科

　アサザに近縁の多年生の浮葉植物で、分布もアサザに似る。葉の大きさは、アサザのおよそ2倍あるが、花は約2分の1、白色である。花は短い柄をもち、葉のさけ目のすぐ下にできる腋芽に束生し、7～9月頃、次々に葉のさけ目から水上に頭をもたげて咲く。腋芽はそのまま越冬芽となり、秋には湖底に沈んで冬を越す。

　霞ヶ浦における分布は、アサザに比べてきわめてわずかで、波の静かな場所に、まばらな小群落を散見するにすぎない。

2. 水生植物概説

19. トチカガミ *Hydrocharis dubia* (BL.) BACKER　　　　　　　　　　　　トチカガミ科

　北海道を除き、本州、四国、九州の平地の池沼に分布する多年生の浮葉植物。ほふく茎が水面に広がり、節からひげ根、葉、花柄を出す。全体に軟かく、しばしば盛り上るような密生群落をつくる。浮葉の裏の中心には、海綿状の気胞があってふくらむ。8～10月、白色、3弁の単性花を開き、花は1日でしぼむ。葉は光沢があり、名はとち（スッポン）の鏡の意。

　霞ヶ浦における分布は、抽水植物群落に囲まれた波の静かな場所や舟だまりに、小群落を散見する程度である。

20. ヒシ　　　*Trapa bispinosa* ROXB. var. *Iinumai*　NAKANO　　　　　　ヒシ科
21. オニビシ　*Trapa natans* L. var. *japanica*　NAKAI　　　　　　　　　ヒシ科
22. ヒメビシ　*Trapa incisa* SIEB. et ZUCC.　　　　　　　　　　　　　　ヒシ科
23. ヒシ属中間型　*Trapa* sp.　　　　　　　　　　　　　　　　　　　　ヒシ科

　ヒシ属は浮葉性の1年生植物で、日本全国の湖沼に広く分布する。茎は湖底から長く伸びて分枝し、水面に達して、放射状にそう生した葉を浮べる。水中の茎には、羽状に分裂した根をつける。7～10月に白い4弁の小花を次々に開き、水面下に独特な形の果実を結ぶ。

　霞ヶ浦では至るところにヒシ属の群落がみられ、上記の3つの種と、どれにも属さない中間型が見出される。中間型は、23－a（下図）のように葉はヒシに似るが、果実は23－b（下図）のように1つの株につくものでも、刺の数、大きさ、角度などにきわめて多くの変異があり、雑種と思われる。西浦におけるこれらの出現頻度は、ヒシ、ヒメビシ、中間型、オニビシの順であるが、群落の発達はオニビシと中間型で著しく、しばしば数ヘクタールを越える大きな群落をつくることがある。ヒシの群落はこれより小さく、ヒメビシはあまり大きな群落をつくらない。3つの種の葉と果実を比較して写真23－cに示した。

　ヒシの実は、生または茹でて食べられる。でん粉質が多く（50～60％）、クリの実のようでうまい。昔はかなり食用にされ、萬葉集にもヒシをつむ歌がある。また古い農書、たとえば「百姓

23－a　ヒシ属中間型　　　　　　23－b　ヒシ属中間型

1株からとったさまざまな形の果実

III. 霞ヶ浦の水生植物と沿岸帯のはたらき

伝記」(1681年頃)にも池や溝にヒシを植え、実を食糧の足しにすることをすすめている。同書はオニビシは味がよくないと記している。現在でもヒシの実を採って食べる地方がある。

　　　　菱摘むとかがめば沼の沸く匂ひ　　　　　　　　　　　　　　　杉田久女
　　　　菱畳うらがえしつゝ菱摘まれ　　　　　　　　　　　　　　　　品川尚三

24. オニバス　*Euryale ferox*　SALISB.　　　　　　　　　　　　　スイレン科

　1年生の大型の浮葉植物で、本州、四国、九州に分布する。浮葉はほぼ円形で、直径数十cmから1.5m、まれに3mに達することがある。表面は緑色でしわがあり、裏面は濃紫色、葉脈部が隆起する。両面ともに葉脈上に大きな鋭い刺がある。8～9月頃、わずかに水面に出る柄の頂に、径4cmほどの濃紫色の花をつける。果実は球形の漿果で、表面に刺がある。種子はほぼ球形、食用になる。

　生活力の弱い水草で、水の汚濁に弱く、現在各地から減少または絶滅が報じられている。わが国では緊急に保護を要する植物の1つである。すでに富山県氷見市のオニバス生育地は大正12年(1923)に国の天然記念物に指定されており、また鹿児島県、宮崎県、千葉県では、県の天然記念物として保護している。

　霞ヶ浦では、西浦の高浜入りの最奥部に、昭和47年には、幅180m、長さ800mに達する巨大な純群落があり壮観であったが、その後数年のうちに急速に減少し、昭和54年にはついに1株も発見できなかった。この期間にこの水域の富栄養化が急速に進行している。

25. ヒルムシロ　*Potamogeton distinctus*　BUNNETT　　　　　　　　　ヒルムシロ科

　日本全国の池沼や水田、流れのゆるい川などに生える多年草。山地の湖にもみられ、比較的富栄養化に弱い。湖底の泥中に地下茎があり、1節おきに茎を出し、水中葉と浮葉をつける。浮葉はせまだ円形からだ円形まで変異が多く、別種のように見える。5～10月に3～5cmの花穂を水面に出し、淡緑色の花を密につける。

　霞ヶ浦では、下流寄りの浅所に、散発的な小群落がみられる程度で、あまり多くない。水田の雑草としても生える。

26. ウキクサ　*Spirodela polyrhiza*　(L.) SCHLEID.　　　　　　　　　ウキクサ科

　日本全国の水田や池にふつうな、1年生の小型の浮漂植物。真の葉はなく、葉状体は長さ5～8mm、幅4～6mm、裏面は紫色を帯び、2～数個連結する。根は5～11本。8～9月頃、まれに小さな花をつける。晩秋に、葉状体の下部に暗緑色で2mmほどの冬芽をつくり、水底に沈んで越冬する。水田の雑草である。

　霞ヶ浦でも、舟だまりや抽水、浮葉植物の群落に囲まれた水面、水田、小川などに、アオウキクサと混在してふつうに見られ、しばしば水面をおおいつくす。

　　　　萍(うきくさ)に霽雨底なく湛えけり　　　　　　　　　　　　　前田普羅
　　　　うきくさを吹きあつめてや花むしろ　　　　　　　　　　　　　蕪村

2. 水生植物概説

27. アオウキクサ *Lemna paucicostata* HEGELM　　　　　　　　　　　　ウキクサ科

ウキクサと同じような分布を示す。葉状体は3〜5×2〜4mm、裏面も緑色で、根は1本である。ウキクサとともに水田の強雑草である。

アオウキクサは人工培養がやさしく、増殖力が強いので、均一な材料を入手し易く、また重金属その他の有害物質に対して敏感なので、水質を評価する試験生物として使われる。レムナ・テストという。

28. オオアカウキクサ *Azolla japonica* FRANCHET et SAVATIER　　　　アカウキクサ科

しだ植物に属する浮漂植物で、北海道、三陸を除き、関東以西の各地に分布し、繁殖力強く、しばしば水田や浅い池沼をおおいつくすことがある。葉状体はヒノキの葉に似て、冬は先端部が残り、越冬する。

霞ヶ浦でも、舟だまりや水田、沼などに、ウキクサ、アオウキクサと混生してみられる。

29. イチョウウキゴケ *Ricciocarpus natans* (L.) CORDA　　　　　　　　ウキゴケ科

こけ類に属する1年生の浮漂植物で、本州以南の水田や池に浮ぶ。二叉分岐をくり返し、いちょう形となり半円以上になると2つに割れる。

霞ヶ浦でも湖岸の水たまりや水田にみられるが、まれである。

30. クロモ *Hydrilla verticillata* (L. f.) CASP.　　　　　　　　　　　　　トチカガミ科

北海道には少ないが、日本全国の池沼、湖、溝などに広く分布する多年生の沈水植物。水中の群落は黒く見えるので、この名がある。葉は3〜6枚輪生。花は8〜9月、水媒花で、雌雄異株。雄花は成熟すると植物体をはなれて水面に浮ぶ。芽体で越冬する。

霞ヶ浦の西浦では比較的下流側に多くみられるが、大きな群落にはならない。

31. コカナダモ *Elodea Nuttalli* (PLANCH.) ST. JOHN.　　　　　　　　トチカガミ科

クロモによく似ているが、葉はふつう3枚輪生し左右に強くねじれており、きょ歯が目立たない点でちがっている。日本には雄株のみ帰化しており、5〜6月頃花をつけるが、もっぱら栄養繁殖でふえる。

帰化植物。明治の始めアメリカから輸入されたものが逸出して野生化し、早くから関西地方に広がった。琵琶湖や諏訪湖では、クロモを駆逐して大繁殖したことが報告されている。

霞ヶ浦では北浦の下流部と外浪逆浦には広く分布しており、北利根川の中間にも発見されたが、西浦にはまだ侵入していないようである。

32. オオカナダモ *Egeria densa* (PLANCH.) ST. JOHN.　　　　　　　　トチカガミ科

アルゼンチン原産の帰化植物。大正中期にアメリカから輸入されたものが逸出して野生化し、日本の各地に広がった。雌雄異株で、日本には雄株だけが帰化している。6〜10月水面に花柄を

III. 霞ヶ浦の水生植物と沿岸帯のはたらき

伸ばし、径1cmほどの白花を開く。体制は上記2種に似るが、大型である。

霞ヶ浦では全域に分布するが、波の静かな入江や舟だまりなどの泥底の場所を好む傾向があり、しばしば舟航が不可能になるほどの密生した大群落をつくる。湖水の富栄養化に強い水生植物の一つである。

クロモ、コカナダモ、オオカナダモの比較を写真32-cと表に示す。

クロモ、コカナダモ、オオカナダモの比較 (大滝による)

	葉				雄花				殖芽
	輪生葉の数	長さ(mm)	幅(mm)	きょ歯の長さ(μ)	葉腋につく数	花柄	雄ずい(本)	花期(月)	
クロモ	2～9 普通5～7	10～20	1.5～2.5	約130	1	なし	3	8～10	つくる
コカナダモ	2～4 普通3	6～15	0.5～2.0	約60	1	なし	9	5～6	つくらない
オオカナダモ	3～6 普通4～5	20～30	3～6	約140	2～4	あり	9	6～10	つくる

33. コウガイモ　*Vallisneria denseserrulata*　(MAKNO) MAKINO　　　　　トチカガミ科

わが国の本州各地にみられる沈水性の多年草。流れのある砂質底の場所を好んで生育する。葉は根生し、リボン状、幅8～10mm、長さ80cmに達する。縁に著しいきょ歯があり、硬い感じで折れ易い。地中にひげ根を出し、走出枝を伸ばし、新苗をつくる。走出枝には突起がある。雌雄異株、8～10月頃、長い花茎を水面に伸ばし花を浮べる。雄花は熟すると離れて水上に浮ぶ。

霞ヶ浦における分布は限られており、主として西浦の潮来に近い下流部、および北利根川にみられる。

34. セキショウモ　*Vallisneria gigantea*　GRAEBNER　　　　　トチカガミ科

日本全土に分布し、コウガイモに似ているが、全体に小型で走出枝に突起がなく、根生葉は幅4～7mm、長さ25～60cmくらい。きょ歯は明らかでない。雌雄異株で8～10月に花をつける。雌花の花茎は、花後らせん状に巻いて水中に引き込む。

霞ヶ浦における分布はコウガイモより広く、西浦の奥部にも散発的に群落がみられる。しばしば密生した群落をつくる。

35. ネジレモ　*Vallisneria gigantea* var. *biwaensis*　(MIKI) KITAMURA　　　　　トチカガミ科

わが国では琵琶湖とその水系に限り生育する沈水植物で、セキショウモに似るが、葉がねじれる特徴がある。

北利根川の中間部左岸に発見された。同定は十分でないが、一応ネジレモとしておく。

36. イバラモ　*Najas marina*　L.　　　　　　　　　　　　　　　　　　　　　　　イバラモ科

　全国の湖沼に広く分布する1年生の沈水植物。鮮緑色で、高さ30〜60cm、全体に刺を散生し、茎葉は硬くてもろく折れ易い。雌雄異株で、花は7〜9月。
　湖水の富栄養化が著しくなると消失する。
　霞ヶ浦では、1972年頃は高浜入りの奥部にも見出されたが、最近はどこにも発見できない。

37. トリゲモ　*Najas minor*　ALL.　　　　　　　　　　　　　　　　　　　　　　　イバラモ科

　各地の湖沼にみられる1年生の沈水植物。全体が濁った緑色で、茎は細く叉状に分枝し、30cm内外、粗剛な感じである。雌雄同株。葉が反りかえり群がり生える状態を指物の"とりげ"に見立て、この名がある。湖の汚濁に弱い。
　霞ヶ浦の分布は限られ、西浦下流部の浅所にみられる。

38. マツモ　*Ceratophyllum demersum*　L.　　　　　　　　　　　　　　　　　　　マツモ科

　一名にキンギョモ。日本全国の池沼にふつうな沈水植物である。根がなく、枝の変化した仮根で湖底につく。泥質底の環境を好む傾向がある。葉は細い茎に輪生し、2〜4回叉状に分かれ、針状で、まばらなきょ歯がある。植物体は全体に粗剛な感じがあり、折れ易い。
　霞ヶ浦では、舟だまりや抽水植物群落に囲まれた内湾的な水域に、しばしば密生した小群落をつくる。

39. シャジクモ　*Chara braunii*　GMELIN　　　　　　　　　　　　　　　　　　　シャジクモ科

　輪藻植物に属する沈水植物。日本全国の湖沼や水田などに広く分布する。長い主軸細胞とその節部に輪生する小枝細胞があり、高等植物の茎や葉のように見えるが全くちがう。節部にみられる粒状体は造卵器(雌器)と造精器(雄器)である。草丈は20〜80cm。
　シャジクモ類は、他の高等水生植物に比べ光量が少なくても生活できるため、沈水植物帯の最前線、すなわち沈水植物帯の最深部に、岸に平行した帯状の群落をつくることがある。これを特にシャジクモ帯と呼ぶ場合がある。湖水の富栄養化が著しく進むと消失する。
　霞ヶ浦の湖中には、昔はシャジクモの仲間が何種か生育しており、昭和47年にもそのうちの1種シャジクモが確認されているが、最近その生育場所でいくら探してもみつからない。

40. ホザキノフサモ　*Myriophyllum spicatum*　L.　　　　　　　　　　　　　　アリノトウグサ科

　一名キンギョモ。日本全国の池沼に生ずるきわめてふつうの多年生沈水植物。茎は長く、1.5mに達して分枝し、羽状に分裂した葉を4枚輪生する。5〜10月、水面に3〜8cmの花穂を出し花をつける。ホザキノフサモ(穂咲きの房藻)の名があるゆえんである。
　霞ヶ浦の全域に分布し、沈水植物のうちではササバモに次いで出現頻度が高い。ササバモと同様に湖水位の低下に対して抵抗力が強く、写真40-cのように乾いた土に根をおろし、光沢のある気中葉をつけて1カ月以上も生育する。これを水中に戻せば、再び典型的な水中葉を生ずる。

III. 霞ヶ浦の水生植物と沿岸帯のはたらき

41. フサモ　*Myriophyllum verticillatum*　L.　　　　　　　　　　　アリノトウグサ科

日本全土に分布する多年生の沈水植物。ホザキノフサモに似ているが、大型で、水面に抽出した茎にも小葉をつけるところがちがう。5～7月、抽出した茎の葉腋に小花をつける。

霞ヶ浦には20年ほど前までみられたが、現在は発見できない。

42. フサジュンサイ　*Cabomba caroliniana*　A. GRAY　　　　　　　　スイレン科

本州、四国、九州に分布する帰化植物で、北米東南部原産、昭和の初期にアクアリウム用の水草として輸入されたものが逸出し野生化した。ハゴロモモ、またはカボンバとも呼ばれる。

沈水性で、水中の群落は一見マツモに似るが、草体は柔軟である。7～8月頃花柄を水面に伸ばし、白い3弁の小花をつける。その時、同時に小さな紡錘形の浮葉がみられる。

霞ヶ浦では、新利根川の河口付近にみられるが、分布は限られているようである。

43. ヒロハノエビモ　*Potamogeton perfoliatus*　L.　　　　　　　　　ヒルムシロ科

日本全国の池沼に広く分布する多年生の沈水植物。地下茎が横にはい、1節おきに茎を出す。葉は広く、基部は茎を抱く。6～9月頃、10cmをこえる花穂を水面に出す。過度の富栄養化には強くない。

霞ヶ浦には広く分布するが、高浜入りの湖盆にはきわめて少ない。

44. ササバモ　*Potamogeton malaianus*　MIQUEL　　　　　　　　　　ヒルムシロ科

関東以西の湖に広く分布する沈水性の多年生水草。水中の茎は分枝して長く、沈水葉も長い柄をもち、葉を水面近くに広げるので浮葉植物のような生態的特性をもつ。7～9月に、3～5cmほどの花穂を水面に出し、花をつける。湖水の透明度の低下にも強く、著しく富栄養化が進むとかえって優占度を増す傾向がある。

霞ヶ浦の沈水植物の中では現在最優占種で、全湖に広く分布し、面積、現存量ともに沈水植物全体の70％をこえるものと推定される。特に西浦左岸の井上（玉造町）地先を中心に、沖出し幅500mに及ぶ広大なササバモの純群落がある。これらの群落は、ほぼ20～30m間隔で湖岸線に平行した畝状の構造を示す傾向がある。

ササバモは、ホザキノフサモとともに湖水位の低下による干上りに対してかなり抵抗力があり、写真44－cにみられるように、葉柄の短い光沢のある気中葉をつけ、1カ月以上かなり長期間にわたって陸上生活をすることができ、花穂をつけることもある。これが水に没すると、再び沈水葉を生ずる（写真44－d）。

45. ササエビモ　*Potamogeton nipponicus*　MAKINO　　　　　　　　　ヒルムシロ科

日本全国に分布する沈水植物。霞ヶ浦でも高浜入りを除いて広くみられるが、群落は散生的である。過度の富栄養化にはあまり強くない。

46. エビモ　*Potamogeton crispus*　L.　　　　　　　　　　　　　　　　　　　　　　ヒルムシロ科

日本全国の池や川の中に最も広く分布する多年生の沈水植物。地下茎は地中をはい、1節おきに茎を出す。水中茎は分枝し、断面はまゆ形、夏の水中葉は強く波打っている。早春最も早く繁茂し、しばしば密生した大群落をつくる。夏のはじめ水面に花穂を出し、また水中茎の先端に硬い殖芽をつくる。殖芽は脱落し、水に運ばれて分散し、秋には発芽する(写真46-c, d)。

霞ヶ浦全域に分布するが、特に北浦下流や北利根川などの流れがあるところに多い。

47. イトモ　*Potamogeton pusillus*　L.　　　　　　　　　　　　　　　　　　　　　　ヒルムシロ科

日本全国の池沼や流水中にふつうの多年草。沈水葉は細く、幅0.7～1.2mm、長さ2～4cm。霞ヶ浦では、西浦下流部の砂質底の浅所に散見される。

48. ヤナギモ　*Potamogeton oxyphyllus*　MIQUEL　　　　　　　　　　　　　　　　　　ヒルムシロ科

日本全国の池沼や流水中にふつうの多年草。沈水葉は、幅2～3.5mm、長さ5～11cm。霞ヶ浦では、イトモと同じく西浦下流部の砂質底の浅所にまれに見出される。

49. センニンモ　*Potamogeton Maackianus*　A. BENN　　　　　　　　　　　　　　　　ヒルムシロ科

日本全国の池沼や流水中に広く分布する多年生沈水植物。水中葉は幅2～3mm、長さ2～6cm、先端が急に狭まり、凸出して円頭となるのが特徴。過度の富栄養化にはやや弱い。

霞ヶ浦では、高浜入りの奥部を除き広く分布する。

50. リュウノヒゲモ　*Potamogeton pectinatus*　L.　　　　　　　　　　　　　　　　　ヒルムシロ科

全国の池沼に広く分布する多年生の沈水草。沈水葉は線形、基部は長い葉鞘となる。

霞ヶ浦では高浜入りを除き広く分布するが、下流部に多い。浅所ではしばしば高密度な群落をつくる。

51. タカサブロウ　*Eclipta prostrata*　(L.) L.　　　　　　　　　　　　　　　　　　キク科
52. アゼナ　*Lindernia pyxydaria*　L.　　　　　　　　　　　　　　　　　　　　　　ゴマノハグサ科
53. キクモ　*Limnophila sessiliflora*　BLUME　　　　　　　　　　　　　　　　　　　ゴマノハグサ科
54. キカシグサ　*Rotala indica*　(WILLD.) KOEHNE var. *uliginosa*　(MIQ.) KOEHNE
　　ミソハギ科

これらの植物はいずれも本邦各地、特に本州以南の湿地、水田、水田の畔などに広く分布する小型の湿生植物である。

霞ヶ浦では、湖岸の湿地や湖周の水田、水辺などに散生する。大きな密生群落になることはない。

III. 霞ヶ浦の水生植物と沿岸帯のはたらき

55. イボクサ　*Murdannia Keisak*　(HASSK.) HAND.-MZT.　　　　　　　　　　ツユクサ科
56. キシュウスズメノヒエ　*Paspalum distichum*　L.　　　　　　　　　　　　イネ科
57. アシカキ　*Leersia japonica*　MAKINO　　　　　　　　　　　　　　　　　イネ科
58. ホタルイ　*Scirpus juncoides*　ROXB. subsp. *Hotarui*　(OHWI.) T. KOYAMA　カヤツリグサ科

　いずれも湿地、池畔、水田などに生育する湿生植物である。ホタルイは北海道まで分布するが、その他は本州の南部に多く、水田雑草としても問題の植物である。特にキシュウスズメノヒエは、近年関西地方で水田や用水路にはびこる厄介者となっている。

　霞ヶ浦においても、これらの植物は湖岸の汀線付近の湿地や湖周の水田、水路などに生育するが、キシュウスズメノヒエは、特に密生した大きな群落をつくっている。

59. マツバイ　*Eleocharis acicularis*　(L.) ROEMER et SCHULTES forma *longiseta*
　　　　　　(SVENSON) T. KOYAMA　　　　　　　　　　　　　　　　　カヤツリグサ科
60. コアゼテンツキ　*Fimbristylis aestivalis*　(RETZ.) VAHL　　　　　　　カヤツリグサ科
61. ヒデリコ　*Fimbristylis littoralis*　GAUDICH.　　　　　　　　　　　　カヤツリグサ科
62. タマガヤツリ　*Cyperus difformis*　L.　　　　　　　　　　　　　　　　カヤツリグサ科
63. ミズガヤツリ　*Cyperus serotinus*　ROTTB.　　　　　　　　　　　　　　カヤツリグサ科

　いずれも、本部各地の湿地、水田、田の畔などにみられる湿生植物である。霞ヶ浦でも湖の汀線付近や湖外の湿地、水田などに生育する。特にマツバイは、湿った休耕田に芝生のように一面に密生し、大きな群落をつくることがある。

2. 水生植物概説

水生植物写真

1-a ヨシ

1-b ヨシ

2-a マコモ

2-b マコモ

3-a フトイ

3-b フトイ

III. 霞ヶ浦の水生植物と沿岸帯のはたらき

4-a　ヒメガマ

4-b　ヒメガマ

5.　ガマ

ガマ属3種の比較

6.　コガマ

左から　ヒメガマ、コガマ、ガマ

2. 水生植物概説

7-a　ハス

7-b　ハス-果実

8-a　コウホネ

8-b　コウホネ

9-a　ミクリ

9-b　ミクリ

III. 霞ヶ浦の水生植物と沿岸帯のはたらき

10. ミズアオイ

11-a コナギ

11-b コナギ

12-a サンカクイ

12-b サンカクイ

2. 水生植物概説

13-a　オモダカ

13-b　オモダカ

14.　ウリカワ

15.　ミズワラビ

16-a　オオフサモ

16-b　オオフサモ

Ⅲ. 霞ヶ浦の水生植物と沿岸帯のはたらき

17-a　アサザ

17-b　アサザ

18-a　ガガブタ

18-b　ガガブタ

葉をうら返して腋芽を示す

19-b　トチカガミ

19-a　トチカガミ

19-c　トチカガミ

浮葉のうらにある気のう

2. 水生植物概説

20-a　ヒシ

20-b　ヒシ

21-a　ヒメビシ

21-b　ヒメビシ

22-b　オニビシ

22-a　オニビシ

23-c　ヒシ属3種の比較

左から　オニビシ、ヒメビシ、ヒシ

III. 霞ヶ浦の水生植物と沿岸帯のはたらき

24-a　オニバス

24-b　オニバスの大群落

中央の大きな群落がオニバス。高浜入りにて、1972年8月下旬撮影。

25-a　ヒルムシロ

24-c　オニバス

葉の表。オールの目盛は10cm

24-d　オニバス

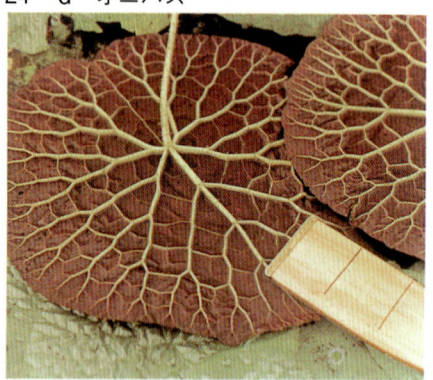

葉の裏。

25-b　ヒルムシロ

2. 水生植物概説

岸に近い湖面をおおうウキクサとアオウキクサ

26. ウキクサ

27. アオウキクサ

28-a オオアカウキクサ（中央）

周囲はアオウキクサとウキクサ

28-b オオアカウキクサ

29-a イチョウウキゴケ

29-b イチョウウキゴケ

III. 霞ヶ浦の水生植物と沿岸帯のはたらき

30-a　クロモ

30-b　クロモ

32-a　オオカナダモ

31.　コカナダモ

32-b　オオカナダモ

32-c　コカナダモ、クロモ、オオカナダモの比較

左から　コカナダモ、クロモ、オオカナダモ

2. 水生植物概説

33-a　コウガイモ

33-b　コウガイモ

34-a　セキショウモ

34-b　セキショウモ

35-a　ネジレモ

35-b　ネジレモ

III. 霞ヶ浦の水生植物と沿岸帯のはたらき

36. イバラモ

37-a トリゲモ

38-a マツモ

37-b トリゲモ

38-b マツモ

39. シャジクモ

2. 水生植物概説

40-a　ホザキノフサモ

40-b　ホザキノフサモ

41.　フサモ

40-c　ホザキノフサモ（気中葉）

水位低下により干上った湖岸に生じたもの

42-a　フサジュンサイ

42-b　フサジュンサイ

43

III. 霞ヶ浦の水生植物と沿岸帯のはたらき

43-a ヒロハノエビモ

43-b ヒロハノエビモ

44-a ササバモ

44-b ササバモ

44-c ササバモ（気中葉）

水位低下により干上った湖岸に生じたもの

44-d ササバモ

左の植物を水中に入れ1カ月後に再生した水中葉

2. 水生植物概説

45-a　ササエビモ

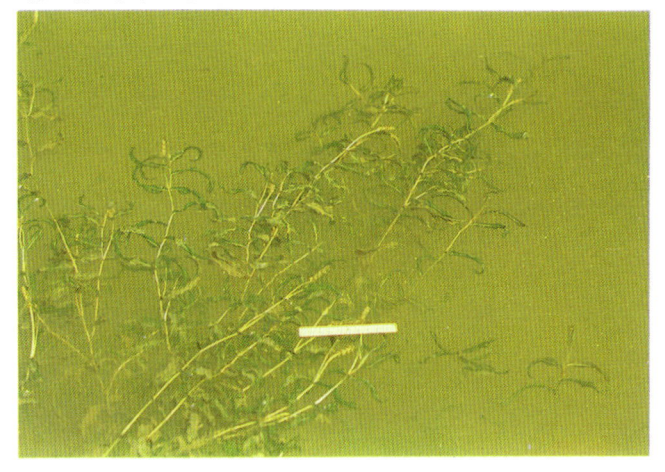

45-b　ササエビモ

46-a　エビモ

46-b　エビモ

46-c（上）、46-d（下）エビモの殖芽

ヒルムシロ属5種の比較

発芽した殖芽

左から　センニンモ、エビモ、ヒロハノエビモ、ササエビモ、ササバモ

45

III. 霞ヶ浦の水生植物と沿岸帯のはたらき

47. イトモ

50-a リュウノヒゲモ

48. ヤナギモ

49. センニンモ

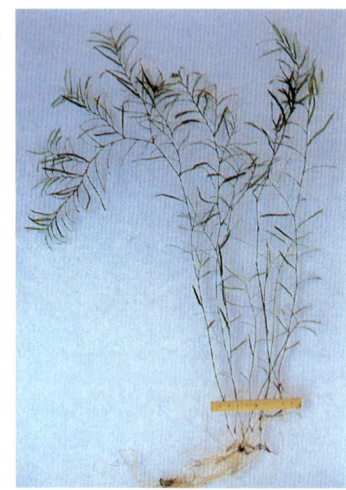

50-b リュウノヒゲモ

51-a タカサブロウ

51-b タカサブロウ

52. アゼナ

2. 水生植物概説

53. キクモ　　54-a キカシグサ　　54-b キカシグサ

55-a イボクサ　　55-b イボクサ

56-a 岸から湖中に侵入するキシュウスズメノヒエ　　56-b キシュウスズメノヒエ

III. 霞ヶ浦の水生植物と沿岸帯のはたらき

57. アシカキ

58. ホタルイ

59-a マツバイ

59-b マツバイ

60. コアゼテンツキ

61. ヒデリコ

62. タマガヤツリ

63. ミズガヤツリ

IV.
1972年（昭和47）の水生植物と植生図

まえがき

　湖の周縁部に発育する水生高等植物は、単に湖の自然景観を豊かなものにし波浪による湖岸の侵食を防ぐばかりでなく、湖の生物群集の重要なメンバーであり、生態系の物質循環や水産生物の繁殖に大切な役割を果たしている。
　特に、霞ヶ浦のように平野部に存在し、遠浅な沿岸帯をもつ湖では水生植物群落がよく発達し、湖内の生態学的諸現象や内水面漁業の上に果たす役割は極めて大きい。
　水生植物はその生活形によって、抽水植物（または抽水植物。例：ヨシ、マコモ、ガマ、ハスなど）、浮葉植物（例：ヒシ、アサザ、ガガブタ、オニバスなど）、沈水植物（例：クロモ、オオカナデモ、ササバモ、エビモ、ホザキノフサモなど）、および浮漂植物（例：ウキクサ、サンショウモなど）に分けられ、一般に湖岸より湖心に向かって抽水植物、浮葉植物、沈水植物の順に、湖岸線にほぼ平行した帯状群落を形成する。浮漂植物は根が湖底に固着せず、抽水植物や浮葉植物群落内のわずかな開水面に浮き漂って生活する。
　水生植物群落を陸上の植物群落と比較した場合、その著しい特徴は異なった生活形のみならず、類似した生活形をもついくつもの種が一つの群落内に混生する場合が比較的少なく、組成の単純な場合が多いことである。これはおそらく湖水中の環境条件、特に光、水温、底質などの空間的傾度が陸上に比べて著しく、それが個々の種の立地をきびしく制約するためであろう。
　沿岸部に発育する水生植物は、その場所の湖底の堆積物中から栄養塩類を吸収して発育するため、いわゆる"nutrient pump"の役割を果たし、深底帯をもつ沖部とはちがった物質循環系をつくる。また、水生植物の水中茎や葉柄などが林立する沿岸帯の水界は、沖帯の開水域とはちがった生活環境をつくり出し、特色あるプランクトン相を成立させるほか、それらの茎や葉柄は微小な水中生物に適当な着生基体を提供し、その表面には珪藻、緑藻、藍藻、細菌、原生動物、ワムシ類、コケムシ類などから成る、豊かなペリファイトン群集が発達する。
　水生植物群落内の水界はまた、湖に生活する魚族の産卵場、およびふ化した仔・稚魚の発育の場として極めて重要である。すなわち、水草の密林の中に産卵されふ化した仔魚は、豊かなプランクトンとペリファイトンによって餌料が保証され、かつ捕食生物から保護される。このような役割を果たす水生植物群落は、昔から漁業者に"藻場"と称されて大切にされており、時には人工的に群落の造成が行われることもある。
　このほか、水生植物群落内にはエビ、カニのごとき大型の甲殻類、カワニナ、タニシのごとき軟体動物、種々の水生昆虫の幼虫や成虫のほか、両生類や哺乳類にも生息場析を提供し、湖を訪

IV. 1972年（昭和47）の水生植物と植生図

れる水鳥にとっても避難と休息の場所となる。

さらに近年、多くの湖では流域からの有機汚染の負荷が年々増加しているが、その量が一定の限度内であれば、流入した汚水は水生植物の群落内をゆっくり通過することにより固形物の沈澱が促進され、一方では、水中の植物体表面の着生微生物群集による接触濾床的効果によって浄化を受けることになる。

以上のように、水生植物群落をもつ湖の沿岸帯は、湖の中で最も変化に富んだ豊かな生命活動の行われる場所であるばかりでなく、湖の水産業や水質の保全にも少なからず貢献している重要な区域である。

長い年月にわたって湖底に堆積する水生植物の遺体は、流域からの土砂の流入・堆積と相まって湖の水深を減少させ、やがては陸化に導く役割を果たす。その過程で水生植物群落は、沈水植物、浮葉植物、抽水植物の順に次第に沖に向かって進出し、湖面全体を覆うに至り、やがて湿性草原となり、乾性草原を経て森林に到達する。この過程は、水生植物群落のかなり長期間にわたる、極めて緩慢な遷移である。しかし、近年各地の湖でみられるように、流域からの人為的原因によって湖が汚染される場合には、水生植物群落に自然遷移とはちがった、かなり急激な著しい変化が現われる。この問題については後に（2－6）論じるが、一般的には、湖水の透明度の低下による沈水植物の減少と浮葉植物の増加、湖水および底質の栄養塩の増加による水生植物全体の生産量の上昇、および種の交代などの現象があげられる。このような現象に着目すれば、水生植物の変化もまた、湖の富栄養化のごとき基本的体質の変化を示すよい指標となる。

霞ヶ浦の水生植物に関する今日までの調査・研究の報告については、筆者らの検索が不十分なため、なお見落としがあると思われるが、古くは黒田（1899）の報告があり、近年に至り茨城県（1959）、籾山（1971）、山内（1971）、茨城県内水面水産試験場（1972）および茨城県（1973）等による諸報告がある。これらは、いずれも後に述べるように、霞ヶ浦の水生植物について重要な知見を提供しているが、その多くは植物相、湖面における分布および分類学に関するものであり、湖盆中に存在する諸種の物質の現存量やその収支の検討に使用できる情報をうることは困難である。

今回われわれが実施した調査においては、現在の霞ヶ浦にみられる植物相を明らかにすることにももちろん留意したが、それよりはむしろ、全湖面についての生活形による植生図の作成、植被面積の測定、および現存量の堆定、ならびに水生植物体の有機物、炭素、窒素および燐の含有量の分析と、それによって求められるところの湖内に水草として存在し、年々湖水中に回帰するC、N、Pおよび有機物の量の概数を求めることに主眼をおいた。

もとより霞ヶ浦は、西浦だけでも湖周約120km、湖面積約178km^{2}の大湖であり、遠隔地から1年間に数回調査に出掛けるだけでは、満足できる成果をあげることはむずかしい。それを補い、全域をできる限り正確に把握するため、わが国の湖沼調査ではあまり行われない航空写真による測定も採用した。

今回の1カ年の調査を終わって顧みるに、上記のような目的の精度を上げるための仕事はもちろんのこと、水生植物の分類、生態についても少なからず関心を抱きながら、果たしえなかった

仕事が山積している。後日機会があれば、再びそれらを補足したいと思う。

　この調査の計画および推進については、霞ヶ浦総合調査の企画を担当された建設省土木研究所の柏谷衛水質研究室長、生物部門の代表者である奈良女子大学の津田松苗教授、および生物調査団と建設省の間の折衝に当たられた荏原インフィルコ（株）中央研究所の盛下勇主任研究員に多大のご指導、ご配慮をいただいた。また、現地調査の実施に当たっては、建設省霞ヶ浦工事事務所調査課の斉藤盛次課長および館沢三郎計画係長、ならびに同課の諸氏に非常にお世話になった。採取した水生植物の同定には、国立科学博物館の籾山泰一博士のご指導を仰いだ。霞ヶ浦の水生植物に関するこれまでの調査資料の入手については、茨城県内水面水産研究所の外岡健夫氏および茨城県教育庁指導主事安藤勝敏氏に多大のご協力をいただいた。報告書の起草に当たり、これらの各位に深く感謝の意を表する次第である。

　さらに、現地におけるフィールドの作業および研究室内における試料の化学分析やデータの整理には、筆者らの研究室の山本満寿夫、武田郁子、建部修、原紀夫、大谷喜一郎、加藤正、堀幸代の諸氏にご協力いただいた。これらの各位にも厚く謝意を表する。

1. 調査内容、時期、場所、方法

1－1　調査内容

　この調査は、霞ヶ浦に現存する水生高等植物の植物相および種の優占度を明らかにするとともに、全湖面についてそれらの生活形別の分布を調べて植生図を作成し、さらに現存量を測定するほか、主要種については植物体のC、N、Pおよび有機物含有量を分析し、湖の物質循環や湖水の水質保全に関係の深いこれら諸元素等の水草として存在する量を把握することを目標にした。すなわち、調査結果の節でも述べるように、この調査の中で取扱った事項は次のとおりである。

　①水生植物相
　②水生植物の群落組成
　③水生植物の生活形による植生図
　④水生植物の生活形別現存量
　⑤水生植物のC、N、Pおよび有機物含有量
　⑥水生植物として存在するC、N、Pおよび有機物の現存量

　上記のうち、①、②および⑤は西浦と北浦および河道について調査したが、その他の項は資料および調査期間の不足から、霞ヶ浦の主要水面である西浦についてしか実施できなかった。後日機会があれば、残った水域についても補足したい。

1－2　調査時期と調査場所

　研究室内における調査作業は随時行ったので、ここには現地調査を実施した期日と、各回に行った調査項目および調査の場所を記録する（表4－1）。

　調査地点を表わすには、西浦はN、北浦はK、外浪逆浦はS、北利根川はT、鰐川はWの記号

IV. 1972年（昭和47）の水生植物と植生図

表4-1　水生植物に関する調査期間と調査場所および項目

調査期日	調　査　場　所　・　項　目
1972. V. 24～25	モーターボートおよびゴムボートによる西浦（NR2, 3, 4, 5, 11, 14, 18, 21, 29, 30, 31, NM20, NL4, 10, 15）および鰐川の一部（WL3.25）の植生調査
1972. VIII. 8～10	モーターボートおよびゴムボートによる西浦（NR 32, 34, 37, 41, 44, NM7, 11, 15.7, 18, 22, 26, 30, 34, NL22, 26, 28, 30, 33, 34）、北浦（KR4, 8, 10, 17, 24, 35, KL10, 21.5）および北利根川（TL1, 6.7）の植生調査ならびに現存量の測定
1972. VIII. 23	ヘリコプターによる西浦、北浦、外浪逆浦、北利根川、鰐川、常陸川の全湖岸および河岸の水生植物群落の航空写真撮影（航路の関係で、北浦の二、三の湾入部、外浪逆浦の東岸、西南岸の大部分および常陸川の一部は撮影できなかった）。手持35mm版カメラ、普通ネガカラーフィルム、偏光フィルター使用
1972. IX. 8～14	自動車およびゴムボートによる西浦（NR0, 1, 2, 4～8, 10～11, NM25～26, NM37～NL33, NL0～1）および外浪逆浦（SR4～5.5）の植生ならびに現存量調査。TL2およびNR8～9地点におけるヨシ、マコモ、ガマ等の現存量坪刈り調査
1972. IX. 27	アジア測航（株）による全湖岸の航空測量写真撮影。赤外カラー（1/10,000）
1972. XI. 17	船外機つき和船による晩秋の植物群落の状況調査。西浦の一部（NR0～1, 4～7, NL0～2）

を用いた。それぞれの右岸、左岸および中岸（西浦の土浦から高浜に至る湖岸を中岸と呼ぶ）は、上記の記号の次にそれぞれR（右岸）、L（左岸）またはM（中岸）を付記して表わした。さらに、湖岸線の地点を示すには、建設省霞ヶ浦工事事務所の平面図による距離標の数字（基準点からのkm）を用いた。例えば、NR11と書いた場合は西浦右岸の11km地点、すなわち浮島地先の和田岬の入江を指すことになる。

1-3　調査方法

(1) 植生調査

水生植物の植物相と群落組成の調査は、大型モーターボート（または自動車）で調査地点まで行き、曳行したゴムボートに乗り換えて、湖岸の浅瀬部の群落内に入って実施した。各地点では、まず生活形別に植生の相観を記録したのち、湖岸から沖に向かっていくつもの区画を設け、各区画の水生植物を定量的に採取した。定量採取には4mほどの長柄のついた金網つきレーキ（幅35cm）を用い、ゴムボートの上からそれを湖底にしっかり押しつけて一定距離を引き、レーキにかかった植物体をすべてとりあげることを3～5回くり返し、収穫物をすべてビニール袋に納めて持ち帰り、出現種と種ごとの生体重を測定、記録した。このようにしてえた生体重を用いて、各地点、各深度帯の全標本重量に対する個々の種の生体重のパーセントを出し、表4-2のごときPenfound-Howardの被度階級にならった階級値を用いて群落組成表に記入した。組成表には、このようにして表現した被度（C）のほか出現頻度（F）も加え、二つの測度を用いて出現種の積算優占度（SDR_2, summed dominance ratio）を算出した。

表4-2　被度の階級

被度階級	被度（％）
4	75～100
3	50～75
2	25～50
1	6～25
1'	1～5
+	1以下

（2） 生活形による植生図の作成

水生植物の生活形、すなわち抽水植物、浮葉植物および沈水植物にもとづく植生図は、1972年8月23日と9月27日に撮影した航空写真を基礎とし、前記の植生調査の結果を参考にして作成した。

8月23日撮影の航空写真は、桜井と大橋がヘリコプターに搭乗し、フジカラーN100を用い、水面の反射光をさけるため偏光フィルターをかけて、対地高度300〜400mから35mmカメラにより手持ち撮影したものである。総数約800枚をすべてキャビネ版にプリントして（およそ1/1,000になる）判読に供した。この航空写真は、西浦すべての湖岸線をカバーしたが、他の水域は航路の関係で一部撮影不可能であり残念であった。この種の写真は、撮影高度や角度が一定にならないため、そのままトレースして植生図をつくることはできないが、偏光フィルターの効果によって沈水植物群落が鮮明に撮影され、植生を概観するのに極めて効果があり、下記の1/10,000の赤外カラーによる航空写真の解読に威力を発揮した。

9月27日撮影の航空写真は、アジア測航（株）による1/10,000の赤外カラーで、23×23cm版プリント237枚によって霞ヶ浦の全水域がカバーされている。この写真では、濃いブルーの湖水面をバックにして、抽水植物および浮葉植物群落は褐色〜赤色に写るため、鮮明かつ容易に判読できるが、沈水植物群落は黒く写り、プリントの調子が暗い場合にはその判読が必ずしも容易ではない。なお、9月27日のこの航空写真の撮影は、水生植物調査のためには時期がやや遅過ぎた感がある。

西浦の植生図は、これら両種の航空写真を総合しつつ、群落の分布を1/10,000の湖沼平面図におとし、さらにトレースして作成した。この場合、図上で1mm以下、すなわち実際の湖面で10m以下の独立した小群落は省略せざるをえなかった。

（3） 生活形別の現存量の測定

浮葉植物群落と沈水植物群落については、植被の密度によってこれに6階級の現存量評点（4, 3, 2, 1, 1′, ＋）を与え、各階級について1m^2当たりの平均現存量とその階級に属する全湖面の植被面積を求め、その積の合計によって全湖面の現存量を算出した。

それぞれの階級の平均現存量は、その階級を代表する数地点の群落について、すでに(1)に述べた方法によって測定した。測定結果と階級ごとの平均現存量を**表4－3**に示す。表中の水生植物の乾物量を求めるために、それぞれの種の水分含量を8月、9月に則定した。その結果を**表4－4**に示す。

表4－3のごとく、評点4を与えられた群落では現存量がかなりばらついているが、その他の階級ではおおむね近似した値がえられている。この平均値を現存量算出の基礎数値として用いることは多少問題があるが、短期間の調査ではある程度やむをえないので、以後の計算にはこの1m^2当たりの現存量（乾物）を使うことにする。

浮葉植物および沈水植物の各評点の植被面積は、すでに述べた1/10,000の植生図の群落に現地調査と写真判読の結果を総合して評点を与え、評点ごとの面積を植生図上で測定して求めた。

抽水植物の単位面積当たりの現存量は、**表4－5**に示すように数地点について坪刈りを行って

IV. 1972年（昭和47）の水生植物と植生図

表4－3 浮葉植物群落と沈水植物群落の現存量評点による階級別単位面積当り現存量（1972年8月測定）

現存量評点	群落の優占種	測定地点	水深 (m)	実測現存量 生体 (g/m²)	実測現存量 乾物 (g/m²)	平均現存量 生体 (g/m²)	平均現存量 乾物 (g/m²)
4	ヒシ・ガガブタ	NM 34	1～1.5	3,400	350.0	1,570	147
	アサザ	KR 17	0.7	817	61.3		
	ササバモ	KR 34	2.0	1,134	129.3		
	ヒロハノエビモ	NR 37	2.3	1,000	60.0		
	オオカナダモ	NM 26	2.0	1,518	133.6		
3	センニンモ・ホザキノフサモ	NR 32	0.65	345	21.4	450	39.0
	ホザキノフサモ・ササバモ	NR 34	0.7	474	41.7		
	クロモ・ササバモ	NM 11	0.7	400	36.4		
	ササバモ	KR 8	1.0	541	61.7		
	セキショウモ	TL 6.7	0.8	491	33.9		
2	ササエビモ	NR 32	0.9	246	14.8	189	15.0
	ササバモ	NM 7	1.5	183	20.9		
	セキショウモ	KR 10	1.0	137	9.5		
1	ササバモ	NM 15	2.3	82	9.3	86	7.7
	セキショウモ	NM 18	0.7	89	6.1		
1'	エビモ	KL 10		46	2.8	51	4.2
	ササバモ	NR 44	1.0	42	4.8		
	ササバモ	NM 22		56	6.4		
	セキショウモ	NL 33	0.8	65	4.5		
	ササバモ	NL 22	1.0	41	4.7		
	ホザキノフサモ	NL 22	1.5	41	2.5		
	ホザキノフサモ・エビモ	KR 4	1.8	64	3.9		
＋	センニンモ	NM 30	1.2	13	1.0	13	1.0

表4－4 水生植物の水分含有量（1972年8月、9月測定）

種　名	水分含有量 (%)	種　名	水分含有量 (%)
リュウノヒゲモ	90.0	オニバス	95.7
ササバモ	88.6	ヒメビシ	87.9
エビモ	94.0	ヒシ	88.1
クロモ	93.3	アサザ	92.5
オオカナダモ	91.2	ガガブタ	91.4
フサジュンサイ	96.6	ヨシ	50.3
セキショウモ	93.1	マコモ	77.3
マツモ	94.8	ガマ	83.9
ホザキノフサモ	93.8		

1. 調査内容・時期・場所・方法

表4-5 抽水植物の単位面積当り現存量(乾物 g/m²)(1972年9月測定)

種名	区No.	測定地点	ヨシ	ヨシ以外の植物	ススキ	生活植物合計	枯死体	リター	総合計	個体数 D(本)	平均草丈 H(cm)	D×H
ヨシ	1	TL2	910	41	30	980	302	—	1,282	73	181	13,213
	2	NR8〜9	1,441	48	—	1,489	242	373	2,104	77	(226)	(17,402)
	3	〃	1,451	112	—	1,563	129	482	2,174	73	226	16,498
	4	〃	621	365	—	986	—	—	986	51	135	6,885
	5	〃	705	130	—	835	488	—	1,323	92	132	12,144
			ガマ	ガマ以外							最高草丈	
ガマ	1	NR8〜9	1,191	—	—	1,191	257	—	1,448	24	321	
	2	〃	1,336	—	—	1,336	498	—	1,834	33	327	
	3	〃	1,143	(マコモ)385	—	1,528	834	—	2,362	39 ガマ15 マコモ24	319	
	4	〃	756	—	—	756	293	—	1,049	36	260	
			マコモ	マコモ以外								
マコモ	1	NR8〜9	1,523	—	—	1,523	168	—	1,691	46	255	
	2	〃	1,523	(ヨシ)32	—	1,555	97	—	1,652	39	257	

求めた。この表から各植物の1m²当たり現存量(乾物)およびその平均値を求めれば、次のようになる。

ヨシ　　1,170.6
マコモ　1,202.8　　平均 1,304.1 g/m²
ガマ　　1,539.0

抽水植物の現存量は、この平均値をその全植被面積に乗じて求めた。しかし、3種の抽水植物の湖岸における生育場所および枯死植物遺体の水中への回帰の状態は、それぞれ異なっている。すなわち、霞ヶ浦では一般的にヨシが最も陸性が強く、抽水植物群落の最も外側に繁殖し、その枯死体が直接湖水中に回帰する量は比較的少ない。これに比べ、ガマはその基部がほとんど常に湖水に没する場所に生育し、枯死体は直接湖水中に回帰する。マコモはおよそその中間かあるいはヨシ的性格が強い。したがって、これら3種の抽水植物をひとまとめにして論ずるのは多少難がある。しかし今回の調査では、これら3種の抽水植物の植被面積を全湖岸にわたって分別測定することは、時間的に不可能であった。航空写真からもそれらの判別は容易でない。この問題は、今後調査の機会があればとり上げたいが、もしかりに、今回の調査結果からガマの量を分離して抽水植物全体の約10％とみれば、著しい誤りはないものと推定される。

霞ヶ浦で今回の調査で見出された抽水植物には、以上のほかにコウホネ、ハス、オモダカがあるが、これらの現存量は全湖面としてみれば極めて少ないので、現存量の計算には無視することにした。

(4) VSおよびC、N、Pの化学分析

化学分析用の試料は、採取後現地の霞ヶ浦工事事務所の実験室で80〜100℃でいったん乾燥したのち、研究室でさらに105〜1,100℃で十分に乾燥して分析に供した。炭素の分析は小坂等に

Ⅳ. 1972年（昭和47）の水生植物と植生図

よる湿式燃焼による重量法、窒素はキュルダール法、燐はバナドモリブデン酸法によった。また、VS（灼熱減量）は電気炉で600℃、20分間灼熱して求めた。VSの値は、だいたい植物体中の有機物の量を示すものと考えてよい。

水生植物体として存在するC、N、Pおよび有機物の現存量は、上記のようにして得た各成分の含有量を植物体の現存量に乗じて求めた。

2. 調査結果ならびに考察

2－1 水生植物の植物相と群落組成

霞ヶ浦の水生植物の植物相については、黒田（1899）、茨城県（1958）、籾山（1971）、山内（1971）、茨城県（1973）などの報告がある。それらの調査報告と今回のわれわれの調査を合わせると、水生植物相は表4－6に示すようになる。

記録されている水生植物は25科78種であるが、今回のわれわれの調査でみることのできた種類は14科32種となっている。そのうちの主な種類は、抽水植物のヨシ、マコモ、ガマ、沈水植物のササバモ、ホザキノフサモ、センニンモ、ヒロハノエビモ、エビモ、クロモ、浮葉植物のアサザ、ヒシ類、オニバスである。特に、帰化植物のオオカナダモが富栄養化したところに部分的に大繁殖しているのが注目された（NR10～11、NM25～26、NM36～NL33など）。

わが国の水生植物のフロラと生態については三木（1937）、生嶋ら（1962）、加藤（1965）などの報告がある。生嶋らの琵琶湖、加藤による八郎潟のフロラと霞ヶ浦のフロラとを比べてみると次のようになる。

すなわち、琵琶湖と霞ヶ浦で共通の種類は沈水植物で、ササバモ、ガシャモク、ヒロハノエビモ、センニンモ．エビモ、クロモ、セキショウモであった。琵琶湖に多く霞ヶ浦に少ない種類としてネジレモ、逆の場合はリュウノヒゲモであった。また八郎潟との比較では、両者に共通な種はリュウノヒゲモ、センニンモ、ヒロハノエビモ、セキショウモ、クロモ、マツモ、ホザキノフサモである。八郎潟にあって霞ヶ浦に記録のない種類にカワツルモ、コアマモなどで、その逆の例はササバモ、ササエビモなどである。このように、ササバモ、ササエビモのような種が量的にも多いことから、この湖における水生植物の分布上の特徴は関東以西、あるいは熱帯、暖帯の要素が強いようにみえる。

また、オオカナダモは黒田の報告にはもちろん、1958年の茨城県の報告にもみられず、1971年の籾山の報告ではじめて記載されている。1972年のわれわれの調査では部分的とはいえ、大繁殖をしているオオカナダモがみられたことは重要である。

このようにフロラの面からみると、それぞれの湖ともかなり共通の種類が多い。しかし、その種類組成の量的な面に立入ってみると、湖全体としての優占種は異なっている。

例えば加藤によれば、八郎潟ではリュウノヒデモ、ヒロハノエビモが優占種として湖全域に分布しているというし、生嶋らの報告にある琵琶湖ではネジレモ、クロモ、センニンモなどが優占しているという。また、延原（1970）、岩田ら（1970）の富士五湖の調査ではエゾヤナギモが多い

2. 調査結果ならびに考察

表4－6 霞ヶ浦の水生植物相

植物名		黒田 (1899)	茨城県 (1958)	籾山・山内 (1971)	桜井 他 (1972)
ヒルムシロ科	**POTAMOGETONACEAE**				
リュウノヒゲモ	*Potamogeton pectinatus*	○	○	○	○
ヒルムシロ	*P. distinctus*	○	○	○	
アイノコヒルムシロ	*P. malainoides*			○	○
ササエビモ	*P. distinctus* var. *gtamineus*				○
ササバモ	*P. malaianus*	○	○	○	○
ガシャモク	*P. dentatus*		○		
ヒロハノエビモ	*P. perfoliatus*	○	○	○	○
センニンモ	*P. Maackianus*	○	○	○	
サンネンモ	*P. biwaensis*			○	
ミズヒキモ	*P. Vaseyi*	○	○		
エビモ	*P. crispus*	○	○		○
イトモ	*P. pusillus*	○	○		
ヤナギモ	*P. oxyphyllus*	○		○	
エゾヤナギモ	*P. compressus*		○	○	
オオササエビモ	*P. anguillanus*			○	
イサリモ	*P. nakamurai*			○	
トチカガミ科	**HYDROCHARITACEAE**				
クロモ	*Hydrilla verticillata*		○	○	○
オオカナダモ	*Elodea densa*			○	○
コウガイモ	*Vallisneria denseserrulata*		○	○	
セキショウモ	*V. gigantea*	○	○	○	○
ヤナギスブタ	*Blyxa japonica*		○		
スブタ	*B. echinosperma*	○	○		
ナガヒゲスブタ	*B. Shimadai*		○		
トチカガミ	*Hydrocharis dubia*	○	○	○	○
ミズオオバコ	*Ottelia japonica*	○	○		
オモダカ科	**ALISMATACEAE**				
ヘラオモダカ	*Alisma canaliculatum*	○	○		
マルバオモダカ	*Caldesia parnassifolia*	○	○		
ウリカワ	*Sagittaria pygmaea*	○	○		
オモダカ	*S. trifolia*		○		○
イバラモ科	**NAJADECEAE**				
イバラモ	*Najas marina*	○	○	○	○
ヒロハトリゲモ	*N. foveolata*		○		
トリゲモ	*N. minor*	○	○		
イトトリゲモ	*N. gracillima*		○		
ムサシモ	*N. ancistrocarpa*		○		
ウキクサ科	**LEMNACEAE**				
ウキクサ	*Spirodela polyrhiza*	○	○		○
ヒンジモ	*Lemna trisulca*	○	○		

IV. 1972年（昭和47）の水生植物と植生図

植物名		黒田 (1899)	茨城県 (1958)	籾山・山内 (1971)	桜井 他 (1972)
ガマ科	**TYPHACEAE**				
ガマ	*Typha latifolia*	○	○		○
ヒメガマ	*T. angustifolia*		○		
イネ科	**GRAMINEAE**				
ヨシ	*Phragmites communis*	○	○		○
マコモ	*Zizania latifolia*	○	○		○
ミズアオイ科	**PONTEDERIACEAE**				
ミズアオイ	*Monochoria Korsakowii*	○	○		
コナギ	*M. vaginalis* var. *plantaginea*	○	○		○
ツユクサ科	**COMMELINACEAE**				
イボクサ	*Murdannia Keisak*		○		
カヤツリグサ科	**CYPERACEAE**				
クログワイ	*Eleochalis Kuroguwai*	○	○		
ヌマハリイ	*E. mamillata*	○	○		
カドハリイ	*E. tetraquetra* forma *Tsurumachii*		○		
フトイ	*Scirpus lacustris* subsp. *creber*	○	○		
スイレン科	**NYMPHAEACEAE**				
ジュンサイ	*Brasenia Schreberi*	○	○		
フサジュンサイ	*Cabomba caroliniana*		○		○
コウホネ	*Nuphar japonicum*	○	○		○
オニバス	*Euryale ferox*		○		○
ハス	*Nelumbo nucifera*		○		○
ヒツジグサ	*Nymphaea tetragona*	○	○		
マツモ科	**CERATOPHYLLACEAE**				
マツモ	*Ceratophyllum demersum*	○	○	○	○
ヨツバリキンギョモ	*C. demersum* var. *quadrispinum*		○		
キンポウゲ科	**RANUNCULACEAE**				
バイカモ	*Batrachium nipponicum*		○		
ヒメバイカモ	*B. kazusensis*		○		
アリノトウグサ科	**HALORAGACEAE**				
ホザキノフサモ	*Myriophyllum spicatum*	○	○	○	○
タチモ	*M. ussuriense*	○	○		
フサモ	*M. verticillatum*	○	○		
ヒシ科	**TRAPACEAE**				
ヒメビシ	*Trapa incisa*	○	○	○	○
ヒシ	*T. bispinosa* var. *Iinumai*		○	○	○
オニビシ	*T. natans.* var. *japonica*				○
ヒシ属中間型 I	*Trapa* sp. I				○
ヒシ属中間型 II	*Trapa* sp. II				○

植 物 名		黒　田 (1899)	茨城県 (1958)	籾山・山内 (1971)	桜井 他 (1972)
ミソハギ科 　ミズスギナ	**LYTHRACEAE** *Rotala Hippuris*		○		
モウセンゴケ科 　ムジナモ	**DROSERACEAE** *Aldrovanda vesiculosa*	○	○		
リンドウ科 　アサザ 　ガガブタ	**GENTIANACEAE** *Nymphoides peltata* *N. indica*	○ ○	○ ○	○	○ ○
ゴマ科 　ヒシモドキ	**PEDALIACEAE** *Trapella sinensis* var. *antennifera*		○		
ゴマノハグサ科 　キクモ	**SCROPHULARIACEAE** *Limnophila sessiliflora*	○	○		
タヌキモ科 　コタヌキモ 　タヌキモ	**LENTIBULARIACEAE** *Ulticularia intermedia* *U. tenuicaulis*	○ ○	○ ○		
シャジクモ科 　シャジクモ 　カタシャジクモ 　オオシャジクモ 　フラスモ 　タチフラスモ	**CHARACEAE** *Chara Braunii* *C. globularis* *C. Corallina* *Nitella* *Nitella*	○	○ ○ ○ ○ ○		○
ミズワラビ科 　ミズワラビ	**PARKERIACEAE** *Ceratopteris thalictroides*		○		
デンジソウ科 　デンジソウ	**MARSILEACEAE** *Marsilea quadrifolia*	○	○		
サンショウモ科 　サンショウモ 　アカウキクサ	**SALVINIACEAE** *Salvinia natans* *Azolla imbricara*	○ ○	○ ○		

とされている。その点について、霞ヶ浦全域についてどの種類が一番多く分布しているかの目安を与えるのが表4−7である。表4−7には、1972年の5月と8月にそれぞれ20個と53個の調査地点で、被度によって測定された各種類の積算優占度（SDR）が示されている。表によると、積算優占度の高い種類は5月の調査ではリュウノヒゲモ、ササバモ、センニンモの順に、8月の調査ではササバモ、ホザキノフサモ、ヒロハノエビモ、セキショウモ、センニンモ、クロモの順となっている。5月と8月では水生植物の種類組成の順位に若干のちがいがみられた。さきに述べたように、琵琶湖、八郎潟、富士五湖との種類相の比較では、各湖とも共通の種類が多いけれども、優占種はそれぞれ異なっていることは興味のあるところである。

ところで、表4−7の示していることは、霞ヶ浦を全体としてみたときのおおまかな水草の量

IV. 1972年（昭和47）の水生植物と植生図

表4－7　霞ヶ浦の水生植物群落の種類組成

調査年月日	1972年5月25日			1972年8月		
	被度	頻度(%)	SDR$_2$	被度	頻度(%)	SDR$_2$
リュウノヒゲモ	27.2	65	100.0	5.7	6	5.5
ササバモ	22.3	55	83.4	68.6	53	100.0
センニンモ	12.2	45	57.0	11.5	17	24.5
ホザキノフサモ	13.1	35	51.0	31.9	42	62.6
エビモ	12.2	25	41.6	5.7	15	18.5
ヒロハノエビモ	5.3	30	32.7	19.5	25	37.4
ヒメビシ	1.2	15	13.9	1.9	2	1.9
セキショウモ	0.3	15	12.1	21.3	21	35.2
ササエビモ	0.1	15	11.8	6.6	13	17.4
アサザ	4.0	5	11.2	10.0	6	12.7
オオカナダモ	1.0	5	5.7	11.0	9	16.9
フサジュンサイ	0.04	5	3.9	1.9	2	1.9
不明種	0.04	5	3.9			
クロモ				4.2	21	22.8
ヒシ				7.0	6	10.6
アイノコヒルムシロ				3.2	8	9.6
ウキクサ				5.7	6	8.4
マツモ				5.7	6	7.6
コウホネ				3.8	4	6.6
トチカガミ				3.8	4	5.8
ガガブタ				1.9	2	3.3
オニバス				1.9	2	3.3

的構成である。しかし、実際には霞ヶ浦で水生植物の生育している湖岸の環境は多様である。例えば、湖岸から湖心に向かって遠浅なところと急傾斜になっているところ、入江の内側の波静かな湖岸と沖に開けている動水性の湖岸、流入河川の河口付近での水質の栄養化したところとそうでないところなどさまざまである。そして、水生植物はそれらの環境に応じていろいろな型の群落を形成している。

　そこで、湖全域にわたる植生調査をもとにして、類似の水生植物群落のある立地をグルーピングするという操作によって**表4－8**を作成した。この表によって、霞ヶ浦にはササバモ優占群落、セキショウモ優占群落、オオカナダモ・ヒシ優占群落、アサザ優占群落があることがわかる。しかも、このササバモ優占群落もササバモ1種類からなるいわゆる純群落と、ホザキノフサモと2種類からなる場所、その他センニンモ、クロモ、ヒロハノエビモなど数種の植物からなる群落ができる場所があることがわかる。

　表4－8からこれらの群落を整理してみると次のようになる。

1. ササバモ優占群落
   1－a　ササバモ純群落

表4－8　霞ヶ浦の水生植物群落のタイプ

IV. 1972年（昭和47）の水生植物と植生図

    1－b   ササバモ・ホザキノフサモ群落
    1－c   ホザキノフサモのほかにセンニンモ、ヒロハノエビモなどを含む群落
 2. セキショウモ群落
 3. アサザ優占群落
 4. オオカナダモ優占群落
    4－a   オオカナダモ群落
    4－b   オオカナダモ・ヒシ類群落

これらの群落は、それぞれに対応する環境条件のもとに成立している。その環境が最も対照的な群落は、ササバモ優占群落とオオカナダモ優占群落の場合である。オオカナダモの優占群落は、入江の奥のような静水性で水質が汚染されたところに大繁殖し（**写真4－1**）、しばしばオニバスなどをともなう群落をつくる。それに対してササバモの優占する群落は、入江の外側の動水域で、比較的水のきれいなところにできるようにみえる（**写真4－2**）。ところで、このササバモ優占群落の中にもいろいろなタイプの群落がある。そして、その成立に影響を与えている要因に、湖岸

写真4－1 NM25～26の入江に発達したオオカナダモの群落

写真4－2 NM22付近の開けた湖岸にみられるササバモの群落

の地形、底質、水深、波の強さなどが考えられる。

　まず、1－aのササバモ純群落はNM7とNM15付近、およびNL26、NL30付近にみられた。この場所は湖岸から急に1mから1.5mの深さになり、かなり水の動きの激しいところであった。また、NR30付近、NL20付近では湖岸が比較的遠浅のところがあり、そこにはササバモ、ホザキノフサモ、センニンモ、クロモ、ヒロハノエビモなどの水草が生育していた。

　このような場所は、湖岸の抽水植物群落の発達もよく、陸に向かってガマ、マコモ、ヨシの順に帯状の群落が発達していた。そして、入江になっていて波の静かな場所には抽水植物帯と沈水植物帯の間にアサザ、ヒシ類の浮葉植物の群落がみられた。このように、三つの生活形の水生植物のある立地は霞ヶ浦において最も成熟した立地であって、この湖の本来の姿を多く残した群落といえるであろう(写真4－3)。

　さらに、このような場所は湖水中の小生物群も豊かで、魚類の餌場としてもまた産卵の場所としても重要なところといえよう。面積はわずかであっても、この場所が湖の他の部分に比して重要であることを強く認識する必要がある。この立地が水質の汚染をうけ富栄養化に向かうと、入江になっているところでは、マツモなどを含むオオカナダモ・ヒシ類の群落を経てオオカナダモ・オニバスの群落になるようにみえる。オオカナダモ・オニバスの群落は霞ヶ浦で最も汚染された水域にみられた。

　またこの群落は、波の動きのはげしい場所では浮葉植物群落が減少し、湖心に向かって急傾斜するところではササバモ・ホザキノフサモ群落を経て、水深が1.5mから2mに至るところではササバモ純群落となる。さらに、水が川のような流れとなり、底質が砂質になるとセキショウモの純群落が成立する。

写真4－3　岸から湖中に向かって、抽水植物、浮葉植物、沈水植物の各群落が成立していて、この湖で最も安定した水生植物群落を持つ湖岸(西浦左岸)

IV. 1972年（昭和47）の水生植物と植生図

　これらの場所は、さらに堤の建設や浚渫などのような急激な変化をうけると植生の単純化に向かい、やがては無植生の湖岸となる。また、湖の水位の急激な上昇や下降は、湖岸の水生植物群落の変質、破壊をひき起こし、それによって内水面漁業に重大な影響を与えるものと思われる。

2-2　生活形による現存植生図（西浦）

　霞ヶ浦（西浦）の全湖岸にそって、抽水植物群落、浮葉植物群落、沈水植物群落の分布を示す1/10,000の植生図を作成した。巻末にそれを示すが、これらは印刷の都合上1/10,000より縮小されている。

　沈水植物の生育している限界水深を地図によって検討してみると、およそ2mから2.5mであった。植生図が示しているように、霞ヶ浦の湖岸は水生植物によって一様に被われているのではなくて、それぞれの湖岸ごとにいろいろな群落が成立していることがわかる。すなわち、水生植物群落からみて、霞ヶ浦は次のような湖岸に分けることができる。

1. 水生植物を全く欠く湖岸
2. 抽水植物群落だけが成立している湖岸
3. 抽水植物群落、浮葉、沈水植物群落によって被われている湖岸
4. 抽水植物群落と沈水植物群落からなる湖岸
5. 浮葉、沈水植物群落のみからなり、抽水植物群落を欠く湖岸
6. 沈水植物群落のみからなる湖岸

　いま、全湖岸を1kmごとに区切って、上記の六つの型の湖岸が出現する頻度をみると、抽水植物群落と沈水植物群落とからなる湖岸が最も多く、全湖岸の50.4％を占める。すなわち、霞ヶ浦はヨシ、マコモ、ガマのような植物の群落の内側に、ササバモ、エビモ、ヒロハノエビモのような沈水性の植物群落が成立しているような湖岸が一番多い。

　次に多い湖岸のタイプは、ヨシ、マコモなどの抽水植物群落のみからなる湖岸で、全体の21％を占めている。沈水植物群落からのみなる湖岸は全体の13.5％となっている。また、湖岸に全く水生植物を欠く場所は全体の9.2％となっている。

　ところで、霞ヶ浦を水生植物群落からみたとき、最も安定した自然な湖岸は、すでに述べたように、抽水植物群落、浮葉植物群落、沈水植物群落が帯状に岸から湖の中心に向かって配列しているようなところであると考えられる。このような場所は湖岸の保全の点からみて安定しているだけでなく、それらの植物群を生活の場所とする湖の生物群、特にその場所を産卵場所とする魚群にとって重要な場所ということができる。相観的にみて、このような湖岸は霞ヶ浦全体の約3.2％を占めている。

　例えば、西浦右岸の起点付近（NR0）とか浮島水位観測所付近（NR10～11）、古渡橋の近く、柏崎付近の湾入部（NM25～26）、高浜の地先などがこのタイプの湖岸をもつ（写真4-4）。

　これらの地点の特徴は、いずれも湾になっているところで、波が静かで遠浅であるという共通点がある。しかし、それら場所の水生植物群落の種類組成は大きく異なっていて、水質の富栄養化が進んでいる場所では、オニバス、ヒシ、オオカナダモ（写真4-5）が、水がきれいな場所で

2. 調査結果ならびに考察

写真4-4　抽水植物群落、浮葉植物群落、沈水植物群落がよく発達している湖岸（1972年8月）
　　　a：NR0の航空写真。手前よりヨシ、マコモ、アサザ、ササバモの群落
　　　b：NR0のアサザの大群落（開花中）。向こうはマコモ
　　　c：NR10〜11　　d：小野川の古渡付近右岸

写真4-5　富栄養化の最も進んだ高浜地先（NR36〜NL33）の水生植物群落
　　　a：手前はマコモ、その先の黒い部分はすべてオオカナダモ、
　　　　 小さい斑点はヒシの群落、遠方はオニバスの大群落の一部
　　　b：オニバスの大群落

IV. 1972年（昭和47）の水生植物と植生図

写真4－6 抽水植物群落と沈水植物群落が
成立している湖岸
（外浪逆浦 SR5.7）

写真4－7 沈水植物のみからなる湖岸
a：NR13付近　b：NR17付近　c：NR28付近

は、アサザ、ササバモ（写真4－4 a、b）がその場所の優占種となっている。

次に、抽水植物群落と沈水植物群落が成立している湖岸（写真4－6）は全湖の50.4％を占めている。また、岸に抽水植物群落を欠き、沈水植物群落のみの場所はNR17.75の付近、NR13から14付近にみられた（写真4－7）。

このような場所は写真4－7からもわかるように、波当たりの激しい開けた湖岸であるとともに、湖岸線にかなり著しい人為的変革が加えられたところである。さらに、抽水植物群落のみからなる湖岸、あるいは無植生の湖岸は植生図に示されているとおりである。

次に、各生活形別の水生植物群落が霞ヶ浦全体でどのくらいの面積を被っているかを検討した。その結果は表4－9に示すとおりである。表中の＋から4までの立地の現存量評点は、それぞれ

表4－9 霞ヶ浦における生活形別水生植物群落の総面積 （単位：アール）

現存量評点	＋	1′	1	2	3	4	合　計
抽水植物群落	—	—	—	—	—	46,000	46,000
浮葉植物群落	0	0	0	0	75	3,090	3,165
沈水植物群落	2,380	6,020	15,600	31,300	12,200	7,280	74,780

の場所の典型的な部分で現存量を測定して決めた。したがって、それぞれの生活形別の群落で現存量評点が+の場所が何アール、4の場所が何アールというように示されている。

この表からわかるように、霞ヶ浦の抽水植物群落は約460ha、浮葉植物群落は約32ha、沈水植物群落は約750haある。その現存量評点別の面積の内訳は、表から読みとることができる。

2-3 水生植物の現存量（西浦）

すでに1-3の(3)に述べたような、水生植物群落の植被密度にもとづく評点の階級ごとの単位面積当たり現存量と、2-2に述べた各階級別の植被面積から西浦全体の水生植物の現存量を生活形別に算出すれば、**表4-10**のような結果が出る。

すなわち、1972年夏の終りの時期に霞ヶ浦の西浦の沿岸帯に生育している水生植物の総現存量は6,260tであり、そのうち約6,000t（約96%）はヨシ、マコモ、ガマ等の抽水植物が占め、残りの約260t（約4%）が浮葉植物および沈水植物ということになる。なお、1-3の(3)に述べたように、枯死した植物体が直接湖水中に還元される量を知るために、上記の浮葉・沈水植物の現存量にガマを加えて概算すれば、その値は約860t（約14%）になる。

ここで水生植物の生産量について一言しておく。湖水中の緑色植物による一次生産量を求める場合、植物プランクトンはターンオーバー・タイムが非常に短いため、その年間の全生産量は短期間の生産量を頻繁に測定して積算しなければならない。しかし、水生高等植物は1年間に1世代しか過さないので、その成長が最高に達した時季の現存量を測定すれば、それを年間の純生産量の近似値とみなすことができる。

表4-10　西浦の水生植物の現存量 （1972年8～9月）

生活形	現存量の評価	+	1′	1	2	3	4	合計
沈水植物および浮葉植物	1m²当り現存量（乾物 g/m²）	1.0	4.2	7.7	15.0	39.0	147	
	植被面積 (a)	2,380	6,020	15,600	31,300	12,275	10,370	
	現存量 (t)	0.238	2.53	12.01	46.96	47.87	152.44	262.04
抽水植物	1m²当り現存量（乾物 g/m²）			1,304				
	植被面積 (a)			46,000				
	現存量 (t)			5,998.4				5,998.4
合計	乾物 (t)							6,260.44

2-4 水生植物のVSおよびC、N、P組成ならびに水生植物体として存在するそれらの現存量

1972年8月～9月に、霞ヶ浦の各所で採取した水生植物のVS（灼熱減量）およびC、N、Pの組成について行った化学分析の結果を**表4-11**に示した。この結果を用い、表4-10の水生植物の現存量にもとづいて、湖中に水草として存在するこれら元素の量を概算するため、生活形別に平均

IV. 1972年（昭和47）の水生植物と植生図

表4－11　水生植物のVSおよびC、N、P含量（対乾物　%）

	種　　名	VS	C	C/VS	N	C/N	N/VS	P	C/P	N/P	P/VS
沈水植物	マツモ	52.6	26.9	51.1	2.03	13.3	3.9	0.05	538.0	40.6	0.10
	リュウノヒゲモ	75.0	34.7	46.3	2.97	11.7	4.0	0.18	192.8	16.5	0.24
	クロモ	80.5	41.1	51.1	3.97	10.4	4.9	0.58	70.9	6.9	0.72
	カナダモ	68.7	34.7	50.5	3.59	9.7	5.2	0.54	64.3	6.7	0.78
	オオカナダモ	83.5	39.2	46.9	3.11	12.6	3.7	0.46	85.2	6.8	0.56
	エビモ	79.8	39.5	49.5	2.08	19.0	2.6	0.24	164.6	8.7	0.30
	フサジュンサイ	80.2	40.2	50.1	3.27	12.3	4.1	0.30	134.0	10.9	0.38
	ササバモ	82.5	42.1	51.0	3.55	11.9	4.3	0.58	72.6	6.1	0.70
	ササバモ	85.7	41.6	48.5	3.18	13.1	3.7	0.28	148.6	11.4	0.33
	ホザキノフサモ	62.5	34.2	54.7	2.53	13.5	4.1	0.30	114.0	8.5	0.48
	セキショウモ	50.7	25.7	50.7	1.89	13.6	3.7	0.28	91.8	6.8	0.56
	コウガイモ	66.9	32.1	48.0	2.47	13.0	3.7	0.26	123.5	9.5	0.38
浮葉植物	ガガブタ	91.0	43.9	48.2	2.28	19.3	2.5	0.34	129.1	6.7	0.38
	オニバス	85.0	38.5	45.3	3.64	10.6	4.3	0.64	60.2	5.7	0.76
	アサザ	84.9	40.0	47.1	3.90	10.3	4.6	0.42	95.2	9.3	0.50
	ヒシ	84.5	41.3	48.9	2.05	20.1	2.4	0.26	158.8	7.9	0.31
	ヒシ	91.8	46.0	50.1	1.68	27.4	1.8	0.13	353.8	12.9	0.14
	ヒメビシ	89.7	43.8	48.8	2.52	17.3	2.8	0.32	136.9	7.9	0.36
	オニビシ	82.6	40.4	48.9	2.84	14.2	3.4	0.30	134.7	9.5	0.36
抽水植物	ヨシ	89.6	43.4	48.4	1.46	29.7	1.6	0.17	252.3	8.6	0.19
	マコモ	87.3	40.7	46.6	1.55	26.3	1.8	0.21	193.8	8.2	0.24
	ガマ	87.2	45.0	51.6	1.23	36.6	1.4	0.16	281.3	7.7	0.18

表4－12　霞ヶ浦水生植物の生活形別のVSおよびC、N、P組成

（単位：%）

	VS	C	C/VS	N	C/N	N/VS	P	P/VS
抽水植物	88.0	43.0	48.9	1.41	30.5	1.6	0.18	0.20
浮葉植物	87.1	42.0	48.2	2.70	15.6	3.1	0.34	0.39
沈水植物	72.4	36.0	49.7	2.89	12.5	4.0	0.34	0.47
浮葉＋沈水植物	79.8	39.0	48.9	2.80	13.9	3.5	0.34	0.43

値を求めると表4－12のようになる。なおこれらの分析値は、水生植物の水中の体表につく付着物（ペリファイトン）を含む値であることを付記しておく。

　沈水植物のVSが低い、すなわち灰分含量が高いのは、水中の体表面にペリファイトンとして付着している珪藻殻、およびペリファイトン中に沈殿して容易に洗い落されない粘土粒子のためと思われる。そのためCのパーセントも低くなっている。しかし、C/VSの割合は生活形によりほとんど変化がない。抽水植物は浮葉植物や沈水植物に比べてNおよびPの含有量が低く、約半量に過ぎない。そのため炭素率（C/N%）が高くなっており、枯死した抽水植物体は分解しにくいことを示している。

　表4－10および表4－12から、西浦において水草として存在する有機物およびC、N、Pの量を

表4−13 西浦に水草として存在する有機物、C、NおよびPの量

(単位：t)

	水草（乾物）の現存量	有機物(VS)	C	N	P
抽水植物	6,000	5,280	2,580	84.6	10.8
浮葉植物＋沈水植物	260	207	101.4	7.28	0.88
合　計	6,260	5,487	2,681.4	91.88	11.68

概算すれば、表4−13のようになる。

なお、枯死した植物体を通して直接湖水中に回帰する量を推定するため、表4−13の浮葉植物＋沈水植物の値にガマによって供給される量を加えて概算すると、有機物は735t、Cは360t、Nは16t、Pは2tになる。

2−5　水生植物からみた霞ヶ浦の特性

霞ヶ浦の水生植物の植物相および分布からみた特徴については、すでに2−1、2−2に述べた。この項では、霞ヶ浦と同じく、本邦の代表的富栄養湖で最大水深も近似であり、また小泉・桜井（1967）、桜井・渡辺（1973）らにより今回の霞ヶ浦で行った調査方法とほぼ同一方法で調査されている諏訪湖と比較しつつ、水生植物の量的な特性について考察する。

霞ヶ浦と諏訪湖の水生植物の植被面積、現存量の特徴を対比させて表4−14に示した。表中で、諏訪湖については1966年の測定結果（小泉・桜井、1967による）と1972年の測定結果（桜井・渡辺、1973による）が併記されているが、この湖では汚濁防止対策の一環として1667年から沿岸部の浚渫と埋立てが行われており、水生植物の繁殖可能な水域が人為的にかなりせばめられている。したがって、霞ヶ浦の比較対象には1966年の測定値をもってするのが妥当である。

まず、単位湖岸線長当たりの水生植物の植被面積をみると、霞ヶ浦は諏訪湖の2倍に達している。生活形別にその内訳をみると、浮葉植物と沈水植物の植被面積には大差がないが、抽水植物群落では霞ヶ浦は諏訪湖の8倍に達する面積をもつことになる。これは、霞ヶ浦の湖岸線の自然度が非常に高いことを端的に物語るものであり、今後この湖の管理上、このような特性の保存には特別の注意を払う必要がある。湖における沿岸帯の水生植物群落の平均幅についても、上記と全く同じことがいえる。

単位湖岸線当たりの現存量をみると、霞ヶ浦は諏訪湖に比べ圧倒的に多く、4倍に達する。しかし、そのほとんどは良く発達した抽水植物帯、特にヨシ・マコモ群落に負うものであり、浮葉植物および沈水植物の植被は逆に諏訪湖より少ない。これは、霞ヶ浦が諏訪湖に比べはるかに大湖であるために、湖水の動きが比較的大きい開けた湖岸線が多いことと、富栄養湖であるとはいえ、すでに述べたような一部の湾入部を除いて、植被の密度が低いことによるものと考えられる。以上のような傾向は、単位湖面積当たりの現存量についても同様である。

すでにこの章の"まえがき"に述べたように、浮葉・沈水植物群落は魚族の繁殖のための藻場

IV. 1972年（昭和47）の水生植物と植生図

表4-14　霞ヶ浦と諏訪湖の水生植物の量的特性の比較

		霞ヶ浦 (1972)	諏訪湖 (1966)*	(1972)**
湖岸線長	(km)	120.4	17	
湖面積	(km²)	177.8	14.2	
植被面積	(a)	124,000	9,172	4,908
┌抽水植物		46,000	823	1,030
└浮葉植物＋沈水植物		78,000	8,349	3,878
現存量	(乾物 t)	6,260	220	146
┌抽水植物		6,000	64	79.5
└浮葉植物＋沈水植物		260	156	66.5
単位湖岸線長当りの植被面積	(a/km)	1,030	540	289
┌抽水植物		382	48.4	60.6
└浮葉植物＋沈水植物		648	491	228
群落の平均巾	(m)	103	54	29
┌抽水植物		38.2	5	6
└浮葉植物＋沈水植物		64.8	49	23
単位湖岸線長当りの現存量	(t/km)	52	12.9	8.6
┌抽水植物		49.8	3.8	4.7
└浮葉植物＋沈水植物		2.2	9.2	3.9
単位湖面積当り現存量	(t/km²)	35.2	15.5	10.3
┌抽水植物		33.7	4.5	5.6
└浮葉植物＋沈水植物		1.5	11.0	4.7

*小泉・桜井（1967）、**桜井・渡辺（1973）

として特に大切であるから、霞ヶ浦の現在の量を低下させないよう、今後底泥の浚渫等に当たっては特に注意しなくてはならない。この問題については、さらに次項で述べる。

今回の調査で得た霞ヶ浦水生植物の生活形別のVSおよびC、N、P含有量と、諏訪湖の水生植物の値（桜井・渡辺、1973）を比較して表4-15に示す。

表4-15　霞ヶ浦と諏訪湖の水生植物のVSおよびC、N、P含有量の比較（1972年、対乾物 %）

	抽水植物		浮葉植物		沈水植物	
	霞	諏	霞	諏	霞	諏
VS	88.0	88.1	87.1	88.8	72.4	84.7
C	43.0	44.0	42.0	43.1	36.0	42.4
N	1.41	2.54	2.70	3.58	2.89	3.94
P	0.18	0.097	0.34	0.12	0.34	0.17

これらの分析値は、報告者の一人である渡辺が1972年夏の試料について同一の方法で分析して得たものである。両湖の数値を比較すれば、VSおよびCは霞ヶ浦のものがやや低いとはいえその差は極めて小さいが、NおよびPについては著しい差があり、どの生活形についても霞ヶ浦のものは諏訪湖に比べてN含量が低く、P含量が高い傾向が顕著である。これは、二つの湖の都市下水等による汚染、または富栄養化の程度によく符合するものであり、諏訪湖の水生植物はN過多による成長の傾向があるが、霞ヶ浦の水生植物はそれに比べ"健全"であるということができよう。

2-6 将来における霞ヶ浦の人為的変革が水生植物に及ぼす影響の予測、ならびにその対策

近い将来において、霞ヶ浦の湖盆に物理・化学的変化を及ぼす人為的な変革として、発生する可能性のある問題には次の三つが考えられる。

① 流域からの生活排水、工場排水、畜舎排水、農地に施した肥料等の流入、および湖内の養殖漁業における人工給餌などによる湖水の汚濁ないし富栄養化。

② 下流における河口堰の建設および、大量取水などによる湖水位の変動。

③ 湖岸堤の建設および湖床の浚渫等による沿岸帯の地形の変革。

①の問題は現在までにも徐々に進行しているし、今後もさらに昂ずることは必至であろう。湖の有機汚染ないし富栄養化が水生植物に及ぼす影響の典型は、すでに引用した諏訪湖にみられる。諏訪湖の水生植物についてはすでに60年以上前から調査報告があり、近年における急激な富栄養化がその植物相や現存量に与えた影響を知ることができる。小泉・桜井(1967)は1966年にこの湖の水草を調査し、中野(1914)の報告による1911年の状況、およびHogetsu(1953)による1949年の状況と比較検討し、水生植物群落の遷移について論じているが、それを要約すると次のようになる。すなわち、かつてこの湖の優占種であったヒロハノエビモ、センニンモ、イバラモ、マツモ、セキショウモなどの沈水植物は近年急激に減少し、逆に60年前には全く存在せず、20年以前にもごくわずかであった浮葉植物のヒシが急速に増えて優占種となった。沈水植物ではササバモおよびコカナダモが増加した。また、全湖面現存量は1949年に比べ2倍に増加した。

霞ヶ浦においてもこのような傾向は、新利根川河口の押堀地先の湾部、浮島地先の和田岬の入江、柏崎の入江および高浜地先の湾部にみられる。霞ヶ浦に多い動水性の開けた湖岸において、富栄養化が水生植物群落にどのような影響を及ぼすかは明確に予測できないが、透明度の低下により補償深度が浅くなれば、沈水植物の分布は現在より後退することになろう。

諏訪湖について、さらに付言すべき重要な問題がある。この湖ではすでに述べたように、汚濁を少しでも回復させるため沿岸帯の浚渫を余儀なくされ、表4-14に示したように、これまでにもすでに浮葉・沈水植物の50%が失われてしまった。今後も続行される浚渫と下水処理場建設用地造成の埋立のため、さらに潰滅的な影響を受けることが予想される。霞ヶ浦においては、このような轍を踏まないため、流域の管理に十分意を用うる必要がある。

②の堰堤の設置と大量取水による水位の変動がもし起きたとすれば、それは水生植物群落にかなり顕著なマイナスの影響を与えることが予想される。しかし、致命的な影響を及ぼす変動幅の値については明言できる資料がない。それは、水位変動が発生する季節とその継続期間頻度により決まるものであろうが、湖の自然と漁業の保護のためには、人為的な水位の変動は極力さけねばならない。もしかりに、西浦の水位が短期間であっても1m近く低下するようなことがあれば、浮葉植物および沈水植物群落はほとんど潰滅するであろう。

人為的な取水による水位の変動によって、沿岸帯の水生植物群落が潰滅した典型的な例を、長野県の青木湖にみることができる。この湖は、高瀬川水系の総合開発計画の一環として、1954年から昭和電工(株)大町工場の発電用水に利用されるようになり、冬季間は沿岸帯の湖底が完

Ⅳ. 1972年（昭和47）の水生植物と植生図

全に露出する。そのため、昭和初年の中野（1930）の調査によれば27種を数え、ほとんど全湖周に分布していた水生植物の群落が、現在では半陸生のヨシ、ツルヨシなどを残すだけとなり、沈水植物および浮葉植物は完全に消滅してしまった（倉田、1969）。

③の湖岸堤の建設は、湖の治水上重要な事業である。その場合、図4－1aのような工事が行われる場合が多いが、この方法では堤防内に新しい土地が造成される代償に、沿岸帯の大切な水生植物群落の立地条件が失われてしまう。すでに述べた諏訪湖は、この方法で浚渫と護岸工事が行われ、自然湖岸は完全に消滅しようとしている。豊かな水生植物群落をもった自然湖岸の価値は、すでにまえがきに述べたとおりである。霞ヶ浦にはまだ自然度の高い湖岸が広範囲に残っている。このような場所で新たに堤防を築く場合には、図4－1bのように抽水植物帯をかなり残した陸側に築堤し、それより外側、すなわち湖側の地形や植物群落には手を加えない工法を採用することが必要である。

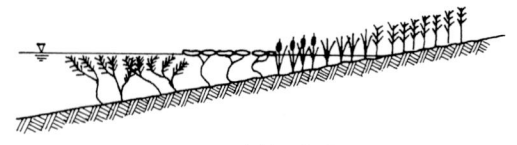

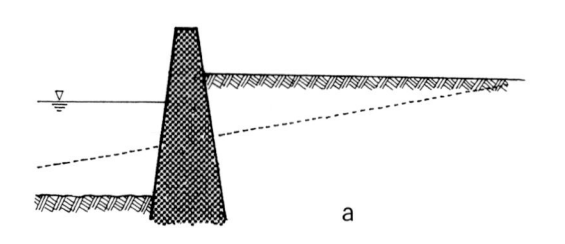

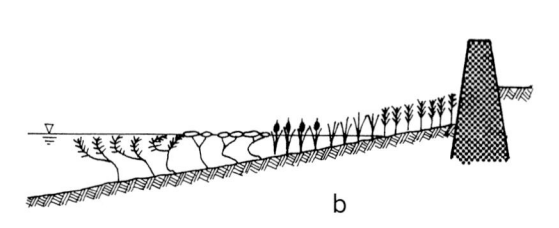

図4－1　水生植物群落を破壊しない護岸工事
a：この方法では大切な沿岸帯の自然がなくなる。
b：この方法が望ましい。

3. まとめ

① 1972年の5月から11月の間、霞ヶ浦の水生植物について植物相、分布、現存量を調査し、主要種についてVS（灼熱減量）およびC、N、P組成を分析した。

② 霞ヶ浦の水生植物相については、これまでに25科、78種が報告されているが、今回の調査でみられたものは14科、32種であり、優占種は、抽水植物ではヨシ、マコモ、ガマ、浮葉植物ではアサザ、ヒシ類、オニバス、沈水植物ではササバモ、ホザキノフサモ、センニンモ、ヒロハノエビモ、エビモ、クロモであった。なお、入江の静水域で富栄養化したところには、局所的にオオカナダモが大繁殖しているのが注目された。

③ 8月23日と9月27日に撮影した航空写真を基本にし、西浦の全湖岸について1/10,000の生活形による水生植物の植生図を作成した。この植生図と現地調査の結果にもとづき、水生植物群落の状況からみた湖岸のさまざまなタイプとその特徴について論じた。

④ 植生図により、西浦における水生植物の生活形別の植被面積を測定した。その結果、抽水植

3. まとめ

物群落は約460ha、浮葉植物群落は約32ha、沈水植物群落は約750haであった。

⑤ 水生植物群落を植被の密度により階級分けし、各階級ごとに単位面積当たりの現存量と総植被面積を求めて、その積から西浦全湖面の現存量を算出した。その結果、抽水植物は約6,000t、浮葉植物と沈水植物の合計は約260t(いずれも乾量)であった。枯死した植物体が直接湖水中に回帰する量を推定するため、抽水植物の約10％をガマとみて、これを浮葉＋沈水植物に加えると、その値は860tになる。

⑥ 主要植物について、VS(灼熱減量)およびC、N、Pの含有量を分析した。その結果を生活形別に平均し、現存量に乗じて、西浦の中で水草として存在している有機物量およびC、N、Pの量を概算すると、有機物は約5,500t、Cは2,680t、Nは92t、Pは12tになる。このうち、水生植物の枯死によって湖水中に回帰する量をガマと浮葉植物、沈水植物の合計から推定すると、有機物は約735t、Cは約360t、Nは約16t、Pは約2tになる。

⑦ 西浦の水生植物の量的な特徴を、富栄養湖で最大水深も近似している諏訪湖と比較考察した。霞ヶ浦は諏訪湖に比べ、単位湖岸線長および単位湖面積当たりの水生植物量が極めて多く、沿岸帯の自然度が高い。特に、霞ヶ浦は抽水植物群落がよく発達している特徴がある。しかし、浮葉植物、沈水植物の量は逆に劣っている。沿岸帯の自然状態の保護はもちろん、特に沈水・浮葉植物を減少させないよう配慮が必要である。

植物体の有機物、C、NおよびPの含有量についても、二つの湖の特性を反映した差異がみられた。

⑧ 今後の湖の水質汚濁および富栄養化の進行、湖水位の変動、沿岸帯の人為的変遷が水生植物に及ぼす影響の予測および対策について考察した。湖の水生植物が、湖内生態系の中で果たす役割や内水面漁業への貢献については、I章および本章の"まえがき"に略述した。

文　献

1) 宝月欣二・北沢右三・倉沢秀夫・白石芳一・市付俊英（1952）：内水面の生産および物質循環に関する基礎的研究．水産研究会報、第4号、41-127頁．
2) Hogetsu, K. (1953)：Studies on the biological production of lake Suwa V. The standing crops of rooted aquatic plants. Miscel. Rep. Res. Inst. Nat. Resour., No.30, p.4-9.
3) 茨城県（1959）：霞ヶ浦における水位低下が水産生物に及ぼす影響の基礎的研究、1-32頁．
4) 茨城県（1973）：霞ヶ浦の自然材分布調査報告書．
5) 生嶋　功・古川　優・池田准蔵（1962）：琵琶湖の水生高等生物の現存量．千葉大文理紀要、3巻、4号、483-494頁．
6) 岩田好宏・生嶋　功（1970）：山中湖入江の水草群落の概観とその環境．富士山総合学術調査報告書、578-585頁．
7) 加藤君雄（1965）：八郎潟の水生植物群落の分布と生産量、八郎潟総合学術調査会報告、389-417頁．
8) 小泉清明・桜井善雄・川島信二（1967）：諏訪湖の高等水生植物の現存量（諏訪湖陸水学資料Ⅰ）．陸水学雑誌、28巻、2号、57-63頁．
9) 黒田　倪（1899）：霞ヶ浦産植物．植物学雑誌、144号、51-53頁．
10) 三木　茂（1937）：山城水草誌．京都史蹟名勝天然記念物調査報告、1-127頁．
11) 中野治房（1914）：日本湖沼植物生態（第2報）諏訪湖植物生態について．植物学雑誌、28巻、65-74、127-132頁．

Ⅳ. 1972年(昭和47)の水生植物と植生図

12) 籾山泰一（1971）：霞ヶ浦・北浦の Potamogeton．霞ヶ補・北浦水産生物調査報告書、1-21頁．
13) 延原　肇・岩田好宏・生嶋　功（1970）：富士五湖の水草の分布．富士山総合学術調査報告書、559-577頁．
14) 桜井善雄・渡辺義人（1973）：諏訪湖の水生植物．JIBP－PF諏訪湖生物群集の生産力に関する研究経過報告、第5号、1-4頁．
15) 山内　文（1971）：霞ヶ浦・北浦の水草の解剖学的所見．霞ヶ浦・北浦水産生物調査報告書、1-21頁．
16) 中野治房（1930）：仁科三湖の植物生態に就て．田中阿歌麿編「日本北アルプス湖沼の研究」、古今書院、572-609頁．
17) 倉田　稔（1969）：青木湖の生物．山と博物館、14巻、11号、2-3頁．

　この調査のために撮影した航空写真、および水生植物の標本は、すべて信州大学繊維学部生態学研究室に保存されている．

（桜井善雄・林　一六・渡辺義人・天白精子・大橋通成）

霞ヶ浦（西浦）水生植物の生活形による植生図
（1972年8月）

IV. 1972年（昭和47）の水生植物と植生図

1972年霞ヶ浦水生植物植生図：索引地図

霞ヶ浦（西浦）水生植物の生活形による植生図（1972年8月）

Ⅳ 北浦

⑥ 大野浦地区
② 麻生地区
⑦ 鹿島
① 潮来
⑤ 牛堀 Ⅲ 北利根川地区
③ 潮来
⑤ 息栖 Ⅰ 常陸川地区
③ 芝崎左岸
① 日川左岸
⑥ 境島
④ 加藤洲 Ⅱ 北利根川地区
② 一之分目付近
⑥ 三之分目
④ 芝崎右岸 Ⅰ 常陸川地区
② 日川右岸

（本図の番号と植生図番号は対応）

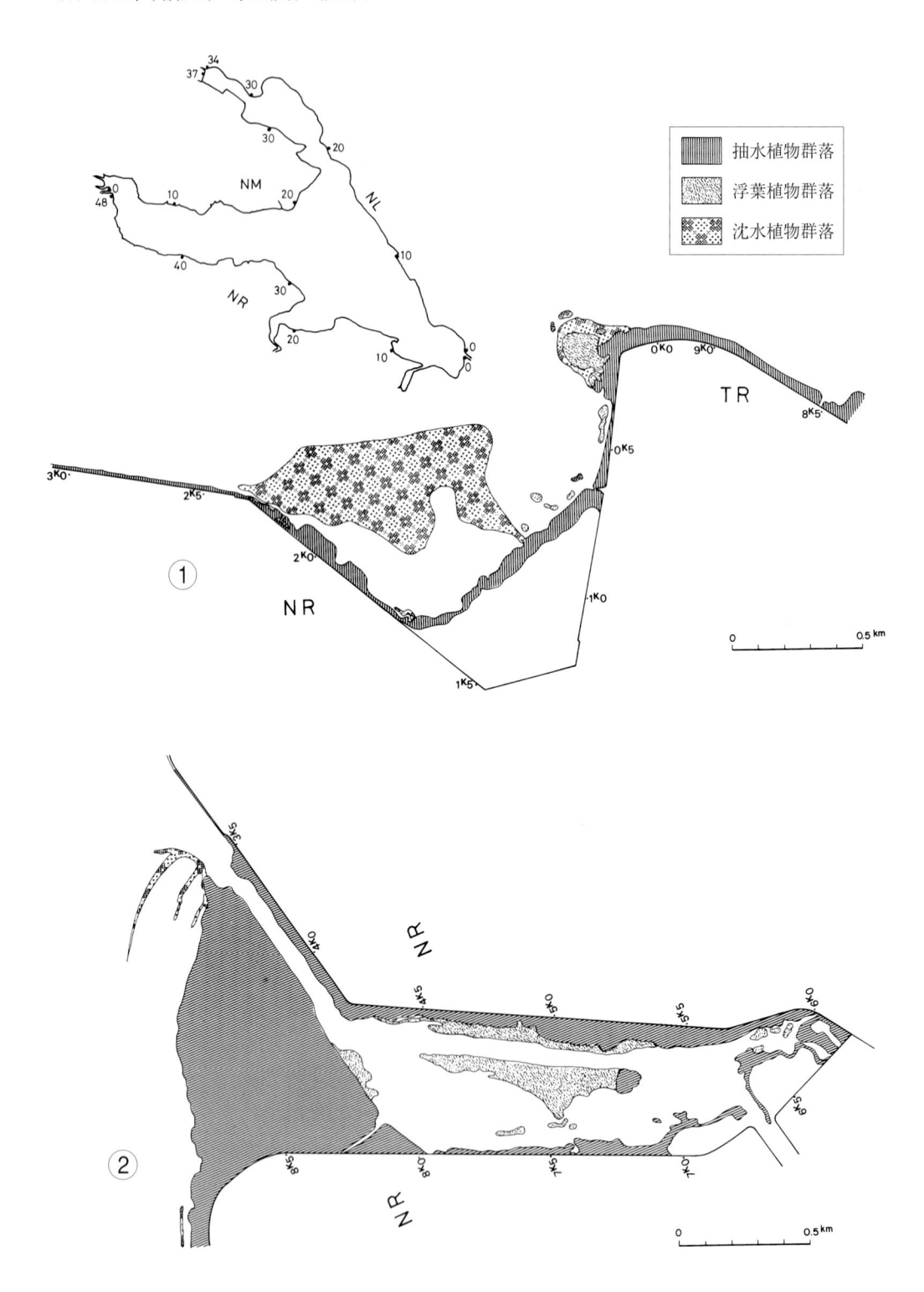

IV. 1972年（昭和47）の水生植物と植生図

凡例:
- 抽水植物群落
- 浮葉植物群落
- 沈水植物群落

霞ヶ浦（西浦）水生植物の生活形による植生図（1972年8月）

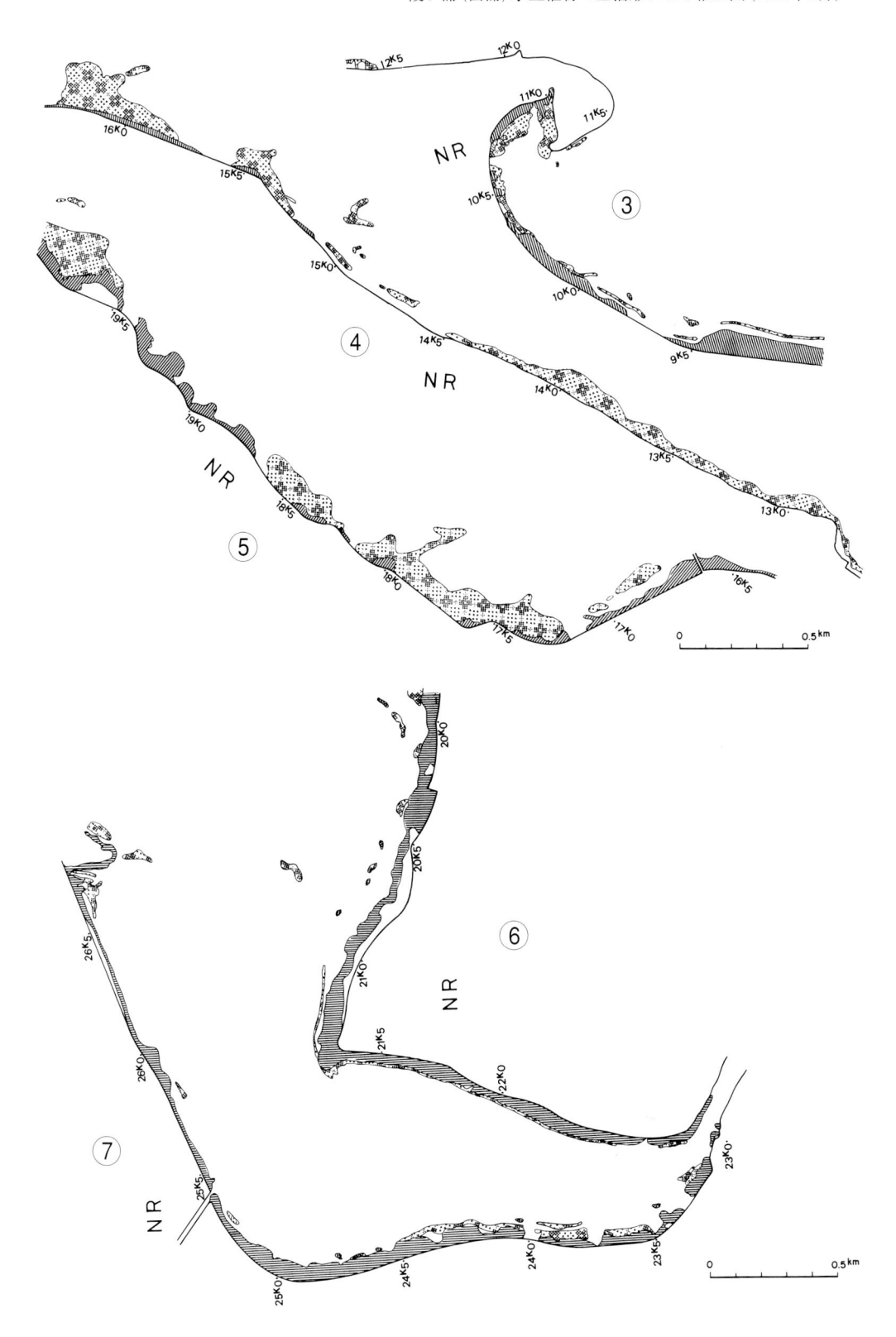

79

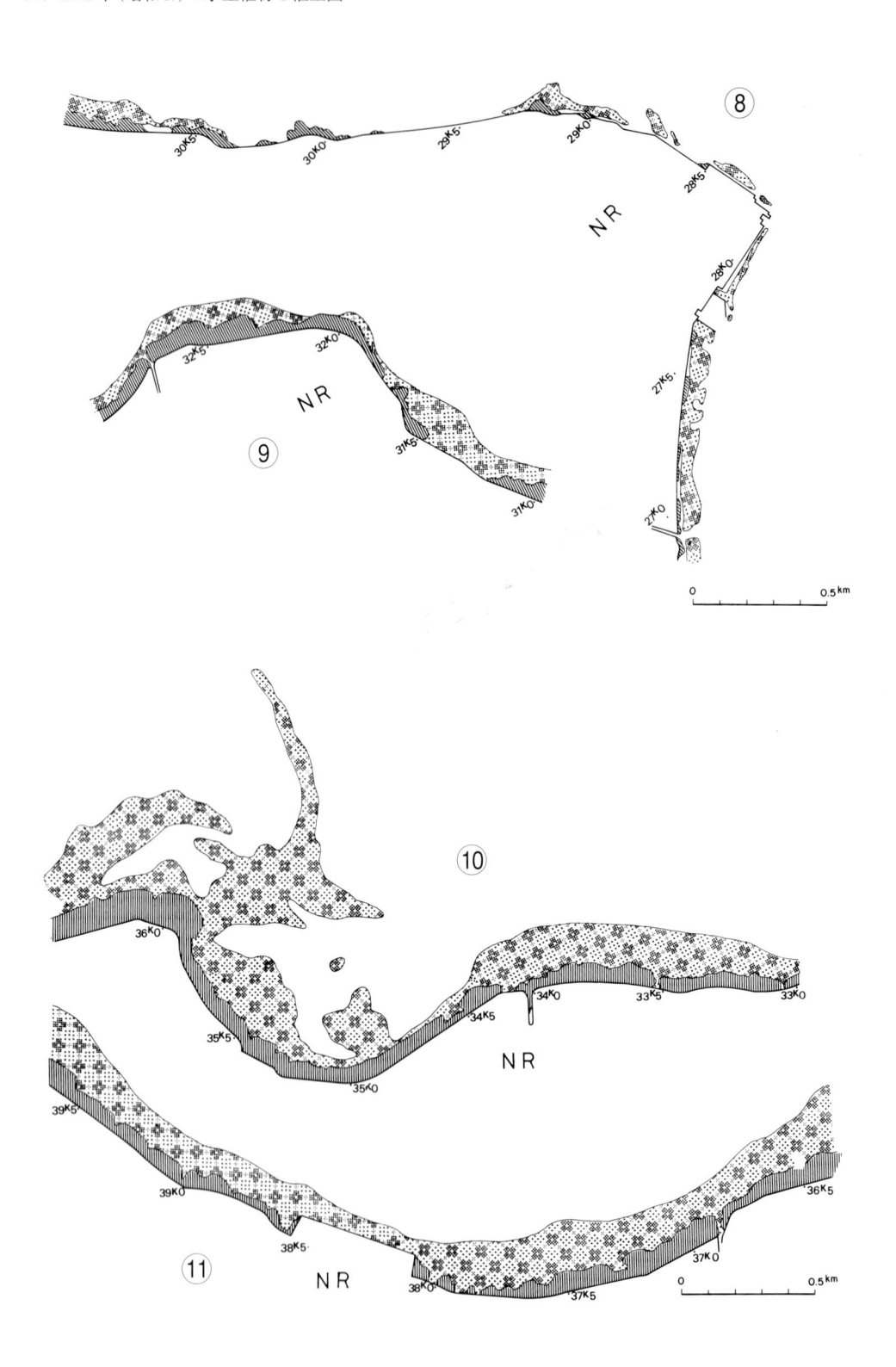

IV. 1972年（昭和47）の水生植物と植生図

霞ヶ浦(西浦)水生植物の生活形による植生図(1972年8月)

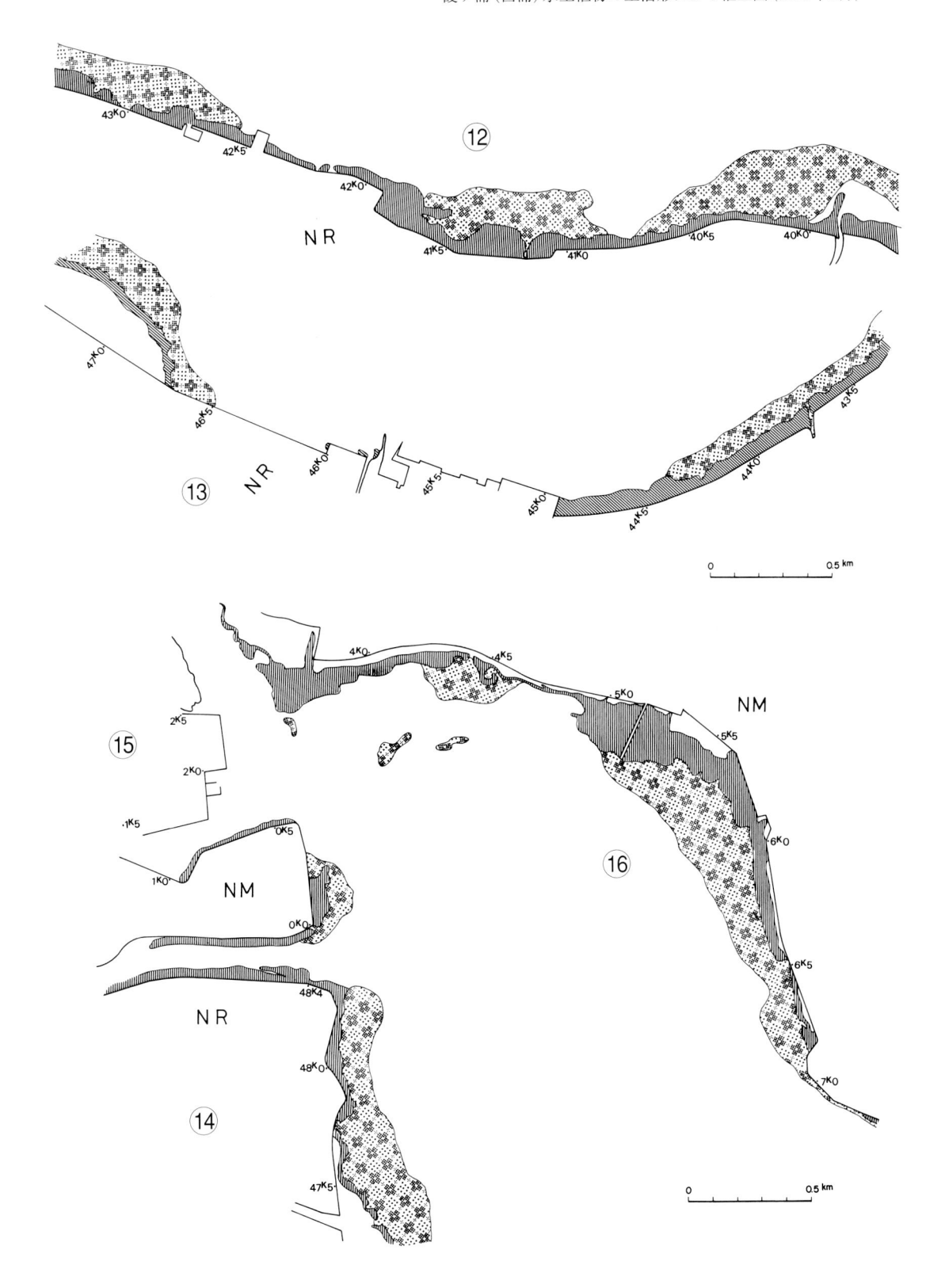

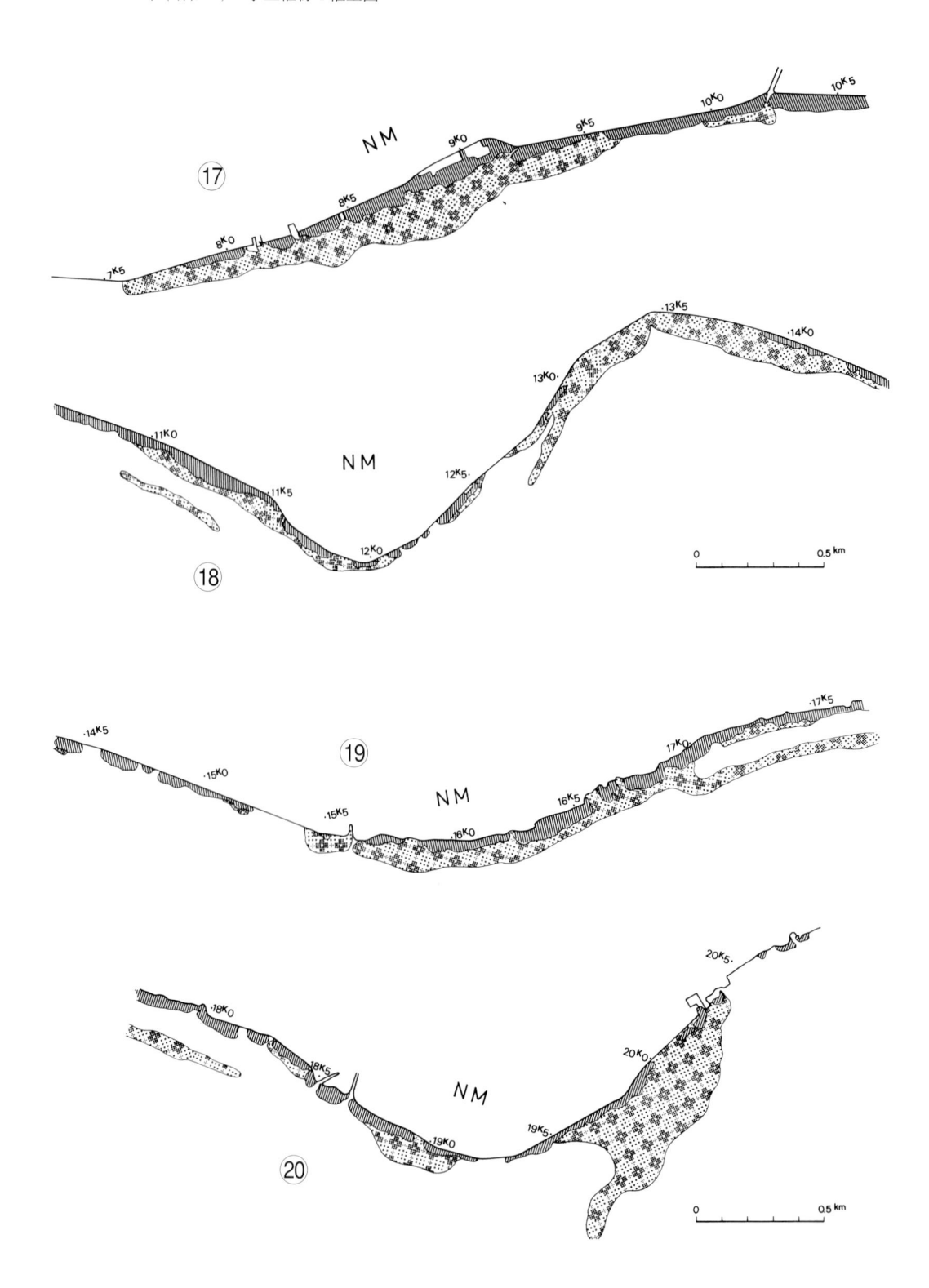

IV. 1972年（昭和47）の水生植物と植生図

霞ヶ浦（西浦）水生植物の生活形による植生図（1972年8月）

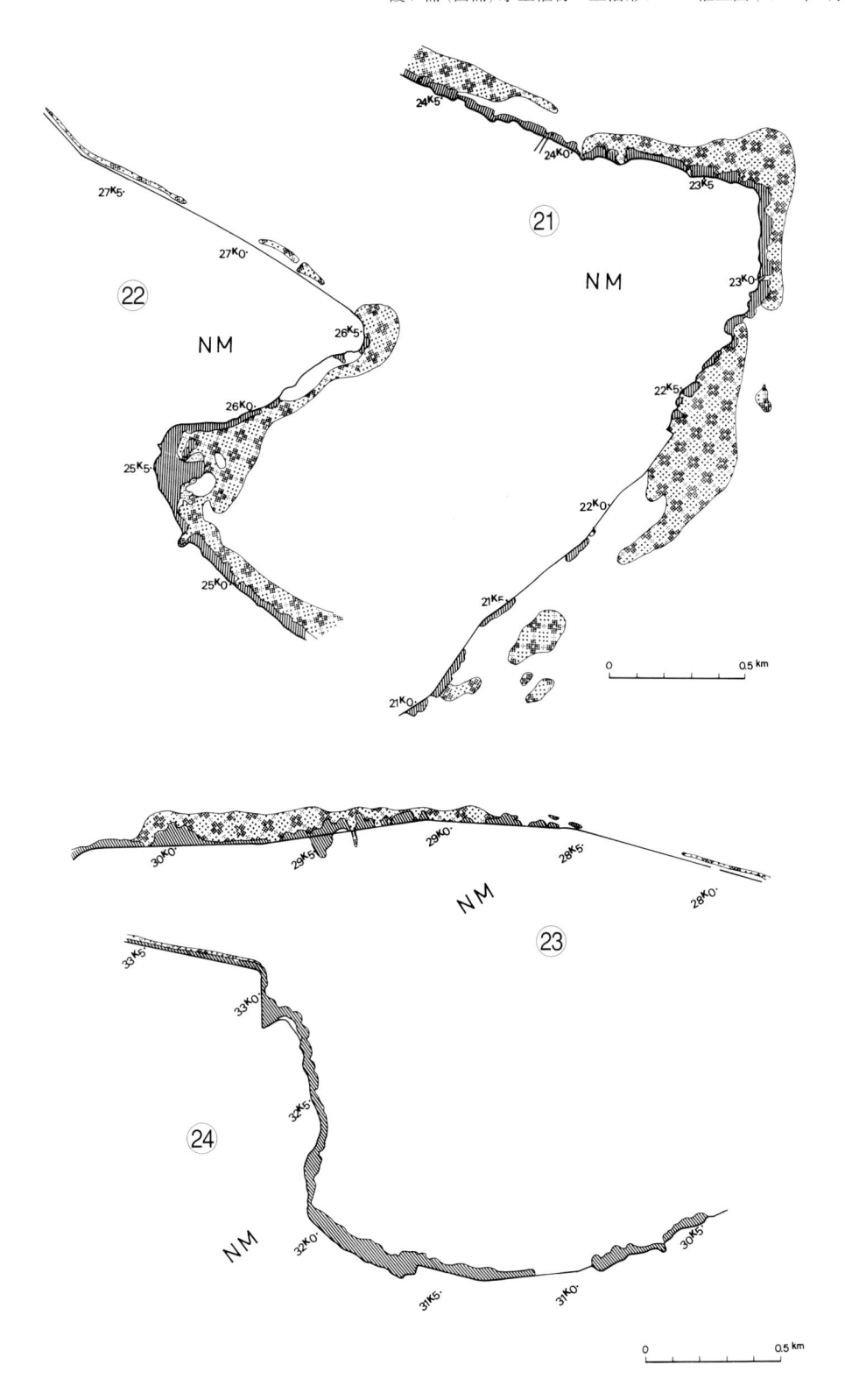

IV. 1972年（昭和47）の水生植物と植生図

霞ヶ浦（西浦）水生植物の生活形による植生図（1972年8月）

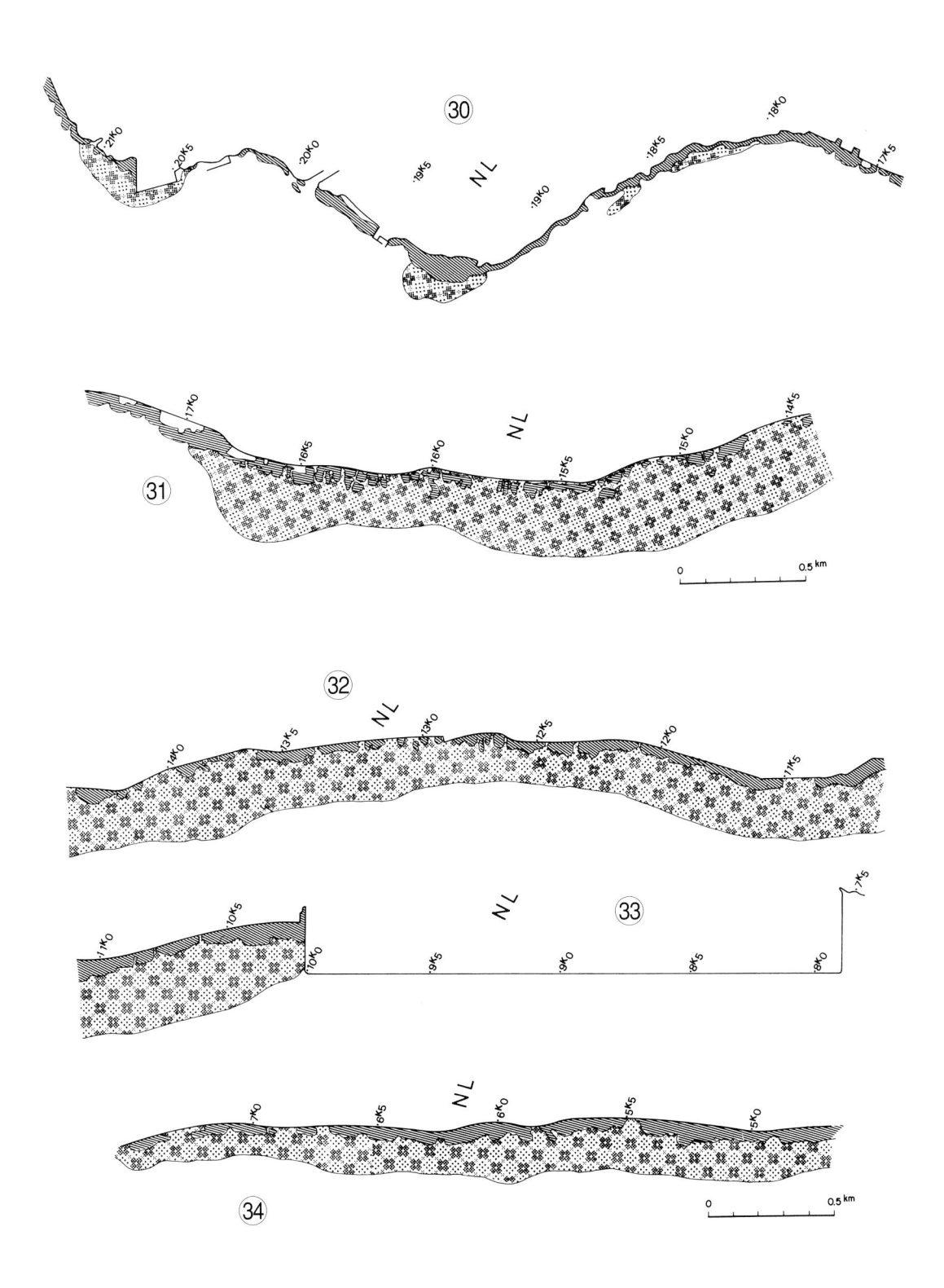

IV. 1972年(昭和47)の水生植物と植生図

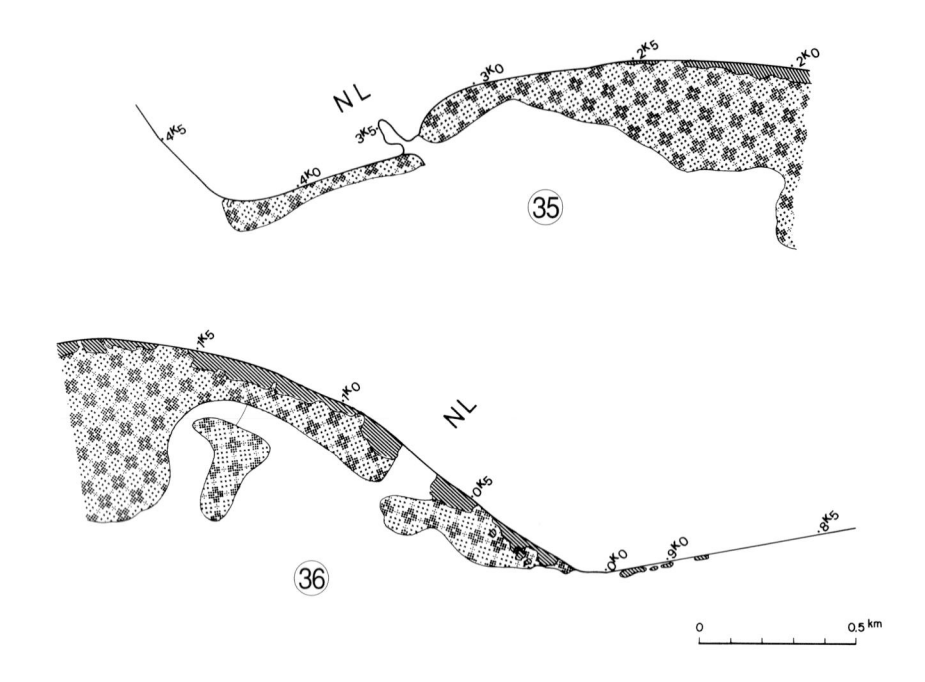

V.
1978年(昭和53)の水生植物と植生図

まえがき

　近年、富栄養化の進行が著しい霞ヶ浦の西浦について、湖内の生物群集の重要な構成要素である沿岸帯の水生植物の現状を調査し、その植物相、植被面積、現存量などを明らかにするとともに、1972年に建設省霞ヶ浦工事事務所(当時)が行った調査結果(**IV**章)と比較検討することによって、ここ数年間における変化の様態を知り、湖の保全対策に資することを目的としてこの調査を実施した。また、この湖の水生植物の保全に役立てるため、現存種の生態・標本写真集を作成すること、および今後定期的に実施すべき群落定点調査の方針を定めることも、今回の調査の目的に含まれている。

　なお、本調査の実施にあたっては、信州大学繊維学部生態学研究室・桜井善雄助教授(当時)に絶大なるご尽力を賜わった。以下は同氏のまとめと執筆によるものである。

1. 調査内容と調査の経過

本年度の調査対象水域は霞ヶ浦の西浦とその関連水域であり、調査の内容は次のとおりである。
① 水生植物相(フロラ)の調査
② 現存する水生植物の種の生態写真および標本写真の撮影と写真集の作成
③ 水生植物の群落組成の調査
④ 航空写真および現地調査にもとづく、水生植物の生活形別植生図の作成
⑤ 水生植物の生活形別の現存量の測定
⑥ 植物相、植被面積、および現存量の最近における変化の検討
⑦ 水生植物群落の定期調査定点の選定と調査方法の設定

それぞれの項目の調査・測定方法は、原則として1972年の場合に準ずるが、細部については以下の各項で述べることにする。

2. 調査結果ならびに考察

2-1 霞ヶ浦(西浦)の水生植物相

　水生植物相(フロラ)、すなわち水生植物の現存種の調査は、モーターボートまたは自動車によって湖岸を廻り、湖中の沿岸部にゴムボートをおろして、**表5-1**の群落組成表に示したよう

表5－1　霞ヶ浦（西浦）水生植物の群落組成表

2. 調査結果ならびに考察

表5-2 霞ヶ浦(西浦)の水生植物相(1978)

和名	学名	和名	学名
被子植物	**Angiospermae**	タマガヤツリ	*Cyperus difformis* ＊
双子葉類	Dicotyledoneae	ヌマガヤツリ	*Cyperus glomeratus* ＊
合弁花類	Sympetalae	いね科	Gramineae
きく科	Compositae	ヨシ	*Phragmites communis*
タカサブロウ	*Eclipta prostrata* ＊	アシカキ	*Leersia japonica* ＊
ごまのはぐさ科	Scrophulariaceae	マコモ	*Zizania latifolia*
アゼナ	*Lindernia pyxidaria* ＊	とちかがみ科	Hydrocharitaceae
スズメノトウガラシ	*Vandellia anagallis* v. *Verbenaefolia* ＊	クロモ	*Hydrilla verticillata*
キクモ	*Limnophila sessiliflora* ＊	コカナダモ	*Elodea Nuttalli* ＊
りんどう科	Gentianaceae	オオカナダモ	*Egeria densa*
アサザ	*Nymphoides peltata*	コウガイモ	*Vallisneria denseserrulata*
ガガブタ	*Nymphoides indica*	セキショウモ	*Vallisneria gigantea*
離弁花類	Choripetalae	ネジレモ	*Vallisneria gigantea* v. *biwaensis* ＊
せり科	Umbelliferae	トチカガミ	*Hydrocharis dibia*
セリ	*Oenanthe javanica* ＊	おもだか科	Alismataceae
ありのとうぐさ科	Haloragaceae	ウリカワ	*Sagittaria pygmaea*
ホザキノフサモ	*Myriophyllum spicatum*	アギナシ	*Sagittaria Aginashi* ＊
オオフサモ	*Myriophyllum brasiliense* ＊	オモダカ	*Sagittaria triforia*
ひし科	Trapaceae	いばらも科	Najadaceae
ヒシ	*Trapa bispinosa*	トリゲモ	*Najas minor*
オニビシ	*Trapa natans*	ひるむしろ科	Potamogetonaceae
ヒメビシ	*Trapa incisa*	ヒルムシロ	*Potamogeton distinctus*
ヒシ属中間型Ⅰ	*Trapa* sp. Ⅰ	オヒルムシロ	*Potamogeton natans* ＊
ヒシ属中間型Ⅱ	*Trapa* sp. Ⅱ	ヒロハノエビモ	*Potamogeton perfoliatus*
みそはぎ科	Lythraceae	ナガバエビモ	*Potamogeton praelongus* ＊
キカシグサ	*Rotara indica* ＊	ササバモ	*Potamogeton malaianus*
まつも科	Ceratophyllaceae	エビモ	*Potamogeton crispus*
マツモ	*Ceratophyllum demersum*	イトモ	*Potamogeton pusillus*
すいれん科	Nymphaeaceae	ヤナギモ	*Potamogeton oxyphyllus*
ハス	*Nelumbo nucifera*	センニンモ	*Potamogeton Maackianus*
コウホネ	*Nuphar japonicum*	リュウノヒゲモ	*Potamogeton pectinatus*
オニバス	*Euryale ferox*	みくり科	Sparganiaceae
クサジュンサイ	*Cabomba caroliniana*	ミクリ	*Sparganium erectum* ＊
単子葉類	Monocotyledoneae	がま科	Typhaceae
みずあおい科	Pontederiaceae	ヒメガマ	*Typha angustifolia*
ミズアオイ	*Monochoria Korsakowii*	しだ植物	**Pteridophyta**
コナギ	*Monochoria vaginalis*	さんしょうも科	Salviniaceae
つゆくさ科	Commelinaceae	サンショウモ	*Salvinia natans*
イボクサ	*Murdannia Keisak*	あかうきくさ科	Azollaceae
うきくさ科	Lemnaceae	オオアカウキクサ	*Azolla japonica* ＊
ウキクサ	*Spirodela polyrhiza*	みずわらび科	Parkeriaceae
アオウキクサ	*Lemna pausicostata* ＊	ミズワラビ	*Ceratopteris thalictroides*
かやつりぐさ科	Cyperus galomeratus	こけ植物	**Bryophyta**
フトイ	*Scirpus lacustris* subsp. *crebre*	うきごけ科	Riccinaceae
サンカクイ	*Scirpus triqueter* ＊	イチョウウキゴケ	*Ricciocarpus natans* ＊

＊は今回の調査で追加された種。

V. 1978年(昭和53)の水生植物と植生図

な55の地点について行った。そのほか、各地点の付近や移動の途中において、関連水域(湖に連なる水路、湖周の池沼、水田、ハス田など)についても随時調査を行った。出現種の同定は、原色日本植物図鑑、草本編Ⅰ、Ⅱ、Ⅲや原色日本帰化植物図鑑(共に保育社)などの文献、および1972年に霞ヶ浦で採取され、筆者の研究室に保存されている標本によった。出現種の優占度、および近年における増減の傾向などについては、以下の節で述べることにする。

1978年の夏期における調査によって、霞ヶ浦(西浦)で確認された水生植物のフロラは、**表5－2**に示す24科59種であった。1972年の調査では14科32種を記録しているが、そのうち今回発見できなかったものが4種(アイノコヒルムシロ、ササエビモ、イバラモ、およびシヤジクモ)あるので、出現種は31種多く記録されたことになる。新たに記録された種のうちには、湖中で発見されたものもあるが、記録種数がこのように増えた主な理由は、前述のように、今回はフロラの調査を単に湖中だけでなく、湖に関連が深い水路や池沼、水田、ハス田などにも拡大したためである。

今回の調査で追加された出現種の中には、これまでの黒田(1899)、茨城県(1958)、山内・籾山(1971)、および桜井ら(1972)の報告では霞ヶ浦に未記録のものが20種含まれている。これらの種は、表5－2のリストに＊印が付されている。

2－2 霞ヶ浦(西浦)に出現する水生植物の生態写真および標本写真

水生植物の種を正しく同定するには、いうまでもなく、詳しい記載のある図鑑、モノグラフ、研究報告などを参照しなければならないが、その種の特徴をよく備えた生体標本を撮影した写真は、特に湖沼の保全等実際の仕事に携わる人びとにとって、種の認識に役立つものである。またその植物が生育している現地の写真は、自然界でその種が育つ環境や生育の様態を知る大きな助けになる。今回の調査では、少数のものを除き、出現種についてこのような写真を撮影した。それらの各々について、若干のコメントと、その種に関する詳しい記載を読むことのできる比較的入手しやすい参考資料をつけ加えて示した(本書では割愛したがその大部分はⅢ章に収録されている)。

2－3 水生植物の群落組成

西浦の全湖岸について、およそ2～3kmおきに55の地点を選び(北利根川左岸の6地点を含む)、現地で水生植物群落を調査し、生活形別の出現種、種ごとのおよその被度、分布限界水深などを記録し、その結果をまとめて群落組成表(表5－1)を作成した。この表には、湖に隣接する水域で見出された種は含まれていない。表中の数値は被度の階級であり、表5－3のような基準によるものである。

表5－3 被度の階級

被度階級	被 度 (％)	階 級 値
4	75～100	4
3	50～75	3
2	25～50	2
1	6～25	1
1'	1～5	0.2
＋	1以下	0.04

表5－1の群落組成表から、西浦の湖内に出現する水生植物について、生活形別に優占度を算出すると**表5－4**のようになる。表5－4によれば、現在の霞ヶ浦(西浦)の沿岸帯における水生

2. 調査結果ならびに考察

表5－4 霞ヶ浦（西浦）の湖内に出現する水生植物の種の優占度

生活形	種	TC*	F**（％）	SDR$_2$***	相対優占度***	順位
抽水植物	ヨ シ	77.28	70.9	148.2	100	1
	マ コ モ	58.16	56.4	114.6	77.3	2
	ヒ メ ガ マ	44.16	38.2	82.4	55.6	3
	ハ ス	4.00	1.8	5.8	3.9	4
	コ ウ ホ ネ	0.04	1.8	1.8	1.2	6
	フ ト イ	0.08	3.6	3.7	2.5	5
	ミ ク リ	0.04	1.8	1.8	1.2	6
浮葉植物	ヒ シ	8.28	16.4	24.7	71.2	3
	オ ニ ビ シ	8.08	7.3	15.4	44.4	5
	ヒ メ ビ シ	11.16	14.6	25.7	74.1	2
	ヒシ中間型Ⅰ	12.08	10.9	23.0	66.3	4
	ヒシ中間型Ⅱ	0.04	1.8	1.8	5.2	9
	ア サ ザ	22.04	12.7	34.7	100	1
	ガ ガ ブ タ	0.12	5.5	5.6	16.1	8
	ヒ ル ム シ ロ	0.24	10.9	11.1	32.0	6
	ト チ カ ガ ミ	2.04	5.5	7.5	21.6	7
	オ ニ バ ス	0.04	1.8	1.8	5.2	9
沈水植物	サ サ バ モ	66.36	60.0	126.4	100	1
	リュウノヒゲモ	7.64	30.9	38.5	30.5	4
	ヒロハノエビモ	1.52	25.5	27.0	21.4	5
	センニンモ	1.52	18.2	19.7	15.6	6
	エ ビ モ	14.40	29.1	43.5	34.4	3
	ヤ ナ ギ モ	0.04	1.8	1.8	1.4	10
	イ ト モ	0.08	3.6	3.7	2.9	9
	ナガバエビモ	1.36	18.2	19.6	15.5	6
	ホザキノフサモ	13.60	43.6	57.2	45.3	2
	ク ロ モ	1.28	14.6	15.9	12.6	7
	コカナダモ	0.04	1.8	1.8	1.4	10
	オオカナダモ	5.08	7.3	12.4	9.8	8
	コウガイモ	7.08	12.7	19.8	15.7	6
	セキショウモ	11.48	27.3	38.8	30.7	4
	ネ ジ レ モ	0.04	1.8	1.8	1.4	10
	マ ツ モ	7.16	12.7	19.9	15.7	6
	ト リ ゲ モ	0.04	1.8	1.8	1.4	10
	フサジュンサイ	0.04	1.8	1.8	1.4	10

 * 被度階級値の合計
 ** 出現率、すなわち（その種が出現した地点の数／全調査地点数）×100
*** TCとFの2つの測定による積算優占度
*** 生活形別に、SDRの最高値を示す種を100とした比

Ⅴ. 1978年（昭和53）の水生植物と植生図

植物群落の景観を構成する主要種（代表種）は次のようなものである。
　　抽水植物：ヨシ、マコモ、ヒメガマ
　　浮葉植物：ヒシ属（ヒシ、ヒメビシ、オニビシ、中間型）、アサザ
　　沈水植物：ササバモ、ホザキノフサモ、エビモ、セキショウモ、リュウノヒゲモ、ヒロハノ
　　　　　　　エビモ（これらに次ぎ、センニンモ、ナガバエビモ、コウガイモ、マツモ、など
　　　　　　　も比較的出現頻度が高い）

　なお、1972年の調査結果と比較した種ごとの出現頻度の増減については、調査地点もその数もちがうので細かいことはいえないが、増加の傾向がはっきり認められたのは浮葉植物に多く、ヒシ類およびアサザである。沈水植物ではリュウノヒゲモ、エビモ、マツモが増加しており、逆にクロモは出現頻度が減少している。沈水植物の主要種であるササバモ、ホザキノフサモ、ヒロハノエビモ、セキショウモ、ならびにセンニンモ、オオカナダモ等は出現頻度がほとんど変化していない。また高浜入りの最奥部に、1972年の調査の時にはオニバスの広大な群落（180×800mに達していた）が存在したが、今回の調査では1、2株をみるのみで、ほとんど完全に姿を消していた。しかし、この種は2・3年おきに年をおいて繁茂する習性があるので、直ちに絶滅したとは断定できない。この水域には巻末に述べる植生図にみるように、今回の調査では浮葉植物群落が著しく拡大し、約45haにも達しているが、そのほとんどは、1972年にこの地点にはわずかしか存在しなかったヒシ中間型Ⅰ（またはオニビシ）である。数年の間におけるこのような急速な群落の拡大は驚くべき現象といわねばならない。しかも、この大群落は、8月27日に現地を訪れ

写真5－1　霞ヶ浦（西浦）高浜入り最奥部の中岸36.5km地先のヒシ中間型Ⅰ
　　　　　（またはオニビシ）群落（1978年8月27日撮影）
　　密生したヒシが吹き寄せられたアオコに覆われて枯死し、腐敗して悪臭を放っている。

た際、吹き寄せられたアオコ(*Microcystis* sp.)に覆われて黒く枯死し、スカム状となって腐敗して悪臭を発し、湖沼の汚濁ここに極まった観を呈していた(**写真5－1**)。この付近にみられる野生のハスの群落も、1972年に比べ、本年(1978)はかなり拡大していた。群落の拡大速度は放射方向に年間16mに達する。

　西浦をその湖盆の形態から、**図5－1**のように主湖盆(Ⅰ)と2つの副湖盆(ⅡおよびⅢ)に分け、さきに述べた地点の調査結果をそれぞれが属する湖盆区分ごとにまとめて、出現する水生植物の種の数を生活形別に整理すると、**表5－5**のような興味ある傾向を知ることができる。なおこの場合、湖盆区分Ⅰに属する新利根川および小野川の入江の調査結果は除外してある。

　表5－5のように、湖盆ⅠからⅢに向って出現種の減少、すなわち種多様性の低下が明らかに

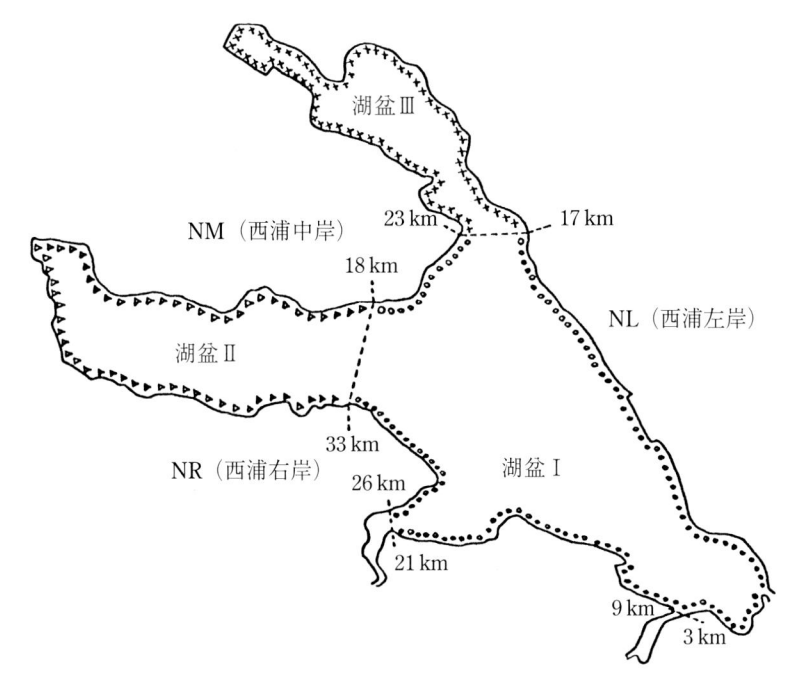

図5－1　霞ヶ浦(西浦)：湖盆の3区分

表5－5　霞ヶ浦(西浦)の湖盆区分ごとの水生植物出現種数

湖盆の区分	調査地点数	全生活型		浮葉植物＋沈水植物		沈水植物	
		全地点合計	1地点の平均	全地点合計	1地点の平均	全地点合計	1地点の平均
Ⅰ	20	134*	6.70	100*	5.00	79*	3.95
Ⅱ	10	57	5.70	40	4.00	33	3.30
Ⅲ	14	62	4.43	36	2.57	26	1.86

(注)　各調査地点の出現数を単純に合計した値なので、当然表5－1の種数より多くなっている。

V. 1978年（昭和53）の水生植物と植生図

写真5－2　西浦の湖盆Ⅲにおける著しいアオコの発生
（1978年9月22日、中岸25km付近で撮影）

認められ、水質、特に透明度の低下の影響を受けやすい沈水植物ほどその傾向が顕著である。このような現象は、西浦の3つの湖盆の現状の水質の傾向と符合するものである。

　どのような種の出現に差がみられるかについて、3つの区分の間で出現頻度を比較すると、富栄養化が著しく、アオコの発生が最も多い湖盆Ⅲ（写真5－2）で特に出現頻度が少ないものは、浮葉植物ではアサザとヒルムシロであり、沈水植物ではリュウノヒゲモ、ヒロハノエビモ、センニンモ、ナガバエビモ、クロモ、コウガイモ、セキショウモ、およびマツモである。これに対して、ササバモは3つの区間で出現頻度にほとんど差がなく、エビモは湖盆Ⅲでかえって出現頻度が高くなっている。この2つの種は富栄養化適応種ということができよう。ホザキノフサモにもややそのような傾向がみられる。すでに述べたように（表5－4）、これら3つの種は、西浦の沈水植物の上位3位を占める優占種である。

　抽水植物では、ヒメガマの出現頻度が湖盆Ⅲで著しく少ないが、その理由は上記の浮葉・沈水植物とは別のものと考えられる。

　表5－1に示した水生植物の分布限界水深をみると、最低0.5m、最高2.3mとなっている。しかし、1978年の西浦は、渇水のため8月上旬から下旬にかけて、標準水位より20〜30cmの水位低下がみられたのでこれを考慮すれば、水生植物の分布限界水深は、沈水植物群落が存在する場所では、およそ0.7〜1.5mくらいであり、2mを越えるところは極めて稀である。その値をもっと正確に把握し、かつすでに述べた3つの湖盆間で比較検討するには、表5－1の測定値では甚だ不十分であり、それだけを目的にした多地点同時調査が必要になる。

2−4 水生植物の生活形による植生図と植被面積

1978年8月21日と10月2日に撮影した西浦の全湖岸をカバーする航空写真を用いて、生活形による水生植物の植生図（縮尺：1/10,000）を作成した。航空写真はアジア航測（株）による1/10,000の赤外カラー・ポジフイルムを使用したが、これはポジプリントに比べて沈水植物群落の判読が極めて容易であった。なお、上記のように2回の撮影の間に時期的な隔りがあり、かつ第2回の撮影時期は一部の水生植物、特にヒシなどの枯死が始まる季節にあたっているので、成果が危ぶまれたが、判読の結果は信頼できるものであった。

作成した植生図は、およそ3～5kmごとに35に分割して、章末の植生図に収録した。

水生植物群落の質からみた霞ヶ浦（西浦）全体の湖岸の性格を知るため、上記の植生図を用いて、湖岸線を距離標にしたがって243の区画に分け、その区画内における3つの生活形の群落の存否により表5−6のような8つのタイプに分類し、それぞれの出現頻度を調べた。

結果を表5−6および表5−7に示した。表5−6のように、西浦では、抽水、浮葉、および沈水の3つの水生植物生活形の群落をもつ植生自然度の最も高い湖岸は全体の4.6％であるが、抽水植物群落と沈水植物群落を有する湖岸線が最も多く37.4％、抽水植物のみの湖岸がこれにつぎ21％で、両者で全湖岸線の約半数を占めている。

表5−6　霞ヶ浦（西浦）の水生植物群落からみた湖岸タイプの存在割合（1）

湖岸の タイプ*	0.5km の 区 画 数						区画数の割合（％）			
	Ⅰ	Ⅱ	Ⅲ	入 江		全湖岸 合 計	Ⅰ	Ⅱ	Ⅲ	全湖岸 合 計
				新利根	小野川					
1. E F S	7	3	0	0	1	11	8.0	4.4	0	4.5
2. E F −	1	2	12	3	5	23	1.1	2.9	18.5	9.5
3. E − S	42	28	17	1	3	91	47.7	41.2	26.2	37.4
4. − F S	1	0	0	0	0	1	1.1	0	0	0.4
5. E − −	5	17	21	7	1	51	5.7	25.0	32.3	21.0
6. − F −	1	0	3	0	0	4	1.1	0	4.6	1.6
7. − − S	15	8	7	0	0	30	17.0	11.8	10.8	12.3
8. − − −	16	10	5	1	0	32	18.2	14.7	7.7	13.2
合　計	88	68	65	12	10	243				

（注）Eは抽水植物、Fは浮葉植物、Sは沈水植物の存在を表す。−は植物がないことを示す。

表5−7　霞ヶ浦（西浦）の水生植物群落からみた湖岸タイプの存在割合（2）

（単位：％）

湖 盆 の タ イ プ	Ⅰ	Ⅱ	Ⅲ	全湖岸
E−（4＋6＋7＋8、抽水植物なし）	37.4	26.5	23.1	27.5
F−（3＋5＋7＋8、浮葉植物なし）	88.7	92.7	77.0	83.9
S−（2＋5＋6＋8、沈水植物なし）	26.1	42.6	63.1	45.3

V. 1978年(昭和53)の水生植物と植生図

表5－8　霞ヶ浦(西浦)の水生植物群落の面積

(単位：a)

		湖盆の区分			入江		全湖合計
		I	II	III	新利根	小野川	
抽水植物		8,150	8,297	9,757	2,747	1,288	30,239
浮葉植物	F1	0	0	0	0	0	0 ⎫
	F2	20	46	13	36	0	115 ⎬ 8,046
	F3	0	52	0	0	229	281 ⎪
	F4	1,151	339	5,796	203	161	7,650 ⎭
沈水植物	S1	2,585	2,296	1,032	0	76	5,989 ⎫
	S2	7,017	2,257	970	0	0	10,244 ⎬ 36,406
	S3	12,668	1,916	1,276	0	166	16,026 ⎪
	S4	1,000	2,360	752	0	35	4,147 ⎭

(注)　右岸8.5km地先の広大(約47ha)な三角形の草原は、全部を抽水植物とみなすのは不合理なので、周囲50m幅だけを抽水植物群落面積に加算し、他は除外した。

すでに述べたように、3つの区分に分けた湖盆について湖岸線の性格を比較すると、最も植生自然度の高い湖岸(タイプ1.)および比較的植生自然度の高い湖岸(タイプ1.～4.の合計)はI＞II＞IIIと低下し、逆に、自然度の低い湖岸(タイプ5.～8.の合計)はI＜II＜IIIの順に増加する。

さらに表5－7によって、抽水、浮葉、または沈水の各々の植物群落を全く欠如する湖岸の割合を比較すると、抽水植物群落を全く欠く湖岸はI＞II＞IIIの傾向がみられ、湖岸に対する人為の影響は主湖盆(I)で最も大きいことがうかがえる。また、沈水植物群落を欠く湖岸は、上とは逆にI＜II＜IIIの傾向が顕著であり、この傾向はすでに述べた湖の各区分における出現種数の調査結果と一致しており、湖水の透明度の低下がその主因と考えられる。

西浦の水生植物群落の植被面積を前述の植生図から測定すると表5－8のようになる。この表には、後に現存量を算出するのに便利なように、浮葉植物と沈水植物については被度階級(表5－3参照)別に面積を求めてある。

表5－8の数値から、水生植物群落が全湖岸に平均して分布していると仮定した場合の群落の幅を、各生活形別、および湖盆の3区分別に算出すると表5－9のようになる。

西浦の水生植物群落の総面積は約747haであり、全湖面積167.7km^{2}の約4.5％に相当し、平均すればおよそ60mの幅で湖周をとりまいていることになる。このような、水生植物群落の幅は、前述の湖盆の3区分の間で、生活形ごとに大いに異なっており、その本質はすでに表5－6、表5－7について論じたところと軌を一にするものであるが、差異はいっそう際立っている。

表5－9　霞ヶ浦(西浦)の水生植物群落の平均沖出し幅

(単位：m)

	湖盆の区分			全湖
	I	II	III	
抽水植物群落	18.5	24.4	30.0	24.9
浮葉植物群落	2.7	1.3	17.9	6.6
沈水植物群落	52.9	26.0	12.7	30.0

2. 調査結果ならびに考察

2-5 水生植物の現存量

西浦全湖の水生植物の現存量の算出方法は、基本的には1972年と同一である。すなわち、まず前述の航空写真と植生図を用いて、各生活形別の植被面積を被度階級別に測定する（表5-8に測定結果が示されている）。一方、9月上旬に現地において、それぞれの生活形の群落の中から、最も密度の高い階級に属するいくつもの群落を選んで方形枠刈取りを行って単位面積当りの現存量を求め（写真5-3）、その値をもとにしてそれぞれの被度階級の単位面積当り現存量を決める。この際、生体重から乾重への換算は、1972年の調査報告書に記載されている各植物種の水分含有量（IV章表4-4）にもとづいて行った。なお抽水植物群落はすべて階級4とみなした。以上のような2つの数値の積から現存量を算出した。基礎となる単位面積当り現存量の実測値を表5-10に、また被度階級別の単位面積当り現存量を表5-11に示した。

表5-12が、以上のようにして求めた霞ヶ浦（西浦）全湖の水生植物の現存量であり、総量約4,000t（乾）、うち88.3％が抽水植物で、浮葉植物と沈水植物はそれぞれ3.2％と8.5％に過ぎない。しかし、湖内の生物現象その他に対する寄与の割合は、この比率と全く別のものであることはいうまでもない。

1972年の結果と今回の調査結果の関係については2-6で考察する。

表5-10　霞ヶ浦（西浦）水生植物の単位面積当り現存量測定結果

生活形	植物名	測定地点（距離標）*	測定月日（1978）	生重量（g/m²）	乾重量（g/m²）	生活形別平均（乾重）（kg/a）
抽水植物	ヨシ	NR-2	9/8	2,020	1,010	116
		NR-2	9/8	2,060	1,030	
		TL-3	9/9	2,200	1,100	
		TL-3	9/9	3,200	1,600	
	マコモ	NL-0.5	9/7	4,500	1,035	
		NL-0.5	9/7	3,250	747.5	
		NR-14.7	9/8	4,500	1,035	
		TL-3	9/9	3,250	747.5	
	ガマ	NL-0.5	9/7	8,700	1,392	
		NL-0.5	9/7	6,150	984	
		TL-3	9/9	13,150	2,088	
浮葉・抽水植物	オニビシ	KL-9	9/7	3,250	325	16.1
	アサザ・その他	NL-0.4	9/7	2,630	158	
	沈水植物数種混在	NL-0.4	9/7	2,217	133	
		NL-0.4	9/7	2,100	126	
	ササバモ	NL-19	9/9	1,770	195	
		NR-2	9/9	1,014	111.5	
	リュウノヒゲモ	NR-2	9/9	800	80	

（注）NR・NLはそれぞれ西浦の右岸・左岸を、TLは北利根川左岸を示す。

V. 1978年（昭和53）の水生植物と植生図

表5－11　浮葉植物および沈水植物の被度階級別現存量

被度階級	現存量（乾、kg/a）
4	16.1
3	11.5
2	6.9
1	2.9

写真5－3　現存量の測定（1978年9月上旬）
a：NL0.4km地点のホザキノフサモが優占する沈水植物群落（方形枠は1×1m）
b：KL2.0km地点のオニビシ群落
c：NR14.7km地点のマコモ群落
d：aの刈り取った植物（2.1kg（生体）/m²）

表5－12 霞ヶ浦(西浦)の水生植物の現存量

		植被面積 (a)	単位面積当り現存量 (乾、kg/a)	全湖現存量 (乾、t)	
抽水植物		30,239	116	3,507.7	
浮葉植物	F1	0	2.9	0	127.2
	F2	115	6.9	0.79	
	F3	281	11.5	3.23	
	F4	7,650	16.1	123.17	
沈水植物	F1	5,989	2.9	17.37	339.1
	F2	10,244	6.9	70.68	
	F3	18,026	11.5	184.30	
	F4	4,147	16.1	66.77	
合計				3,974.0	

2－6 1972年と1978年の調査結果からみた霞ヶ浦(西浦)の水生植物の変化

表5－13は、1972年に筆者らが行った西浦における水生植物の植被面積と現存量の調査結果を、今回の調査結果と比較したものである。

表5－13から明らかなように、1978年における西浦の水生植物の植被面積は、1972年に比較して6年間に著しく変化し、抽水植物では約70％に、沈水植物では50％以下に減少したが、浮葉植物は逆に2.5倍に増加している。抽水植物の減少は湖岸の改修工事が進行したことを示すものと思われる。1972年の報告書(Ⅳ章)に述べられているように、湖岸改修工事は抽水植物帯を湖内に残すように行うことが望ましいことはいうまでもない。沈水植物群落の著しい減少と浮葉植物の増加は、すでに述べたように、湖水の富栄養化その他の要因による透明度の低下が主因になっているものと推定される。

次に、水生植物の現存量をみると、この期間に抽水植物は約63％に減少し、浮葉植物は約2.8倍に増加している。この傾向は上記の植被面積と同じである。しかし、沈水植物の植被面積はおよそ半減しているのに、現存量はかえって1.5倍に増加している。ちなみに、生活形別の単位面積当り平均現存量

表5－13 霞ヶ浦(西浦)水生植物植被面積および現存量の近年における変化

	植被面積 (a)		現存量 (乾量、t)	
	1972	1978	1972	1978
抽水植物	46,000 (42,300)*	30,239	5,998.4 (5,515.9)	3,507.7
浮葉植物	3,165	8,046	45.7	127.2
沈水植物	74,780	36,406	216.3	339.1
合計	123,945 (120,245)	74,691	6,260.4 (5,777.9)	3,974.0

* 西浦右岸8.5km地先に広がる約47haの広大な三角形の草原は、1972年の調査の際は、全部を抽水植物群落とみなしたが、これは実態に即していないので、今回は周囲50m幅だけを抽水植物群落に加算し、他は除外した。( )内は1972年の測定値から、それに相当する面積および現存量を差し引いた値である。

V. 1978年（昭和53）の水生植物と植生図

表5−14 霞ヶ浦（西浦）の水生植物の単位面積当り平均現存量—1972年と1978年の比較（単位：kg/a）

	1972	1978
抽水植物	130.4	116.0
浮葉植物	14.4	15.8
沈水植物	2.9	9.3

表5−15 水生植物群落（生活形別）変化の評価基準

群落の変化	記号	指数
新しい群落が出現した	⊕	＋5
3倍以上に増加した	3＋	＋3
2倍以上に増加した	2＋	＋2
やや増加した	＋	＋1
変化がない	0	0
やや減少した	−	−1
1/2以下に減少した	2−	−2
1/3以下に減少した	3−	−3
群落が完全に消滅した	⊖	−5
'72、'78年ともに群落なし	除	外

　を両年で比較すると表5−14のようになり、抽水植物および浮葉植物はほとんど変化していないが、沈水植物では明らかに有意な増加が認められる。次に述べる全湖岸における群落面積の変化の傾向とも考え合わせると、この現象は湖水の透明度の低下にともない、沈水植物の分布範囲が全体として岸に向って後退するとともに、栄養塩の増加によって植被密度が高くなったことに起因していると思われる。

　西浦の水生植物生活形別植被面積の全体的な変化は以上でわかったが、変化の仕方が全湖岸にわたってどのように分布しているかを明らかにするため、1972年（IV章）と1978年（本章）の1/10,000植生図を重ね合わせ、湖岸線の0.5kmごとに各生活形の群落の植被面積の増減を表5−15の基準によって評価し、増減指数を算出した。

　まず、全湖岸を通じて水生植物のどの生活形に著しい変化が起きたかをまとめると表5−16のようになる。この表から、霞ヶ浦（西浦）では最近の6年間に、抽水植物群落にはそれほど著しい変化はないが、浮葉植物および沈水植物の群落には顕著な変化が起きており、前者は湖岸の多くの場所で増加し、後者は逆に多くの場所で減少している。この傾向は、当然のことながら、前述の植被面積の変化の傾向とよく符合している。

表5−16 霞ヶ浦（西浦）水生植物生活形別群落の1972年に比較した変化

	全区画数	群落を欠く区画数	群落のある区画数	変化のない区画数	増加した区画数	減少した区画数
抽水植物		29	214	157 (73.4)*	24 (11.2)	33 (15.4)
浮葉植物	243	199	44	1 (2.3)	41 (93.2)	2 (4.5)
沈水植物		42	201	29 (14.4)	47 (23.4)	125 (62.2)

＊（　）内は、その生活形の群落のある区画数に対する％である。

次に、このような生活形別の水生植物群落の増減量を、さきに3区に分けた湖盆の各区分について分割評価すると表5－17のようになる。この表には新利根川および小野川の入江の部分を除外してある。表5－17によれば、前記の浮葉植物の増加および沈水植物の減少は、ⅡおよびⅢの副湖盆で速かに進行していることがわかる。なお、Ⅲ区の沈水植物の増加指数が他の2つの区に比べて大きいが、これは左岸の八木蒔より下流側のⅠ区に近い一部の湖岸における増加が効いているためであり、Ⅲの湖盆の奥部における沈水植物の減少は著しいものがある。特に、1972年の調査時には高浜地先のオニバスの大群落の先に存在したオオカナダモを主とし、クロモ、マツモ、イバラモを混生する沈水植物の大群落は、ほとんど全滅に近い。

以上のように、西浦における水生植物の植被面積およびその現存量が、1972年以降わずか数年の間に著しく変化し、しかもその傾向が、湖の過度の富栄養化にともなう水生植物の変化の図式に全く合致したものであることは注目に値しよう。このことは、すでに諏訪湖の水生植物について桜井ら（1967）が指摘したところと同じであり、諏訪湖や霞ヶ浦にみられるような急速かつ過度の富栄養化は、湖水の利用や漁業、観光などさまざまな面に悪影響を及ぼすばかりでなく、湖の生物群集の重要な一員である水生植物にも、一部致命的な影響を与えることを物語っている。このような傾向の行きつくところを示すのが、すでに述べたような高浜入り最奥部の状況ではなかろうか。

以上のような現象がみられることは、逆にいえば、定点を定めて湖の沿岸帯の水生植物群落の状態を定期的に調査、診断すれば、その湖の体質の変化を総合的に把握するのに役立つ有力な資料になることを示すものである。この問題は次節で扱うことにする。

表5－17　霞ヶ浦（西浦）水生植物群落の1972年に比較した変化量―湖盆区分別

	湖盆の区分	全区画数	群落を欠く区画数	群落のある区画数(N)	増加指数*の合計(a)	(a／N)	減少指数*の合計(b)	(b／N)
抽水植物	Ⅰ	88	16	72	13	0.18	23	0.32
	Ⅱ	68	8	60	3	0.05	27	0.45
	Ⅲ	65	5	60	8	0.13	49	0.82
浮葉植物	Ⅰ	88	76	12	42	3.50	0	0
	Ⅱ	68	64	4	20	5.00	0	0
	Ⅲ	65	48	17	69	4.06	0	0
沈水植物	Ⅰ	88	8	80	43	0.54	121	1.51
	Ⅱ	68	8	60	30	0.50	153	2.55
	Ⅲ	65	16	49	43	0.88	126	2.57

*表5－15基準によって、各区画ごとに求めた値の合計値。

V. 1978年(昭和53)の水生植物と植生図

2-7 水生植物群落の定期調査定点の選定と詳細な植生図の作成

霞ヶ浦(西浦)の水生植物群落を定期的に調査・記録するための定点の選定については、まず、現地調査の結果と航空写真の判読からいくつもの候補地を考えた(表5-18)。

すでに述べたように、西浦の3つに区分した湖盆は水生植物群落についても異った特徴をもっているので、できれば各々の湖盆について2～3地点を定めることが望ましいが、本年度(1978)はまずこれらの中から4つの地点を選び、種レベルの1/5,000植生図を作成した。図5-2(1)～(4)がそれである。

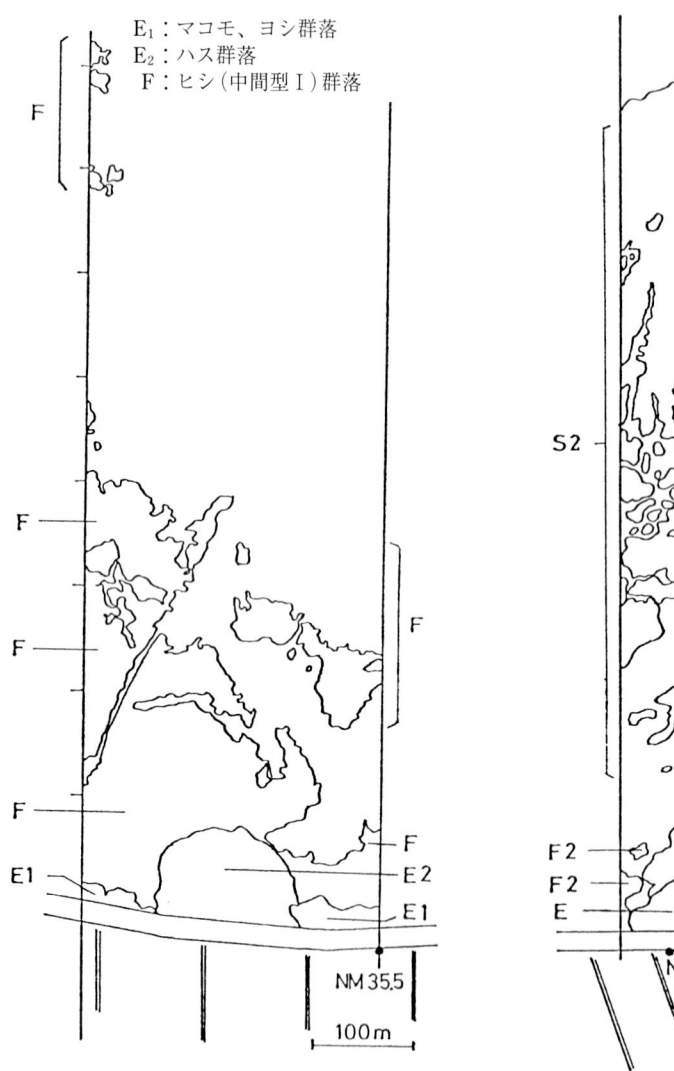

E_1：マコモ、ヨシ群落
E_2：ハス群落
F：ヒシ(中間型Ⅰ)群落

E：ヒメガマ・マコモ群落
F_1：アサザ群落
F_2：ヒメビシ群落
F_3：オニビシ群落
F_4：オニビシ・アサザ群落
S_1：ササバモ・コウガイモ群落
S_2：ササバモ・ホザキノフサモ群落

図5-2(1)　植生図：中岸35.5～35.8km付近

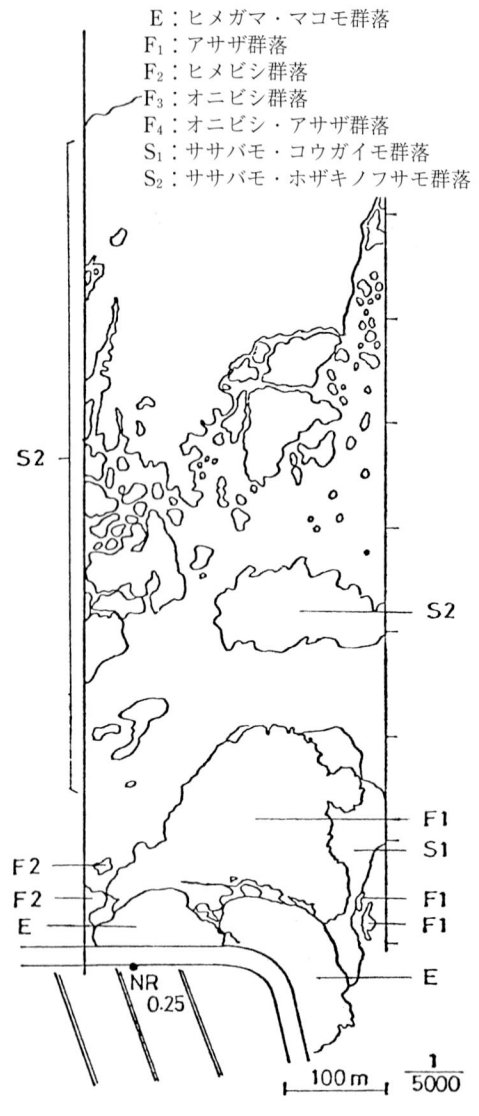

図5-2(2)　植生図：右岸0.25km付近

2. 調査結果ならびに考察

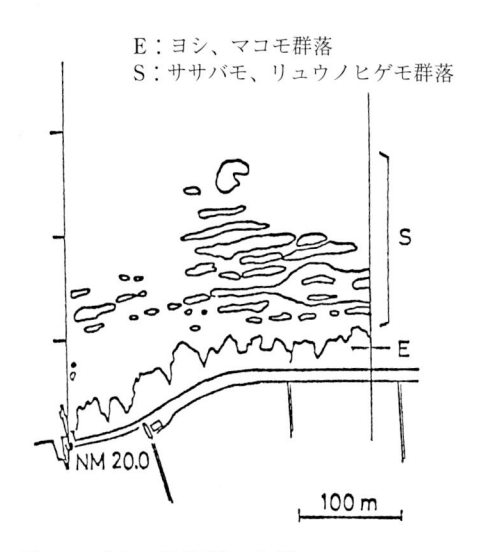

図5－2(3)　植生図：中岸20.0〜20.3km

図5－2(4)　植生図：左岸15.0〜15.3km

表5－18　霞ヶ浦（西浦）における水生植物定期調査定点の候補地

湖盆区分	位　　置	特　　徴
Ⅰ	右岸　0.2〜0.5km	すべての生活形が存在し、開水域であり、湖盆Ⅰの定点として好適である。
	右岸　9.0〜11.0km	植物相は豊かであるが、一部の入江（浮島付近）は不適当である。
	右岸　14.0〜16.0km	開水域で、抽水、沈水植物群落がある。
	中岸　20km付近	開水域で、抽水、沈水植物あり。適す。
	左岸　12km付近	抽水植物あり。沈水植物群落発達し、種も多い。
	左岸　0.4km付近	すべての生活形があり、種も豊富。
Ⅱ	右岸　36km付近	遠浅で、沈水植物が広く分布する。近年群落の後退が著しい。
	右岸　39.0〜40.0km	開水域に面し、抽水、沈水植物群落がある。
	中岸　11.0〜11.5km	開水域に面し、すべての生活形あり。適す。
Ⅲ	中岸　30km付近	開水域に面し、抽水、沈水植物群落がある。
	中岸　37km付近	現在最も湖内環境が悪化した区域で、植物の変化激しい。この付近に必ず1地点おく必要がある。
	左岸　23.0〜24.0km	抽水、沈水植物あり。現在沈水植物群落の変化が激しい地域。適す。

　このような定点を確定したら、その区域は水草の刈取り、底土の除去、その他その地域の植生に直接的かつ局所的影響を与えるような作業は禁止し、常に湖の一般的な水質等の影響を受けるように保護することが望ましい。
　調査定点については、2〜3年に一度づつ航空写真にもとづく植生図の作成、フロラの調査、その他群落の遷移の把握に主眼をおいた調査・検討を行うことが望ましい。

V. 1978年（昭和53）の水生植物と植生図

2－8　水生植物の耐乾性について

　本年度（1978）の調査期間中、霞ヶ浦の流域はたまたま旱魃に見舞われ、西浦も7月下旬頃から水位の低下が著しくなり、8月下旬にはYP＋68cmを記録し、標準水位より30cm以上の低水位となった。そのため、傾斜のなだらかな湖岸の砂浜や石積みの間には、もともと水中に生育していた浮葉植物や沈水植物が、湖水が退いたあとの陸上にとり残されて生育しているものがあり、数カ所の地点で偶然それらの耐乾性について観察する機会に恵まれた。観察したのは8月26～28日である。その時の生育場所と湖水面との高度差およびそれ以前の湖水位の変動の記録からみて、少なくとも1カ月間は湖水の干上りに耐えて生活していたものと推定された。

　このような条件下で生育が認められた水生植物の種は、浮葉植物ではアサザ（写真5－4 a）とヒシであり、沈水植物ではササバモ（写真5－4 c、d）とホザキノフサモ（写真5－4 b）である。

　浮葉植物のうちアサザは明らかに砂浜に根をおろし、新芽の伸長もみられ、さらに水中の群落に比べてはるかに少数とはいえ開花も認められた。しかし、ヒシはアサザと同じ条件下でも、まさに気息奄奄というところであった。

　沈水植物のササバモとホザキノフサモは、それぞれ写真5－4 cおよび写真5－4 bのように、

写真5－4　水位の低下によって湖岸の陸に生育する浮葉植物および沈水植物
（1978年8月26～28日撮影）

　a：アサザ（土の中に根が伸び、開花する株もある。）
　b：ホザキノフサモ（土の中に根を張り、小型でつやのある気中葉をつける。）
　c：ササバモ（砂浜あるいは石積の間に根を伸ばし、水中葉とは明らかに異なった、小型でつやのある気中葉をロゼット状につける。中には、そのわきに花穂を伸ばし、結実している株もみられる。）

2. 調査結果ならびに考察

本来の水中葉とは全くちがった小型でつやのある気中葉をつけ、土中に確固たる根をのばしており、あたかも陸生草本の幼植物のようであった。ササバモには、ロゼット状の気中葉のわきから花穂を伸ばし結実している株もみられた。このようなササバモおよびホザキノフサモの陸生株を根まで掘り取って、研究室に持ち帰り水槽中に入れて観察したところ、生長点から典型的な水中葉が伸び、1カ月後には20～30cmに達した（写真5－5）。

上記のササバモおよびホザキノフサモの陸生株が発見された地点（3地点）の湖中には、クロモ、センニンモ、トリゲモ、マツモ、セキショウモ、リュウノヒゲモ、イトモなども混生していたが、それらの陸生株は発見できなかった。

以上を総合すると、純然たる水生植物の中にもかなり耐乾性の強い種があり、徐々に乾燥状態に移行し、かつ干上りの期間が短かければ一定期間水位の低下に耐えて生存し、水位が回復したのち再び群落を形成することのできる種があることがわかった。このような性質をもっていることが確認された種、すなわちアサザ、ササバモ、およびホザキノフサモは、すでに述べたように、それぞれ西浦における浮葉植物および沈水植物の優占種であることは興味深いところである。

写真5－5　8月28日に採取した陸生株を水槽中においたところ、1カ月後には典型的な水中葉を再生した（9月25日撮影）
a：水槽、b：ササバモ、d：ホザキノフサモ

V. 1978年（昭和53）の水生植物と植生図

3. まとめ — 現状の総合評価と水生植物の保護対策について

　湖の水生植物は、すでに1972年の調査報告書（IV章）にも述べられているように、沿岸帯の景観の重要な構成要素としてばかりではなく、湖沼の生物群集や水産生物の保護および水質保全の上にも重要な役割を果している。したがって、流域の開発や湖岸線の改修工事が進んでも、湖内に一定量以上の水生植物群落を保存することは、必要不可欠のことである。その保存量については、現在のところ一定の基準値はないし、またそれを決めることはむずかしいが、各地の湖沼における現状から考えて、その湖が元来もっていた景観や水産などの質を損わないためには水生植物群落が成立することのできる湖岸線の少なくとも50％に、できるだけ自然度の高い水生植物帯を残す必要があると筆者は考えている。このような観点から霞ヶ浦（西浦）の現状をみると、全湖岸を0.5kmごとに分割した243の区画のうち、約52％の区画が2種類以上の生活形の水生植物群落を多かれ少なかれ保有している（表5－6）。湖の立地条件によって、湖盆とその流域との対応関係は全くちがっているので、単純な対比はあまり意味がないとはいえ、霞ヶ浦と同様に著しく富栄養化が進んでいる諏訪湖においては透明度の著しい低下のほか、沿岸帯の浚渫、埋立て、湖岸の改修など人為の影響のため、水生植物群落はほとんど潰滅状態に至っているのに比べれば、上記のような霞ヶ浦（西浦）の水生植物の現状は、かなり良好な状態にあるものと評価することができる。とはいえ、その量はすでに述べたような許容の限度に近いので、これ以上の減少を招かないよう保全をはかる必要があることはいうまでもない。

　富栄養湖において、一層富栄養化の傾向が進み、現在の諏訪湖や霞ヶ浦の一部にみられるような、過栄養化という表現が適切な程の段階にまで到達する過程における水生植物への影響を図式化すると図5－3のようになる。この場合における水生植物の3つの生活形の量的変化を模式的に示したのが図5－4である。これらの図式は、過去の諏訪湖における調査結果をもとにしてつくられたものである。

　図5－3については改めて説明を要しないであろう。図5－4においては、A、BおよびCの3つの段階に明瞭な境界を設け難いが、Aは植物プランクトンによるいわゆる"水の華"は存在す

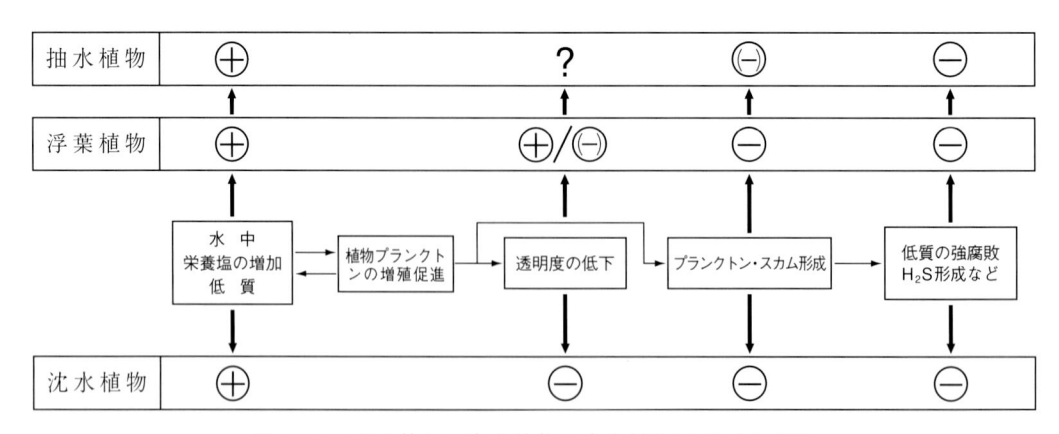

図5－3　湖の著しい富栄養化が水生植物に及ぼす影響

3. まとめ ― 現状の総合評価と水生植物の保護対策について

るが、それは湖の平穏な時でも湖水面を覆いつくすまでには至らず、なお1mまたはそれ以上の透明度を保っている段階であり、Bは平穏時には"水の華"が湖面をふさぎ、波浪によって攪拌されている時にも湖水や波頭が緑色に見え、透明度は30cmまたはそれ以下、時にはほとんど数cmまで低下する段階を指す。Cの段階はBの段階に達した湖面において局所的にみられる現象で、入江や湾部、舟だまり、水草群落中などのような湖水

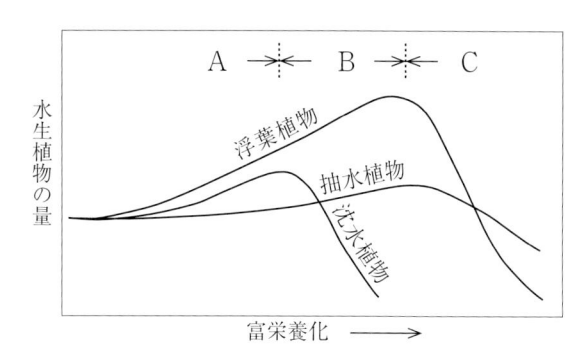

図5-4 湖の著しい富栄養化にともなう水生植物の3つの生活形の増減傾向を示す模式図（説明：本文）

の流動の不良なところに植物プランクトンが厚く吹き寄せられて水面をふさぎ、腐敗してスカム状となる状態を指している。このような現象は湖全体からみれば局部的なものではあるが、移動による回避が不可能な水生植物にとっては、その生育に致命的な影響を与える段階として把握しておく必要がある。

このような図式に照して、霞ヶ浦（西浦）の水生植物の最近における変化をみると、すでに2-7に述べたように、1972年以後の6年間に湖全体の植被面積において、沈水植物の減少（約1/2）と浮葉植物の増加（約2.5倍）という湖水の富栄養化にともなう変化の傾向がはっきり現われている（表5-13）。このことは1972年以後、富栄養化の程度が徐々に高まっているというよりは、ここ数年の間における霞ヶ浦（西浦）の富栄養化のレベルに対応する植物プランクトン大発生の影響が、水生植物群落に残されていると解するのが妥当であろう。抽水植物群落も、その植被面積において約70％に減少している。これは湖岸の改修工事が進んだことを意味するものと考えられる。

さきに述べたように、霞ヶ浦（西浦）の水生植物は、現在、全体としては著しい損傷を受けていないとはいえ、それはすでに述べたような、いわば退行的変化の途上の状態であることに注意する必要がある。

西浦の湖盆をその特性によって3区に分けて（図5-1）、各区分の水生植物の現状や1972年以後の変化の様相を比較すると図5-3および図5-4に示したような変化は、高浜入りの湖盆（Ⅲ）において最も進行しており、主湖盆に近い区域を除いた奥部は全体としてもBの末期段階であり、最奥部一帯やその他の各所にはC段階に至った区域がみられる。これとは対照的に汚濁の直接的な負荷が少なく、湖盆の大きい主湖盆（Ⅰ）においては、湖水の透明度低下の影響を最も受けやすい沈水植物群落が相対的に最も多く、その平均幅は湖盆Ⅲの4倍強、湖盆Ⅱの2倍に相当する（表5-8、表5-9）。主湖盆の湖岸の抽水植物は他の区域に比較して最も少ないが、水生植物全体の現状は、図5-4のAの末期の段階にあるものと評価できる。湖盆Ⅱの水生植物の現状は、総体的にみて、すでに述べたⅠとⅢの中間、すなわちBの初期段階にあるものといえよう。

以上は水生植物の量的な面についての考察であるが、その質的な側面である現在の出現種数、

V. 1978年(昭和53)の水生植物と植生図

および1972年に比較した種の出現頻度の変化についても、上記の諸現象と符合する傾向を認めることができる(表5-5)。

　これまで述べたように、霞ヶ浦(西浦)の水生植物は、1972年の調査以後わずか6年の間にも、湖水の富栄養化その他の人為的影響によって量、質ともにかなり退行的な変化を示している。その現状は高浜入りのごとき一部を除き、極めて憂慮すべき状態とはいえないまでも、早急に保全の方針をたててこれ以上の退行を防止せねばならない段階にあることはいうまでもない。そのような対策の主眼は、湖水の富栄養化、すなわち植物プランクトン発生量の抑制により透明度を高めること、および湖岸の改修工事に当っては、水生植物群落をできる限り湖盆内に残す工法を採用することである。しかし、図5-4のAまたはBの段階にある湖内の一部で、沈水植物または浮葉植物があまりにも密生繁茂し過ぎて、舟航その他漁業上の障害などが生じた場合には、区域と時期を限定し、刈取り除去を行うことは一向に差支えない。

　なお、水生植物の管理を今後計画的に行うためには、その基礎的資料として、植生図の作成やフロラ、植被面積、現存量などの調査を定期的に実施する必要がある。そのような調査は、湖岸の数カ所に設けた定点については2・3年ごとに、全湖岸については5・6年ごとに、できるだけ同一の手法で実施することが望ましい。かかる調査結果は、単に水生植物の保全に役立つばかりでなく、経年的な状態を比較検討することにより、湖沼の体質ともいうべき総合的な性格の変化を察知することが可能である。

4. 摘　要

①1978年9月～10月の間に、霞ヶ浦(西浦)の全湖岸線をカバーする1/10,000航空写真および湖岸の55地点における水生植物の出現種と群落の調査結果にもとづき、この湖の水生植物について、フロラ、種の優占度、生活形別の植被面積、および現存量を明らかにした。また、この調査結果を1972年に行った同様の調査結果と比較検討し、湖の富栄養化にともなう水生植物の遷移、および水生植物群落の保護について考察した。

②水生植物の出現種は24科59種であった。1972年に見出された14科32種に比べて増加した主な理由は、フロラの調査範囲を本年は湖外の関連水域(水路、水田、ハス田、池沼など)にも拡大したためである。

③55地点の調査結果にもとづく群落組成表から求めた水生植物の優占種は、生活形別に次のようであった。

　　抽水植物：ヨシ、マコモ、ヒメガマ
　　浮葉植物：ヒシ類(ヒシ、オニビシ、ヒメビシ、中間型)、アサザ
　　沈水植物：ササガモ、ホザキノフサモ、エビモ、セキショウモ、リュウノヒゲモ、ヒロハノエビモ

④種の出現頻度を1972年に比べると、減少したものはクロモであり、増加したものは浮葉植物ではヒシ類、アサザ、およびヒルムシロ、沈水植物ではリュウノヒゲモ、コウガイモ、マツモ、

エビモである。また帰化水生植物で、近年全国の湖沼にはびこりつつあるコカナダモが、今年はじめて北利根川左岸で発見された。

⑤西浦の湖盆を主湖盆（Ⅰ）、土浦の湖盆（Ⅱ）、および高浜入りの湖盆（Ⅲ）に分け、水生植物の出現種数を比較すると、抽水および浮葉の生活形については大差はないが、沈水植物の種数は湖盆Ⅰで最も多く、Ⅱ、Ⅲの順に減少する傾向が顕著であった。湖盆Ⅲで特に減少傾向が著しい種はリュウノヒゲモ、ヒロハノエビモ、センニンモ、ナガバエビモ、クロモ、コウガイモ、セキショウモ、およびマツモであり、ササバモは3つの湖盆間で出現頻度に差がなく、ホザキノフサモもその傾向が強い。エビモは湖盆Ⅲで逆に出現頻度が高い。

⑥1978年における水生植物の分布限界水深は、渇水による水位低下がありはっきりしたことはいえないが、標準水位に対しておよそ0.7～1.5mの範囲と推定される。2mを越える場所は極めて稀であった。

⑦1/10,000の水生植物生活形別植生図により、西浦の全湖岸を0.5kmごとの243区に分け、生活形割群落の分布をみると2つ以上の生活形が存在する比較的自然度の高い植生をもつ湖岸は126区（51.8％）ある。この割合をさきに述べた3区の湖盆の間で比較すると、Ⅰが最も高く（57.9％）、Ⅲが最も低い（44.7％）。沈水植物を欠く湖岸はⅠ、Ⅱ、Ⅲ区の順に急増する。

⑧上記の植生図から求めた西浦の水生植物の1978年における植被面積は、抽水、浮葉、沈水の生活形別に、それぞれ、302.4、80.5、364.1ha、合計746.9haとなった。これを1972年に比較すると、抽水植物と沈水植物は、それぞれ66％および49％に減少したが、浮葉植物は2.5倍に増加している。

⑨9月上旬に現地で測定した水生植物の単位面積当りの現存量と前記の植被面積から、全湖岸の生活形別の現存量を求めた。その結果は、抽水、浮葉、沈水の各生活形別にそれぞれ、3,508t（乾）、127t、および339t、合計3,974tであった。1972年の測定結果に比較すると、抽水植物は64％に減少したが、浮葉植物と沈水植物はそれぞれ2.8倍および1.5倍に増加した。沈水植物が植被面積の減少に反し現存量が増加したのは、透明度の低下により群落が岸寄りに後退し、植生密度が上昇したためと推定される。

⑩1972年と本年の植生図を用い、全湖岸の0.5kmごとに生活形別植被面積の増減を検討した。その結果、浮葉植物については増加した区画が多かったが、沈水植物では減少した区画が多かった。また、さきに述べた3区の湖盆の間で上記の増減傾向を比較すると、湖盆ⅡおよびⅢはⅠに比べて浮葉植物が増加し、沈水植物が減少している傾向が顕著であった。

⑪湖の著しい富栄養化が水生植物に及ぼす影響の図式（図5－3および図5－4）に照して、霞ヶ浦（西浦）の現況を総合的に評価すると、湖盆ⅠはA段階の末期、湖盆ⅡはB段階の初期、湖盆ⅢはB段階の末期から局所的には最悪のC段階に達しているものと判定することができる。

　以上のような調査結果とその評価にもとづいて、霞ヶ浦（西浦）の水生植物に対する保全の対策について論じた。

⑫水生植物の定期調査のための定点の設定について、いくつもの候補地をあげ、そのうち4カ所について、1978年の詳しい植生図（1/5,000）を作成した。

Ⅴ. 1978年（昭和53）の水生植物と植生図

⑬本年夏の渇水期に、たまたま浮葉植物のアサザ、および沈水植物のササバモ、ホザキノフサモについて、水位低下による干上りに対する耐性を観察することができた。その調査結果を記録した。

⑭報告書には、本年度霞ヶ浦（西浦）で確認、採取した水生植物の標本写真と生態写真（すべてカラー、本書では割愛した）および全湖岸の生活形別1/10,000植生図を添付した。

（調査担当：荏原インフィルコ（株））

霞ヶ浦（西浦）水生植物の生活形による植生図
（1978年8月〜9月）

V. 1978年（昭和53）の水生植物と植生図

1978年霞ヶ浦水生植物植生図：索引地図

霞ヶ浦（西浦）水生植物の生活形による植生図（1978年8月～9月）

Ⅳ 北浦

（本図の番号と植生図番号は対応）

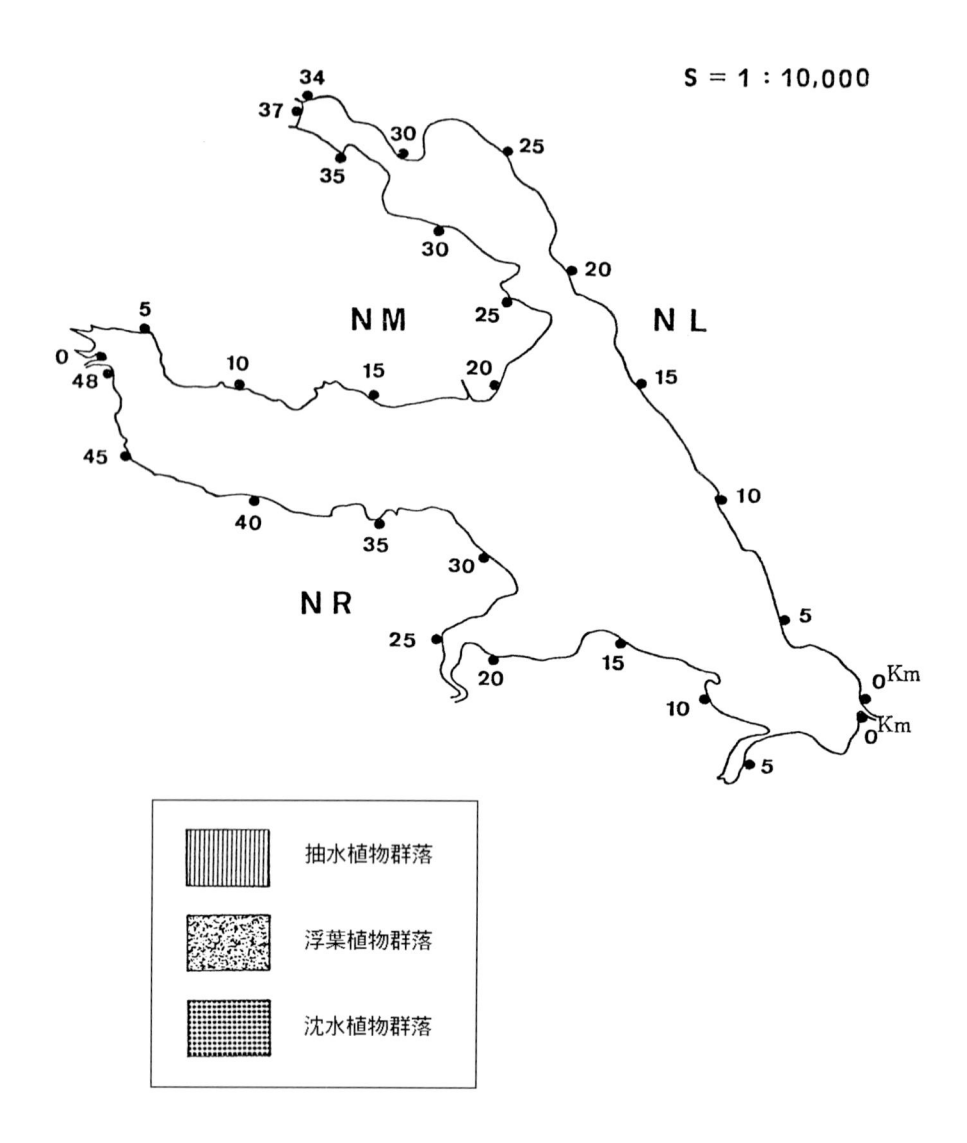

V. 1978年（昭和53）の水生植物と植生図

霞ヶ浦（西浦）水生植物の生活形による植生図（1978年8月～9月）

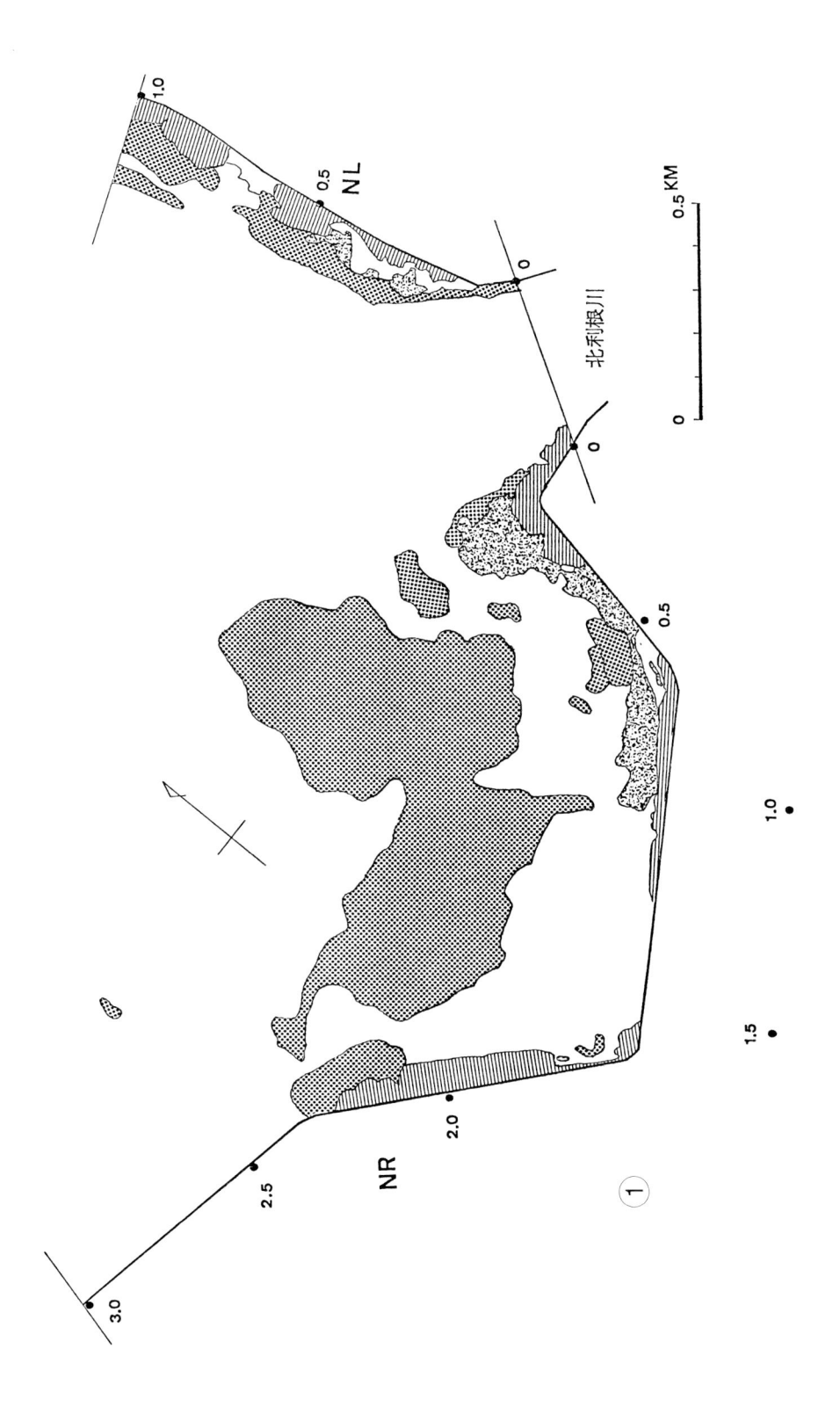

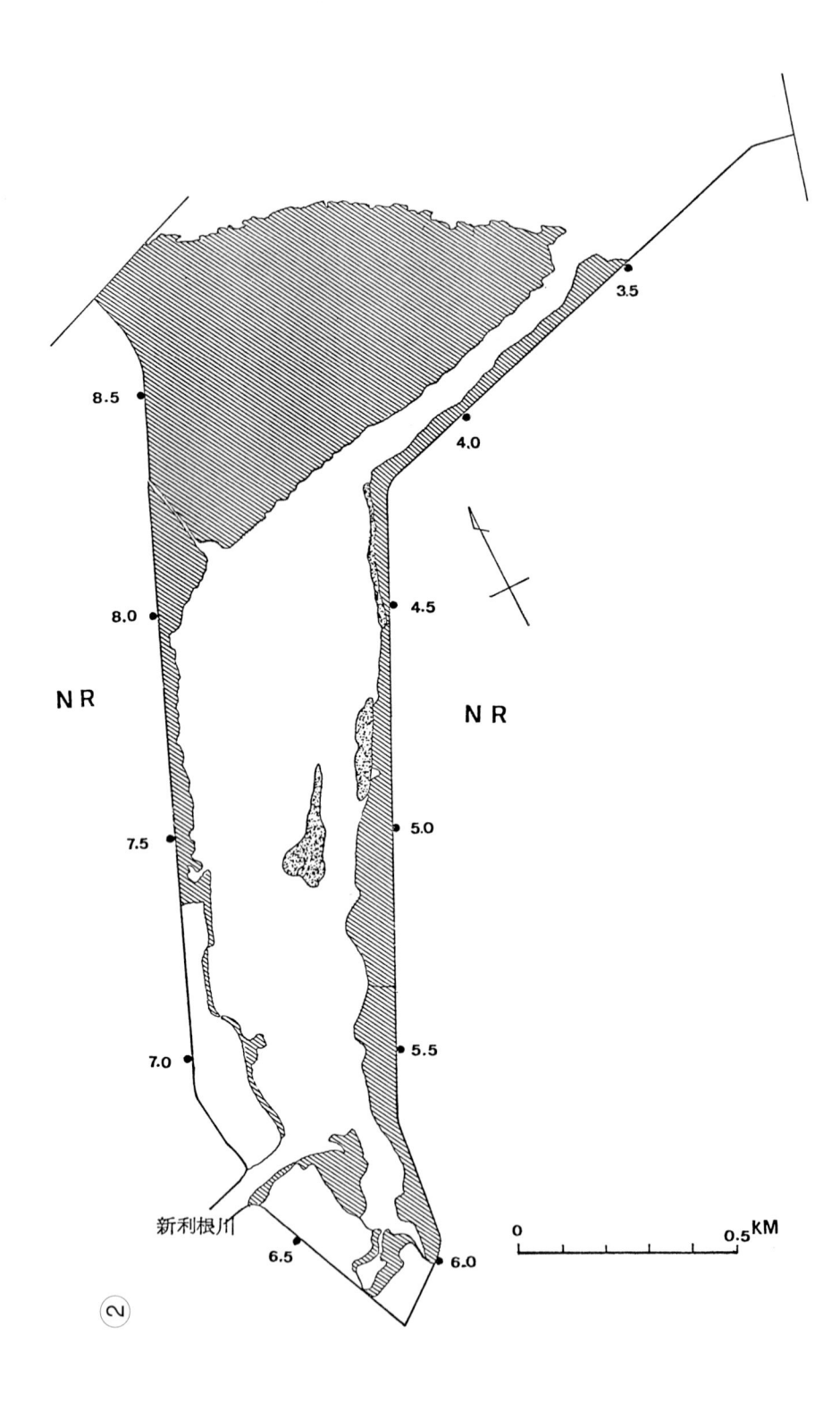

V. 1978年（昭和53）の水生植物と植生図

霞ヶ浦（西浦）水生植物の生活形による植生図（1978年8月～9月）

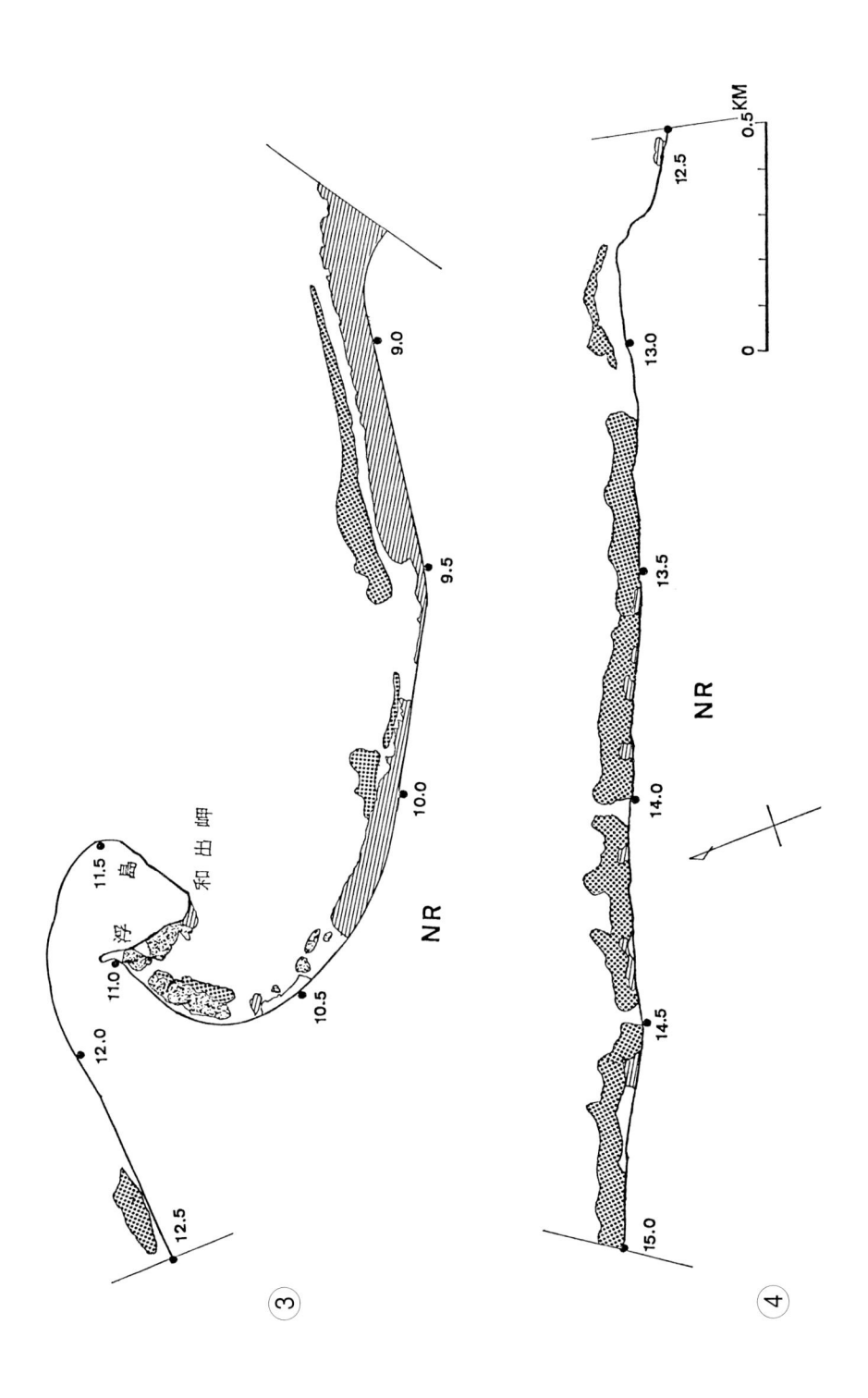

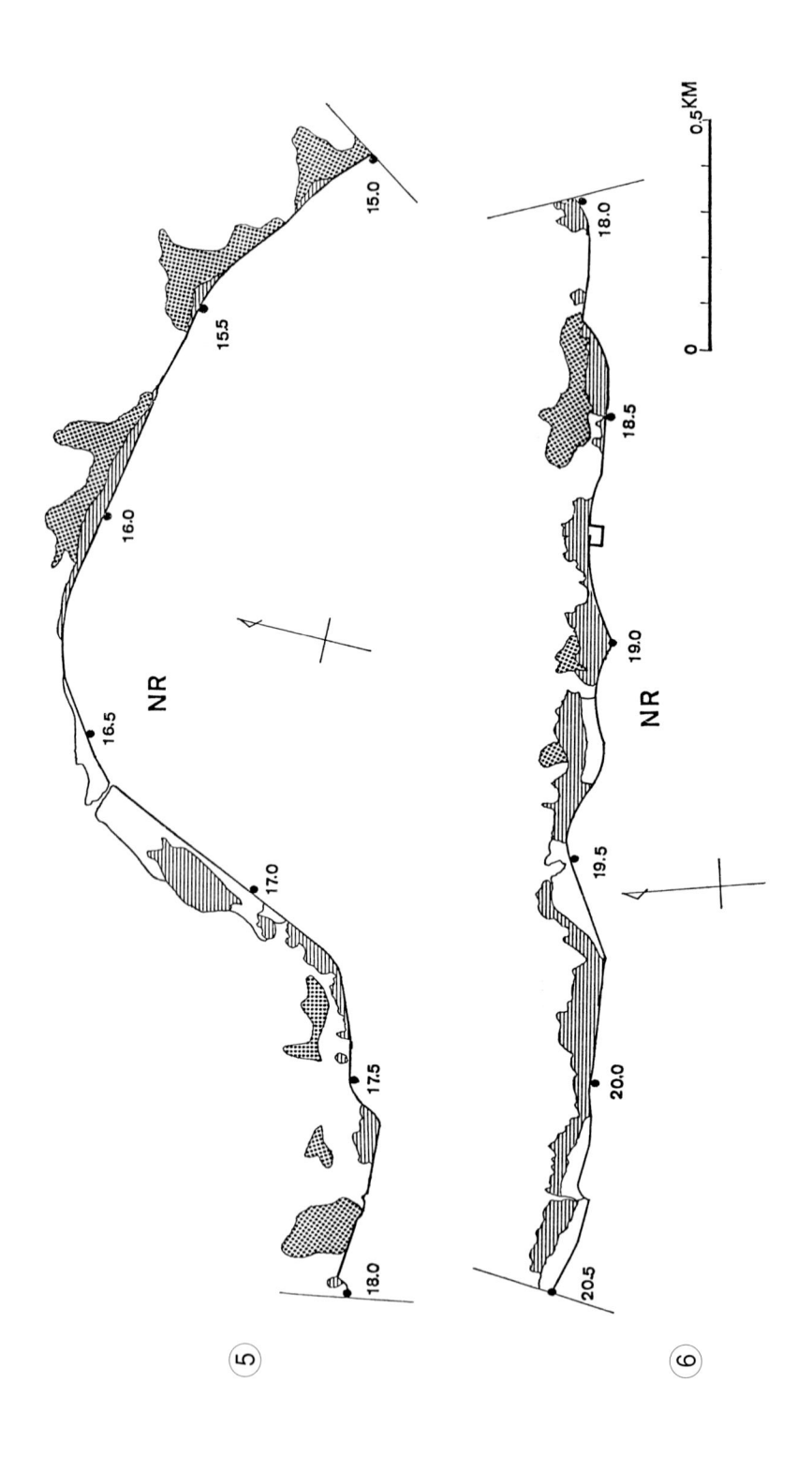

V. 1978年（昭和53）の水生植物と植生図

⑤

⑥

118

霞ヶ浦（西浦）水生植物の生活形による植生図（1978年8月〜9月）

高橋川
堂崎の鼻
NR
NR
古渡
小野川

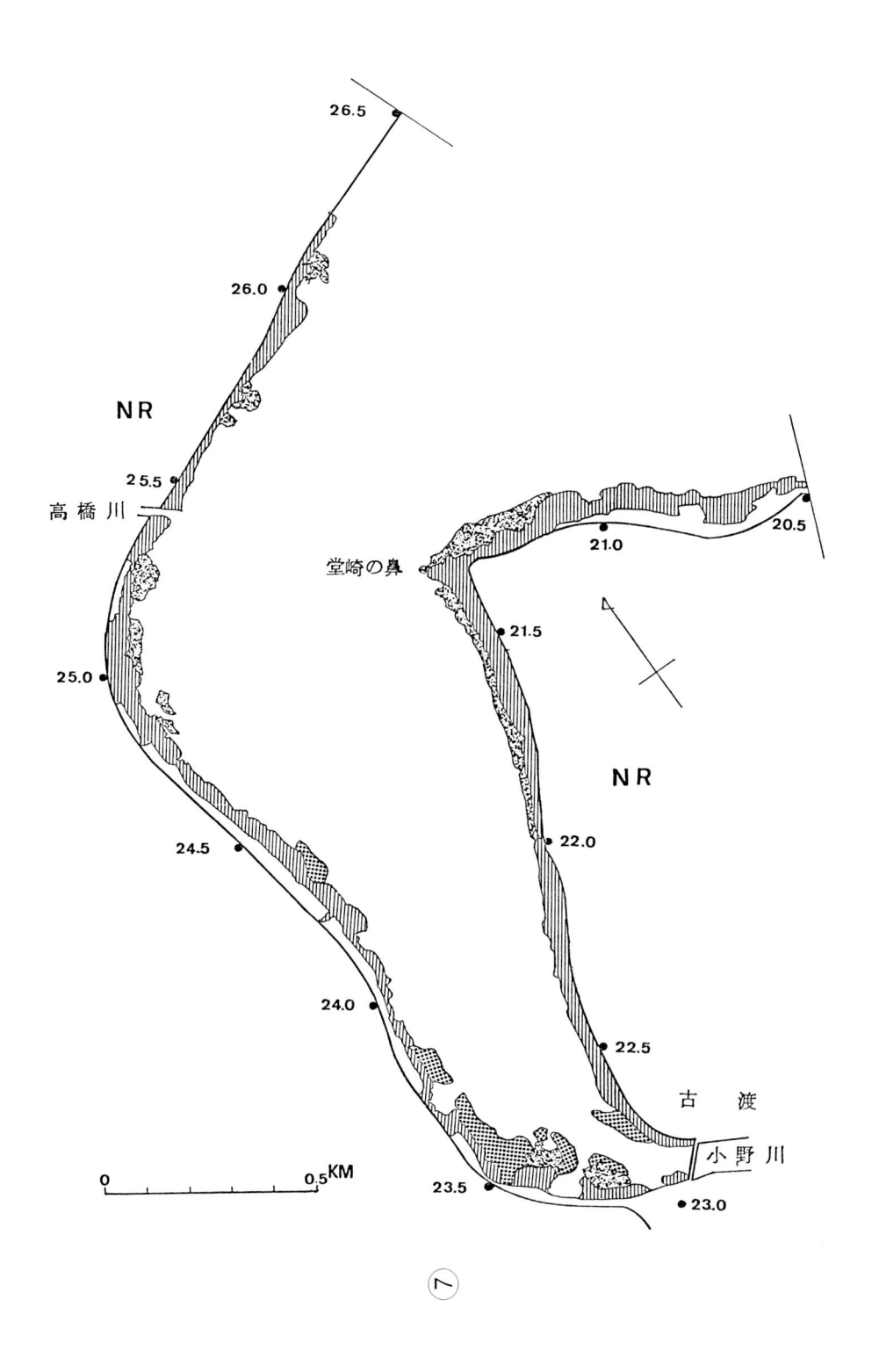

⑦

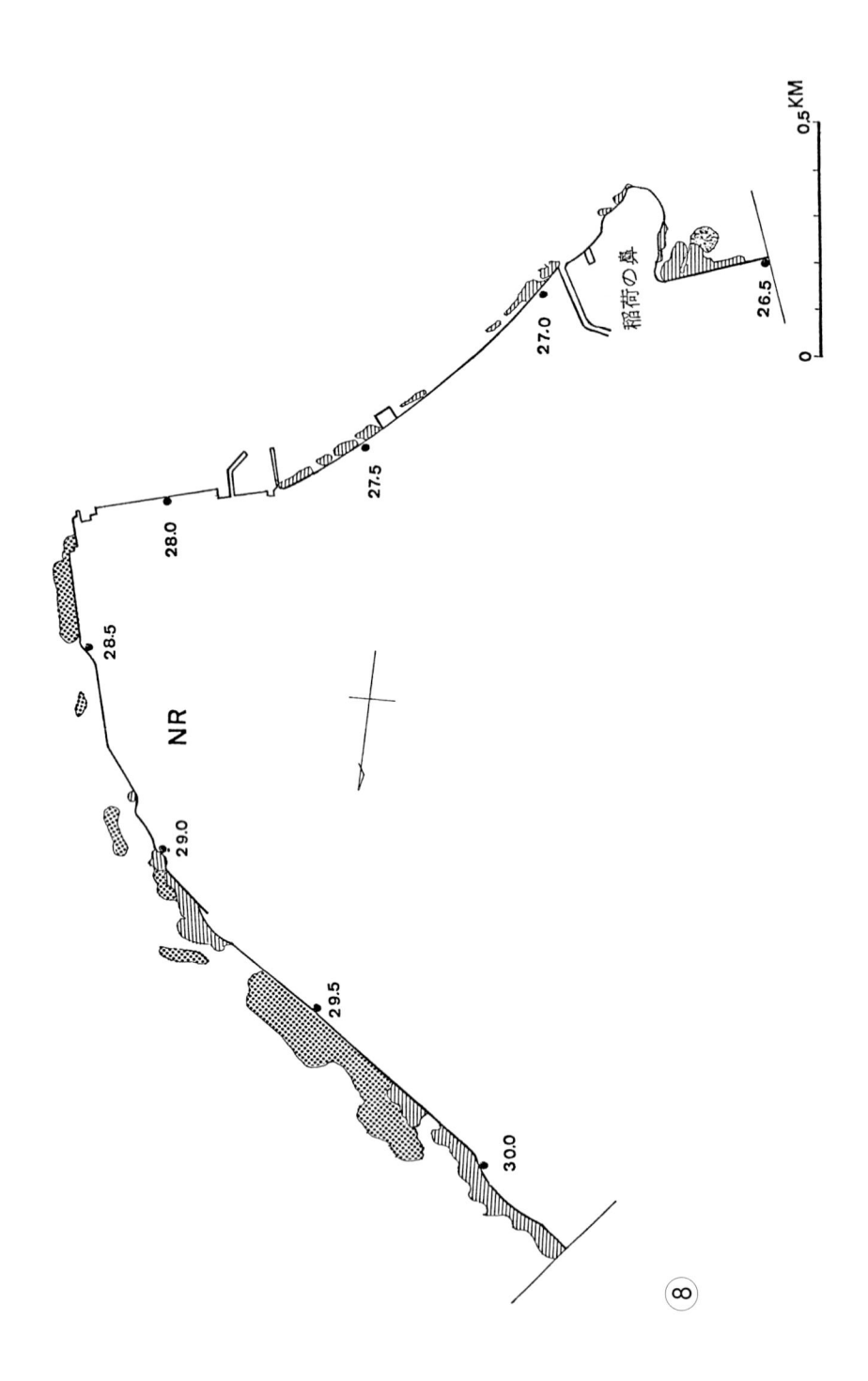

V. 1978年（昭和53）の水生植物と植生図

霞ヶ浦（西浦）水生植物の生活形による植生図（1978年8月〜9月）

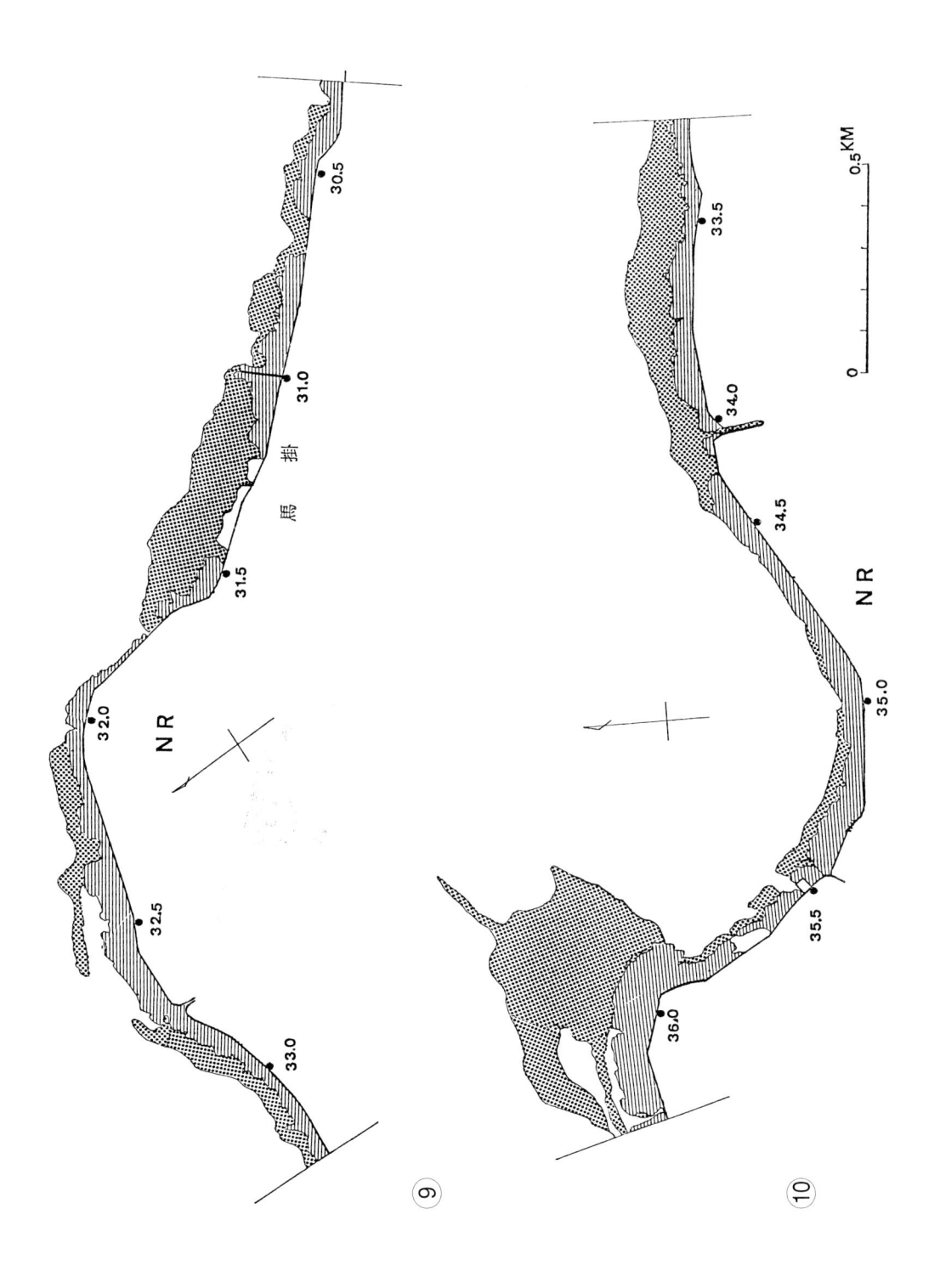

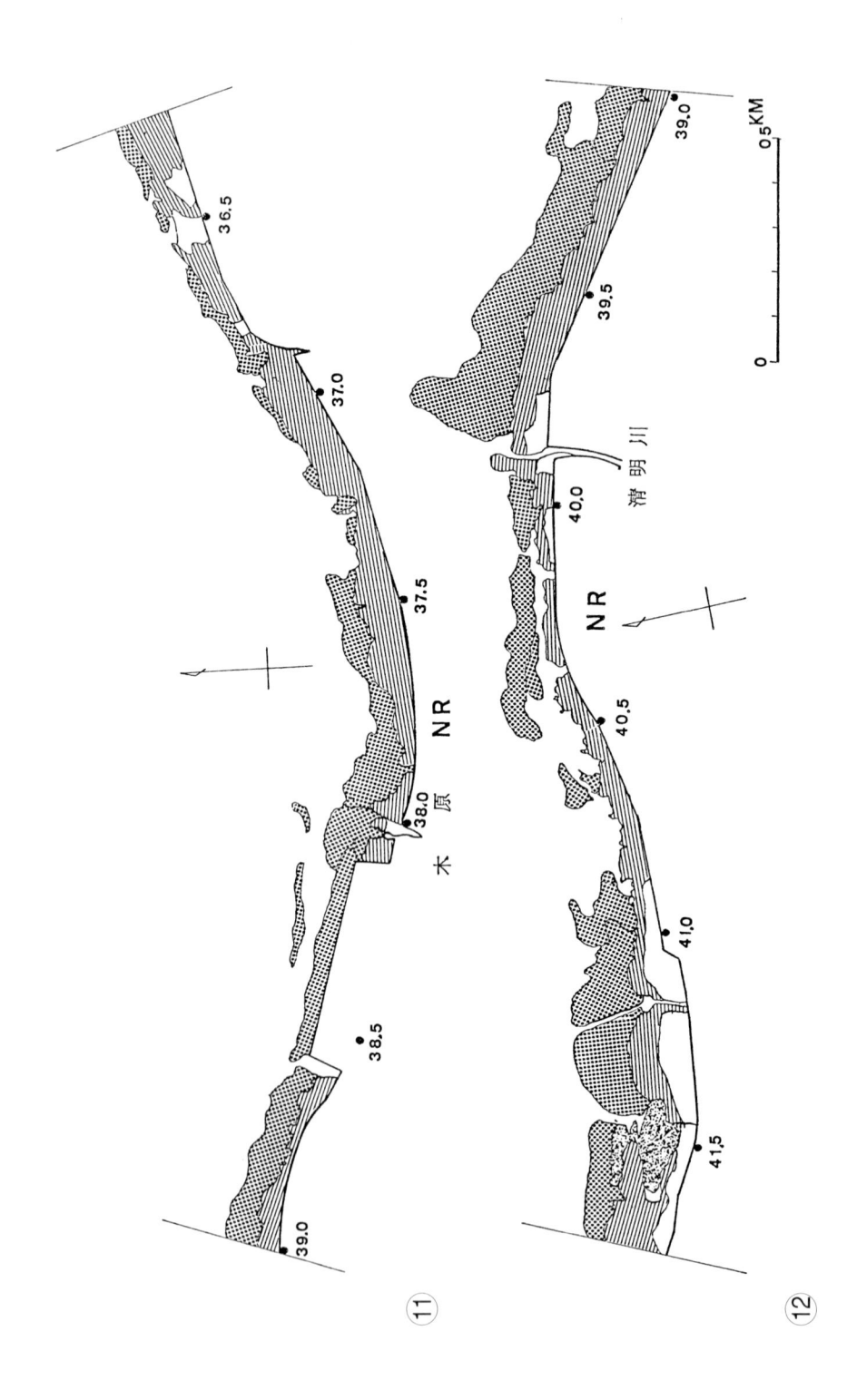

V. 1978年（昭和53）の水生植物と植生図

霞ヶ浦（西浦）水生植物の生活形による植生図（1978年8月〜9月）

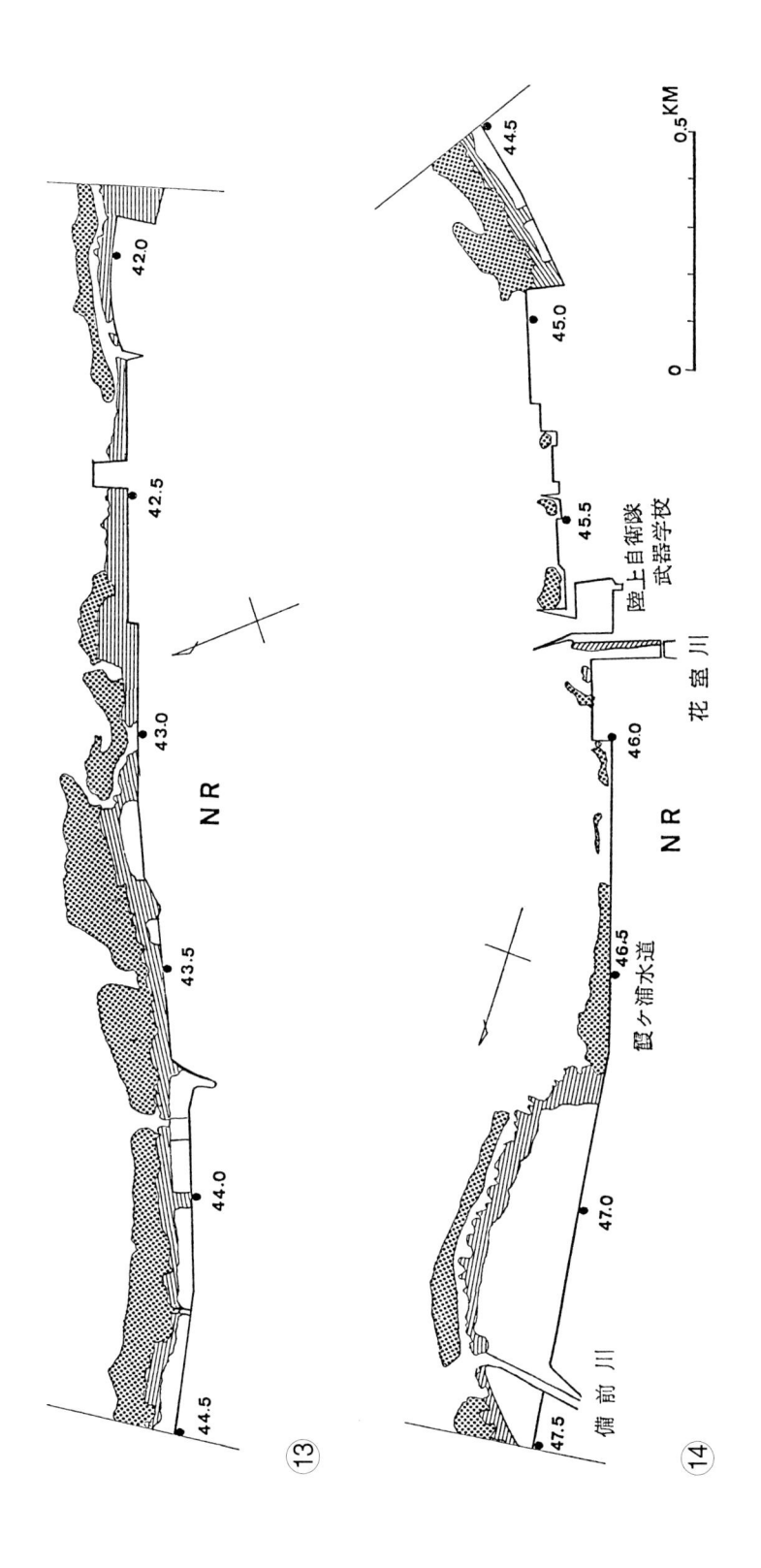

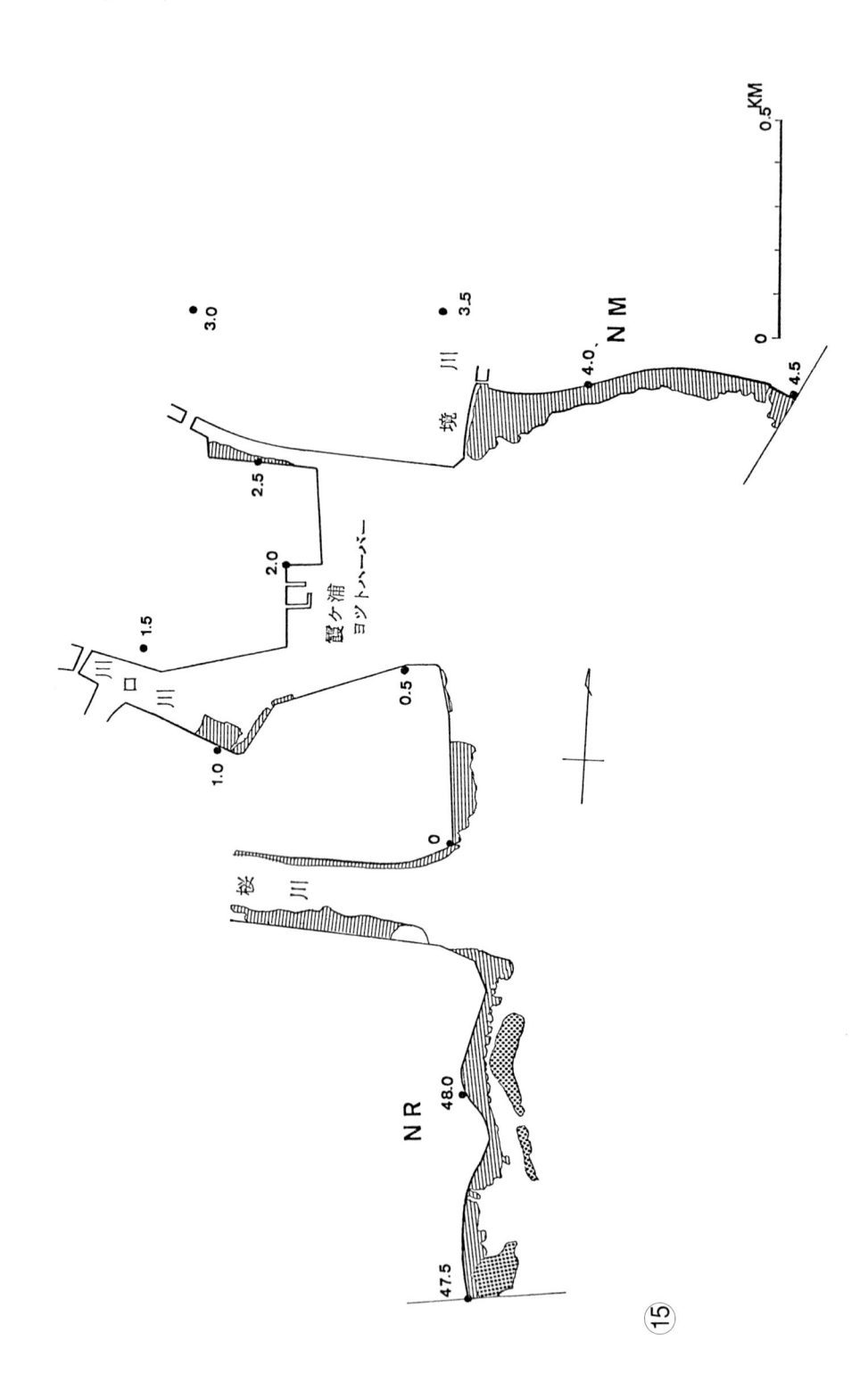

V. 1978年（昭和53）の水生植物と植生図

霞ヶ浦（西浦）水生植物の生活形による植生図（1978年8月～9月）

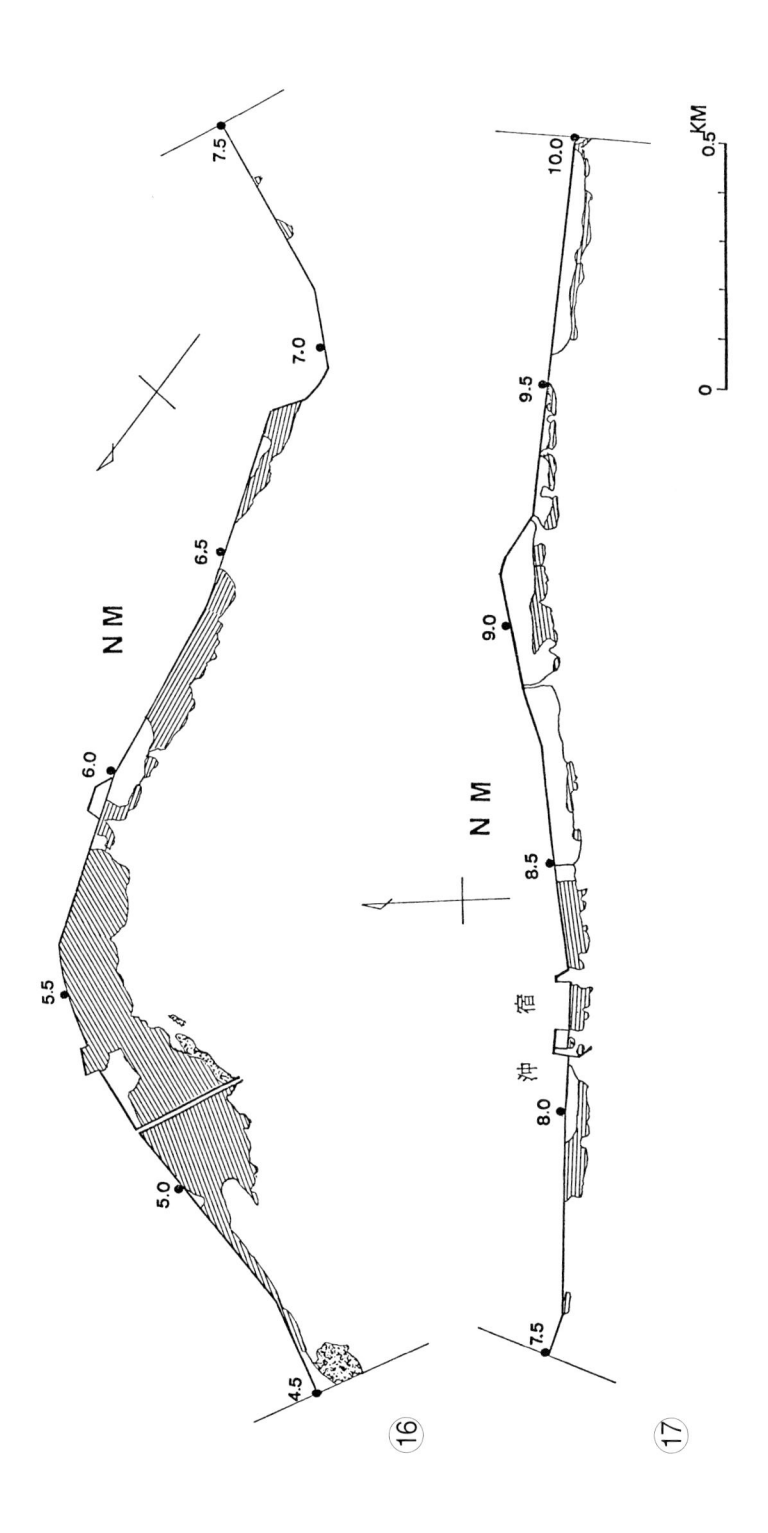

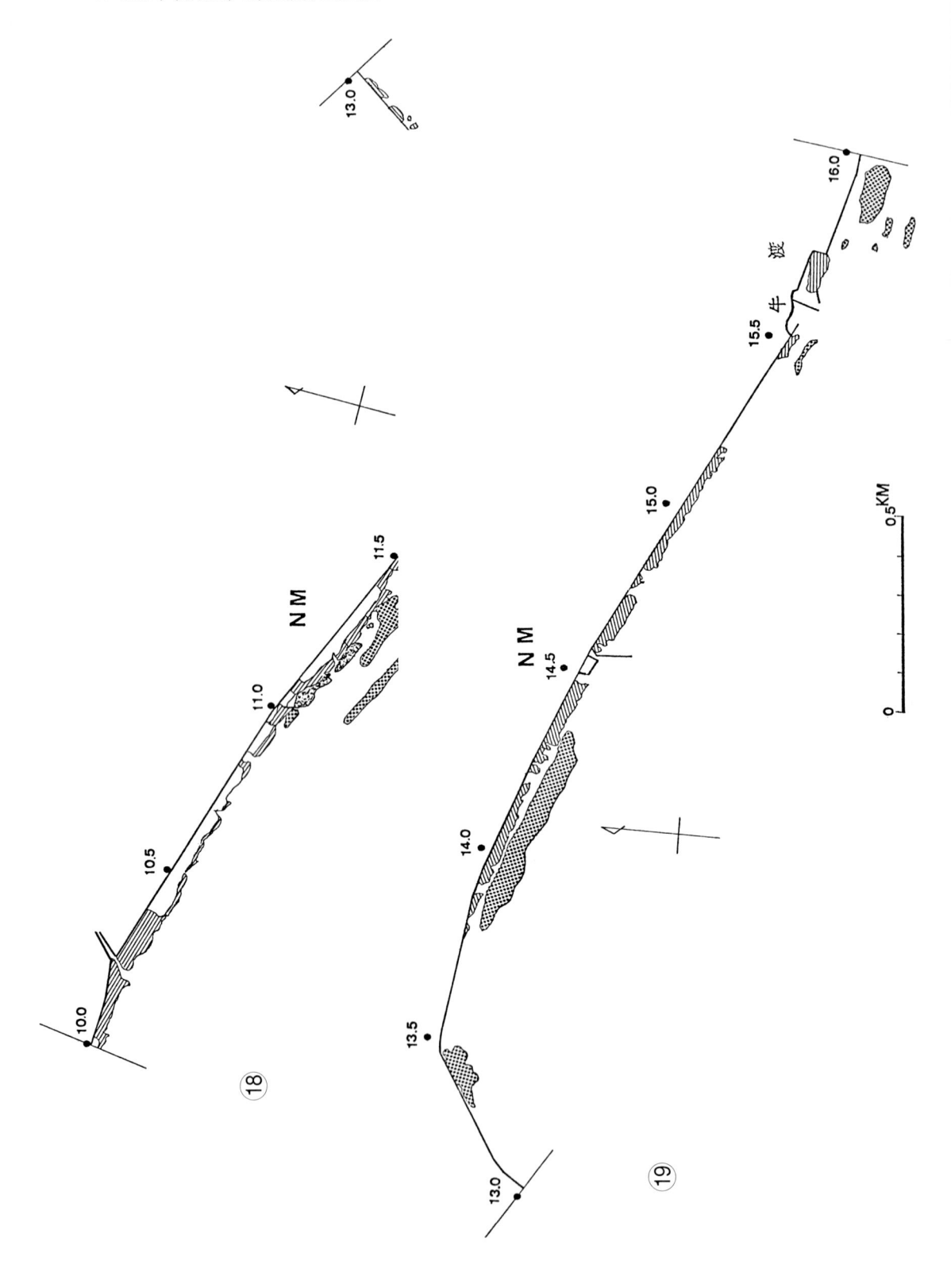

V. 1978年（昭和53）の水生植物と植生図

霞ヶ浦（西浦）水生植物の生活形による植生図（1978年8月〜9月）

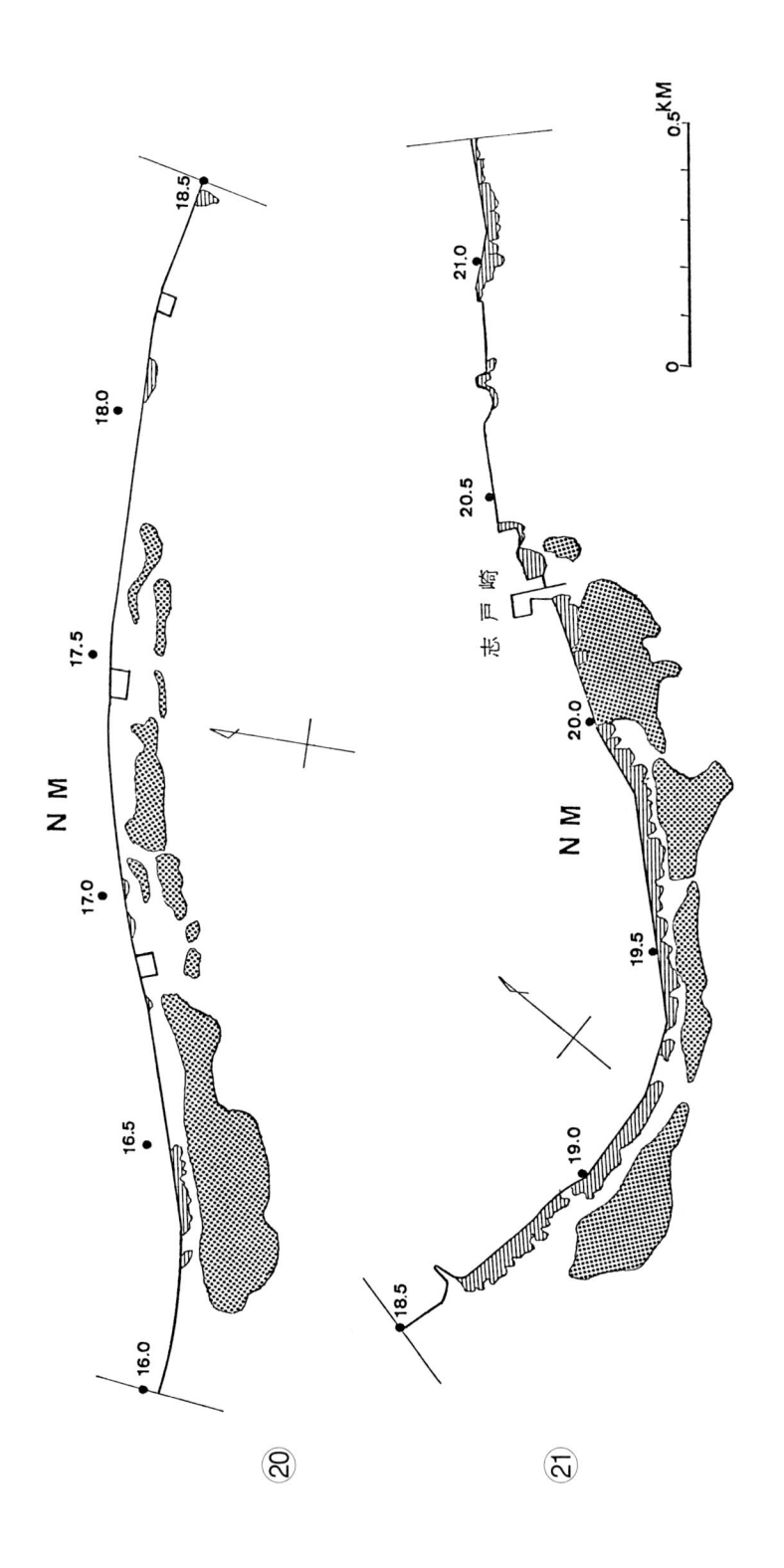

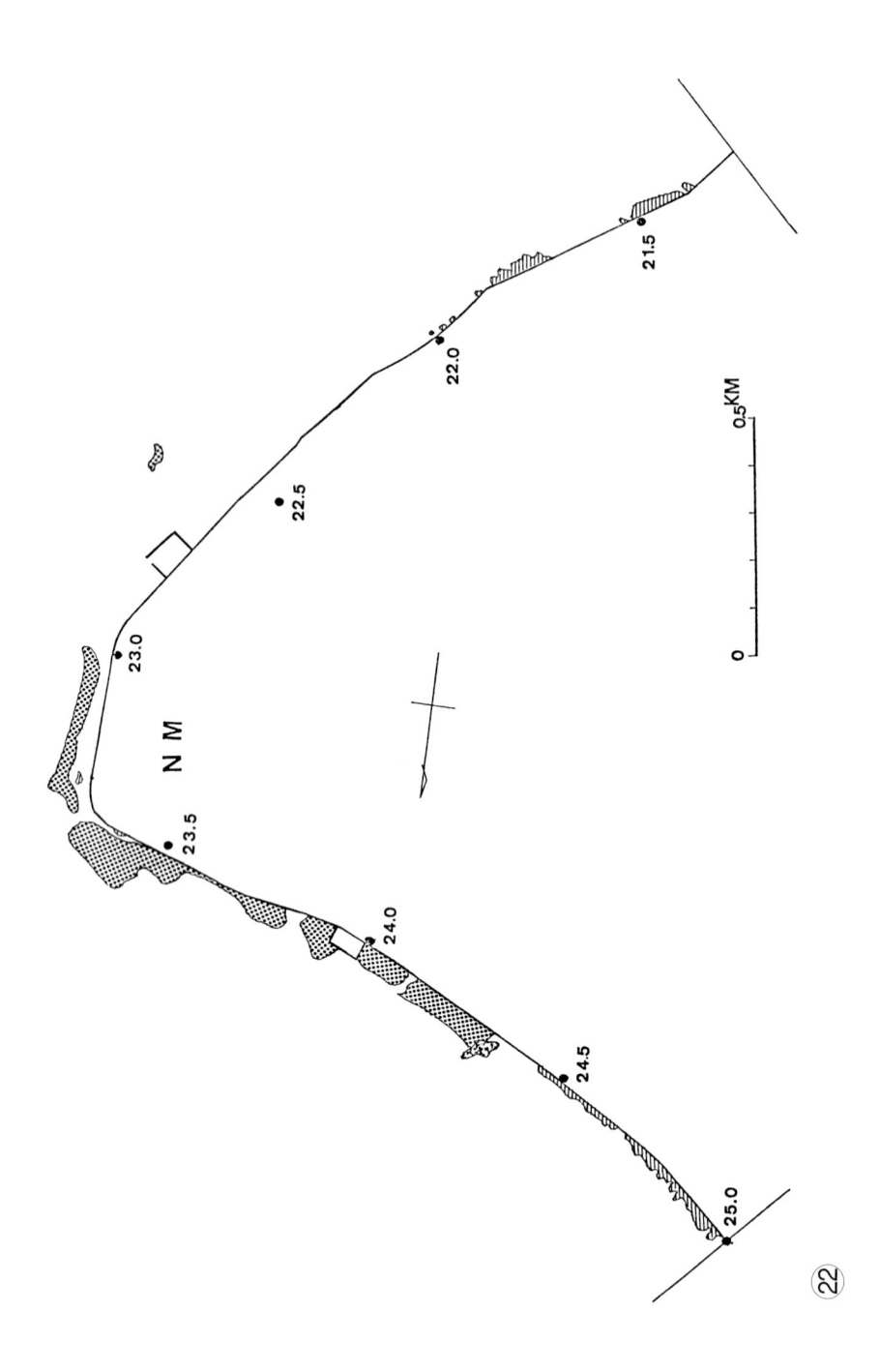

V. 1978年（昭和53）の水生植物と植生図

霞ヶ浦（西浦）水生植物の生活形による植生図（1978年8月～9月）

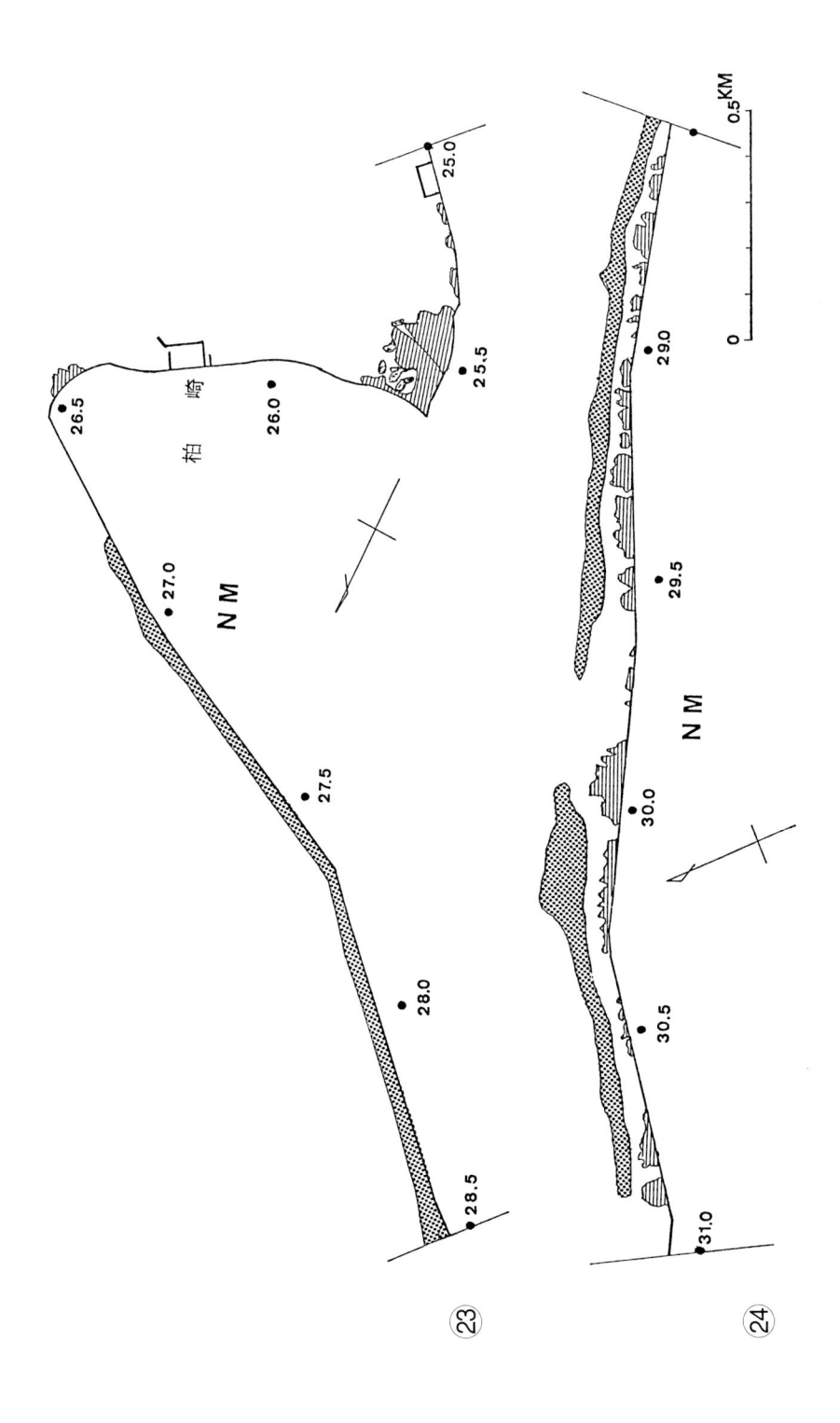

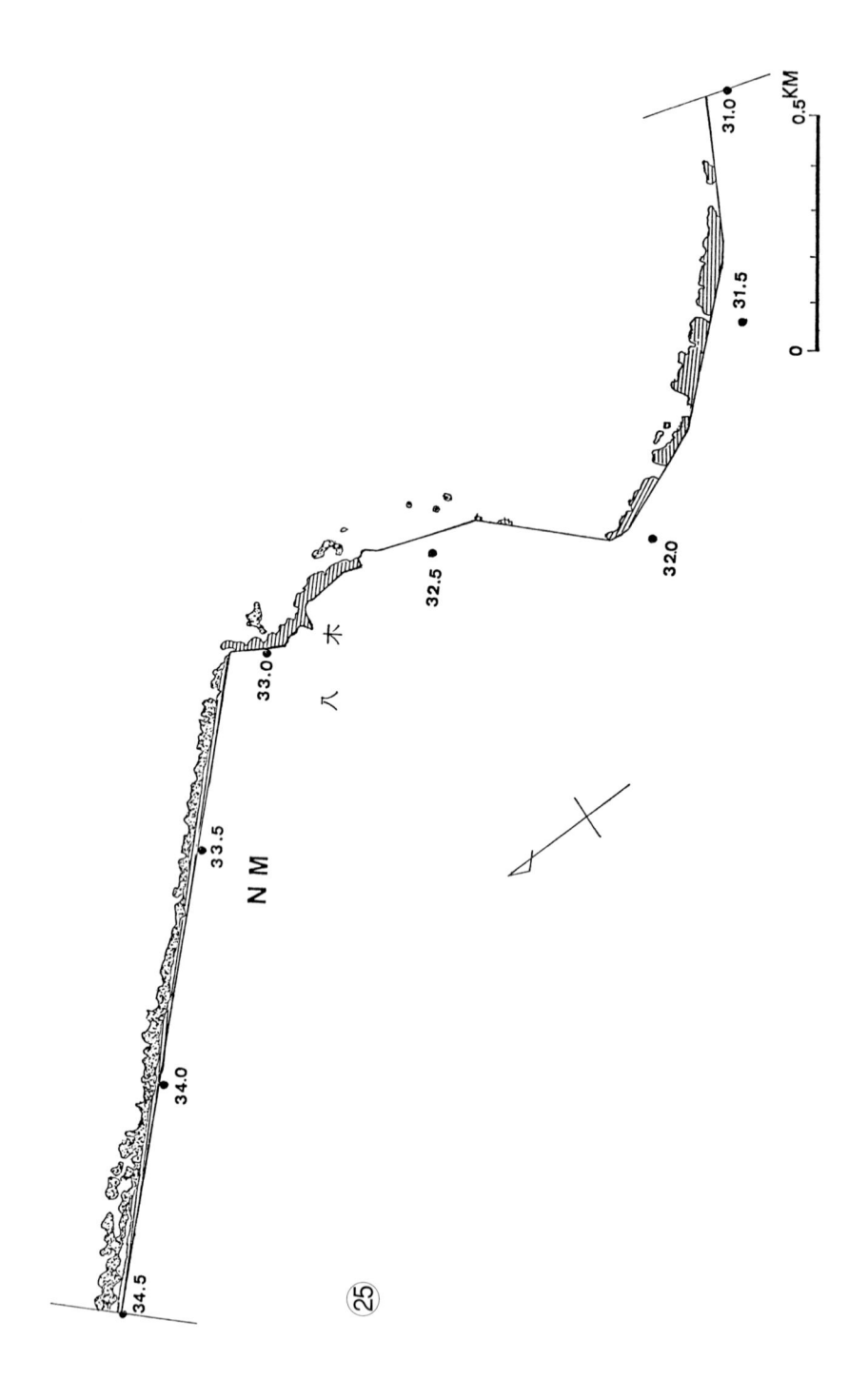

V. 1978年（昭和53）の水生植物と植生図

霞ヶ浦（西浦）水生植物の生活形による植生図（1978年8月〜9月）

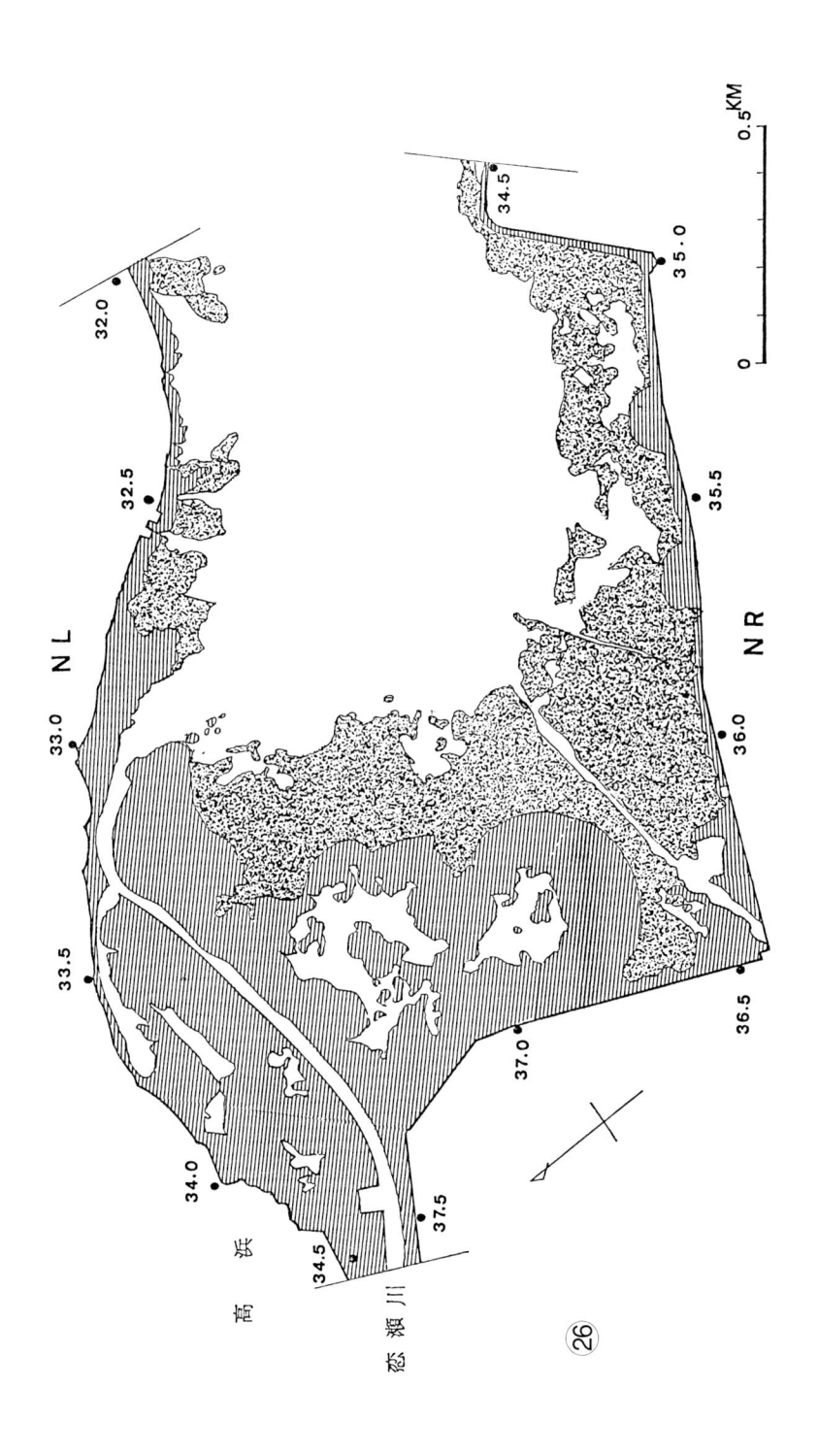

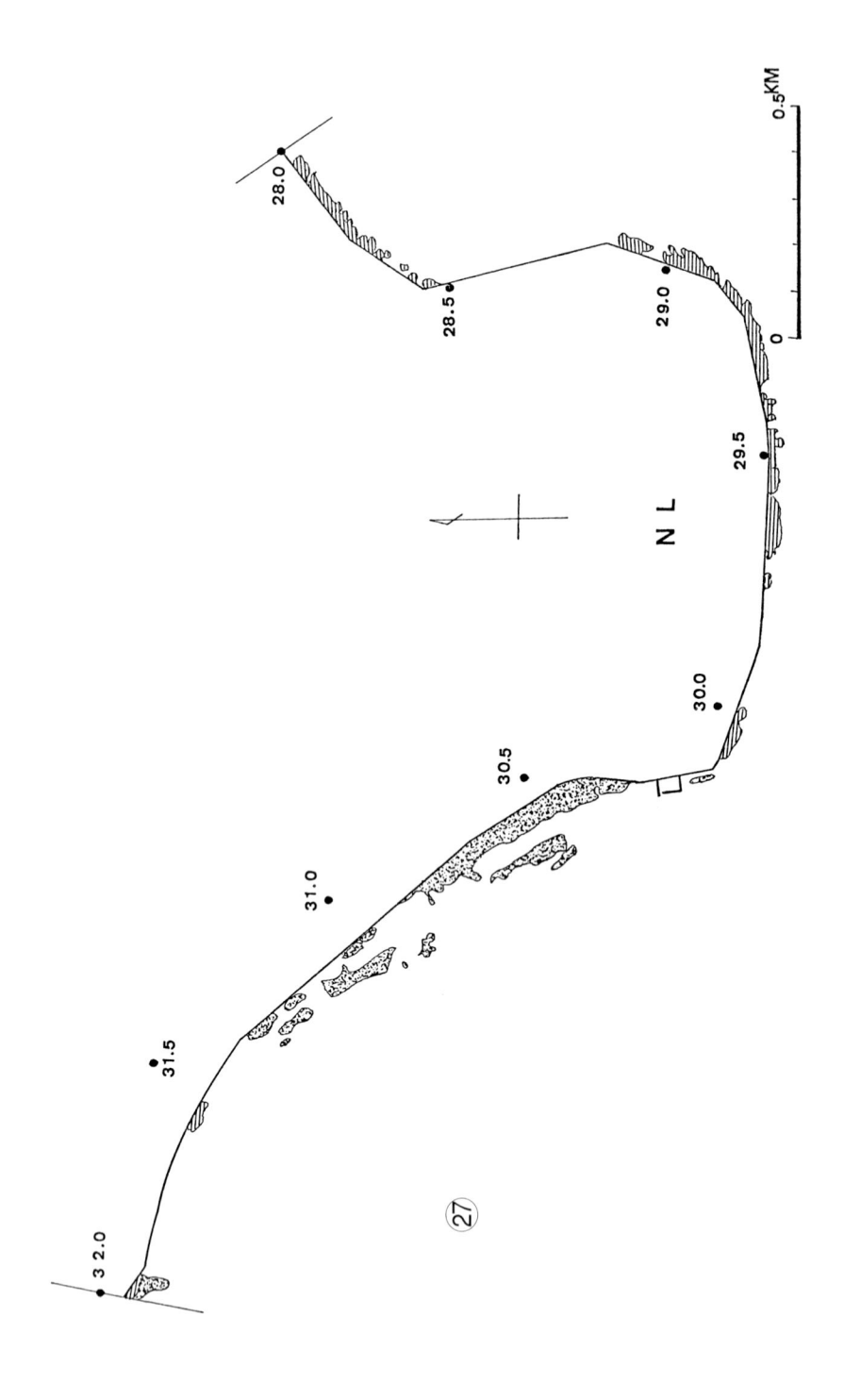

V. 1978年（昭和53）の水生植物と植生図

㉗

霞ヶ浦（西浦）水生植物の生活形による植生図（1978年8月〜9月）

㉘

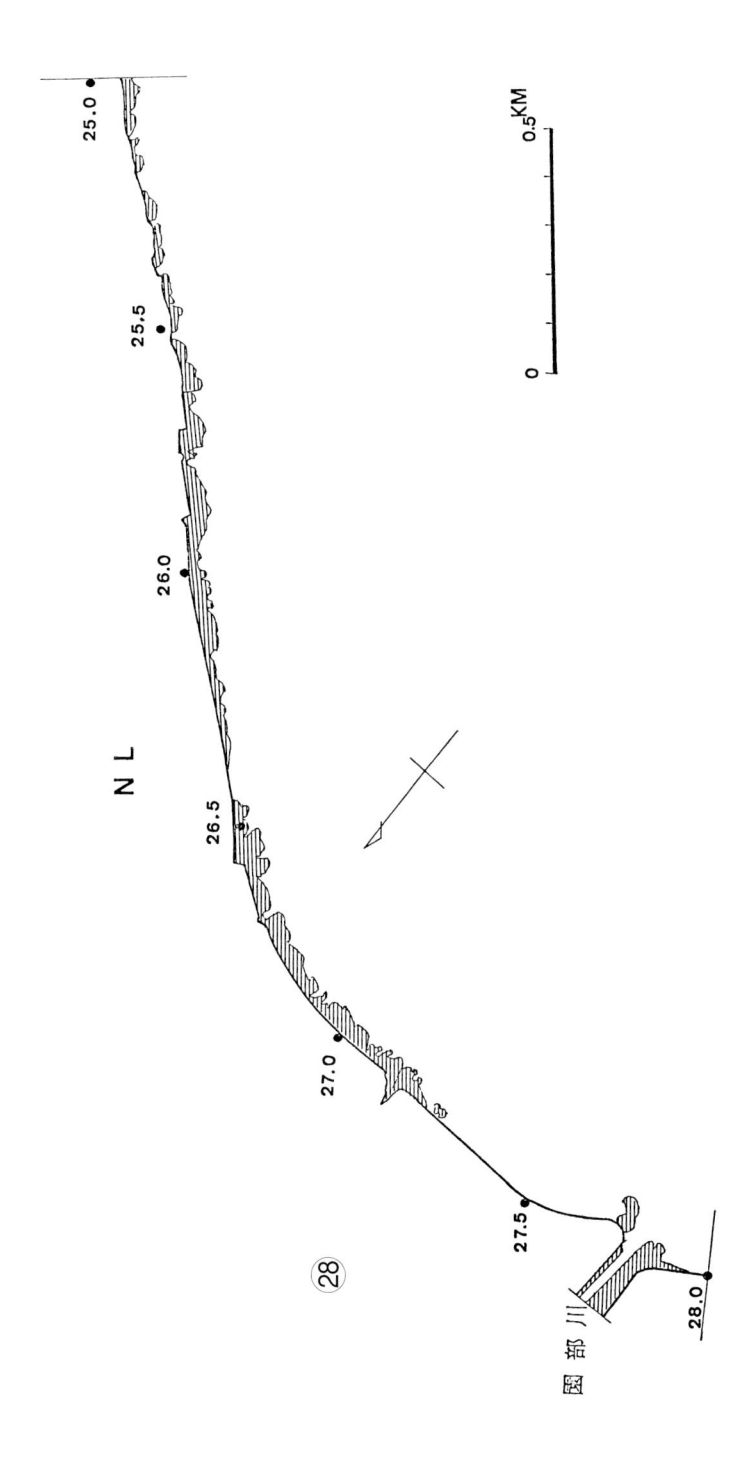

園部川

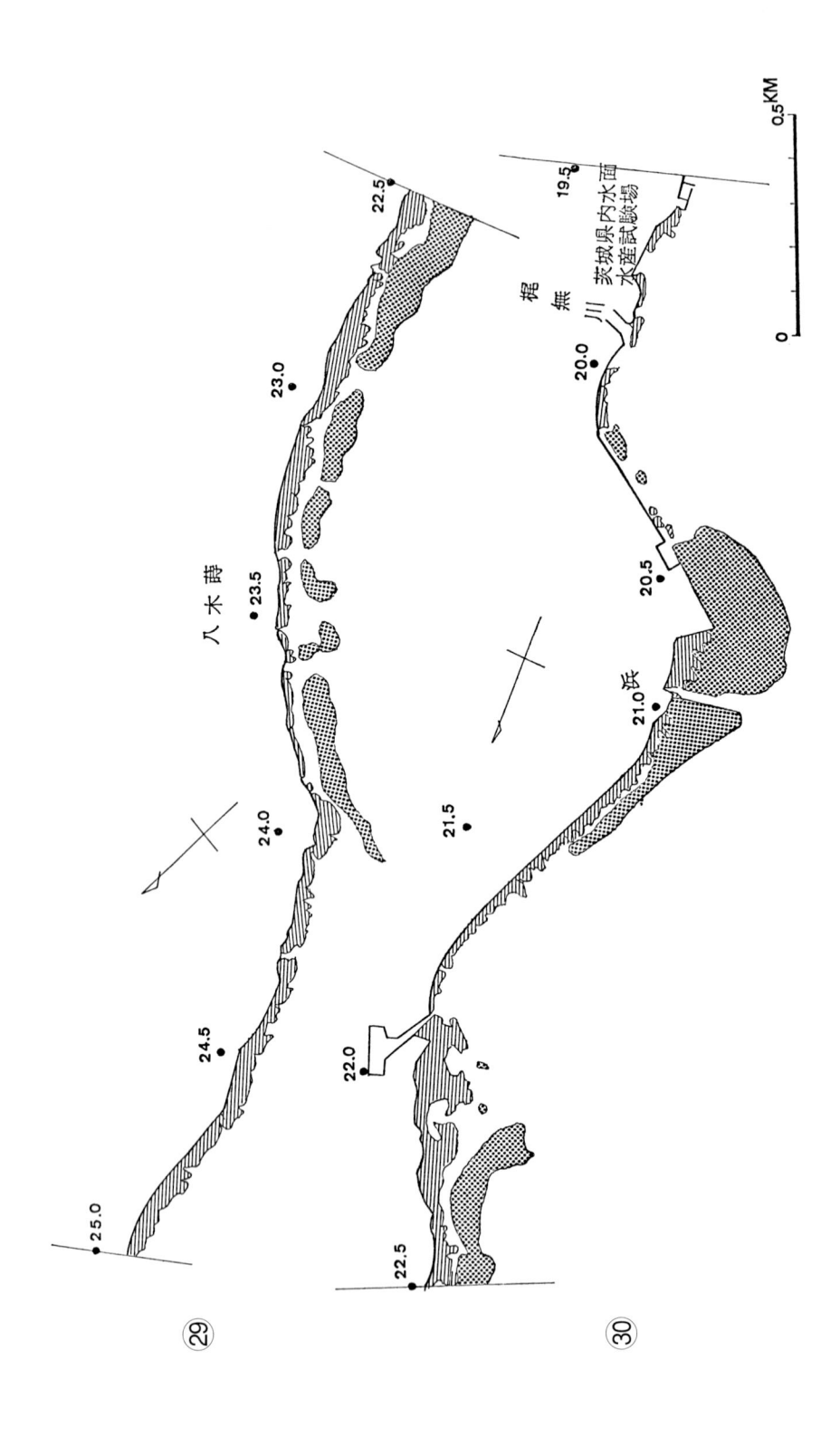

V. 1978年（昭和53）の水生植物と植生図

霞ヶ浦（西浦）水生植物の生活形による植生図（1978年8月〜9月）

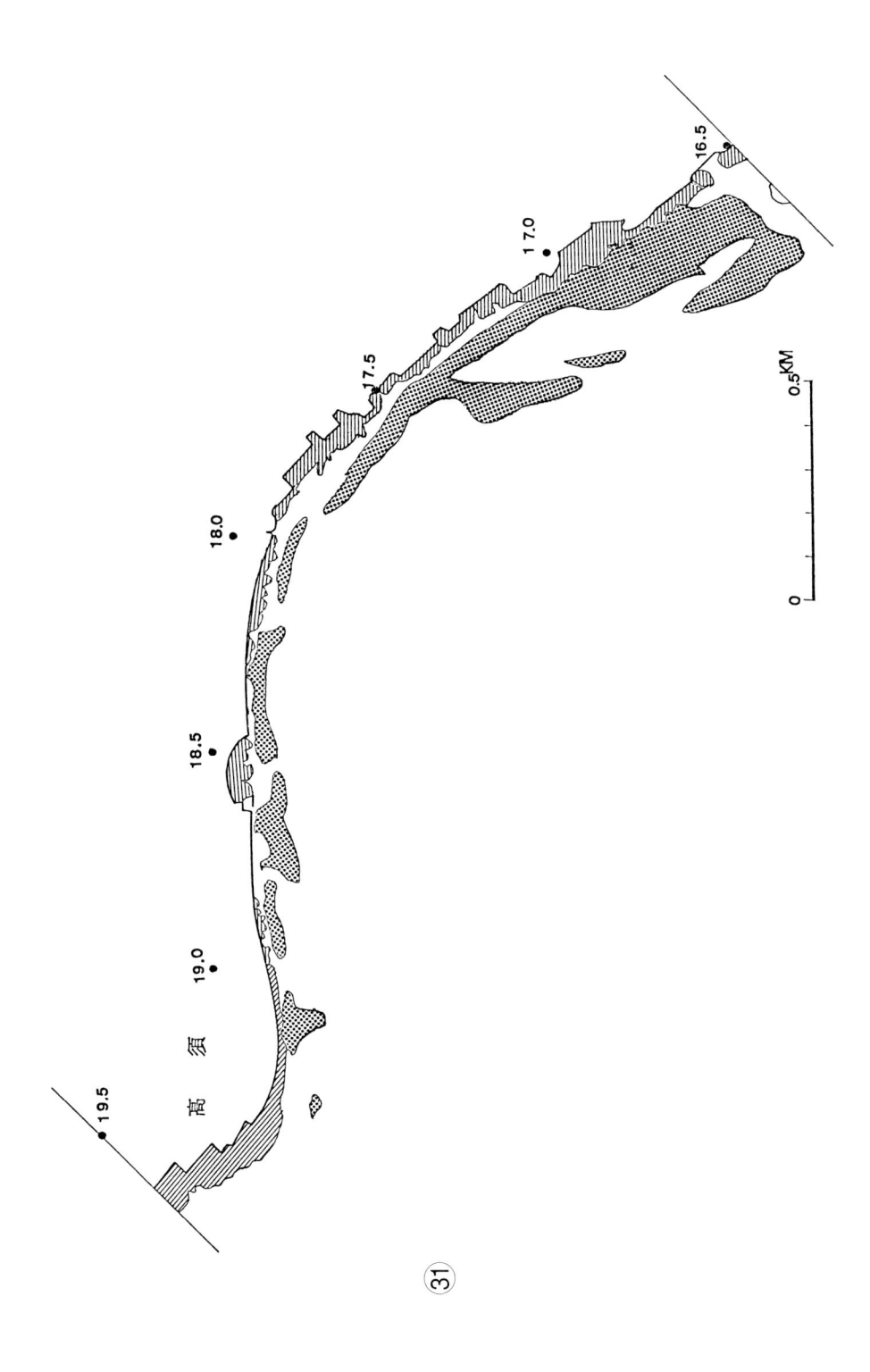

㉛

V. 1978年（昭和53）の水生植物と植生図

霞ヶ浦（西浦）水生植物の生活形による植生図（1978年8月～9月）

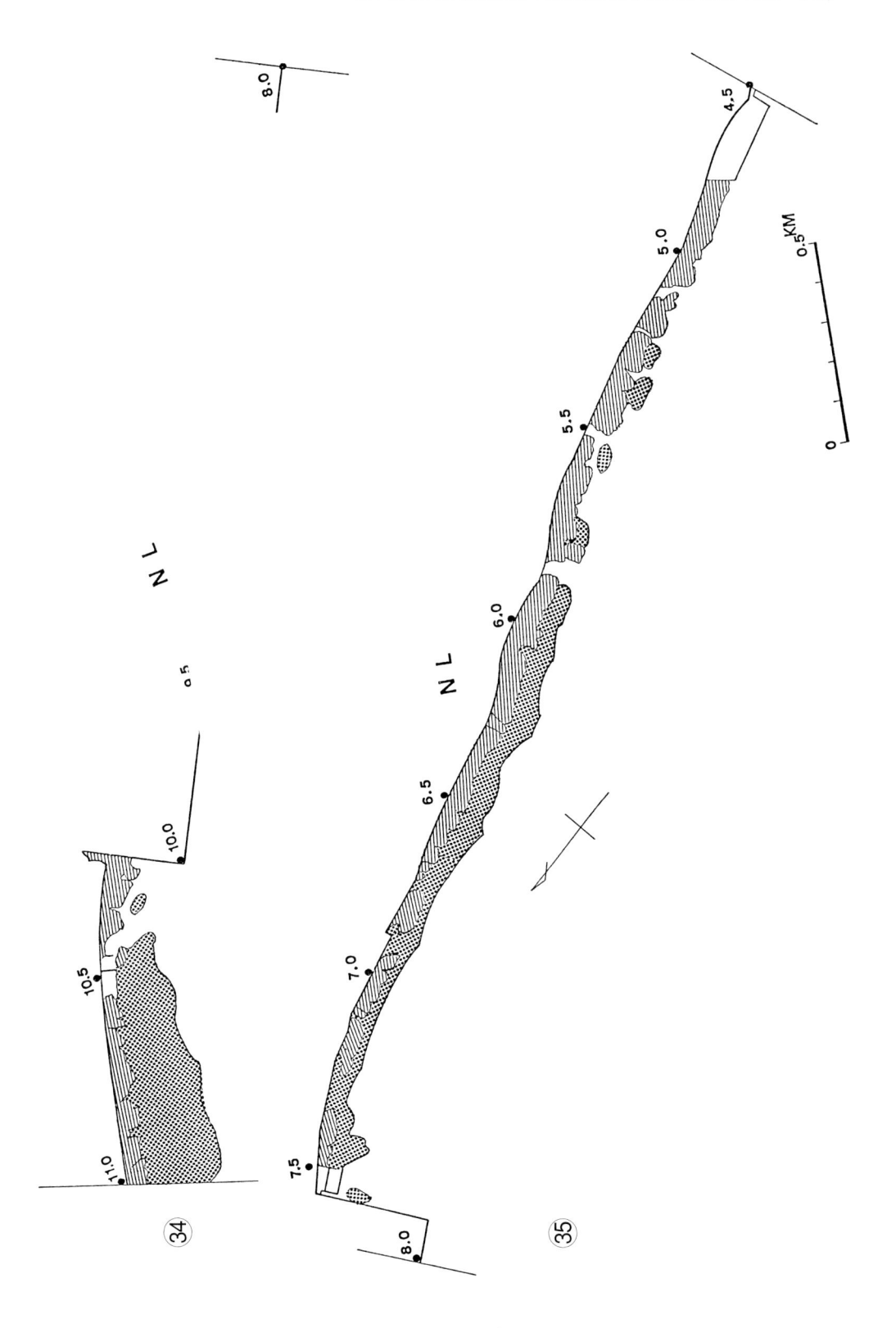

㉞ ㉟

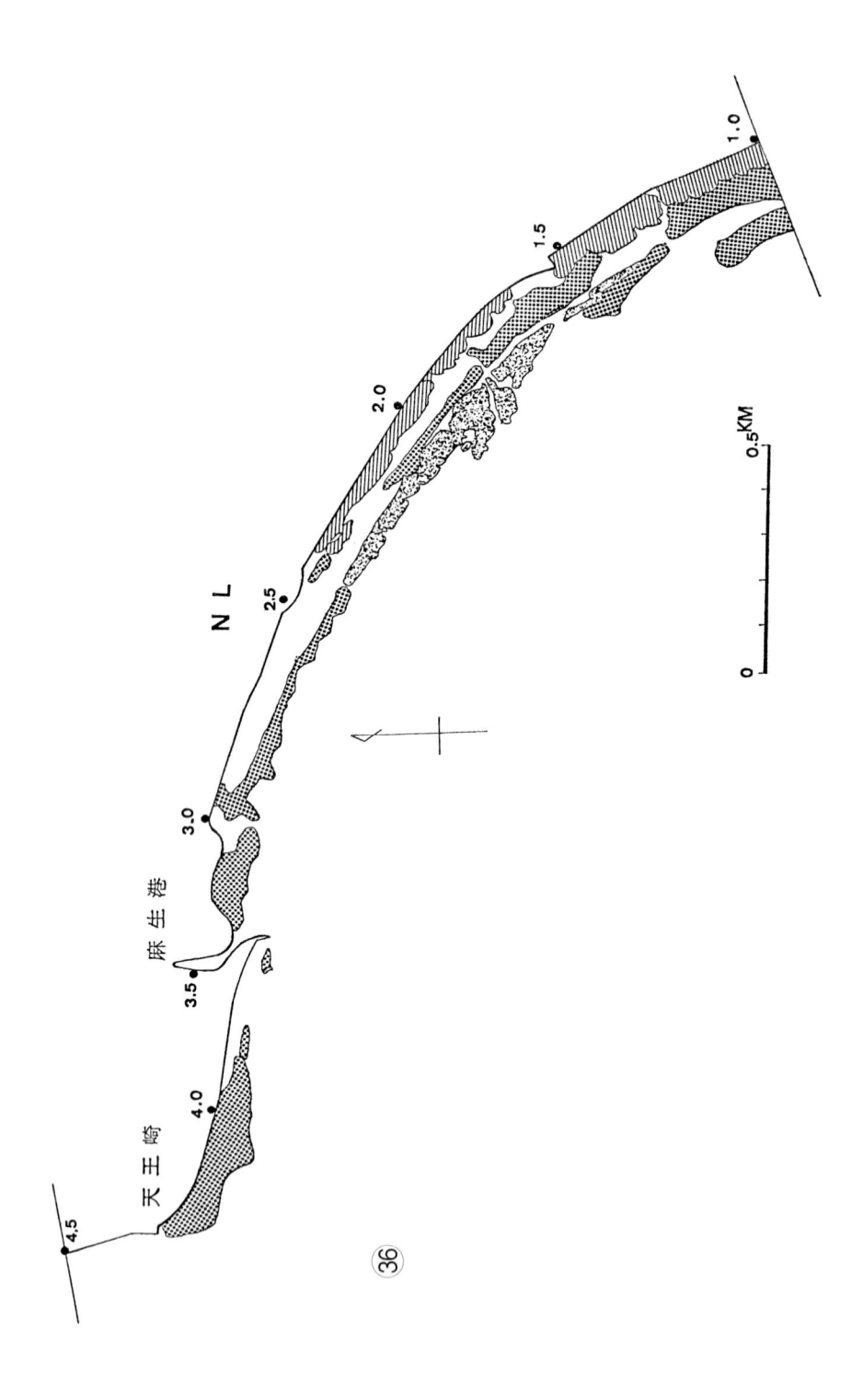

V. 1978年（昭和53）の水生植物と植生図

麻生港

天王崎

㊱

VI.
1982年（昭和57）の水生植物と植生図

まえがき

　霞ヶ浦は日本第2位の湖面積を有し、近年富栄養化の進行が顕著である。本調査は、このような霞ヶ浦の全域（西浦・北浦・外浪逆浦・北利根川・常陸利根川・鰐川・横利根川）を対象として、湖内の生物群集の重要な構成要素である沿岸帯の水生植物の現状を把握し、その植物相、植被面積、現存量などを明らかにしたものであり、1972年（IV章）および1978年（V章）に建設省霞ヶ浦工事事務所が行った調査結果と比較検討することによって、ここ数年間における変化の様態を知り、湖の保全対策に資することを目的として実施した。

　なお、本調査の実施にあたっては、信州大学繊維学部生態学研究室の桜井善雄助教授（当時）に絶大なるご協力を賜った。以下は主として同氏の執筆によるものである。

1. 調査内容と調査の経過

　本年度の調査対象水域は、西浦・北浦・外浪逆浦・北利根川・常陸利根川・鰐川・横利根川であり、調査事項は次のとおりである。
① 水生植物相（フロラ）の調査
② 水生植物の群落組成の調査
③ 群落組成調査地点における水生植物の生育状況を示す生態写真の撮影
④ 航空写真および現地調査にもとづく水生植物の生活形別植生図の作成
⑤ 植生図を用いた水生植物分布湖岸線長の測定
⑥ 植生図を用いた生活形別植被面積の測定
⑦ 水生植物の生活形別現存量の測定
⑧ 西浦における水生植物相、湖岸線における水生植物群落の分布、植被面積現存量等の近年における変化の検討
⑨ 定期的詳細調査定点における水生植物群落の調査と新たな定点の選定

　上記のような諸項目の調査・測定の方法は、原則として前回1978年（V章）に準じた。それら方法の概略を下記に示す。なお、細部については各項目のところで述べることにする。

（1）植生調査（①～③）

　水生植物の植物相と群落組成の調査は、大型モーターボート（または自動車）で調査地点まで行き、曳航したゴムボートに乗り換えて湖岸の浅瀬部の群落内で実施した。各地点では、まず生

VI. 1982年（昭和57）の水生植物と植生図

活形別に植生の相観を記録した後、いくつかの地点では湖岸から沖に向かっていくつかの区画を設け、各区画ごとの水生植物を定量的に採取した。定量採取には4mほどの長柄のついたレーキ（幅35m）を用い、ゴムボートの上からそれを湖底にしっかり押し付けて一定距離を引き、レーキにかかった植物体をすべてとり上げることを3～5回繰り返し、収穫物をすべてビニール袋に収めて持ち帰り、出現種と種ごとの生体重を測定、記録した。また、抽水植物と浮葉・沈水植物それぞれの各生活形の水生植物が生育している水域に対する各々の種類が占める割合を観測し、表6-4に示す被度階級値を用いて群落組成表に記入した。組成表には、このようにして表現した被度（C）のほか、出現頻度（F）も加え、2つの測度を用いて出現種の積算優占度（SDR_2, summed dominance ratio）を算出（$SDR_2 = C + F$）した。

（2）生活形による植生図の作成（④）

水生植物の生活形、すなわち抽水植物、浮葉植物および沈水植物にもとづく植生図は、1982年9月14日に撮影した航空写真を基礎とし、前記の植生調査の結果を参考にして作成した。

9月14日撮影の航空写真は1/10,000の赤外カラーで、23×23cm版プリントによって霞ヶ浦の全水域がカバーされている。この写真では、濃いブルーの湖水面をバックにして、抽水植物および浮葉植物群落は褐色～赤色に、沈水植物は黒く写る。

この航空写真から、群落の分布を1/10,000の湖沼平面図におとし、さらにトレースして作成した。この場合、図上1mm以下、すなわち実際の10m以下の独立した小群落は省略せざるをえなかった。

（3）生活形別の現存量の測定（⑤～⑥）

浮葉植物群落と沈水植物群落については、植被の密度によってこれを6階級に現存量評点（4, 3, 2, 1, 1', +）を与え、各階級について1m^{2}あたりの平均現存量とその階級に属する全湖面の植被面積を求め、その積の合計によって全湖面の現存量を算出した。

それぞれの階級の平均現存量は、その階級を代表する数地点の群落についてすでに（1）に述べた方法によって測定した。また、水生植物の乾物量を求めるためには、1972年に測定された表6-1に示すそれぞれの種の水分含量を用いた。

浮葉植物および沈水植物の各評点ごとの植被面積は、すでに述べた1/10,000の植生図の群落に現地調査と写真判読の結果を総合して評点を与え、評点ごとの面積を植生図上で測定して求めた。また、抽水植物の単位面積あたりの現存量は、数地点について坪刈りを行い、この平均値をその全植被面積に乗じて求めた。

表6-1 水生植物の水分含有量
（1972年8月、9月測定）

種　名	水分含有量（％）
リュウノヒゲモ	90.0
ササバモ	88.6
エビモ	94.0
クロモ	93.3
オオカナダモ	91.2
フサジュンサイ	96.6
セキショウモ	93.1
マツモ	94.8
ホザキノフサモ	93.8
オニバス	95.7
ヒメビシ	87.9
ヒシ	88.1
アサザ	92.5
ガガブタ	91.4
ヨシ	50.3
マコモ	77.3
ガマ	83.9

2. 調査結果ならびに考察

2－1 霞ヶ浦水域の水生植物相

霞ヶ浦水域の水生植物相（フロラ）の調査は、自動車で湖岸を平均して約3kmごとに調査地点を選定して廻り、ゴムボートを下ろして汀線付近および湖中沿岸帯について行った。調査地点の

表6－2 霞ヶ浦水域の水生植物相（1982年9月）

双子葉植物　**DICOTYLEDONEAE**		単子葉植物　**MONOCOTYLEDONEAE**	
キク科　COMPOSITAE		イネ科　GRAMINEAE	
タカサブロウ	*Eclipta prostarata*	ヨシ	*Phragmites communis*
ゴマノハグサ科　SCROPHULARIACEAE		アシカキ	*Leersia japonica*
アゼナ	*Lindernia pyxidaria*	マコモ	*Zizania latifolia*
キクモ	*Limnophila sessiliflora*	キシュウスズメノヒエ	*Paspalum distinchum*
リンドウ科　GENTIANACEAE		コバノウシノシッペイ	*Hemarthria compressa*
アサザ	*Nymphoides peltata*	ケイヌビエ	*Echinochloa Crus-galli* v.
ガガブタ	*Nymphoides indica*		*caudata*
アリノトウグサ科　HALORAGACEAE		トチカガミ科　HYDROCHARITACEAE	
ホザキノフサモ	*Myriophylum spicatum*	クロモ	*Hydrilla verticillata*
ヒシ科　TRAPACEAE		コカナダモ	*Elodea Nuttallii*
ヒシ	*Trapa bispinosa* v. *Iinumai*	オオカナダモ	*Egeria densa*
オニビシ	*Trapa natans* v. *japonica*	コウガイモ	*Vallisneria denseserrulata*
ヒメビシ	*Trapa incisa*	セキショウモ	*Vallisneria gigantea*
ヒシ属中間型	*Trapa* sp.	トチカガミ	*Hydrocharis dubia*
	（Intermediate type）	オモダカ科　ALISMATACEAE	
マツモ科　CERATOPHYLLACEAE		オモダカ	*Sagittaria tritoria*
マツモ	*Ceratophyllum demersum*	イバラモ科　NAJADACEAE	
スイレン科　NYMPHAEACEAE		イバラモ	*Najas marina*
ハス	*Nelumbo nucifera*	ヒルムシロ科　POTAMOGETONACEAE	
コウホネ	*Nuphar japonicum*	ササエビモ	*Potamogeton gramineus* v.
単子葉植物　**MONOCOTYLEDONEAE**			*gramineus*
ミズアオイ科　PONTEDERIACEAE		ヒロハノエビモ	*Potamogeton perfoliatus*
ミズアオイ	*Monochoria Korsakowii*	ササバモ	*Potamogeton malaianus*
コナギ	*Monochoria vaginalis* v.	エビモ	*Potamogeton crispus*
	plantaginea	センニンモ	*Potamogeton Maakianus*
ウキクサ科　LEMNACEAE		リュウノヒゲモ	*Potamogeton pectinatus*
ウキクサ	*Spirodela polyrhiza*	ミクリ科　SPARGANIACEAE	
アオウキクサ	*Lemna paucicostata*	ミクリ	*Sparganium erectum*
カヤツリグサ科　CYPERCEAE		ガマ科　TYPHACEAE	
ホタルイ	*Scirpus jancoides*	ガマ	*Typha latiforia*
サンカクイ	*Scirpus triquetra*	コガマ	*Typha orientalis*
フトイ	*Scirpus Lacustris* subsp.	ヒメガマ	*Typha angustifolia*
	creber	シダ植物　**PTERIDOPHYTA**	
タマガヤツリ	*Cyperus difformis*	サンショウモ科　SALVINIACEAE	
ミズガヤツリ	*Cyperus serotinus*	サンショウモ	*Salvinia natans*
		車軸藻植物　**CHAROPHYTA**	
		シャジクモ科　CHARACEAE	
		シャジクモ	*Chara brawnii*

141

VI. 1982年（昭和57）の水生植物と植生図

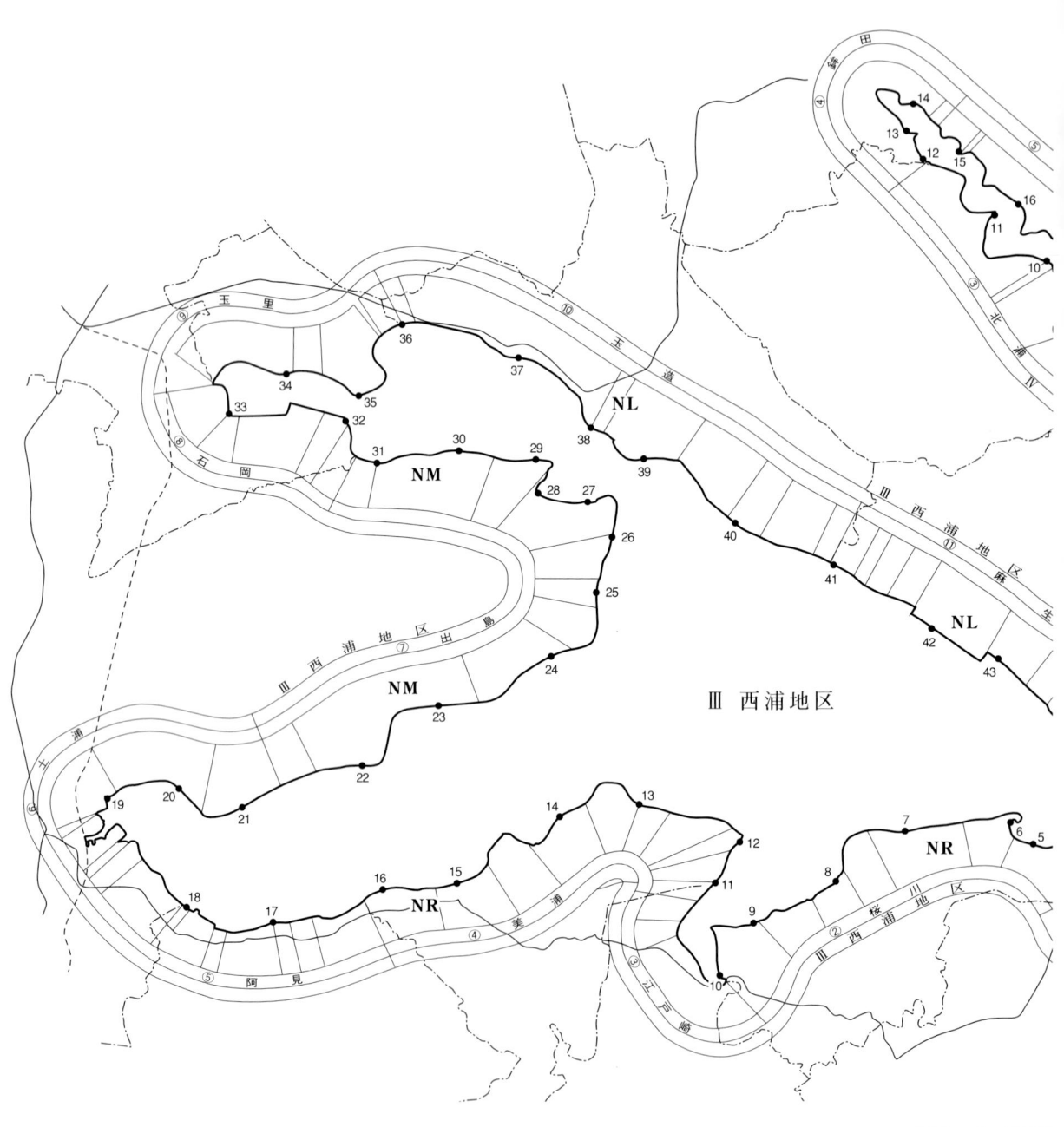

図6-1 調査

2. 調査結果ならびに考察

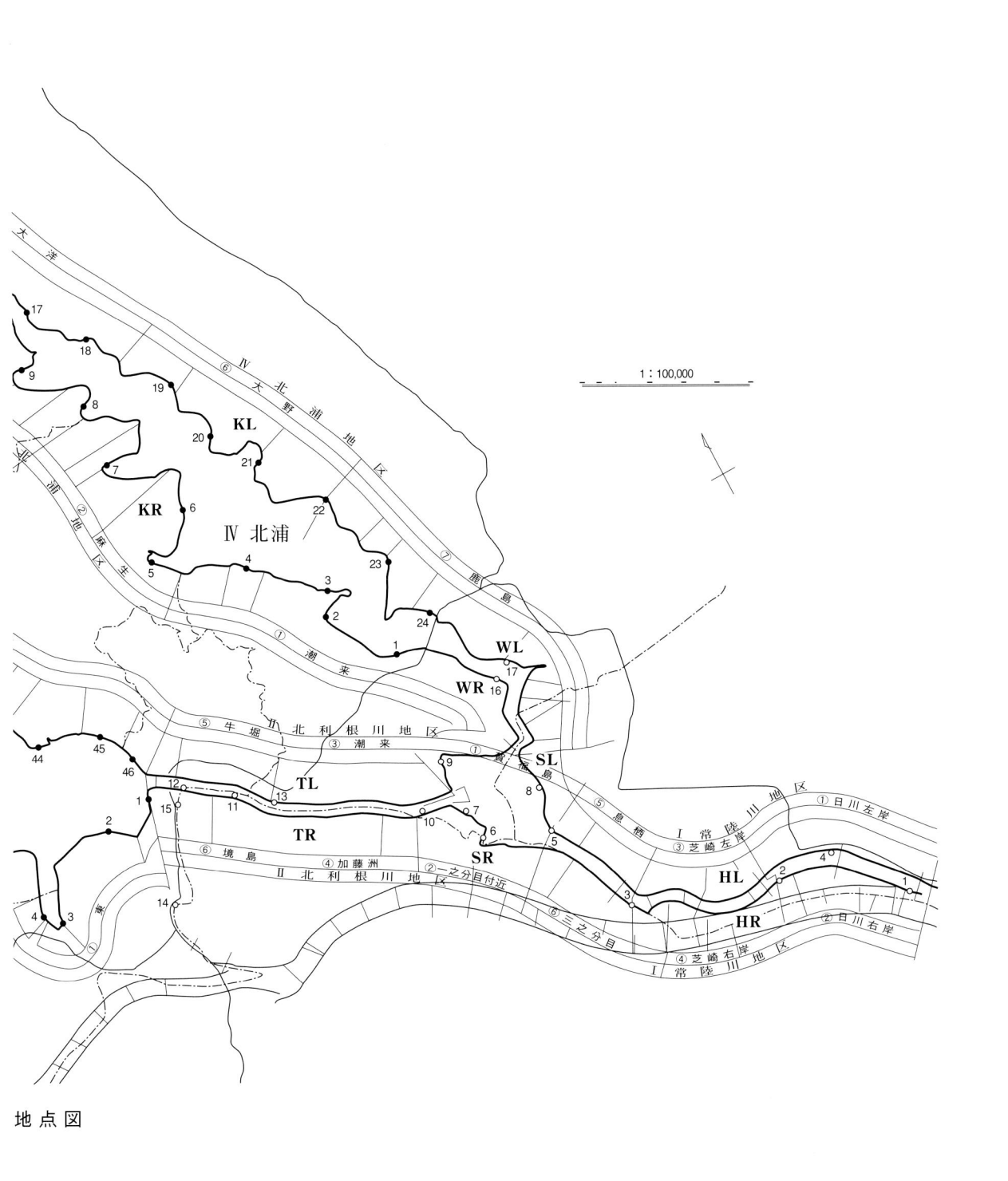

地 点 図

VI. 1982年（昭和57）の水生植物と植生図

数は図6−1に示したように、西浦46、北浦24、外浪逆浦を含む河川部17の合計87地点である。

個々の地点における調査範囲については、前回（1978年）はこの水域の水生植物をできるだけ広く把握するため、湖に連なる水路、付近の小池沼、水田、ハス田なども対象にしたが、本年（1982年）は調査の期限も限られていたため、湖または河川の堤外（すなわち水域）の区域のみとした。

1982年9月の調査によって霞ヶ浦水域に見出された水生植物は、表6−2に示したような19科、48種である。これを1978年に西浦とその関連水域で記録された23科、62種に比べると、19種が減って新たに5種が付け加えられている。減少した種の多くは、セリ、キカシグサ、イボクサ、マツバイ、コアゼテンツキ、ヒデリコ、ウリカワ、ミズワラビのごとく、真の水生植物というよりは湿生植物に属するものであり、今回の調査が西浦だけでなく北浦、河川部を含めた広い水域に及んでいるとはいえ、前述のように調査範囲を堤外（水域側）に限ったために記録されなかったと見るべきであろう。増えた種の中にも、コバノウシノシッペイ、ケイヌビエのごとき湿生植物がある。したがって、これらの増減にはあまり注意を払う必要はないように思われる。

沈水植物で1978年には発見されず、今回記録されたものにイバラモ、シャジクモがある。これらは、いずれも1地点だけで見られたものである。逆に、今回まったく見出されなかった沈水植物には、フサジュンサイ、トリゲモ、ヤナギモ、イトモなどがあり、これは後で述べる沈水植物の多くの種にみられる優占度の低下と関連して留意すべき現象であろう。かつて、西浦の高浜の入り江の奥に大量に生育していたオニバスも、今回は遂に1株も発見できなかった。浮葉植物では、オオアカウキクサとイチョウウキゴケが記録されず、新しくサンショウモが付け加えら

図6−2　霞ヶ浦—西浦の湖盆の3区分

2. 調査結果ならびに考察

表6－3 西浦の3つの湖盆における出現種数

湖盆	地点数	全生活形		抽水植物		浮葉植物		沈水植物	
		合計	1地点平均	合計	1地点平均	合計	1地点平均	合計	1地点平均
Ⅰ	19	93	4.89	36	1.89	18	0.95	45	2.37
Ⅱ	11	36	3.27	27	2.45	2	0.18	7	0.64
Ⅲ	13	44	3.38	26	2.00	8	0.62	10	0.77

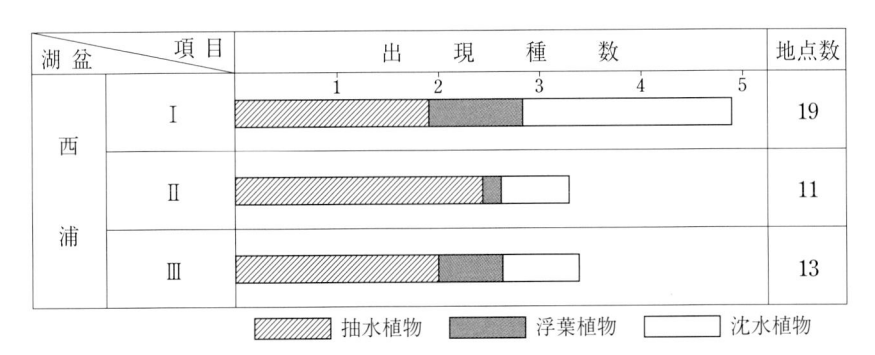

図6－3 西浦の3つの湖盆における出現種数

れた。

　各水域間の出現種数を比較すると、表6－5(1)～(3)の右下欄の数値が示すように、1調査地点の出現種数において西浦と北浦は大差がないが、河川部はかなり少ないことがわかる。また、西浦の3つの湖盆（図6－2）の間で1地点あたりの種数を比較すると、表6－3および図6－3のように最も広く、直接的な汚濁負荷の流入も少ない湖盆Ⅰで最も多く、土浦の入り江（湖盆Ⅱ）および高浜の入江（湖盆Ⅲ）は出現種数が少なくなっている。この傾向は、富栄養化による湖水の透明度低下の影響を受けやすい沈水植物において特に顕著である。

2－2　霞ヶ浦水域の水生植物群落組成と種の優占度

　すでに述べたように、1982年9月6日～14日に西浦の湖岸46地点、北浦の湖岸24地点、河川部17地点、合計87地点について、各生活形に属する水生植物の出現種、種ごとのおよその被度、水生植物の分布限界水深、調査地点の底質等を調査記録し、西浦、北浦、および河川部の3水域に分けて群落組成表を作成した（表6－5(1)、(2)、(3)）。なお、上記の調査地点の分布を1/100,000地図（図6－1）に示し、被度階級の基準を表6－4に示した。

　表6－5(1)～(3)にもとづき、各々の水域の出現種の被度の合計値と出現頻度（その種の出現度数／調査地点数）の和から2つの測度による積算優占度（SDR_2）を求め、水域別、生活形別にまとめると表6－6のよ

表6－4 被度の階級と階級値

被度階級	被度（％）	階級値
4	75～100	4
3	50～75	3
2	25～50	2
1	6～25	1
1'	1～5	0.2
＋	1以下	0.04

表6-5(1) 霞ヶ浦—西浦の水生植物群落組成表 (1982)

表6-5(2) 霞ヶ浦—北浦の水生植物群落組成表 (1982)

調査地点番号	1	2	3	4	5	6	7	8	9	10	11	12	13	14	15	16	17	18	19	20	21	22	23	24	度数	種の出現頻度 %
位置 (距離標)					右岸 (KR)													左岸 (KL)								
	1.0	3.5	5.0	7.5	10.75	13.5	17.5	21.5	25.25	27.5	30.5	33.4	34.5	26.4	24.5	22.0	19.5	17.0	14.0	12.0	9.3	6.2	3.5	0.25		
調査月日 (1982)	9/8	9/8	9/8	9/8	9/8	9/8	9/8	9/8	9/8	9/8	9/8	9/8	9/8	9/7	9/7	9/7	9/7	9/7	9/7	9/7	9/7	9/7	9/7	9/7		
水草分布最大水深 (m)	1.60	1.90	0.70	1.60	1.20	0.80	1.70	1.80	1.60	—	0.85	—	1.00	0.90	0.90	1.95	—	1.95	2.00	1.90	1.00	2.20	2.20	1.80		
底質	S	S	S	S	S	S	S	S	S	M	M	M	M	M	M	S	—	S	S	S	S	S	S	S		
ヨ シ	4	.	.	4	1	2	2	.	2	2	2	2	1'	.	2	.	.	3	.	2	.	.	2	2+	12	50.0
マ コ モ	.	.	.	.	+	2	.	+	3	.	4	4	4	1	2	.	.	.	.	.	+	.	.	1	8	33.3
ヒ メ ガ マ	.	.	.	4	4	2	.	.	.	.	.	.	1'	1	2	.	.	2	.	1	4	.	4	4	13	54.2
カ サ	.	.	.	.	.	.	.	.	.	.	.	.	.	.	.	.	.	.	.	.	.	.	.	.	1	4.2
ハ ス	.	.	.	.	.	.	.	4	.	.	.	.	.	.	.	.	.	.	.	.	.	.	.	.	0	0
ミ ク リ	.	.	.	.	.	.	.	.	.	.	.	.	.	.	.	.	.	.	.	.	.	.	.	.	1	4.2
ト チ カ ガ ミ	.	.	.	.	+	.	.	.	.	.	.	.	.	.	.	.	.	1'	.	.	.	.	.	3+	4	16.7
サ ン カ ク イ	.	.	.	.	.	.	.	.	.	.	.	.	.	.	.	.	.	.	.	.	.	.	.	.	1	4.2
ミ ズ ガ ヤ ツ リ	.	.	.	.	.	.	.	.	.	.	.	.	.	.	.	.	.	.	.	.	.	.	.	.	2	8.3
タ マ ガ ヤ ツ リ	.	.	.	.	.	.	.	.	.	.	.	.	.	.	.	.	.	.	.	.	.	.	.	.	1	4.2
ホ タ ル イ	.	.	.	.	.	.	.	.	.	.	.	.	.	.	.	.	.	.	.	.	.	.	.	.	1	4.2
ケ イ ヌ ビ エ	.	.	.	.	.	.	.	.	.	.	.	.	.	.	.	.	.	.	.	.	.	.	.	.	2	8.3
オ モ ダ カ	.	.	.	.	.	.	.	.	.	.	.	.	.	.	.	.	.	.	.	.	.	.	.	.	1	4.2
ミ ゾ ハ コ ベ	.	.	.	.	.	.	.	.	.	.	.	.	.	.	.	.	.	.	.	.	.	.	.	.	1	4.2
キ カ シ グ サ	.	.	.	.	.	.	.	.	.	.	.	.	.	.	.	.	.	.	.	.	.	.	.	.	2	8.3
ヒ シ	.	.	.	.	3	.	.	1'	+	+	+	2	2'	.	.	.	.	+	3	2	+	.	.	.	8	34.8
オ ニ ビ シ	.	.	.	.	.	.	.	.	.	.	.	.	.	.	.	.	.	.	.	.	.	.	.	.	0	0
ヒ シ 中 間 型	.	.	.	.	.	.	.	.	.	.	.	+	+	.	.	.	.	.	.	+	.	.	.	.	1	4.3
サ サ バ モ	.	.	.	.	.	4	.	.	.	.	.	.	.	.	.	3	.	.	.	.	4	.	.	3+	2	8.7
ガ ガ ブ タ	.	.	.	.	.	.	.	.	.	.	.	.	+	.	.	.	.	.	.	+	+	4	.	.	7	30.4
トチカガミ	.	.	+	.	.	.	1'	.	.	.	.	.	+	.	.	.	.	+	.	.	+	.	3	.	4	17.4
サ サ バ モ	3	.	.	4	.	2	.	+	.	.	.	.	.	.	.	.	.	1'	.	3	2	.	+	2	11	47.8
リュウノヒゲモ	.	.	+	.	.	+	.	.	.	.	.	.	.	.	.	.	.	.	.	.	+	.	.	.	1	4.3
ヒロハノエビモ	.	.	+	.	.	+	.	.	.	.	.	.	.	.	.	.	.	.	.	.	1	.	.	.	2	8.7
セ ン ニ ン モ	.	.	.	.	+	.	.	.	.	.	.	.	.	.	.	.	.	.	.	.	.	.	.	.	1	4.3
エ ビ モ	.	+	.	.	.	.	1'	+	.	.	.	.	1'	.	.	.	.	1'	.	.	+	.	.	+	10	43.5
サ サ エ ビ モ	.	.	.	.	.	.	.	.	.	.	.	.	.	.	.	.	.	.	.	.	.	.	.	.	0	0
木ザキノフサモ	2	+	.	.	.	+	.	.	.	.	.	+	+	.	.	.	.	1'	.	+	+	4	.	.	11	47.8
コカナダモ	.	.	.	.	.	.	+	.	.	.	.	.	.	.	.	.	.	1'	2	.	1	.	.	.	4	17.4
オオカナダモ	.	.	.	.	.	2	.	4	.	.	.	.	.	.	.	.	.	4	.	.	+	.	.	.	1	4.3
コウガイモ	4	.	+	.	.	2	.	.	.	.	.	.	.	.	.	.	.	4	.	2	.	.	.	.	10	43.5
セキショウモ	1'	+	.	2	.	+	.	.	.	.	.	.	.	.	.	.	.	4	+	2	+	.	1'	4	8	34.8
マ ツ バ イ	.	.	.	.	.	.	.	.	.	.	.	.	.	.	.	.	.	.	.	.	.	.	.	.	0	0
イ バ ラ モ	.	.	.	.	.	.	.	.	.	.	.	.	.	.	.	.	.	.	.	.	.	.	.	.	0	0
シ ャ ジ ク モ	.	.	.	.	.	.	.	.	.	.	.	.	.	.	.	.	.	.	.	.	.	.	.	.	3	13.0
E	0	0	0	1	4	2	0	2	2	1	2	2	3	2	3	0	0	2	0	2	2	1	2	3	50	2.1
F	0	0	1	0	3	0	0	2	2	1	1	2	2	0	0	0	0	2	1	2	2	1	0	2	22	1.0
S	4	4	3	3	5	4	3	0	1	0	0	0	4	0	0	0	0	8	5	7	7	1	2	2	62	2.7
合計	4	4	4	4	12	6	3	4	5	2	3	4	9	2	3	0	0	12	6	11	11	3	4	7	126	5.8
出現種数	4	4	4	4	12	6	3	4	5	2	3	4	9	2	3	0	0	12	6	11	11	3	4	7		

(注) 底質のSは砂質、Mは泥質、SMは砂泥質を意味する。

表6-5(3) 霞ヶ浦水域河川部の水生植物群落組成表 (1982)

調査地点番号	1	2	3	4	5	6	7	8	9	10	11	12	13	14	15	16	17	度数	種の出現頻度 %
河川	常 陸 利 根 川				外 浪 逆 浦					北 利 根 川				横利根川		鰐 川			
位置	右岸(HR)		左岸(HL)		右岸(SR)		左岸(SL)		右岸(TR)		左岸(TL)		左岸(YL)		右岸(WR)	左岸(WL)			
	1.0	5.0	9.5	3.25	12.5	3.0	4.0	1.25	5.5	1.0	6.75	8.25	5.25	2.5	5.5	2.5	2.75		
調査月日 (1982)	9/10	9/10	9/10	9/10	9/10	9/10	9/10	9/10	9/10	9/10	9/10	9/10	9/10	9/10	9/10	9/10	9/10		
水草分布最大水深 (m)	1.5	0.8	1.1	—	1.1	1.9	0.2	1.4	0.4	—	1.3	1.0	0.6	1.0	0.4	1.2	0.8		
底質	M	M	M	M	M	M	M	SM	M	S	SM	SM	SM	M	M	M	M		
ヨ シ	4	2	2	.	1	.	4	.	4	.	2	2	.	4	.	4	4	13	76.5
マ コ モ	.	3	2	.	4	4	.	1	.	.	2	3	4	.	.	.	1	5	29.4
ヒ メ ガ マ	.	3	2	.	.	4	.	2	.	.	2	3	.	.	.	4	.	8	47.1
カ サ	.	.	.	.	.	.	.	.	.	.	.	.	.	.	.	.	.	0	0
ハ ス	.	.	.	.	.	.	.	.	.	.	.	.	.	.	.	.	.	0	0
ミ ク リ	.	.	.	.	.	.	.	.	.	.	.	.	.	.	.	.	.	0	0
トチカガミ	.	.	.	.	.	.	.	.	.	.	.	.	.	.	.	.	.	0	0
サ ン カ ク イ	.	.	.	.	.	.	.	.	.	.	.	.	.	.	.	.	.	0	0
ミ ズ ガ ヤ ツ リ	.	.	.	.	.	.	.	.	.	.	.	.	.	.	.	.	.	0	0
タ マ ガ ヤ ツ リ	.	.	.	.	.	.	.	.	.	.	.	.	.	.	.	.	.	0	0
ホ タ ル イ	.	.	.	.	.	.	.	.	.	.	.	.	.	.	.	.	.	0	0
ケ イ ヌ ビ エ	.	.	.	.	.	.	.	.	.	.	.	.	.	.	.	.	.	0	0
オ モ ダ カ	.	.	.	.	.	.	.	.	.	.	.	.	.	.	.	.	.	0	0
ミ ゾ ハ コ ベ	.	.	.	.	.	.	.	.	.	.	.	.	.	.	.	.	.	0	0
ヒ シ	.	.	3	.	.	3	.	.	.	.	.	.	.	.	.	.	.	1	5.9
オ ニ ビ シ	.	.	.	.	.	.	.	4	.	.	.	.	.	.	.	+	+	2	11.8
ヒ シ 中 間 型	.	.	.	.	.	.	.	.	.	.	.	.	.	.	.	+	.	1	5.9
サ サ バ モ	.	.	.	.	.	.	.	.	.	.	.	.	.	.	.	.	.	0	0
ガ ガ ブ タ	.	.	.	.	.	.	.	.	.	.	.	.	.	.	.	+	.	1	5.9
トチカガミ	.	.	.	.	.	.	.	.	.	.	.	.	.	.	.	+	+	2	11.8
サ サ バ モ	.	.	.	.	.	.	.	.	.	.	.	.	.	.	.	.	.	0	0
リュウノヒゲモ	.	.	.	.	.	.	.	.	.	.	.	.	.	.	.	.	.	0	0
ヒロハノエビモ	.	.	.	.	.	.	.	.	.	.	.	.	1'	.	.	.	+	3	17.6
セ ン ニ ン モ	.	.	.	.	.	.	.	.	.	.	.	.	+	.	.	.	.	1	5.9
エ ビ モ	.	.	.	.	.	1'	.	.	.	.	.	.	+	.	.	1	.	5	29.4
ササエビモ	.	.	.	.	.	.	.	.	.	.	.	.	.	.	.	.	.	0	0
木ザキノフサモ	.	.	.	.	.	.	.	.	.	.	.	.	.	.	.	1	+	2	11.8
コ カ ナ ダ モ	.	.	.	.	.	.	.	.	.	.	.	.	.	.	.	4	+	2	11.8
オオカナダモ	.	.	.	.	.	.	.	2	.	.	.	.	1'	.	.	4	+	5	29.4
コ ウ ガ イ モ	.	.	.	.	.	.	.	.	.	.	.	.	.	.	.	+	+	3	17.6
セキショウモ	.	.	.	.	.	.	.	.	.	.	.	.	.	.	.	1	.	1	5.9
マ ツ バ イ	.	.	.	.	.	.	.	.	.	.	.	.	.	.	.	+	.	1	5.9
イ バ ラ モ	.	.	.	.	.	.	.	.	.	.	.	.	.	.	.	.	.	0	0
シ ャ ジ ク モ	.	.	.	.	.	.	.	.	.	.	.	.	.	.	.	.	.	0	0
E	1	2	2	0	2	2	1	3	1	0	3	3	1	1	0	2	2	26	1.5
F	0	0	1	0	0	1	0	1	0	0	0	0	0	0	0	2	1	5	0.3
S	0	0	0	0	0	3	0	3	0	0	0	0	5	0	0	9	6	25	1.5
合計	1	2	3	0	2	6	1	7	1	0	3	3	6	1	0	11	9	56	3.3
出現種数	1	2	2	0	2	4	1	4	1	0	3	3	5	1	0	11	8		

(注) 底質のSは砂質、Mは泥質、SMは砂泥質を意味する。

VI. 1982年(昭和57)の水生植物と植生図

表6-6 霞ヶ浦水域の水生植物の種の優占度 (1982)

水域			西浦				北浦				河川部			
生活形	種	TC*	F**(%)	SDR₂***	相対優占度	TC	F(%)	SDR₂	相対優占度	TC	F(%)	SDR₂	相対優占度
抽水植物 (E)	ヨシ	94	71.7	165.7	100	21.24	50.0	71.24	84.4	36	76.5	112.5	100
	マコモ	40.48	54.3	94.78	57.2	14.04	33.3	47.34	56.1	12	29.4	41.4	36.8
	ヒメガマ	37.44	41.3	78.74	47.5	30.24	54.2	84.44	100	23	47.1	70.1	62.3
	コガマ	1	2.2	3.2	1.9	0.04	4.2	4.24	5.0	0	0	0	0
	ガマ	0.04	2.2	2.24	1.4	0	0	0	0	0	0	0	0
	ハス	4.2	6.5	10.7	6.5	4.0	4.2	8.2	9.7	0	0	0	0
	ミクリ	3.0	6.5	9.5	5.7	1.12	16.7	17.82	21.1	0	0	0	0
	フトイ	0	0	0	0	0.04	4.2	4.24	5.0	0	0	0	0
	サンカクイ	0.04	2.2	2.24	1.4	0.08	8.3	8.38	9.9	0	0	0	0
	スズガヤツリ	0	0	0	0	0.04	4.2	4.24	5.0	0	0	0	0
	タマガヤツリ	0	0	0	0	0.04	4.2	4.24	5.0	0	0	0	0
	ケイヌビエ	1.04	4.3	5.34	3.2	0.08	8.3	8.38	9.9	0	0	0	0
	オオクサキビ	0	0	0	0	0.04	4.2	4.24	5.0	0	0	0	0
	ミゾオモダカ	0	0	0	0	0.04	4.2	4.24	5.0	0	0	0	0
	ミズアオイ	0.04	2.2	2.24	1.4	0.08	8.3	8.38	9.9	0	0	0	0
浮葉植物 (F)	ヒシ	4	6.5	10.5	37.1	3.44	34.8	37.52	84.3	0.04	5.9	5.94	33.4
	オニビシ	13.08	15.2	28.28	100	0	0	0	0	6	11.8	17.8	100
	ヒメビシ	4	4.3	8.3	29.3	0.04	4.3	4.34	9.7	3	5.9	8.9	50
	ヒシ中間型	7.12	13.0	20.12	71.1	0.08	8.7	8.78	19.7	0	0	0	0
	アサザ	11	8.7	19.7	69.7	14.12	30.4	44.52	100	0.04	5.9	5.94	33.4
	ガガブタ	4.08	8.7	12.78	45.2	0	0	0	0	0	0	0	0
	トチカガミ	3.24	6.5	9.74	34.4	0.32	17.4	17.72	39.8	0	0	0	0
沈水植物 (S)	ササバモ	25.6	52.2	77.8	100	19.16	47.8	66.96	100	4.04	11.8	15.84	42.1
	リュウノヒゲモ	0.08	4.3	4.38	5.6	0.04	4.3	4.34	6.5	0	0	0	0
	ヒロハノエビモ	0.12	6.5	6.62	8.5	1.04	8.7	9.74	14.5	0	0	0	0
	センニンモ	0.12	6.5	6.62	8.5	0.04	4.3	4.34	6.5	2	11.8	13.8	36.7
	エビモ	0.04	2.2	2.24	2.9	0.56	43.5	44.16	65.9	0.12	17.6	17.72	47.1
	ササエビモ	0.08	4.3	4.38	5.6	0	0	0	0	2	5.9	7.9	21.0
	ホザキノフサモ	3.6	30.4	34.0	43.7	2.56	47.8	50.36	75.2	1.32	29.4	30.72	81.7
	カワツルモ	0.04	2.2	2.24	2.9	2.12	17.4	19.52	29.2	0	0	0	0
	コカナダモ	0	0	0	0	0.04	4.3	4.34	6.5	2	11.8	13.8	36.7
	オオカナダモ	0.04	2.2	2.24	2.9	22.12	43.5	65.62	98.0	6	11.8	17.8	47.3
	コウガイモ	0	0	0	0	0.12	13.0	13.12	19.6	8.2	29.4	37.6	100
	セキショウモ	0.2	10.9	11.1	14.3	6.48	34.8	41.28	61.6	0.12	17.6	17.72	47.1
	マツモ	7.12	10.9	18.02	23.2	0	0	0	0	0.04	5.9	5.94	15.8
	バラモ	0	0	0	0	0	0	0	0	0.04	5.9	5.94	15.8
	シャジクモ	0.04	2.2	2.24	2.9	0	0	0	0	0	0	0	0

(注) *TC : 群落組成表における被度階級値の合計, **F : 群落組成表における出現頻度, ***SDR₂ : TCとFの2つの測度による積算優占度。

うになる。この表6-6にもとづいて1982年における霞ヶ浦水域の水生植物の優占種を検討する。

まず、抽水植物については、西浦および河川部ではヨシが最も優占し、マコモとヒメガマがこれに次ぐ重要種であるが、北浦ではヨシよりもヒメガマの優占度が高い。いずれにしても、これら3種の抽水植物は、霞ヶ浦水質の湖岸のかなりの部分の植生景観を構成する主役となっている。その他の抽水植物の種については、西浦でハス、北浦でミクリがやや高い値を示すほかは優占度が低い。河川部では前記3種以外の抽水植物は記録されていない。

浮葉植物については、すべての水域においてヒシ属が最も優占しているが、西浦と河川部ではヒシ属の中でもオニビシの優占度が高い。しかし、北浦にはオニビシはなくヒシが多いが、最優占種はアサザになっている。アサザは西浦や河川部でもヒシ属に次ぐ浮葉植物の重要種である。このほか、西浦においてガガブタが比較的高い優占度を示すのが注目される。

沈水植物については、西浦ではササバモが最も優占し、ホザキノフサモがこれに次ぎ、マツモ、セキショウモの優占度もやや高いが他の沈水植物の優占度は極めて低い。このことは、沈水植物にかなりの多様性がみられた1978年の状態と著しく異なっている。この問題は、後の経年変化のところで再び取り上げることにする。北浦においても、沈水植物の中ではササバモが優占するが、オオカナダモの優占度もこれに劣らず、そのほかホザキノフサモ、エビモ、セキショウモ、クロモ、コウガイモなどもかなりの頻度で出現し、全体として西浦に比べ多様性に富んでいる。河川部ではコウガイモが最優占種であるが、ホザキノフサモも高い優占度を示し、そのほかオオカナダモ、セキショウモ、エビモ、ササバモ、コカナダモも出現頻度が高い。

なお、表6-5(1)〜(3)に示した各水域の水生植物の分布限界水深をみると、浮葉植物、沈水植物のような真の水中植物が存在する地点において、最低〜最高および平均の水深はそれぞれ、西浦で0.6〜3.0、1.54m、北浦で0.7〜2.2、1.54m、河川部で1.0〜1.9、1.31mとなっている。これら水域のうち、北浦と河川部については台風18号(9月12日)による豪雨の前に調査を行ったが、西浦の調査地点の大部分は台風通過後の9月13日および14日に調査されており、当日の湖水位は標準水位より約50cmも上昇していたので、これを割り引いて考えねばならない。したがって、西浦の水生植物分布限界水深は、霞ヶ浦の他の水深よりかなり浅く、平均1m強となる。

2-3 群落組成調査地点における水生植物の生育状況

前節で述べた87のすべての調査地点において、水生植物の生育状況を示す景観写真を撮影した。これら一部を写真6-1(1)〜(4)に示す。

また、水生植物の生育する分布限界水深と底質は前節の表6-5(1)〜(3)に示すとおりで、分布限界水深については前節で述べた。底質についてみると、霞ヶ浦における代表的な水生生物の生育するところは表6-7に示すとおりで、抽水植物は砂・泥の両方に生育し、浮葉植物についてはヒシ類は泥、アサザは砂に多く生育する。沈水植物のうちササバモは明瞭な傾向を示し、砂か砂泥にしか生育しない。なお、各水生植物の概略の分布限界水深も表6-7に付記した。

VI. 1982年（昭和57）の水生植物と植生図

(注) NR：西浦右岸　NM：西浦中岸　NL：西浦左岸　KR：北浦右岸　KL：北浦左岸
数字は調査地点の距離（国土交通省霞ヶ浦河川事務所の平面図による距離標より）

NR 0.25	NR 0.25
NR 9.75	NR 11.0
NM 5.9	NM 8.0
NM 11.5	NM 24.0

写真6-1　1982年の西浦での調査地点（NR・NM・NL）の湖岸景観の一部（1）

2. 調査結果ならびに考察

NM 27.0	NM 33.0
NM 36.5	NM 36.5
NL 32.0	NL 30.0
NL 27.0	NL 23.5

写真6-1　1982年の西浦での調査地点（NR・NM・NL）の湖岸景観の一部（2）

VI. 1982年（昭和57）の水生植物と植生図

NL 20.75

KR 1.0

KR 3.5

KR 10.75

KR 17.5

KR 33.4

KR 34.5

KL 0.25

写真6－1　1982年の北浦での調査地点（KR・KL）の湖岸景観の一部（3）

2. 調査結果ならびに考察

KL 6.7

KL 9.3

KL 12.0

KL 17.0

KL 19.5

KL 22.0

KL 24.5

KL 26.4

写真6-1　1982年の北浦での調査地点（KR・KL）の湖岸景観の一部（4）

153

VI. 1982年（昭和57）の水生植物と植生図

表6-7 水生植物の生育環境（底質）

種類** \ 項目		底質*			分布水深(m)
		砂	砂泥	泥	
抽水植物	ヨシ	28	8	17	～1.0
	マコモ	11	6	11	～1.0
	ガマ類	17	3	12	～1.3
	ハス	3		2	～1.6
浮葉植物	ヒシ類	4	1	8	～1.2
	アサザ	6		2	～2.0
	ガガブタ			2	
	トチカガミ	1			
沈水植物	ササバモ	19	2		～2.2
	ホザキノフサモ	3	1	1	～1.9
	マツモ	1		1	
	ヒロハノエビモ	1			
	クロモ	1			～1.5
	オオカナダモ	3		6	0.4～1.95
	セキショウモ	3		1	
	コウガイモ			3	
	ササエビモ			1	～1.5
	コカナダモ			2	

*被度1以上で出現した地点の底質の類型。
**被度1以上で出現した種。

2-4 水生植物の生活形による植生図と水生植物が分布する湖岸線長

1982年9月14日に撮影された1/10,000の赤外カラー（ポジフィルム）による航空写真を用い、霞ヶ浦水域の全湖岸を69区画に分割して（西浦36区画、北浦17区画、常陸利根川5区画、外浪逆浦3区画、北利根川4区画、横利根川2区画、鰐川2区画）、水生植物の生活形による植生図（縮尺：1/10,000）を作成した。この植生図は位置の索引を付して章のおわりに示した（一定の水域の湖岸（河岸を含む）に、どのような生活形の水生植物群落がどの程度現存しているかを明らかにすることは、その湖岸の自然度を判断する重要な指標になる）。

なお、航空写真の撮影は、前述のごとく台風18号の豪雨により湖水位が上昇した9月14日に行われたので、写真から沈水植物群落が判読できるかどうか心配されたが、結果は満足すべきものであった。

上記の植生図を用いて、霞ヶ浦全水域の湖岸を水生植物がない湖岸および生活形の組合せによるさまざまな群落のタイプが存在する湖岸に分類して計測し、結果を表6-8にまとめた。また、表6-8の数値にもとづいて、各水域ごとの全湖岸線長に対する各々の生活形群落が存在する湖岸の割合を算出したのが表6-9である。

表6-8によれば、2種以上の生活形をもつ水生植物群落（表6-8のEF、ES、FSおよびEFSの

2. 調査結果ならびに考察

表6-8 水生植物群落のタイプにより分類した湖岸線長

水域	湖岸		植生なし N	抽水植物 E	浮葉植物 F	沈水植物 S	抽水+浮葉 EF	抽水+沈水 ES	浮葉+沈水 FS	全生活形 EFS	合計
西浦	NR	右岸	13,220	28,220	770	190	3,760	1,990	250	520	48,920
	NM	中岸	18,170	15,130	140	0	2,690	100	130	0	36,360
	NL	左岸	7,390	5,860	2,530	3,190	1,620	12,590	0	150	33,330
	合計(%)		38,780 (32.7)	49,210 (41.5)	3,440 (2.9)	3,380 (2.8)	8,070 (6.8)	14,680 (12.4)	380 (0.3)	670 (0.6)	118,610 (100)
北浦	KR	右岸	20,930	9,900	150	2,790	490	1,540	0	120	35,920
	KL	左岸	14,960	7,790	2,230	350	760	1,110	140	270	27,610
	合計(%)		35,890 (56.5)	17,690 (27.8)	2,380 (3.7)	3,140 (4.9)	1,250 (2.0)	2,650 (4.2)	140 (0.2)	390 (0.6)	63,530 (100)
外浪逆浦	SR	右岸	1,170	2,310	60	0	480	0	0	0	4,020
	SL	左岸	1,710	4,260	130	0	0	0	0	0	6,100
	合計(%)		2,880 (28.5)	6,570 (64.9)	190 (1.9)	0 (0)	480 (4.7)	0 (0)	0 (0)	0 (0)	10,120 (100)
常陸利根川	HR	右岸	5,070	7,490	0	0	400	0	0	0	12,960
	HL	左岸	8,880	3,170	0	0	0	0	0	0	12,050
	合計(%)		13,950 (55.8)	10,660 (42.6)	0 (0)	0 (0)	400 (1.6)	0 (0)	0 (0)	0 (0)	25,010 (100)
北利根川	TR	右岸	2,750	6,350	0	0	70	0	0	0	9,170
	TL	左岸	6,320	2,460	670	20	0	0	0	180	9,650
	合計(%)		9,070 (48.2)	8,810 (46.8)	670 (3.6)	20 (0.1)	70 (0.4)	0 (0)	0 (0)	180 (1.0)	18,820 (100)
横利根川	YR	右岸	6,400	0	0	0	0	0	0	0	6,400
	YL	左岸	3,110	3,240	0	0	0	0	0	0	6,350
	合計(%)		9,510 (74.6)	3,240 (25.4)	0 (0)	0 (0)	0 (0)	0 (0)	0 (0)	0 (0)	12,750 (100)
鰐川	WR	右岸	1,500	766	0	930	0	180	1,150	210	4,730
	WL	左岸	560	4,120	0	550	250	920	0	0	6,400
	合計(%)		2,060 (18.5)	4,880 (43.8)	0 (0)	1,480 (13.3)	250 (2.2)	1,100 (9.9)	1,150 (10.3)	210 (1.9)	11,130 (100)

合計)が存在する自然度の高い湖岸線の存在割合は全般に低く、西浦と鰐川において20％前後、北浦7％、外浪逆浦4.7％、河川部は0～1％台に過ぎない。これに対し、水生植物が全くみられない湖岸（表6-8および表6-9のN）の割合は、鰐川の小水域を除いて全般に高い。このような湖岸線は、西浦と外浪逆浦では全湖岸長の1/3以下に止まるが、北浦や河川部では50～75％に達している。

さらに、表6-9の各々の生活形群落別にそれらが存在する湖岸線長をみると、最も多いのは、ヨシ、マコモ、ガマ等の抽水植物群落が存在する湖岸である。西浦、外浪逆浦、鰐川では全湖岸の60％またはそれ以上に達する。本来の水生植物である浮葉植物や沈水植物の群落をもつ湖岸線の延長は全般に少ないが、河川部では特に少なく、0～数％に過ぎない。

霞ヶ浦水域の中で特に重要な水域である西浦と北浦を比較すると、表6-9のごとくすべての生活形において、それらが生育する北浦湖岸線の延長は、西浦のおよそ60％程度である。2-2

VI. 1982年（昭和57）の水生植物と植生図

表6－9 水生植物の各生活形群落が存在する湖岸線長の割合（各水域の全湖岸線長に対する％）

水域＼植生	植生なし(N)	抽水植物(E)	浮葉植物(F)	沈水植物(S)
西浦	32.7	61.2	10.6	16.1
北浦	56.5	34.6	6.5	9.9
外浪逆浦	28.5	69.6	6.6	0
常陸利根川	55.8	44.2	1.6	0
北利根川	48.2	48.2	5.0	1.1
横利根川	74.6	25.4	0	0
鰐川	18.5	57.8	14.4	35.4

で述べたように、北浦は西浦に比べ沈水植物の多様性に富んでいるとはいえ、湖岸における水生植物群落の存在の頻度においては、はるかに植生自然度が低いことになる。

なお、西浦における経年的な変化については、後に2－7で検討する。

2－5　水生植物の生活形による植被面積および群落の平均沖出し幅

すでに述べた1/10,000の植生図を用い、各水域の各々の生活形の植被面積を被度階級（表6－4）別に測定した。表6－11のA欄はその結果を水域別にまとめたものである。また、表6－10は霞ヶ浦全水域の植被面積の総括表であり、それを図6－4に示した。

上記の測定結果によると、1982年9月における霞ヶ浦全水域の水生植物の植被面積は総計704haであり、図6－4に示すとおり、その62％を抽水植物が占め、浮葉植物の面積は11％、沈水植物の面積は27.3％に過ぎない。

また図6－4のとおり、霞ヶ浦水域全体の水生植物群落のうち西浦のそれが73.8％を占めるのに対して、北浦は西浦に比べ約1/2の総湖岸線長をもつにもかかわらず、植被面積は全体の11.9％に過ぎない。

表6－11のW欄には、各水域の水生植物の植被面積を総湖岸線長で除

表6－10　霞ヶ浦全水域の植被面積のまとめ（1982）

水　　域	植　被　面　積　（ha）			
	抽水植物 E	浮葉植物 F	沈水植物 S	合計（％）
西　　浦	293.35	64.11	162.16	519.62（73.8）
北　　浦	59.38	4.96	19.31	83.65（11.9）
外浪逆浦	27.12	1.66	0	27.78（4.1）
常陸利根川	23.85	1.39	0	25.24（3.6）
北利根川	14.00	0	0	14.00（2.0）
鰐　　川	10.94	5.29	11.14	27.37（3.9）
横利根川	5.70	0	0	5.70（0.8）
合　計（％）	434.34（61.7）	77.41（11.0）	192.61（27.3）	704.36（100）（100）

表6－11(1)　水生植物の植被面積、現存量および平均沖出し幅

水　域		西　　　　浦										
生活形	被度階級	右　岸（NR）			中　岸（NM）			左　岸（NL）			全　湖		
		A*(a)	B*(t)	W*(m)	A(a)	B(t)	W(m)	A(a)	B(t)	W(m)	A(a)	B(t)	W(m)
抽水植物 E	4	13,713	1,590.7		6,480	751.7		8,552	992.0		28,745	3,334.4	
	3	0	0		590	48.8		0	0		590	48.8	
	計	13,713	1,590.7	28.0	7,070	800.5	19.4	8,552	992.0	25.7	29,335	3,383.2	24.7
浮葉植物 F	4	1,186	19.1		575	9.3		830	13.4		2,591	41.7	
	3	405	4.7		111	1.3		453	5.2		969	11.1	
	2	401	2.8		15	0.1		432	3.0		848	5.9	
	1	53	0.2		1,557	4.5		393	1.1		2,003	5.8	
	計	2,045	26.8	4.2	2,258	15.2	6.2	2,108	22.7	6.3	6,411	64.5	5.4
沈水植物 S	4	18	0.3		0	0		0	0		18	0.3	
	3	0	0		234	2.7		3,519	40.5		3,753	43.2	
	2	357	2.5		15	0.1		9,380	64.7		9,752	67.3	
	1	1,141	3.3		12	0.03		1,540	4.5		2,693	7.8	
	計	1,516	6.1	3.1	261	2.8	0.7	14,439	109.7	43.3	16,216	118.6	13.7
合　　計		17,274	1,623.6	35.3	9,589	818.5	26.3	25,099	1,124.4	75.3	51,962	3,566.3	43.8

（注）＊：Aは植被面積（アール）、Bは現存量（乾量、トン）、Wは水生植物群落の平均沖出し幅（メートル）を示す。

VI. 1982年（昭和57）の水生植物と植生図

表6-11(2)　水生植物の植被面積、現存量および平均沖出し幅

水域		北 浦								
生活形	被度階級	右 岸（KR）			右 岸（KL）			全 湖		
		A*(a)	B*(t)	W*(m)	A(a)	B(t)	W(m)	A(a)	B(t)	W(m)
抽水植物 E	4	2,980	345.7		2,958	343.1		5,938	688.1	
	3	0	0		0	0		0	0	
	計	2,980	345.7	8.3	2,958	343.1	10.7	5,938	688.1	9.3
浮葉植物 F	4	66	1.06		245	3.94		311	5.00	
	3	17	0.20		144	1.66		161	1.85	
	2	0	0		24	0.17		24	0.17	
	1	0	0		0	0		0	0	
	計	83	1.3	0.2	413	5.8	1.5	496	7.0	0.8
沈水植物 S	4	78	1.26		416	6.70		494	7.95	
	3	949	10.9		59	0.68		1,008	11.6	
	2	429	2.96		0	0		429	2.96	
	1	0	0		0	0		0	0	
	計	1,456	15.1	4.1	475	7.4	1.7	1,931	22.5	3.0
合　計		4,519	362.1	12.6	3,846	356.3	13.9	8,365	717.6	13.1

水域		外 浪 逆 浦								
生活形	被度階級	右 岸（SR）			右 岸（SL）			全 湖		
		A(a)	B(t)	W(m)	A(a)	B(t)	W(m)	A(a)	B(t)	W(m)
抽水植物 E	4	539	62.5		2,173	252.1		2,712	314.6	
	3	0	0		0	0		0	0	
	計	539	62.5	13.4	2,173	252.1	35.6	2,712	314.6	26.8
浮葉植物 F	4	0	0		0	0		0	0	
	3	36	0.41		15	0.17		51	0.59	
	2	115	0.79		0	0		115	0.79	
	1	0	0		0	0		0	0	
	計	151	1.2	3.8	15	0.2	0.2	166	1.4	1.6
沈水植物 S	4	0	0		0	0		0	0	
	3	0	0		0	0		0	0	
	2	0	0		0	0		0	0	
	1	0	0		0	0		0	0	
	計	0	0	0	0	0	0	0	0	0
合　計		690	63.7	17.2	2,188	252.3	35.8	2,878	316.0	28.4

（注）＊：Aは植被面積（アール）、Bは現存量（乾量、トン）、Wは水生植物群落の平均沖出し幅（メートル）を示す。

2. 調査結果ならびに考察

表6-11(3) 水生植物の植被面積、現存量および平均沖出し幅

水域		常陸利根川								
生活形	被度階級	右岸(HR)			右岸(HL)			全湖		
		A*(a)	B*(t)	W*(m)	A(a)	B(t)	W(m)	A(a)	B(t)	W(m)
抽水植物 E	4	1,891	219.4		494	57.3		2,385	276.7	
	3	0	0		0	0		0	0	
	計	1,891	219.4	14.6	494	57.3	4.1	2,385	276.7	9.5
浮葉植物 F	4	95	1.53		0	0		95	1.53	
	3	0	0		0	0		0	0	
	2	44	0.30		0	0		44	0.30	
	1	0	0		0	0		0	0	
	計	139	1.8	1.1	0	0	0	139	1.8	0.6
沈水植物 S	4	0	0		0	0		0	0	
	3	0	0		0	0		0	0	
	2	0	0		0	0		0	0	
	1	0	0		0	0		0	0	
	計	0	0	0	0	0	0	0	0	0
合 計		2,030	221.2	15.7	494	57.3	4.1	2,524	278.5	10.1

水域		北利根川								
生活形	被度階級	右岸(TR)			右岸(TL)			全湖		
		A(a)	B(t)	W(m)	A(a)	B(t)	W(m)	A(a)	B(t)	W(m)
抽水植物 E	4	1,001	116.1		399	46.3		1,400	162.4	
	3	0	0		0	0		0	0	
	計	1,001	116.1	10.9	399	46.3	4.1	1,400	162.4	7.4
浮葉植物 F	4	0	0		0	0		0	0	
	3	0	0		0	0		0	0	
	2	0	0		0	0		0	0	
	1	0	0		0	0		0	0	
	計	0	0	0	0	0	0	0	0	0
沈水植物 S	4	0	0		0	0		0	0	
	3	0	0		0	0		0	0	
	2	0	0		0	0		0	0	
	1	0	0		0	0		0	0	
	計	0	0	0	0	0	0	0	0	0
合 計		1,001	116.1	10.9	399	46.3	4.1	1,400	162.4	7.4

(注) *：Aは植被面積(アール)、Bは現存量(乾量、トン)、Wは水生植物群落の平均沖出し幅(メートル)を示す。

VI. 1982年（昭和57）の水生植物と植生図

表6－11(4)　水生植物の植被面積、現存量および平均沖出し幅

水域		鰐川							
生活形	被度階級	右岸（WR）			右岸（WL）			全湖		
		A*(a)	B*(t)	W*(m)	A(a)	B(t)	W(m)	A(a)	B(t)	W(m)
抽水植物 E	4	205	23.8		889	103.1		1,094	126.9	
	3	0	0		0	0		0	0	
	計	205	23.8	4.3	889	103.1	13.9	1,094	126.9	9.8
浮葉植物 F	4	369	5.94		158	2.54		529	8.5	
	3	0	0		0	0		0	0	
	2	0	0		0	0		0	0	
	1	0	0		0	0		0	0	
	計	369	5.94	7.8	158	2.54	2.5	529	8.5	4.8
沈水植物 S	4	949	15.2		165	2.66		1,114	17.9	
	3	0	0		0	0		0	0	
	2	0	0		0	0		0	0	
	1	0	0		0	0		0	0	
	計	949	15.2	20.1	165	2.66	2.6	1,114	17.9	10.0
合計		1,523	44.9	32.2	1,212	108.3	19.0	2,737	153.3	24.6

水域		横利根川								
生活形	被度階級	右岸（YR）			右岸（YL）			全湖		
		A(a)	B(t)	W(m)	A(a)	B(t)	W(m)	A(a)	B(t)	W(m)
抽水植物 E	4	0	0		570	66.1		570	66.1	
	3	0	0		0	0		0	0	
	計	0	0	0	570	66.1	0.1	570	66.1	0.1
浮葉植物 F	4	0	0		0	0		0	0	
	3	0	0		0	0		0	0	
	2	0	0		0	0		0	0	
	1	0	0		0	0		0	0	
	計	0	0	0	0	0	0	0	0	0
沈水植物 S	4	0	0		0	0		0	0	
	3	0	0		0	0		0	0	
	2	0	0		0	0		0	0	
	1	0	0		0	0		0	0	
	計	0	0	0	0	0	0	0	0	0
合計		0	0	0	570	66.1	0.1	570	66.1	0.1

（注）＊：Aは植被面積（アール）、Bは現存量（乾量、トン）、Wは水生植物群落の平均沖出し幅（メートル）を示す。

図6－4　霞ヶ浦全水域における生活
　　　　形別植被面積の比率（上）と
　　　　水域別植被面積の比率（下）

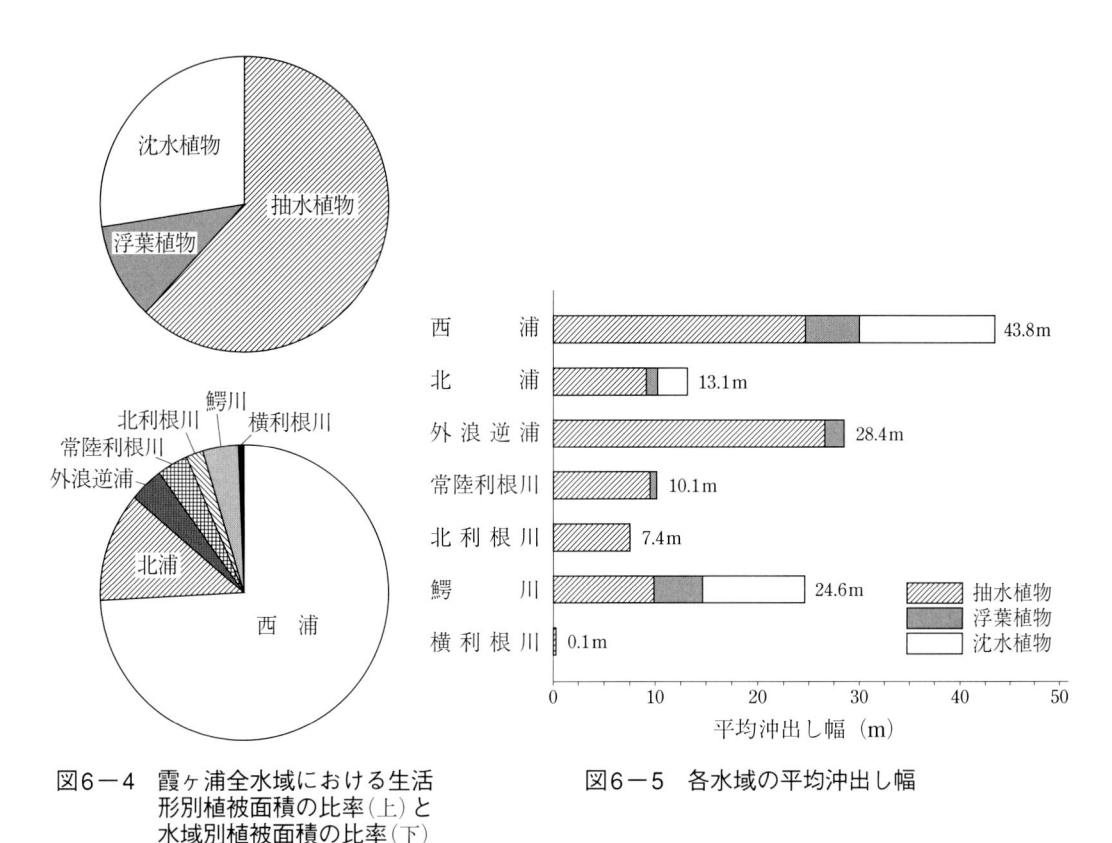

図6－5　各水域の平均沖出し幅

した平均、いわゆる"沖出し幅"が示されている（図6－5）。図のとおり西浦が最も広く（43.8m）、外浪逆浦（28.4m）と鰐川（24.6m）がこれに次ぎ、北浦と河川部は著しく狭い。河川部の水生植物群落が湖沼に比べて少ないのは当然かも知れないが、北浦はこのような単位湖岸線長当りの平均植被面積からみても、西浦に比べて植生自然度が劣っていることがわかる。

2－6　水生植物の生活形別の現存量

　水生植物の現存量の測定は1978年の調査と同じように、被度階級ごとに求めた各々の生活形の植被面積に、各階級の単位面積当り現存量を乗じて求めた。この場合、基礎となる濃密群落（被度階級4）の現存量の測定は9月12日および13日に西浦で行い、表6－12のような結果を得た。表6－12の各々の生活形の現存量の平均値は、1978年9月に行った測定値に近似しており、同年の単位現存量を特に変更する必要を認めなかったので、そのまま用いることにした。表6－13にそれを示す。

　上記のようにして得られた各水域の生活形別現存量（乾重）をまとめたものが、表6－11のB欄である。また、表6－13は霞ヶ浦全水域の現存量を総括したものである。

　表6－14および図6－6のように、霞ヶ浦全水域の水生植物現存量の推定値は、乾重で5,260tである。そのうち、実に95.4％（5,018t）がヨシ、マコモ、ヒメガマを主とする抽水植物によって

VI. 1982年（昭和57）の水生植物と植生図

占められている。水中に生育する浮葉植物や沈水植物は、大気中に茎葉を抽出する生活形の植物に比べ、体を支持するための強固な組織や器官を必要としないので、たとえ単位面積当りの同化組織の量は同じであっても、総生体量は少なくなるのが当然である。したがって、霞ヶ浦における今回の測定結果においても、浮葉植物、沈水植物の現存量の全水生植物に占める割合は、前記

表6－12　霞ヶ浦水生植物の高密度群落の単位面積当り現存量

生活形	植物名	測定地点	測定月日(1982)	生重量 (g/m²)	乾重量 (g/m²)	生活形別平均 (乾kg/a)
抽水植物	ヨシ	NL 17.25	9.13	2,000	994	116.8
	ヨシ	NM 29.0	9.12	2,550	1,267	
	ヨシ	NM 29.0	9.12	2,950	1,466	
	マコモ	NL 7.0	9.13	4,600	1,044	
	マコモ	NM 29.0	9.12	4,700	1,067	
浮葉・沈水植物	センニンモ、アサザ、ササバモ	NL 0.5	9.13	2,400	228	17.8
	ササバモ、アサザ	NL 0.5	9.13	2,000	190	
	ササバモ	NL 1.7	9.13	1,740	198	
	ササバモ	NL 20.75	9.13	1,250	143	
	ホザキノフサモ	NL 20.75	9.13	1,050	65	
	ヒシ中間型	NL 30.0	9.13	1,530	182	
	オニビシ	NL 30.0	9.13	2,030	242	

表6－13　水生植物群落の被度階級別現存量

生活形	被度階級	単位面積当り現存量 (乾重kg/a)
抽水植物	4	116
	3	82.7
浮葉植物 沈水植物	4	16.1
	3	11.5
	2	6.5
	1	2.9

表6－14　霞ヶ浦全水域の水生植物現存量のまとめ（1982）

水域	現存量（乾重 t）			
	抽水植物 E	浮葉植物 F	沈水植物 S	合計（％）
西浦	3,383.2	64.5	118.6	3,566.3 (67.8)
北浦	688.1	7.0	22.5	717.6 (13.6)
外浪逆浦	314.6	1.4	0	316.0 (6.0)
常陸利根川	276.7	1.8	0	278.5 (5.3)
北利根川	162.4	0	0	162.4 (3.1)
鰐川	126.9	8.5	17.9	153.3 (2.9)
横利根川	66.1	0	0	66.1 (1.3)
合計（％）	5,018.0 (95.4)	83.2 (1.6)	159.0 (3.0)	5,260.2 (100)

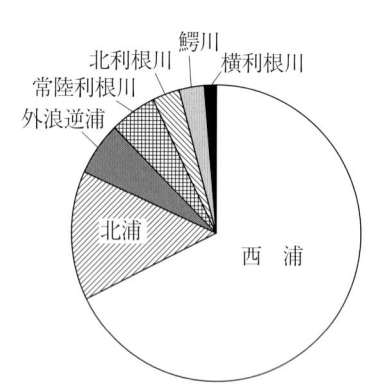

図6－6　霞ヶ浦全水域における生活形別現存量の比率（上）と水域別現存量の比率（下）

2. 調査結果ならびに考察

の植被面積に比べてさらに低く、両生活形の合計でわずか4.6%(242t)に過ぎない。

水域間で現存量を比較すると、図6-6のように西浦が全生活形の合計で67.8%を占めるのに対し、北浦はわずか13.6%で、前節の植被面積と同様の傾向がみられる。

さきに延べた西浦の3つの湖盆の間で、水生植物の植被面積、平均沖出し幅、および現存量を比較すると、3つの項目の測定値はほぼ同じ傾向を示し、抽水植物は湖盆Ⅲに多く、Ⅱ、Ⅰの順

表6-15 西浦の3つの湖盆における水生植物の植被面積、現存量および群落の平均沖出し幅(1982)

生活形	湖盆区分 被度階級	Ⅰ			Ⅱ			Ⅲ		
		A*(a)	B*(t)	W*(m)	A(a)	B(t)	W(m)	A(a)	B(t)	W(m)
抽水植物 E	4	7,739	897.7		8,456	980.9		8,661	1,004.7	
	3	0	0		44	3.6		546	45.2	
	計	7,739	897.7	17.8	8,500	984.5	26.7	9,207	1,049.9	29.4
浮葉植物 F	4	498	8.0		141	2.3		1,328	21.4	
	3	223	2.6		33	0.4		423	4.9	
	2	700	4.8		76	0.5		72	0.5	
	1	11	0.03		24	0.07		1,950	5.7	
	計	1,432	15.4	3.3	274	3.3	0.9	3,773	32.5	12.0
沈水植物 S	4	18	0.3		0	0		0	0	
	3	1,842	21.2		208	2.4		1,703	19.6	
	2	8,084	55.8		0	0		1,668	11.5	
	1	649	1.9		942	2.7		912	2.6	
	計	10,593	79.2	24.4	1,150	5.1	3.6	4,283	33.7	13.7
合 計		19,764	992.3	45.5	9,924	992.9	31.2	17,263	1,116.1	55.1

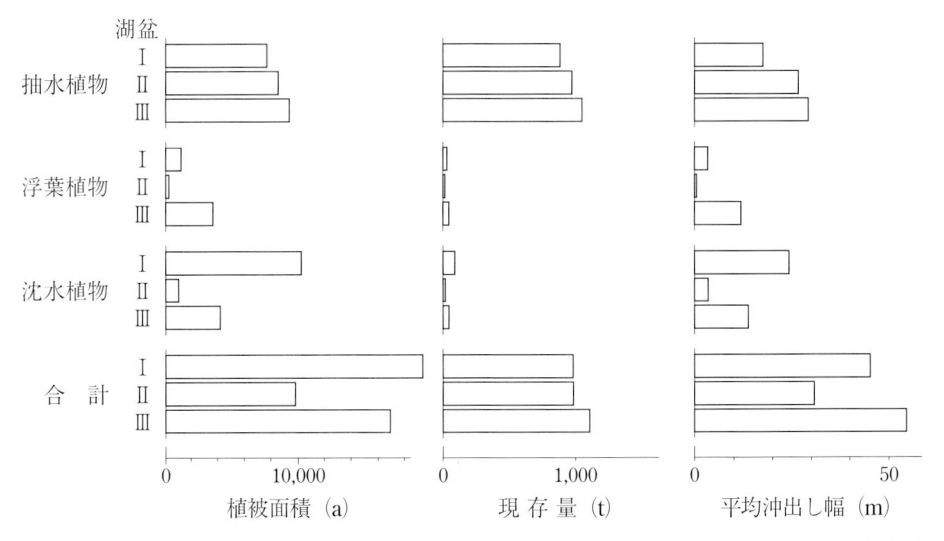

(注) *：Aは植被面積(アール)、Bは現存量(乾量、トン)、Wは水生植物群落の平均沖出し幅(メートル)を示す。

図6-7 西浦の3つの湖盆における水生植物群落の植被面積、現存量および群落の平均沖出し幅

VI. 1982年（昭和57）の水生植物と植生図

に減少し、浮葉植物もⅢに多く、Ⅱには極めて少ない。沈水植物はⅠに最も多く、Ⅲはこれに次ぎ、Ⅱは極めて少ない。本年度の調査では相対的にみて、土浦の入江（Ⅱ）において浮葉および沈水の生活形をもつ水生植物の貧しいのが特徴的である（表6－15および図6－7参照）。

2－7 西浦における水生植物の優占種、水生植物が分布する湖岸線長、植被面積および現存量の近年における変化

西浦の水生植物の優占種、植生図、植被面積、現存量等については、すでに1972年と1978年に建設省霞ヶ浦工事事務所の依頼により、桜井らが同一の方法で行った調査・測定の結果がある（Ⅳ、Ⅴ章）。これらを比較検討し、経年的変化を明らかにすることは、近年における霞ヶ浦の生物的環境の変化を知る上で重要であり、その結果は湖沼環境の管理にも重要な参考資料を提供するものである。

なお、1972年と1978年における調査月日は、表6－16のとおりである。

表6－16　調査月日

調査年	調査月日
1972年	8月8～10日、9月8～14日
1978年	9月2～23日
1982年	9月7～14日

表6－17　優占種の経年変化

生活形	1972.8		1978.8		1982.9	
抽水植物	ヨシ		ヨシ	(100)	ヨシ	(100)
	マコモ		マコモ	(77.3)	マコモ	(57.2)
	ヒメガマ		ヒメガマ	(55.6)	ヒメガマ	(47.5)
浮葉植物	アサザ	(12.7)	アサザ	(100)	オニビシ	(100)
	ヒシ	(10.6)	ヒメビシ	(74.1)	ヒシ中間型	(71.1)
			ヒシ	(71.2)	アサザ	(69.7)
			ヒシ中間型	(66.3)	ガガブタ	(45.2)
			オニビシ	(44.4)	ヒシ	(37.1)
			ヒルムシロ	(32.0)	トチカガミ	(34.4)
			トチカガミ	(21.6)	ヒメビシ	(29.3)
			ガガブタ	(16.1)		
沈水植物	ササバモ	(100)	ササバモ	(100)	ササバモ	(100)
	ホザキノフサモ	(62.6)	ホザキノフサモ	(45.3)	ホザキノフサモ	(43.7)
	ヒロハノエビモ	(37.4)	エビモ	(34.4)	マツモ	(23.2)
	セキショウモ	(35.2)	セキショウモ	(30.7)	セキショウモ	(14.3)
	センニンモ	(24.5)	リュウノヒゲモ	(30.5)		
	クロモ	(22.8)	ヒロハノエビモ	(21.4)		
	エビモ	(18.5)	コウガイモ	(15.7)		
	ササエビモ	(17.4)	マツモ	(15.7)		
	オオカナダモ	(16.9)	センニンモ	(15.6)		
			ナガバエビモ	(15.5)		
			クロモ	(12.6)		

（　）内は相対優占度、相対優占度10以上の種を示す。

(1) 優占種の変化

表6-17に優占種の変化を示す。1972年および1978年の水生植物の種の優占度と本年のそれを比較すると、抽水植物ではヨシ、マコモ、ヒメガマの3種がこの順序で主要な優占種となっており、この10年間に変化はみられない。

浮葉植物では、アサザ、ヒシ、ヒメビシの優占度が低下したのに対し、オニビシとヒシ中間型の優占度が著しく上昇した。また本年は、かつては低かったガガブタとトチカガミの優占度が高くなっている。

沈水植物では、ササバモとホザキノフサモがこの湖の優占種であることは、この10年間変化がないが、1978年までかなりの優占度で出現したリュウノヒゲモ、ヒロハノエビモ、センニンモ、エビモ、ササエビモ、コウガイモ、セキショウモなどが著しく少なくなり、沈水植物の多様性が低下している。これには湖水の富栄養の進行による透明度の低下が主因になっているものと考えられる。

(2) 1調査地点当たりの出現種数の変化

表6-5(1)の右下欄に示したような、1調査地点当たりの平均出現種数は、表6-18のごとく1978年には5.8であったが、1982年には3.8となった。前項と同様に種の組成が単純になり、多様性が低下したことを示している。この傾向は沈水植物において特に顕著である。

表6-18 西浦の1調査地点当りの平均出現種数

調査年	1978	1982
調査地点数	49	46
平均出現種数 抽水植物	1.9	1.9
平均出現種数 浮葉植物	0.8	0.6
平均出現種数 沈水植物	3.1	1.3
平均出現種数 合計	5.8	3.8

(3) 水生植物群落が分布する湖岸線長の変化

西浦の1972年と1978年の植生図を用い、全湖岸線について2-4と同じように、水生植物群落の存否および群落のタイプにより分類し、その長さを計測した。その結果が表6-19である。これをさらに表6-8の1982年の植生図による測定結果と比較するため、全湖岸線長に対する各々のタイプの存在比率を表にまとめたものが表6-20である。

表6-19 1972年および1978年の西浦における水生植物群落のタイプにより分類した湖岸線長* (単位：m)

		植生なし N	抽水植物 E	浮葉植物 F	沈水植物 S	抽水+浮葉 EF	抽水+沈水 ES	浮葉+沈水 FS	全生活形 EFS	合計
1972	右岸	5,070	13,390	0	6,030	2,240	22,880	0	450	50,060
	中岸	5,560	8,870	0	5,060	250	15,300	0	2,400	37,440
	左岸	6,820	8,340	0	3,370	150	15,870	0	0	34,550
	合計(%)	17,450 (14.3)	30,600 (25.1)	0 (0)	14,460 (11.8)	2,640 (2.2)	54,050 (44.3)	0 (0)	2,850 (2.3)	122,050 (100)
1978	右岸	7,600	15,670	300	5,320	2,260	17,180	490	1,030	49,850
	中岸	11,890	10,310	130	5,350	3,450	5,830	50	250	37,260
	左岸	8,570	8,240	1,050	2,900	2,540	9,980	100	1,050	34,430
	合計(%)	28,060 (23.1)	34,220 (28.2)	1,480 (1.2)	13,570 (11.2)	8,250 (6.8)	32,990 (27.1)	640 (0.5)	2,330 (1.9)	121,540 (100)

*1972年、1978年の植生図について改めて測定したものである。

VI. 1982年（昭和57）の水生植物と植生図

表6−20 西浦における水生植物群落のタイプにより分類した湖岸線の割合の経年変化

年度	植生なし N	抽水植物 E	浮葉植物 F	沈水植物 S	抽水＋浮葉 EF	抽水＋沈水 ES	浮葉＋沈水 FS	全生活形 EFS	実湖岸線長 (m)
1972	14.3	25.1	0	11.8	2.2	44.3	0	2.3	122,050
1978	23.1	28.2	1.2	11.2	6.8	27.1	0.5	1.9	121,540
1982	32.7	41.5	2.9	2.8	6.8	12.4	0.3	0.6	118,610

表6−21 西浦における水生植物の各生活形群落が存在する湖岸線長の経年変化

年度	湖岸	植生なし N (m)	対湖岸長(%)	抽水植物 E (m)	対湖岸長(%)	浮葉植物 F (m)	対湖岸長(%)	沈水植物 S (m)	対湖岸長(%)	湖岸長 (m)
1972	NR	5,070	10.1	38,960	77.8	2,690	5.4	29,360	58.6	50,060
	NM	5,560	14.9	26,820	71.6	2,650	7.1	22,760	60.8	37,440
	NL	6,820	19.7	24,360	70.5	150	0.4	19,240	55.7	34,550
	合計	17,450	14.3	90,140	73.9	5,490	4.5	71,360	58.5	122,050
1978	NR	7,600	15.2	36,140	72.5	4,080	8.2	24,020	48.2	49,850
	NM	11,890	31.9	19,840	53.2	3,880	10.4	11,480	30.8	37,260
	NL	8,570	24.9	21,810	63.3	4,740	13.8	14,030	40.7	34,430
	合計	28,060	23.1	77,790	64.0	12,700	10.4	49,530	38.3	121,540
1982	NR	13,220	27.2	34,490	70.5	5,300	10.8	2,950	6.0	48,920
	NM	18,170	50.0	17,920	49.3	2,960	8.1	230	0.6	36,360
	NL	7,390	22.2	20,220	60.7	4,300	12.9	15,930	47.8	33,330
	合計	38,780	32.7	72,630	61.2	12,560	10.6	19,110	16.1	118,610

表6−21および図6−8では、これらの数値を湖岸別、生活形別に整理した。

以上諸表を検討すると、西浦では最近の10年間に全く植生をもたない湖岸線が2、3倍に増え、全湖岸の1/3に達するとともに、抽水植物が分布する湖岸も漸減している。一方、湖水の富栄養化の影響を強く受ける浮葉植物と沈水植物の群落が存在する湖岸長をみると、浮葉植物が存在する湖岸はむしろ増加したまま維持されており、逆に沈水植物のある湖岸は年を追って急速に減少していることがわかる。

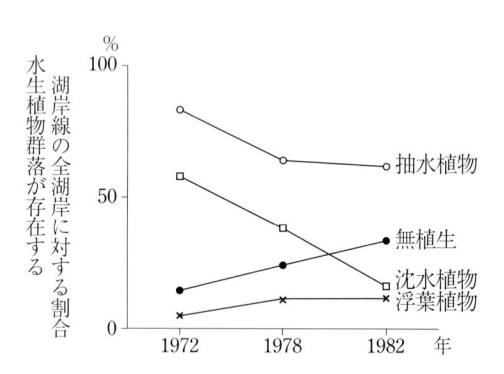

図6−8 西浦における水生植物の各生活形群落が存在する湖岸線長の割合の経年変化

このような変化は、V章のまとめで述べた、湖の富栄養化にともなう水生植物の生活形の増減の傾向に符合するものである（図6−9参照）。

以上のような湖岸線に対する水生植物群落の分布の経年変化が西浦の3つの湖盆の間でどうちがうかを比較したものが、表6−22および表6−23、図6−10である。これらをみると、近年

2. 調査結果ならびに考察

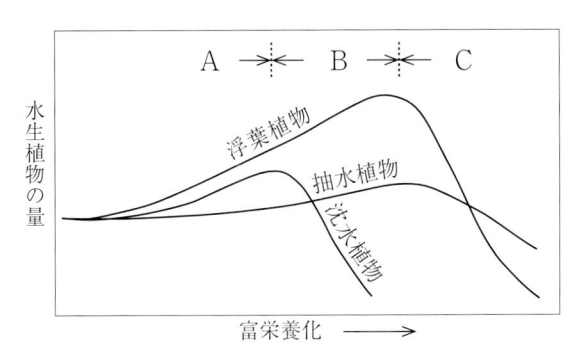

A：水の華は存在するが、湖の平穏な時でも湖水面を覆いつくすまでには至らない（透明度は1m、またはそれ以上）。
B：平穏時には水の華が湖面をふさぎ、波浪によって撹拌されている時にも湖水や波頭が緑色に見える（透明度は30cm、またはそれ以上）。
C：Bの段階に達した湖面において、入江や湾部など湖水の流動の不良なところに植物プランクトンが厚く吹き寄せられ、腐敗してスカム状となる状態。

図6-9　湖の著しい富栄養化にともなう水生生物の3つの生活形の増減傾向を示す模式図
（霞ヶ浦水生植物調査、1978）

表6-22　西浦の3つの湖盆における水生植物群落タイプ別湖岸長の経年変化

年度	湖盆	湖岸線長	植生なし N	抽水植物 E	浮葉植物 F	沈水植物 S	抽水+浮葉 EF	抽水+沈水 ES	浮葉+沈水 FS	全生活形 EFS	合計
1972	I	(m)	7,850	5,960	0	9,320	300	20,750	0	330	44,510
		(%)	17.6	13.4	0	20.9	0.7	46.6	0	0.7	100
	II	(m)	5,120	5,020	0	3,080	0	19,990	0	0	33,210
		(%)	15.4	15.1	0	9.3	0	60.2	0	0	100
	III	(m)	4,360	12,560	0	2,060	400	10,250	0	2,400	32,030
		(%)	13.6	39.2	0	6.4	1.2	32.0	0	7.5	100
1978	I	(m)	14,310	7,700	300	6,420	290	13,310	590	1,660	44,580
		(%)	32.1	17.3	0.7	14.4	0.7	29.9	1.3	3.7	100
	II	(m)	8,270	8,640	80	3,000	250	12,040	0	470	32,750
		(%)	25.3	26.4	0.2	9.2	0.8	36.8	0	1.4	100
	III	(m)	4,830	9,280	1,100	4,150	5,570	6,970	50	0	31,950
		(%)	15.1	29.0	3.4	13.0	17.4	21.8	0.2	0	100
1982	I	(m)	17,380	12,880	1,610	2,080	1,160	7,940	100	270	43,420
		(%)	40.0	29.7	3.7	4.8	2.7	18.3	0.2	0.6	100
	II	(m)	11,780	16,920	60	100	1,210	1,490	150	100	31,810
		(%)	37.0	53.2	0.2	0.3	3.8	4.7	0.5	0.3	100
	III	(m)	8,790	11,270	1,770	1,200	3,190	4,980	130	0	31,330
		(%)	28.1	36.0	5.6	3.8	10.2	15.9	0.4	0	100

における抽水植物のある湖岸の減少と無植生湖岸の増加の程度には湖盆間差はみられないが、浮葉植物のある湖岸の増加と、沈水植物のある湖岸の減少には湖盆間に差がみられ、前者は湖盆IとIIで著しく、後者は湖盆IIで特に顕著である。

(4) 植被面積および群落の沖出し幅の変化

西浦全湖の植被面積および群落の平均沖出し幅の経年変化をまとめて表6-24および図6-11に示した。

1982年の植被面積は1972年に比べ1/2以下となり、1978年に比べても約70％に減少している。その主因は沈水植物群落の面積の著しい減少である。抽水植物の面積にも減少がみられる。しか

VI. 1982年（昭和57）の水生植物と植生図

表6－23　西浦の3つの湖盆における水生植物の生活形別湖岸線長の経年変化

湖盆	年度	生活形別湖岸線長（m）				同左・全湖岸線長に対する割合（％）			
		植生なし N	抽水植物 E	浮葉植物 F	沈水植物 S	植生なし N	抽水植物 E	浮葉植物 F	沈水植物 S
Ⅰ	1972	7,850	27,340	630	30,400	17.6	61.4	1.4	68.2
	1978	14,310	22,960	2,840	21,980	32.1	51.6	6.4	49.3
	1982	17,380	22,250	3,140	10,290	40.0	51.3	7.2	23.9
Ⅱ	1972	5,120	25,010	0	23,070	15.4	76.3	0	69.5
	1978	8,270	21,400	800	15,510	25.3	65.4	2.4	47.4
	1982	11,780	19,720	1,520	1,840	37.0	62.0	4.8	5.8
Ⅲ	1972	4,360	25,610	2,800	14,710	13.6	79.9	8.7	45.9
	1978	4,830	21,820	6,720	11,170	15.1	68.2	21.0	35.0
	1982	8,790	19,440	5,090	6,310	28.1	62.1	16.2	20.1

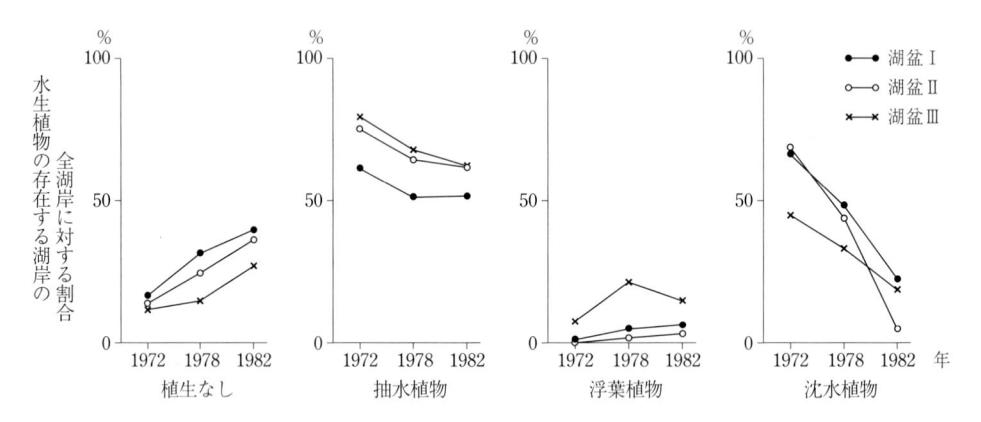

図6－10　西浦の3つの湖盆における水生植物の生活形別湖岸線長の割合の経年変化

表6－24　西浦における水生植物群落の植被面積および平均沖出し幅の経年変化

年度	植被面積（a）				平均沖出し幅（m）			
	抽水植物 E	浮葉植物 F	沈水植物 S	合計	抽水植物 E	浮葉植物 F	沈水植物 S	合計
1972	42,300	3,165	74,780	120,245	34.7	2.6	61.3	98.6
1978	30,239	8,046	36,406	74,691	24.9	6.6	30.3	61.5
1982	29,335	6,411	16,216	51,962	24.7	5.4	13.7	43.8

し、浮葉植物の面積は1978年には著しく増加したが、最近は再び減少の傾向を示している。このことはⅤ章に述べた。富栄養化の進行にともなう水生植物の変化のC期（末期）の兆候とみることができるかも知れない（図6－9）。いずれにしても、以上の現象は霞ヶ浦の生態環境管理の上で留意すべきことである。水生植物群落の沖出し幅についても、上記と同様の傾向がみられることはいうまでもない。

2. 調査結果ならびに考察

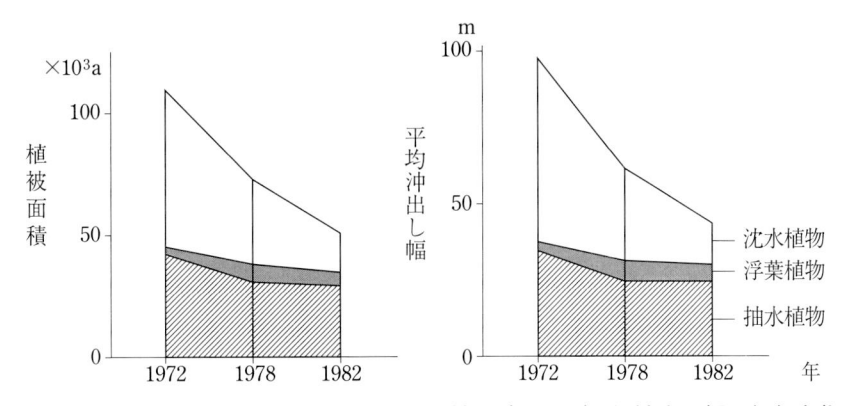

図6-11 西浦における水生植物群落の植被面積および平均沖出し幅の経年変化

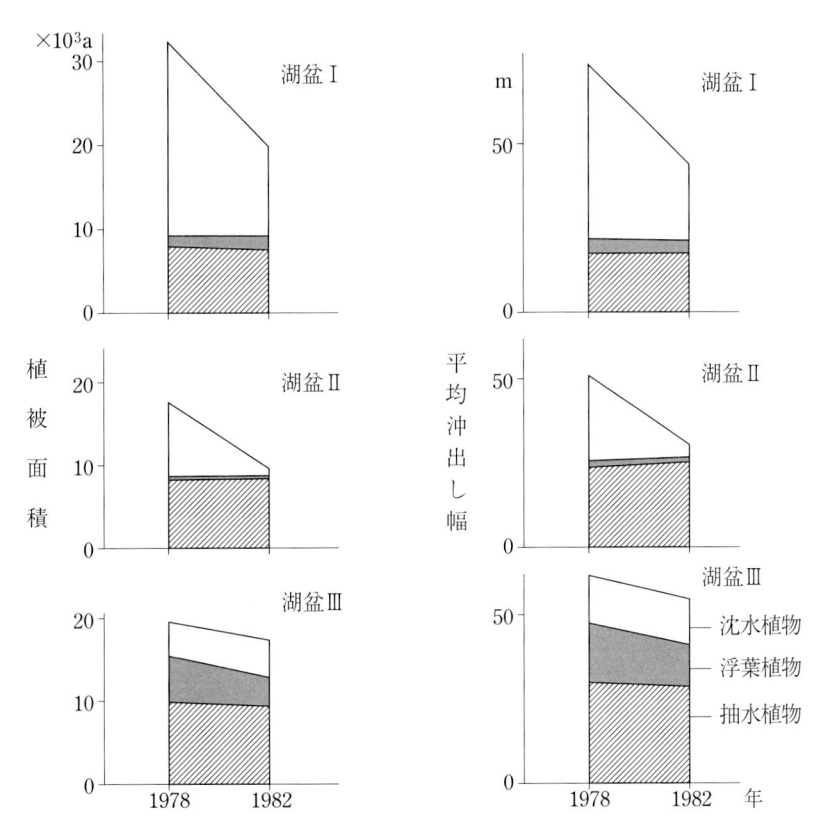

図6-12 西浦の3つの湖盆における水生植物群落の植被面積および平均沖出し幅の経年変化

　3つの湖盆間における変化を測定値がある1978年と本年について比較すると、表6-25および図6-12のようになる。すなわち、抽水植物群落の面積の減少は湖盆ⅠとⅢで進んでおり、Ⅱではほとんど変化がない。浮葉植物群落の面積は湖盆Ⅰでは増え、Ⅱ、Ⅲの湖盆で現象が著しい。また、沈水植物群落の面積は湖盆ⅠとⅡで減少しているが、湖盆Ⅱにおける減少が特に顕著であ

169

VI. 1982年（昭和57）の水生植物と植生図

表6−25 西浦の3つの湖盆における水生植物群落の植被面積および平均沖出し幅の経年変化

湖盆	年度	植被面積 (a)				平均沖出し幅 (m)			
		抽水植物 E	浮葉植物 F	沈水植物 S	合計	抽水植物 E	浮葉植物 F	沈水植物 S	合計
I	1978	8,150	1,171	23,270	32,591	18.5	2.7	52.9	74.1
	1982	7,739	1,432	10,593	19,764	17.8	3.3	24.4	45.5
II	1978	8,297	437	8,829	17,563	24.4	1.3	26.0	51.7
	1982	8,500	274	1,150	9,924	26.7	0.9	3.6	31.2
III	1978	9,757	5,809	4,030	19,596	30.0	17.9	12.7	60.6
	1982	9,207	3,773	4,283	17,263	29.4	12.0	13.7	55.1

表6−26 西浦における水生植物の現存量の経年変化

年度	現存量（乾量 t）			
	抽水植物 E	浮葉植物 F	沈水植物 S	合計
1972	5,515.9	45.7	216.3	5,777.9
1978	3,507.7	127.2	339.1	3,974.0
1982	3,383.2	64.5	118.6	3,566.3

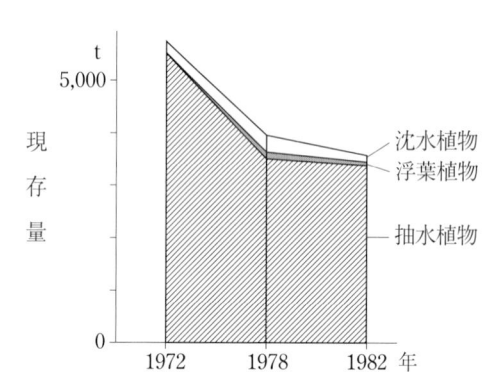

図6−13 西浦における水生植物の現存量の経年変化

る。湖盆IIIにおいてはむしろ増加しているが、これは左岸下流の湖盆Iに近い水域におけるササバモ群落の局所的増加によるもので、高浜入江の奥部に10年前には広範囲に存在した沈水植物の群落は、依然として消滅したままである。

(5) 現存量の変化

西浦全体の水生植物の現存量の経年変化を表6−26および図6−13に示した。

現存量もこの10年間に次第に減少し、今回の調査結果は1972年の61.7％になったが、これには抽水植物の現存量の減少が主因となっている。浮葉植物および沈水植物の現存量は1978年には増加したが、4年後の今回の測定ではいずれも半減している。すでに前項の(4)に述べたところと同様、注目すべき減少である。

2−8 西浦の水生植物調査定点における調査結果および北浦における定点の選定について

V章で、西浦については、湖水環境変化の指標となる水生植物群落の経年変化を詳しく調査するための定点をいくつか挙げ、そのうちの4カ所（NR0.25km付近、NM0.20.0〜20.3km、NM35.5〜35.8kmおよびNL15.0〜15.3km）については、航空写真と現地調査結果にもとづいて

2. 調査結果ならびに考察

1/5,000の植生図を作成し添付した。本年はこれらの4定点について、前回と同じ方法で植生図を作成し、1978年の状態と比較した。図6-14(1)〜(4)にその結果を示す。

図6-14によれば、左岸のNL15.0〜15.3km定点(図6-14(4))を除いて他の3つの定点は、いずれも1978年以後の4年間に水生植物群落の著しい退行的変化がみられる。すなわち、NR0.25km付近(図6-14(1))において、かつてこの地点に存在したササバモ・ホザキノフサモから成る沈水植物の広大な群落が激減し、逆に浮葉植物のオニビシ群落が上流側からアサザ群落中に拡大した。NM20.0〜20.3km(図6-14(3))においても、沈水植物のササバモ・リュウノヒゲモ群落が姿を消している。高浜の入江奥部(NM35.5〜35.8km、図6-14(2))においては、ヒシ(中間型)の大きな群落が消滅し、ハス群落が著しく拡大した。V章2-3で、この地点付近の

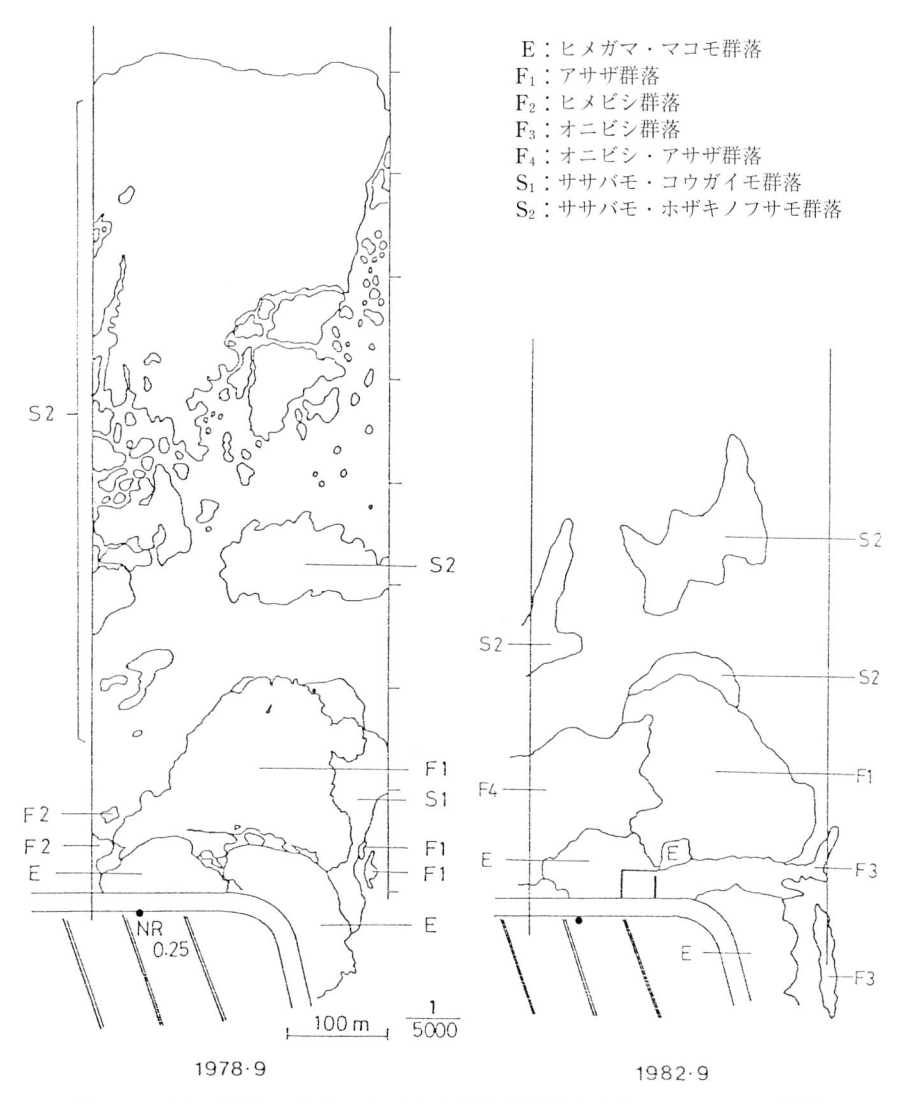

E：ヒメガマ・マコモ群落
F_1：アサザ群落
F_2：ヒメビシ群落
F_3：オニビシ群落
F_4：オニビシ・アサザ群落
S_1：ササバモ・コウガイモ群落
S_2：ササバモ・ホザキノフサモ群落

図6-14(1) 西浦の定点における水生植物群落の変化—NR0.25km付近

VI. 1982年(昭和57)の水生植物と植生図

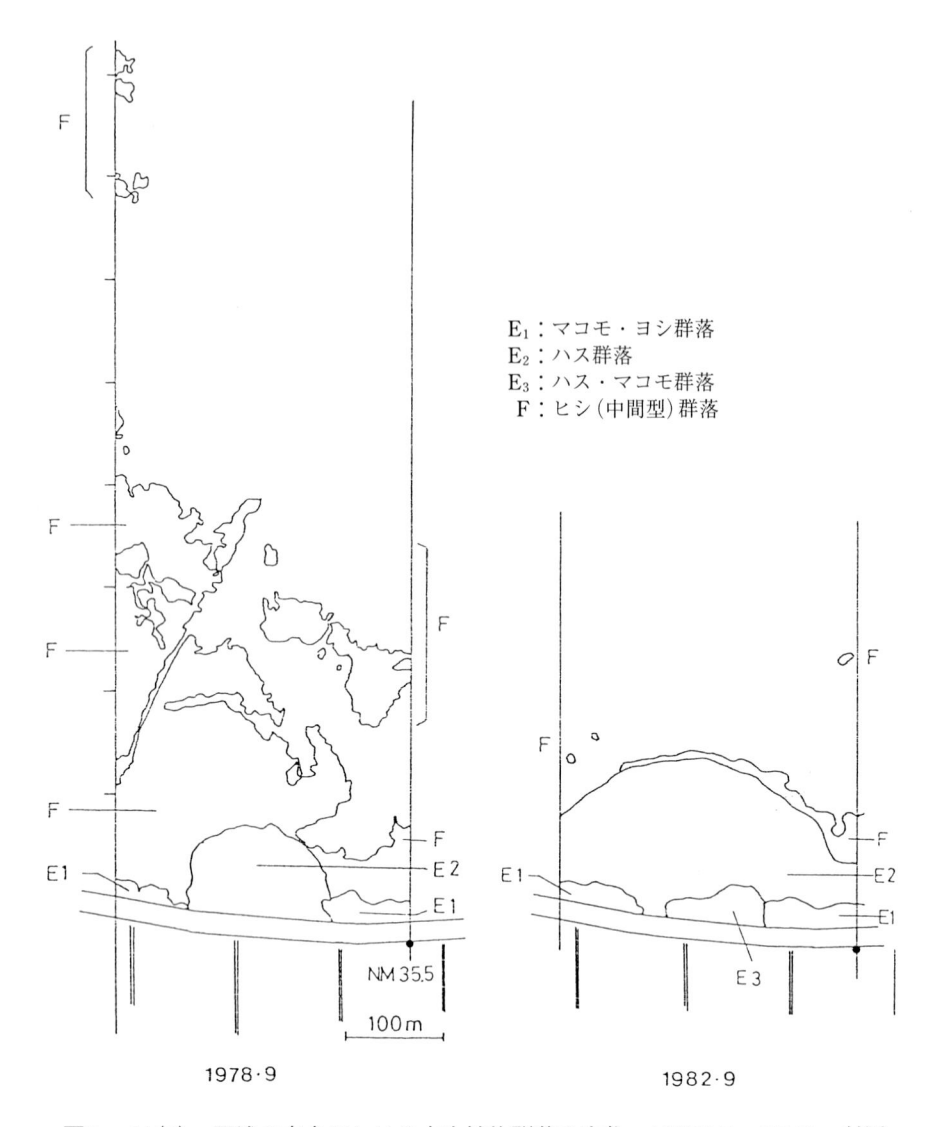

E₁：マコモ・ヨシ群落
E₂：ハス群落
E₃：ハス・マコモ群落
F：ヒシ（中間型）群落

図6－14(2)　西浦の定点における水生植物群落の変化—NM35.5〜35.8km付近

　ハス群落について航空写真から測定した群落拡大速度は、放射方向に平均約16m/年と記載したが、図6－14(2)の湖岸中央にあるハス群落については、1978年以後の4年間で平均18.8m/年と測定される。ヒシ群落の減少は、1978年夏に45haに達する大群落がアオコの吹き寄せによって枯死したことによる後遺症であろう（V章写真5－1）。この付近では沈水植物は未だに全く見出されない。NL15.0〜15.3km（図6－14(4)）の沈水植物ササバモ群落は、面積においてはやや減少した程度であるが、密度においてはかなり低下がみられる。
　以上述べたような、西浦の4つの定点でみられた最近4年間における水生植物群落の変化は、すでに前の節において、西浦全体および3つの湖盆区について述べた経年変化の傾向と符合する

2. 調査結果ならびに考察

E：ヨシ・マコモ群落
S：ササバモ・リュウノヒゲモ群落

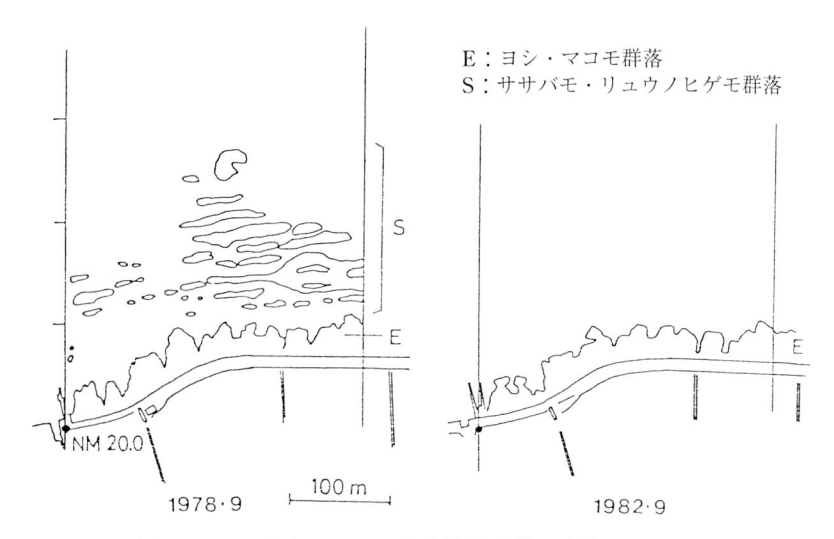

図6−14(3)　西浦の定点における水生植物群落の変化—NM20.0〜20.3km

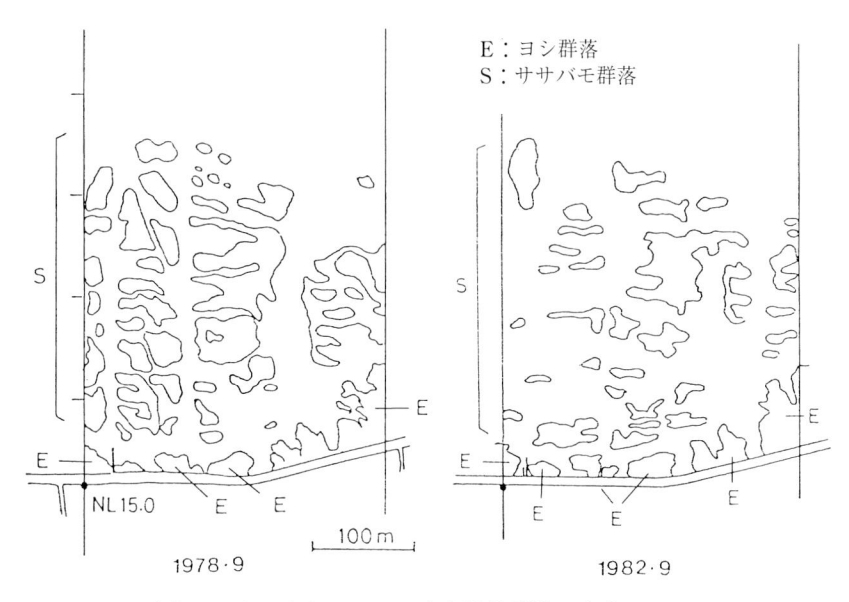

E：ヨシ群落
S：ササバモ群落

図6−14(4)　西浦の定点における水生植物群落の変化—NL15.0〜15.3km

ものである。すなわち、図6−9に示した湖の富栄養化にともなう水生植物の変化の3段階の相に照らして、西浦の湖盆Ⅰ（図6−2参照）は1978年にはA相末期であったが、最近はB相の末期まで進み、また湖盆Ⅲは依然としてC相にあたることを示している。

　以上のように、定点における水生植物群落の詳しい定期調査は頻度高く、かつわずかな費用と時間で実施することが可能であり、かつその調査結果を通して全湖の総合的な変化を察知しうることがわかる。

VI. 1982年（昭和57）の水生植物と植生図

表6－27 霞ヶ浦の西浦以外の水域における水生植物定期調査定点の候補地

水域	地点
北浦	KR 7.5km付近
	KR 10.5km付近
	○ KR 17.0km付近
	KL 0.2km付近
	KL 1.5km付近
鰐川	○ WR 2.5km付近

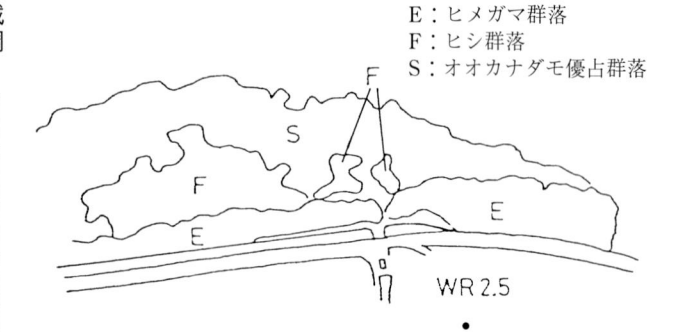

E：ヒメガマ群落
F：ヒシ群落
S：オオカナダモ優占群落

図6－15 鰐川（WR2.5km付近）の調査定点―1982年9月の植生図

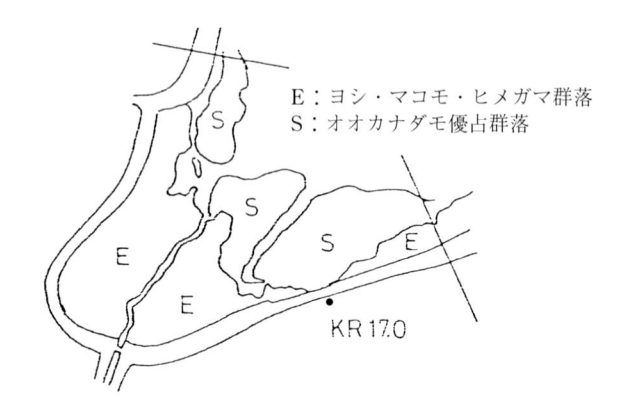

E：ヨシ・マコモ・ヒメガマ群落
S：オオカナダモ優占群落

図6－16 北浦（KR16.9～17.5km）の調査定点―1982年9月の植生図

　北浦およびその他の水域は、すでに述べたように水生植物が質、量ともに貧弱であり、群落の変化を詳しく追跡するのに適した3つの生活形の群落が存在する水域は極めて少なく、定期調査のための定点を選定するのが困難である。しかし、強いて選定するならば表6－27のような6地点を挙げることができる。これらのうち○印を付したKR17.0km付近およびWR2.5km付近の地点については、1/5,000植生図（図6－15、図6－16）を作成した。

3. まとめ

　1982年9月に行った現地調査と航空写真による、霞ヶ浦全水域の水生植物に関する調査結果および西浦について、本年と同一の方法で実施されてきた1972年（Ⅳ章）ならびに1978年（Ⅴ章）の調査報告との比較検討の結果は、大要次のとおりである。
　① 水生植物の出現種は19科、48種であった。
　② 全水域87点について群落組成を調べた結果、抽水植物の優占種はヨシ、マコモおよびヒメガマ、浮葉植物の優占種はヒシ属とアサザであるが、ヒシ属には地域差がみられ、西浦と

3. まとめ

河川部ではオニビシが、北浦ではヒシが優占した。沈水植物では富栄養湖適応種のササバモとホザキノフサモが優占し、他の沈水植物の優占度は全体的に低かった。

③ 航空写真にもとづき、1/10,000の水生植物の生活形別植生図を霞ヶ浦全水域について作成した。

④ 上記の植生図を用いて、水生植物群落が分布する湖岸線の長さを水域別に測定した結果、2種以上の生活形が存在する植生自然度が高い湖岸は、西浦と鰐川では20％前後であるが、北浦は7％、外浪逆浦4.7％、河川部0〜1％台と著しく低い。また、水生植物が全く存在しない湖岸は、西浦と外浪逆浦では全湖岸延長の1/3以下であるが、北浦と河川部では50〜70％に達する。生活形別にみると、抽水植物群落の存在する湖岸が最も多く、浮葉・沈水植物群落をもつ湖岸は甚だ少なく、河川部では特にその傾向が著しい。

⑤ 植生図から測定した霞ヶ浦全水域の水生植物の植被面積は704 haであり、生活形別内訳は抽水植物62％、浮葉植物11％、沈水植物27％であった。また水域別にみると、西浦は全体の74％を占めるが、北浦は12％に過ぎない。

　各水域の植被面積を群落の平均沖出し幅で比較すると、西浦では約44mであるが、外浪逆浦28m、鰐川25m、北浦はわずか13mとなる。河川部はさらに少なくなる。

⑥ 水生植物の現存量を、被度階級別の単位面積当り現存量と植被面積の積の和から求めた結果、乾量にして全体水域で5,260tであった。このうち抽水植物は95.4％を占めるが、浮葉植物は1.6％、沈水植物は3.0％、両者の合計で242tに過ぎない。水域別にみると西浦は全体の68％を占め、北浦はわずか14％弱である。

⑦ 西浦の3つに区分した湖盆（Ⅰ、Ⅱ、Ⅲ）の間で諸種の調査結果を比較すると、1調査地点当りの平均出現種数はⅠが最も多く、Ⅱ、Ⅲは少ない。これは沈水植物の種数が少ないことが主因である。植被面積を平均沖出し幅でみると、抽水植物はⅠで少なく、ⅡとⅢはほぼ同位、浮葉植物はⅢに最も多く、Ⅰ、Ⅱの順に急減する。沈水植物はⅠに最も多く、Ⅲ、Ⅱの順に減少する。現存量においても、おおむね植被面積と同様の傾向がみられる。

⑧ 西浦について、過去1972年および1978年の調査と比較すると、水生植物の優占種は抽水植物では変化がないが、浮葉植物ではオニビシとヒシ中間型の優占度が著しく上昇し、アサザ、ヒシ、ヒメビシの優占度が低下した。ガガブタおよびトチカガミの優占度も上昇している。沈水植物では、ササバモとホザキノフサモの優位は変わらないが、近年他の沈水植物の優占度が著しく低下したのが特徴である。1調査地点当りの平均出現種数も低下した。この現象は主として沈水植物の出現種数の減少によるものである。水生植物が分布する湖岸線の長さをみると、この10年間に抽水植物のある湖岸は漸減、浮葉植物のある湖岸は増加、沈水植物のある湖岸は激減している。また植生の全くない湖岸は、10年間で2、3倍に増え、西浦全湖岸線長の約33％に達した。

　植被面積は1972年に比べ1/2以下に減少した。原因は主として沈水植物群落の減少による。浮葉植物群落の面積は1978年には増加したが、1982年には再び減少傾向を示している。現存量は最近10年間に漸減しているが、その主因は抽水植物の減少である。浮葉・沈水植

VI. 1982年(昭和57)の水生植物と植生図

物は1978年には増加を示したが、本年は再び減少している。
⑨ 西浦に設けた水生植物群落の経年変化を詳しく追求するための4つの定点においても、上記と同一傾向の変化がみられた。

以上の調査・検討結果を総合すると、霞ヶ浦の主要水域である北浦の植生自然度は、西浦に比べてはるかに劣っており、また西浦においても主として湖水の富栄養化ならびに湖岸の土木工事等に起因すると思われる植生の退行的変化が、依然として進行していることが明らかになった。

参考文献

1) 北村四郎ほか (1971)：原色日本植物図鑑. 草本編〔Ⅰ〕 合弁花類、保育社.
2) 北村四郎ほか (1972)：原色日本植物図鑑. 草本編〔Ⅱ〕 離弁花類、保育社.
3) 北村四郎ほか (1971)：原色日本植物図鑑. 草本編〔Ⅲ〕 単子葉類、保育社.
4) 長田武正 (1976)：原色日本帰化植物図鑑. 保育社.
5) 大滝末男 (1974)：水草の観察と研究. ニュー・サイエンス社.
6) 大滝末男 (1980)：日本水生植物図鑑. 北隆館.
7) 建設省霞ヶ浦工事事務所 (1980)：霞ヶ浦の生物.
8) 建設省霞ヶ浦工事事務所 (1973)：霞ヶ浦生物調査報告書. Ⅶ. 水生植物.
9) 建設省霞ヶ浦工事事務所 (1979)：霞ヶ浦水生植物調査.

(調査担当：(株)環境調査技術研究所)

霞ヶ浦水生植物の生活形による植生図
(1982年9月)

VI. 1982年（昭和57）の水生植物と植生図

1982年霞ヶ浦水生植物植生図：索引地図

霞ヶ浦水生植物の生活形による植生図（1982年9月）

(本図の番号と植生図番号は対応)

VI. 1982年（昭和57）の水生植物と植生図

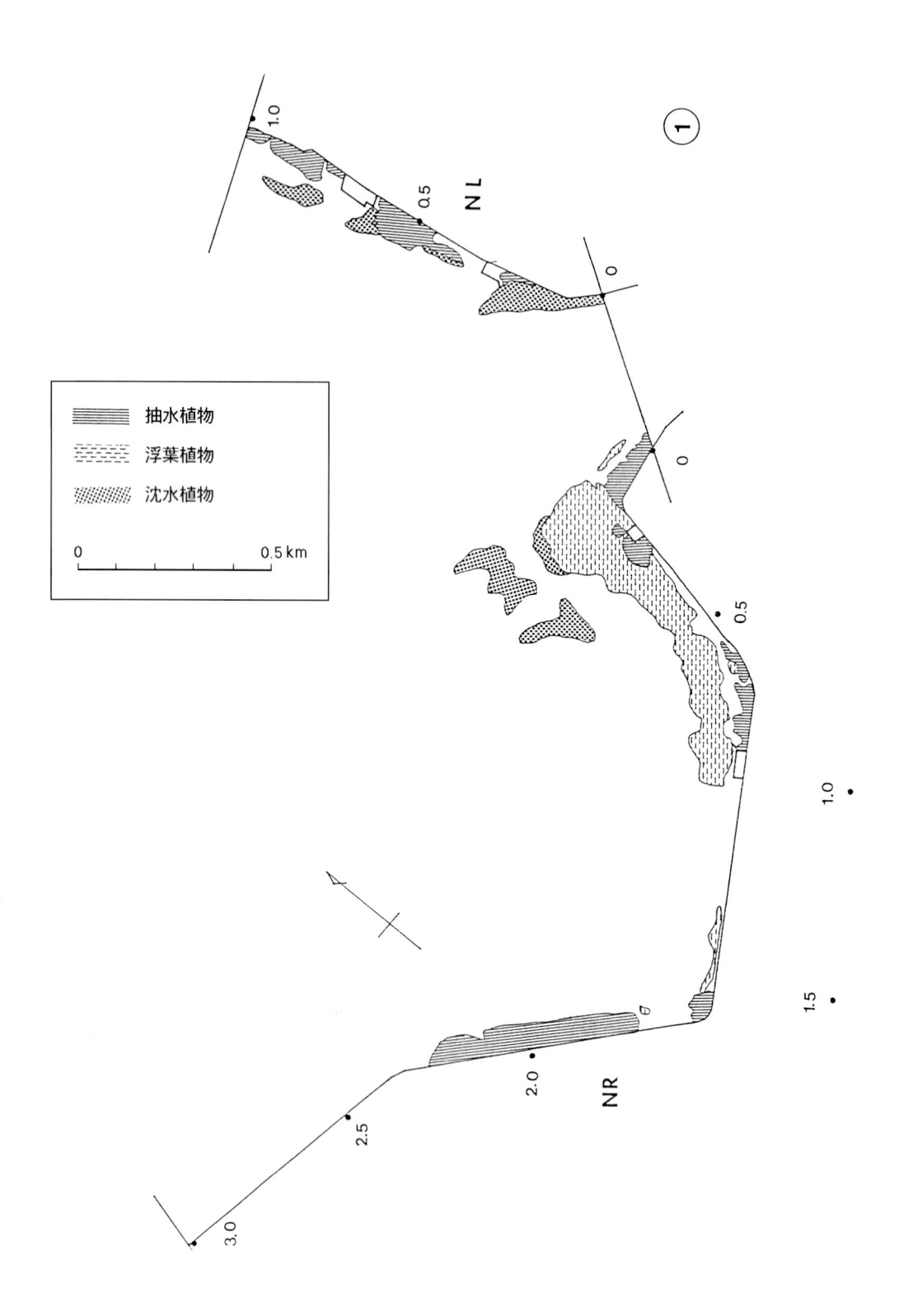

霞ヶ浦水生植物の生活形による植生図（1982年9月）

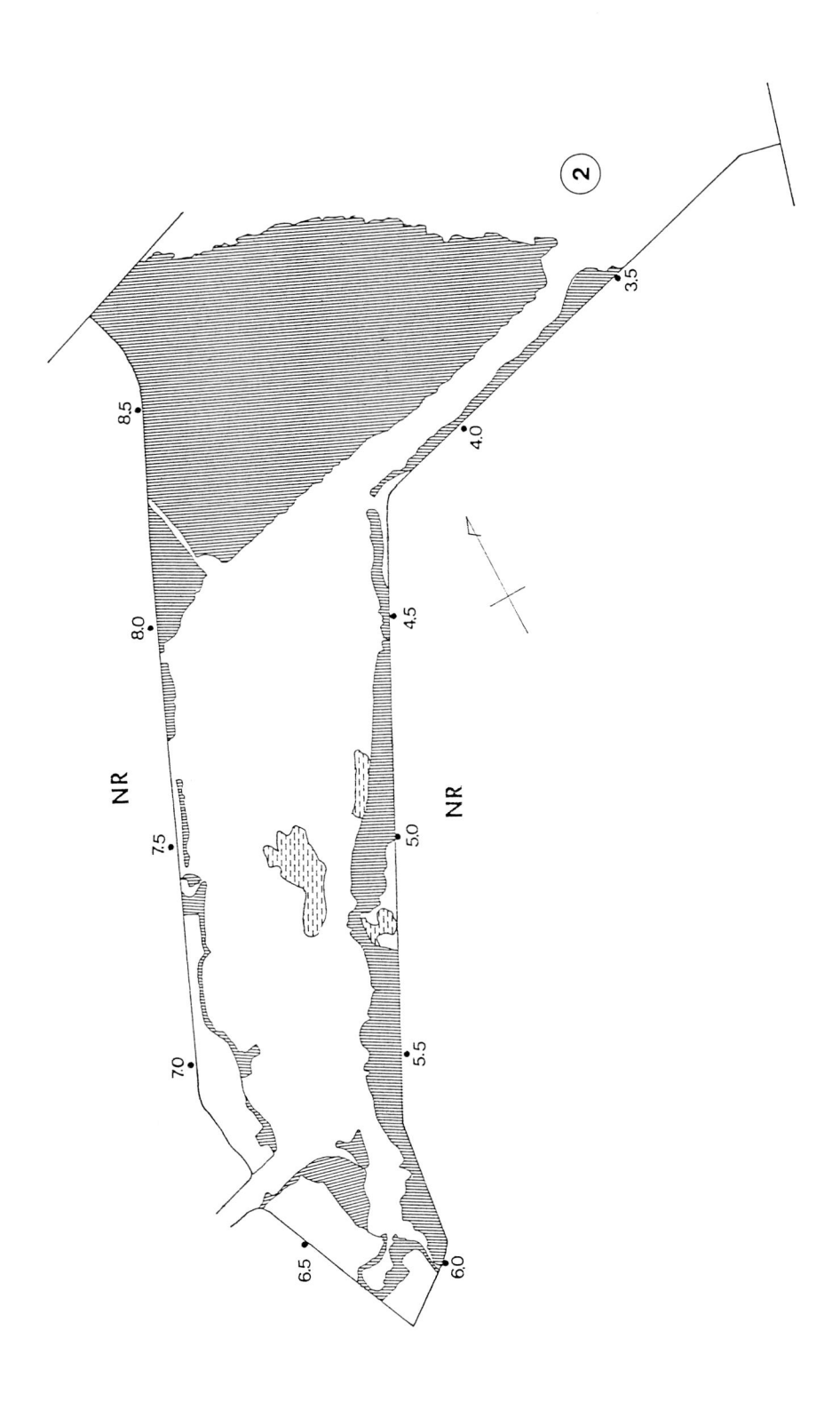

VI. 1982年（昭和57）の水生植物と植生図

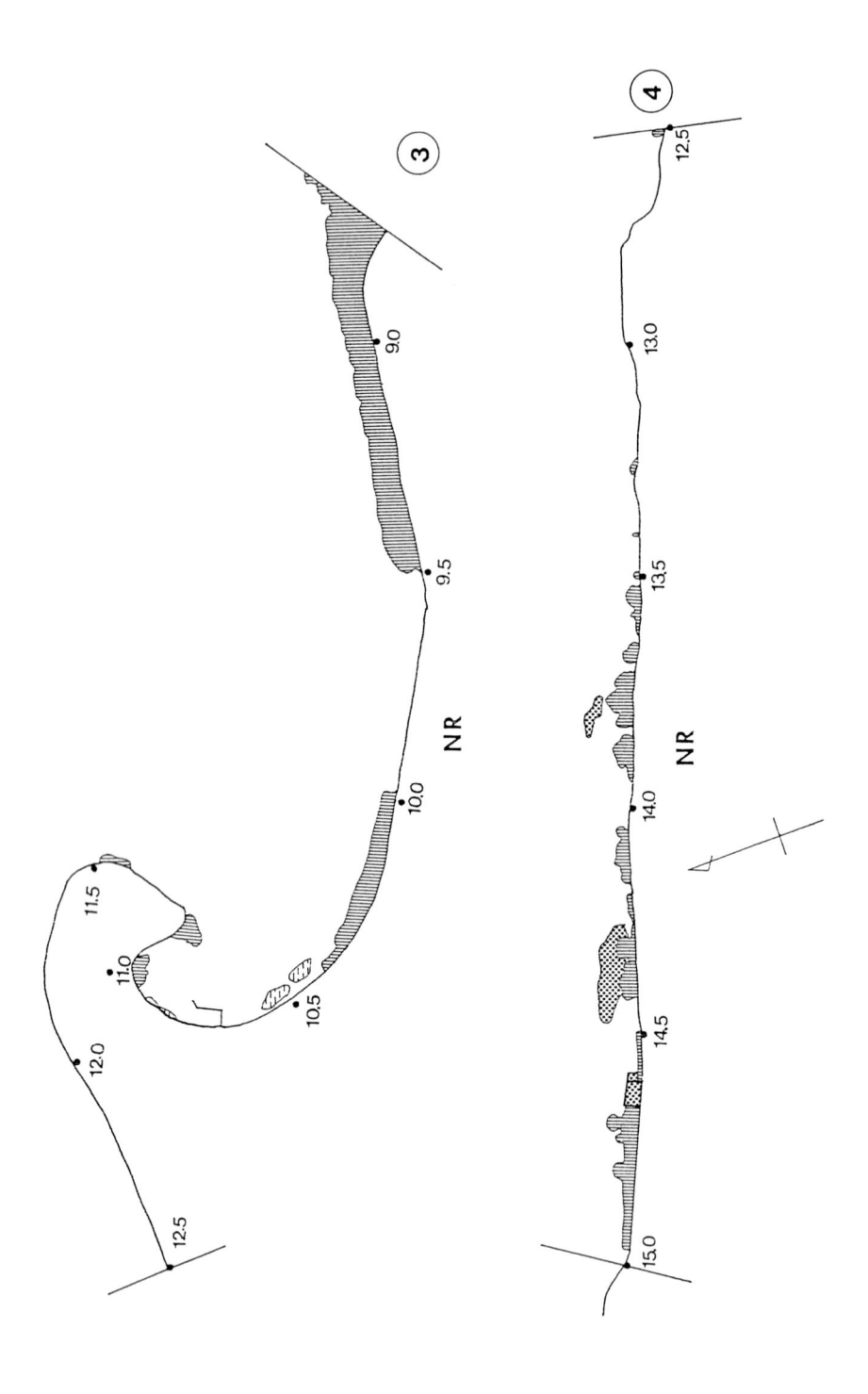

霞ヶ浦水生植物の生活形による植生図（1982年9月）

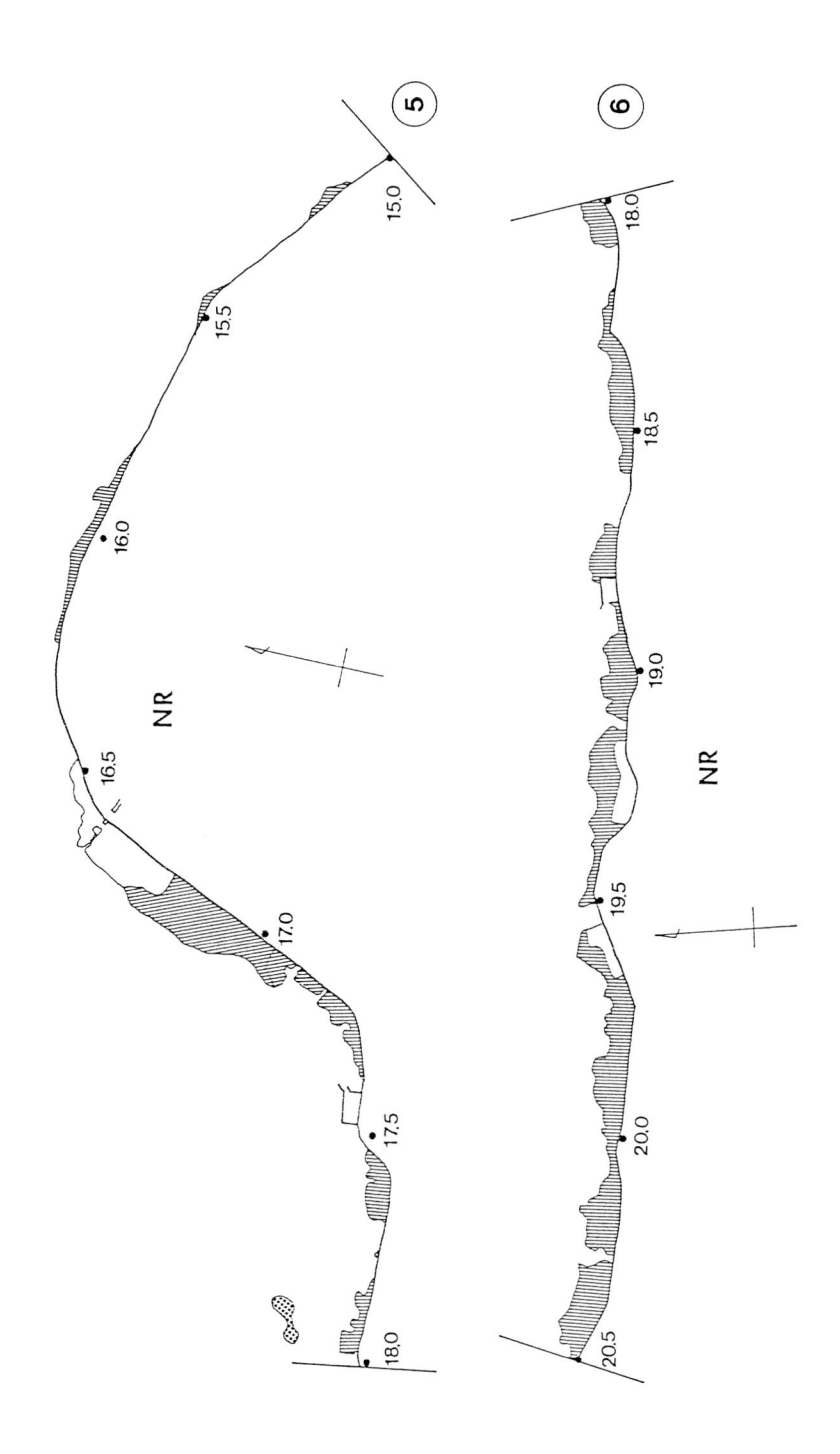

VI. 1982年（昭和57）の水生植物と植生図

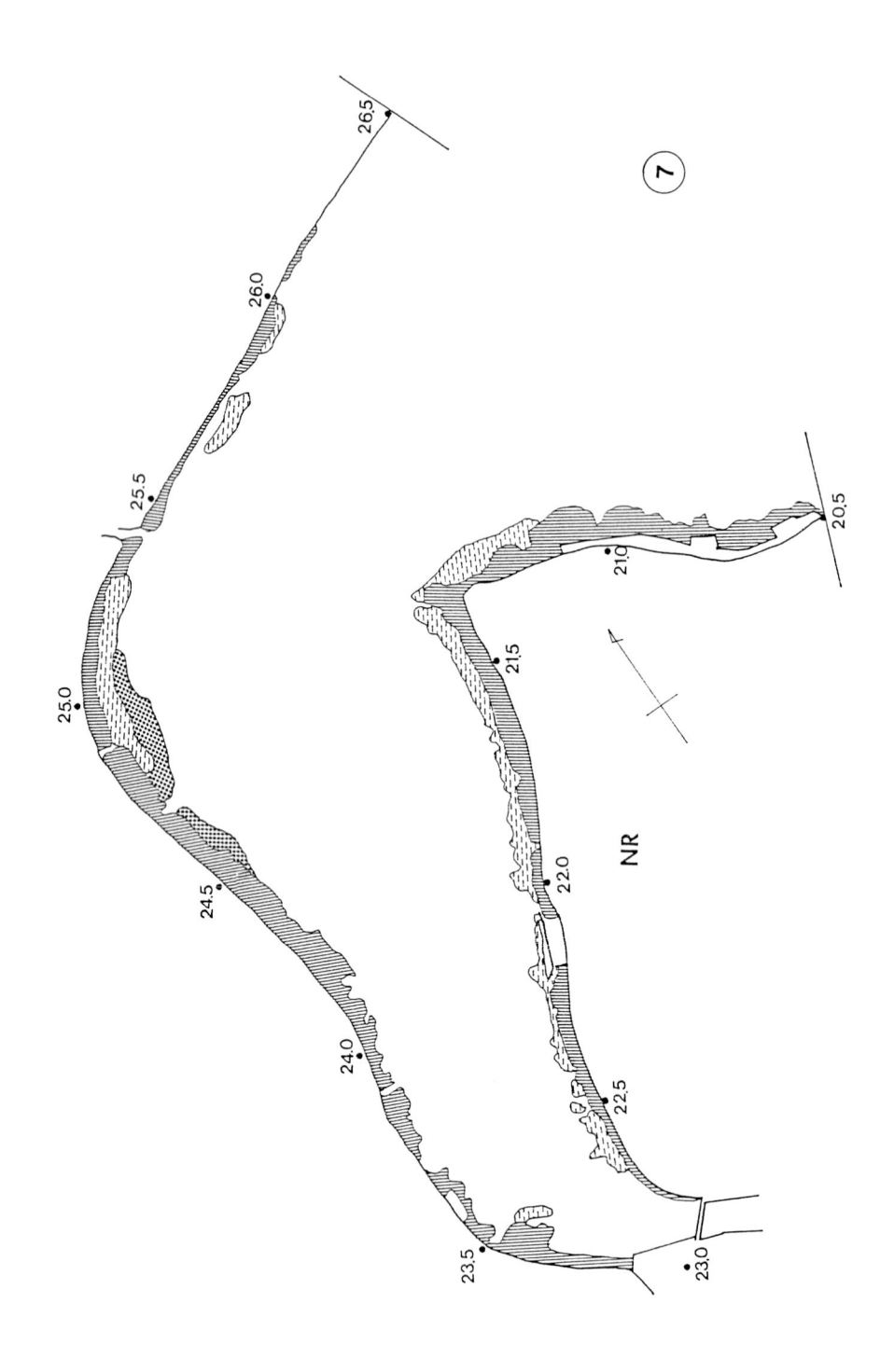

⑦

霞ヶ浦水生植物の生活形による植生図（1982年9月）

⑧

26.5
27.0
27.5
28.0
28.5
29.0
29.5
30.0

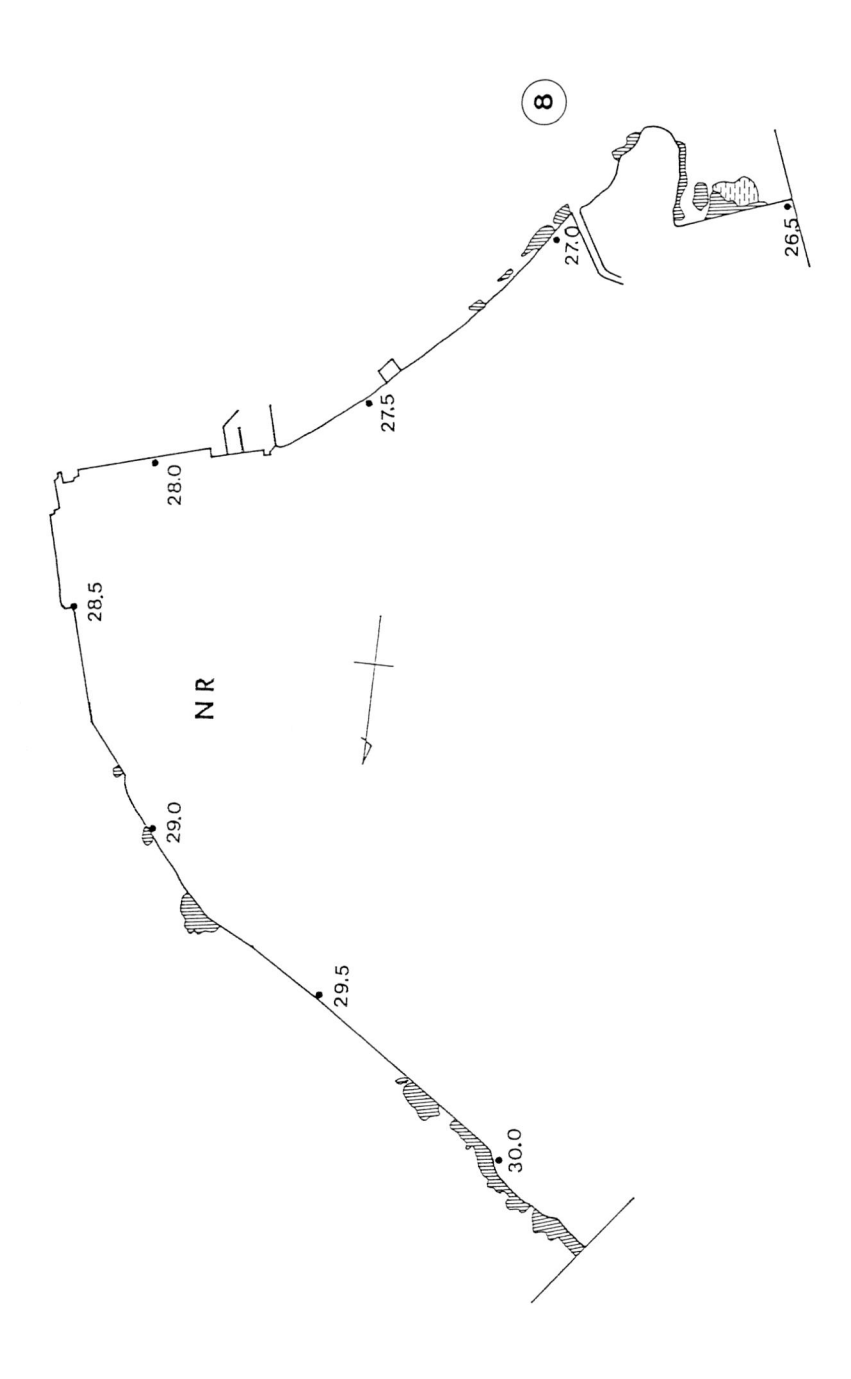

NR

VI. 1982年（昭和57）の水生植物と植生図

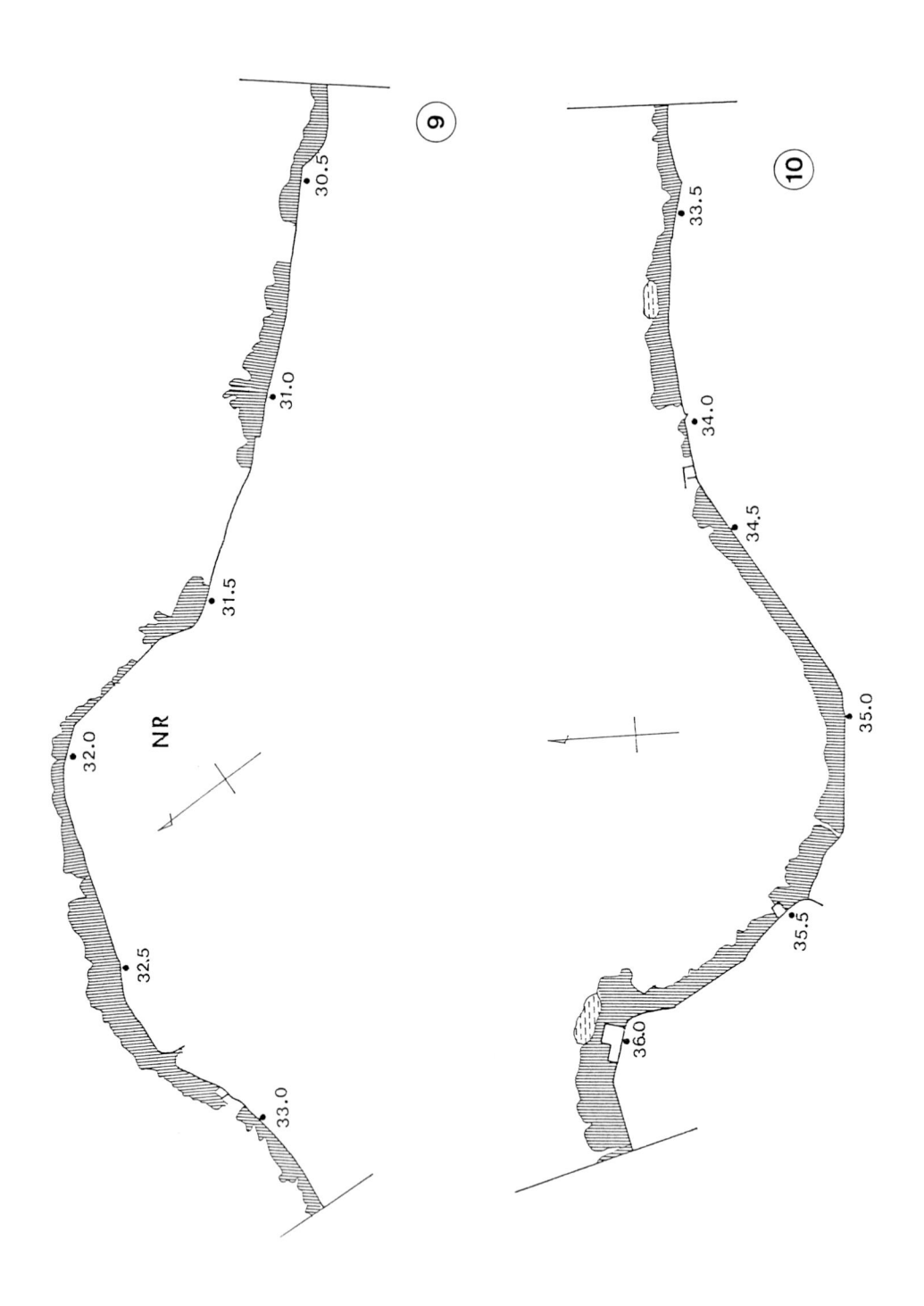

霞ヶ浦水生植物の生活形による植生図（1982年9月）

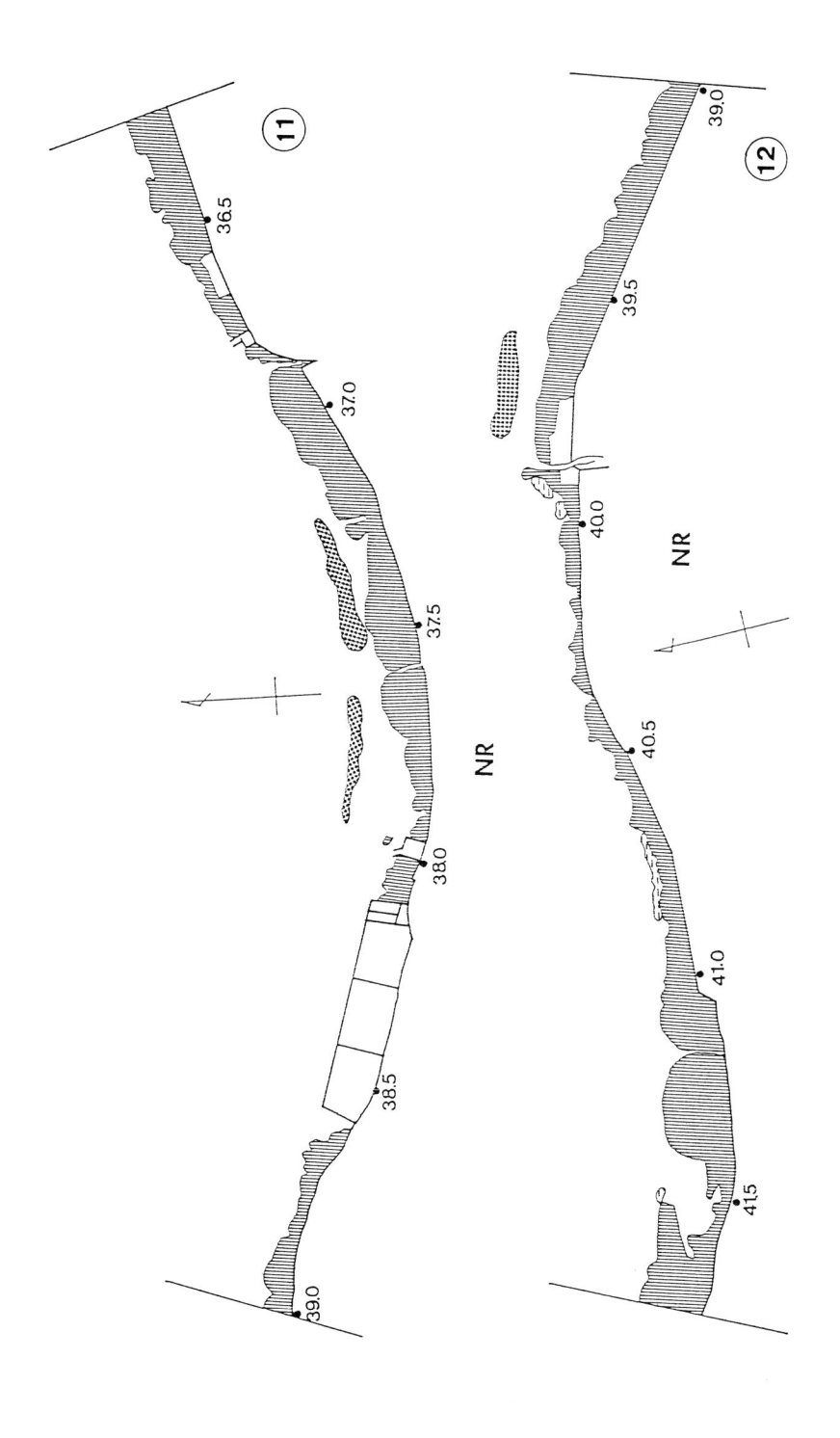

VI. 1982年（昭和57）の水生植物と植生図

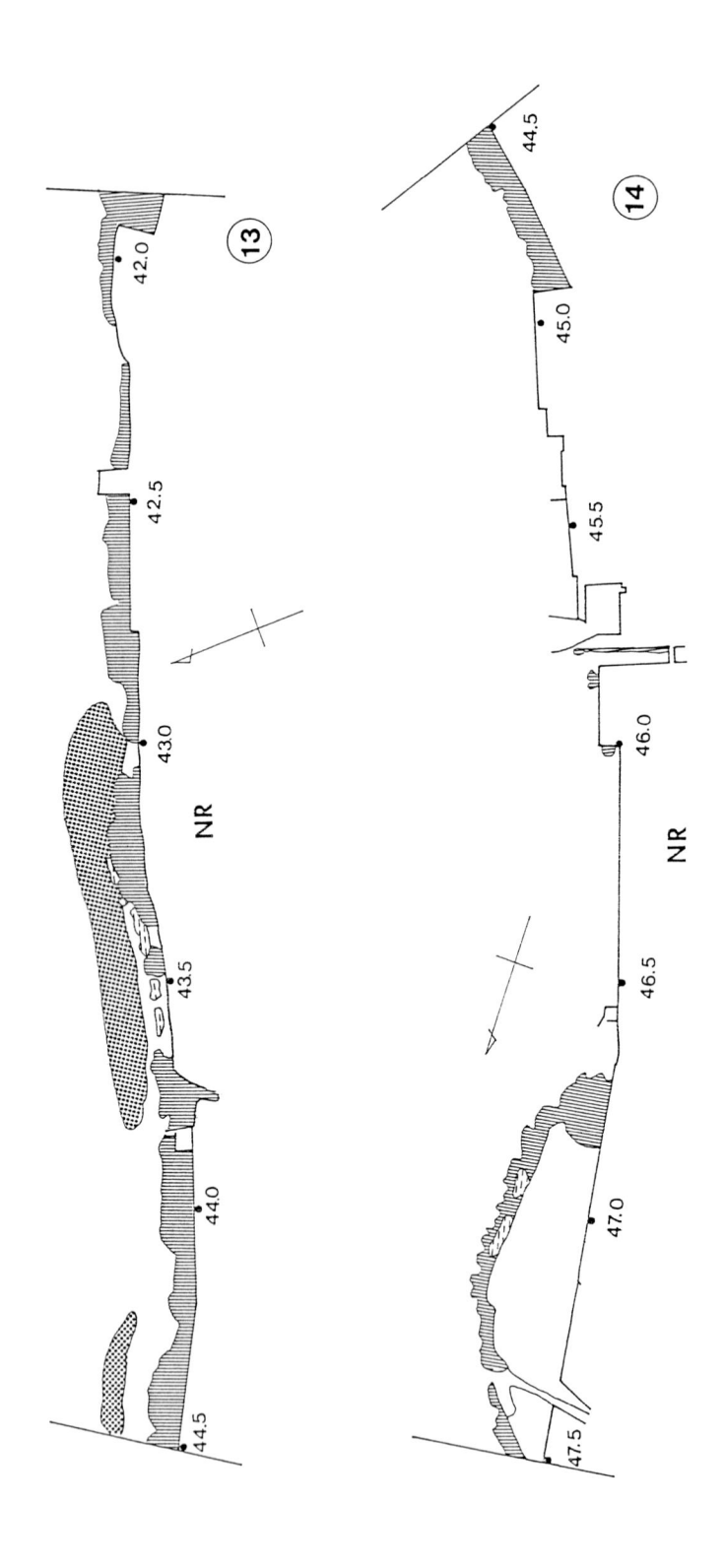

霞ヶ浦水生植物の生活形による植生図（1982年9月）

⑮

NM

NM

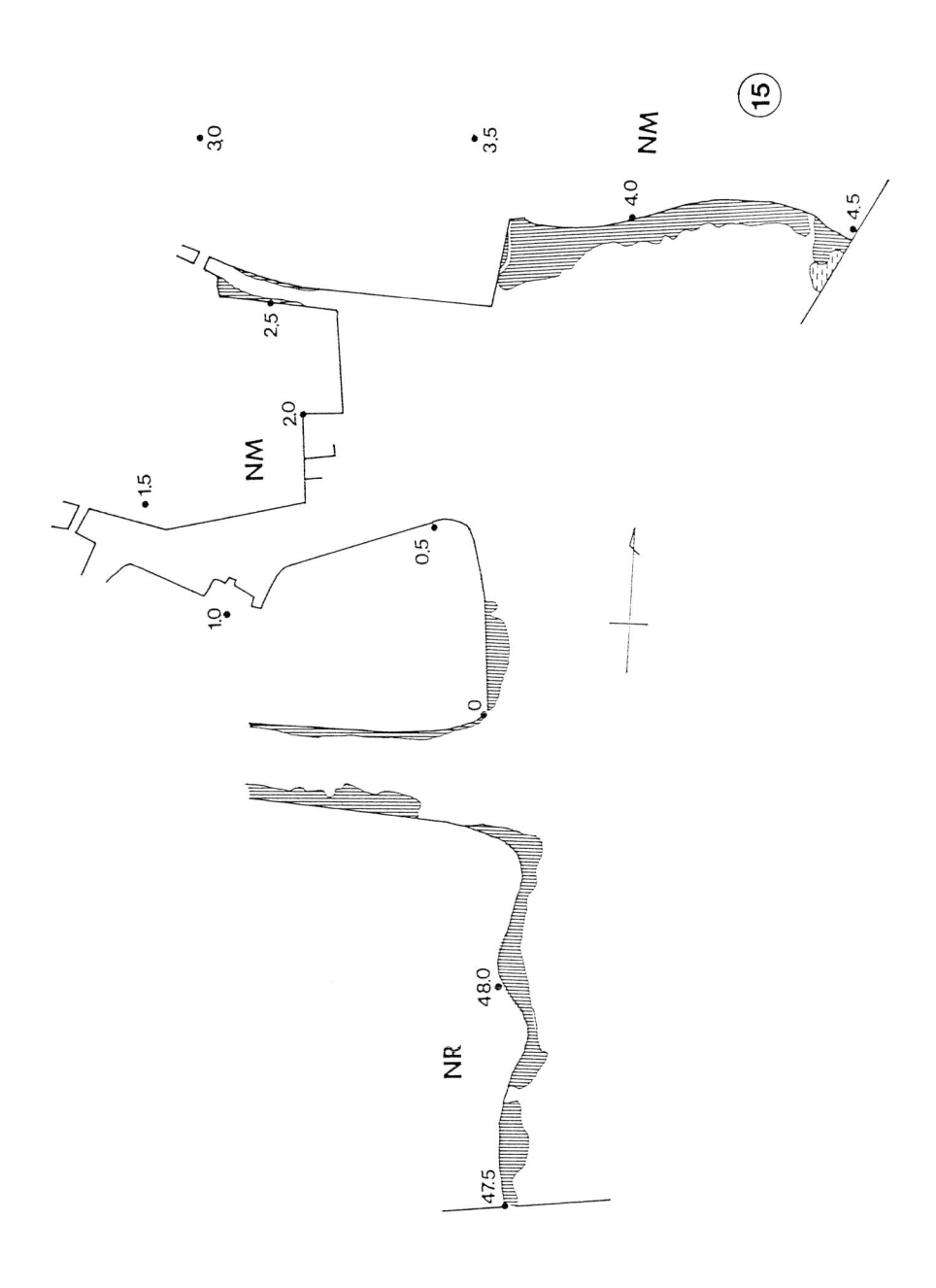

NR

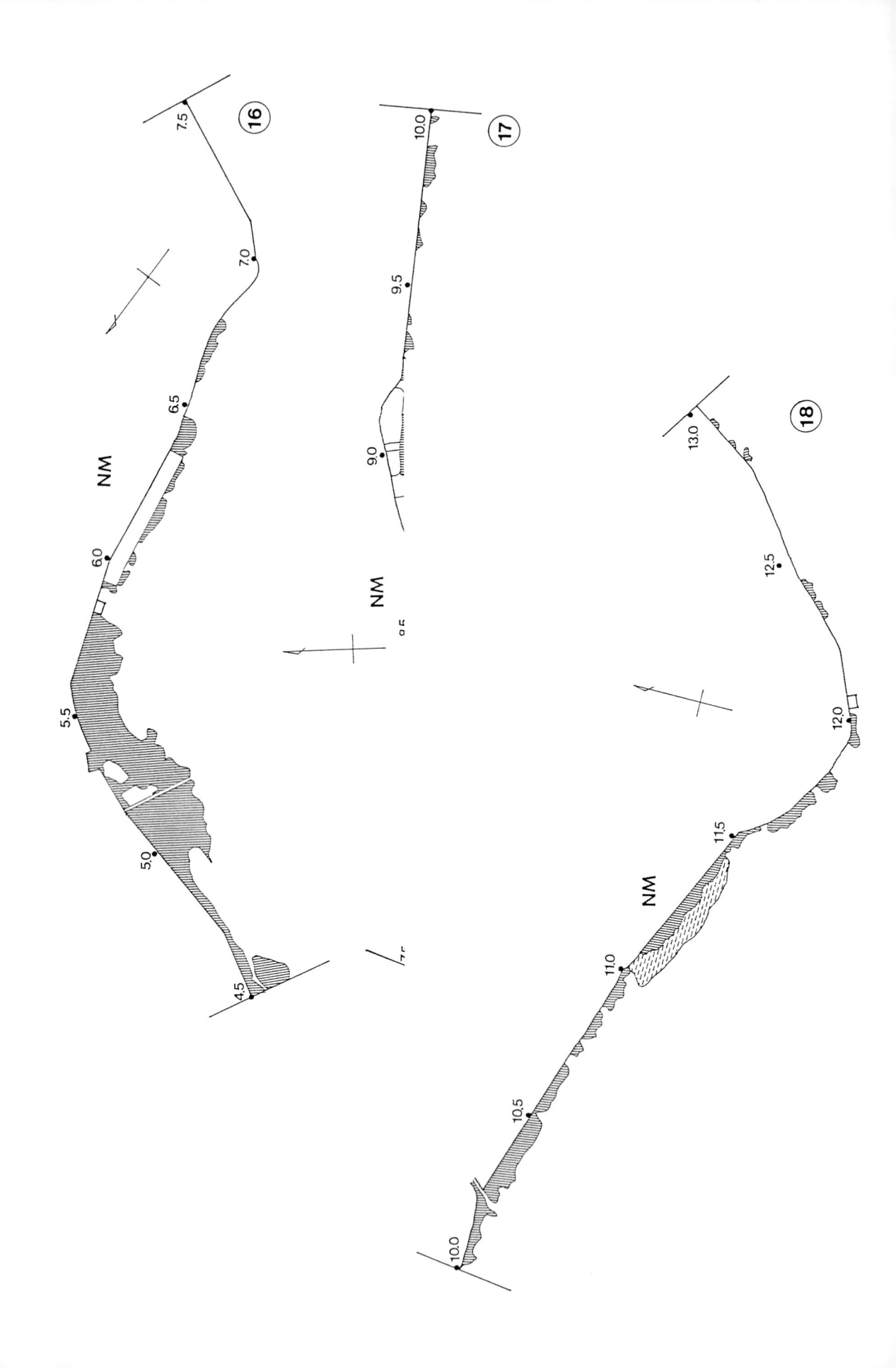

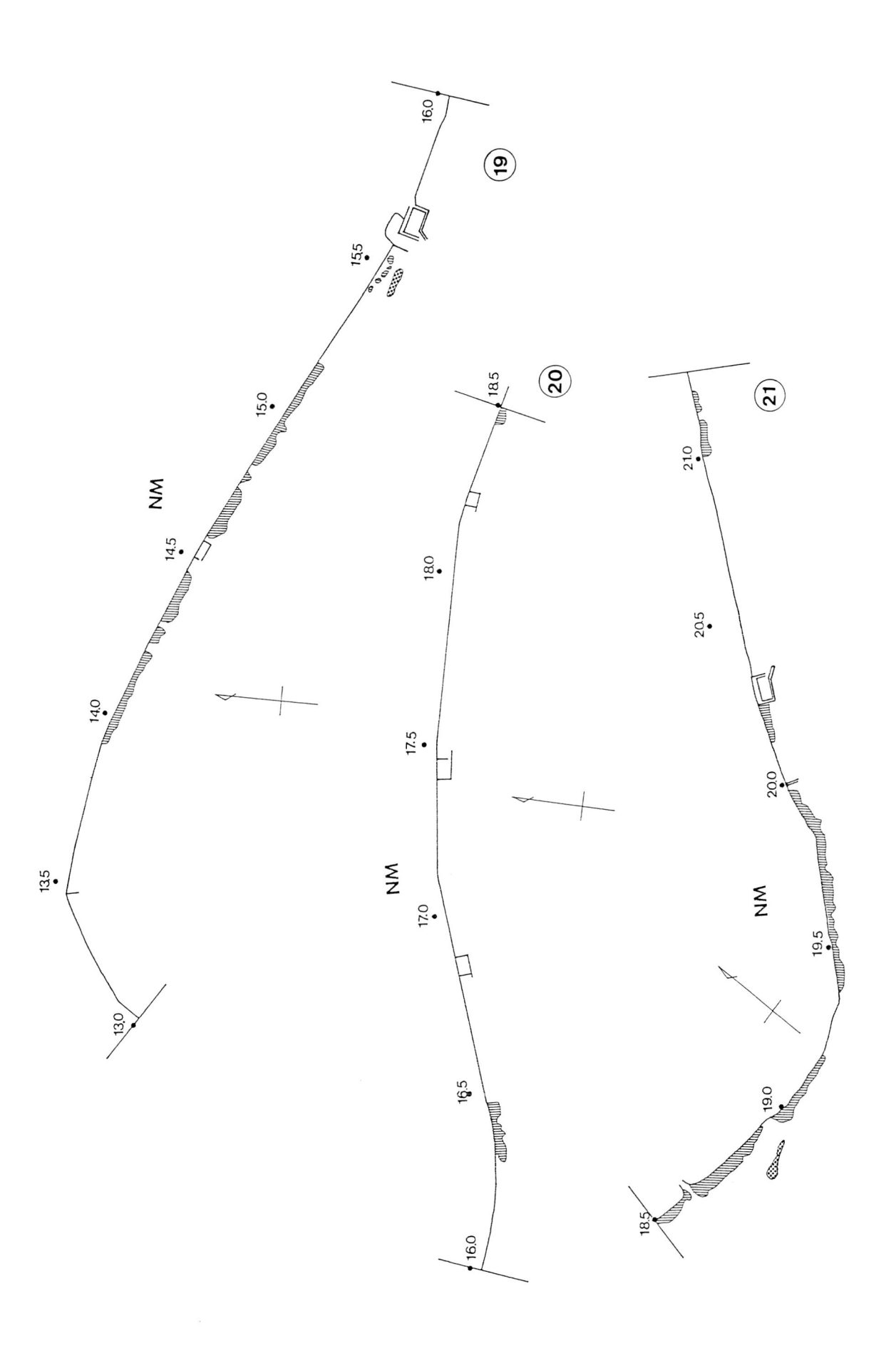

VI. 1982年（昭和57）の水生植物と植生図

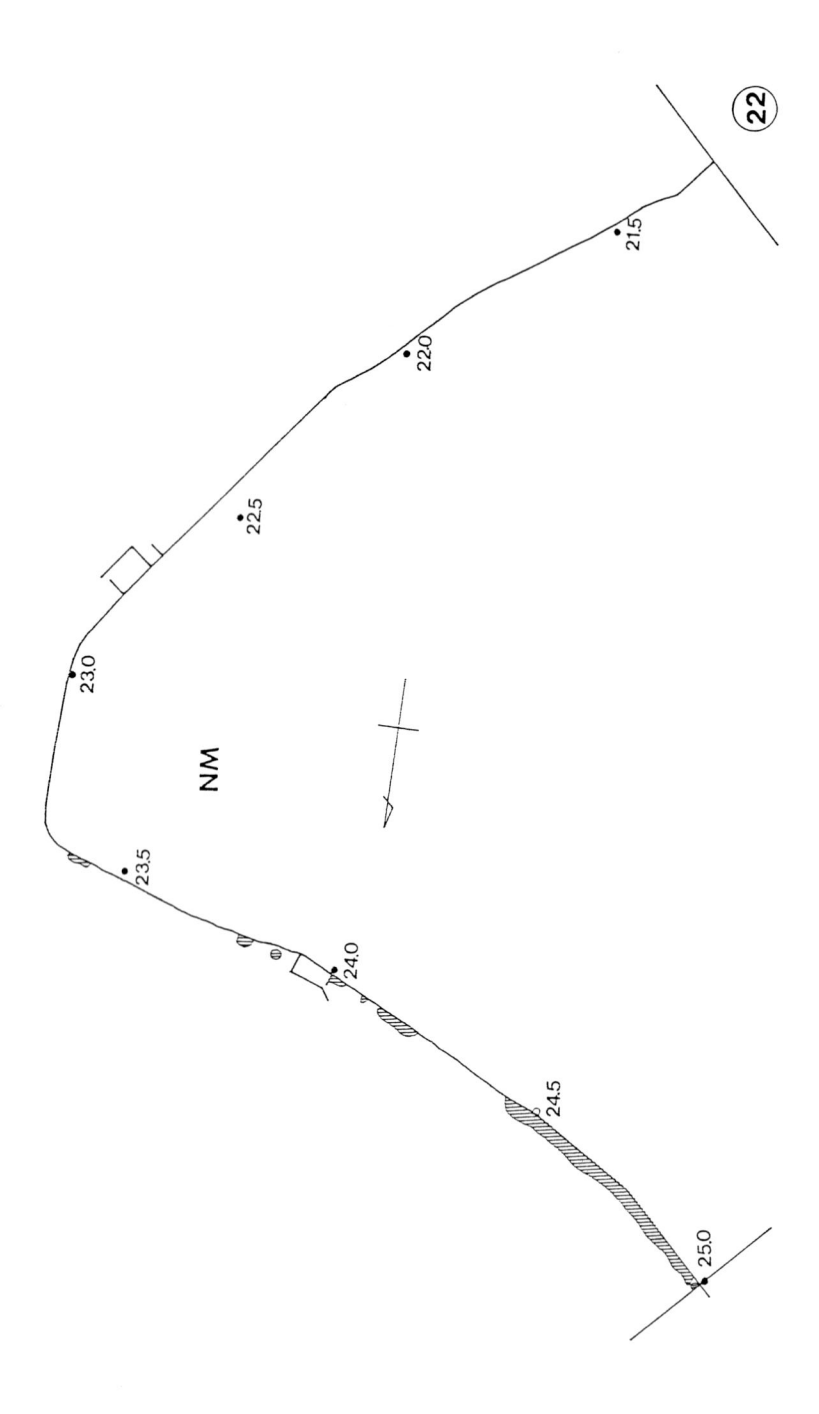

㉒

NM

霞ヶ浦水生植物の生活形による植生図（1982年9月）

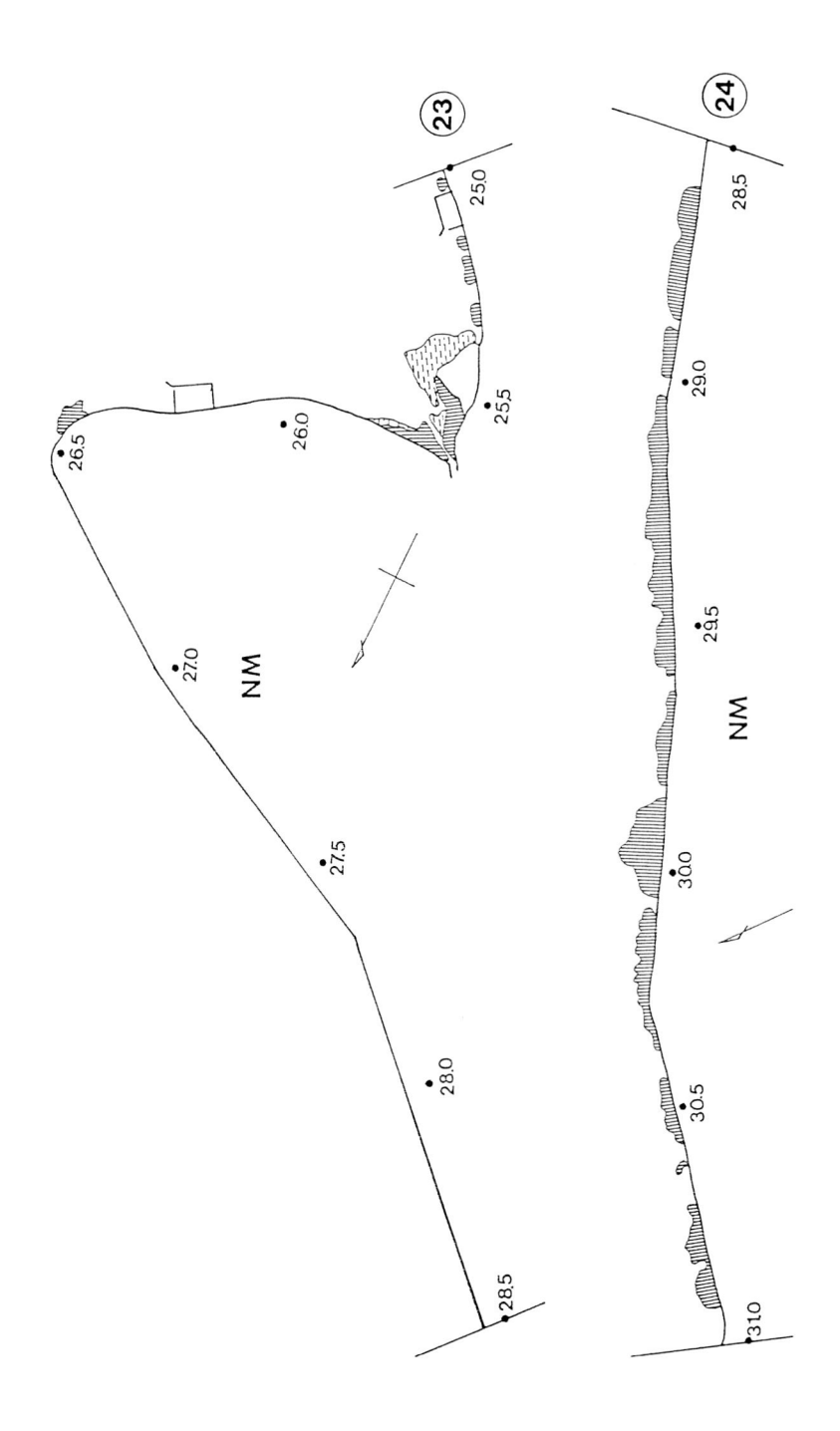

25
26
NM
NL
NM
31.0
31.5
32.0
32.5
33.0
33.5
34.0
34.5
32.0
32.5
33.0
33.5
34.0
34.5
34.5
35.0
35.5
36.0
36.5
37.0
37.5

霞ヶ浦水生植物の生活形による植生図（1982年9月）

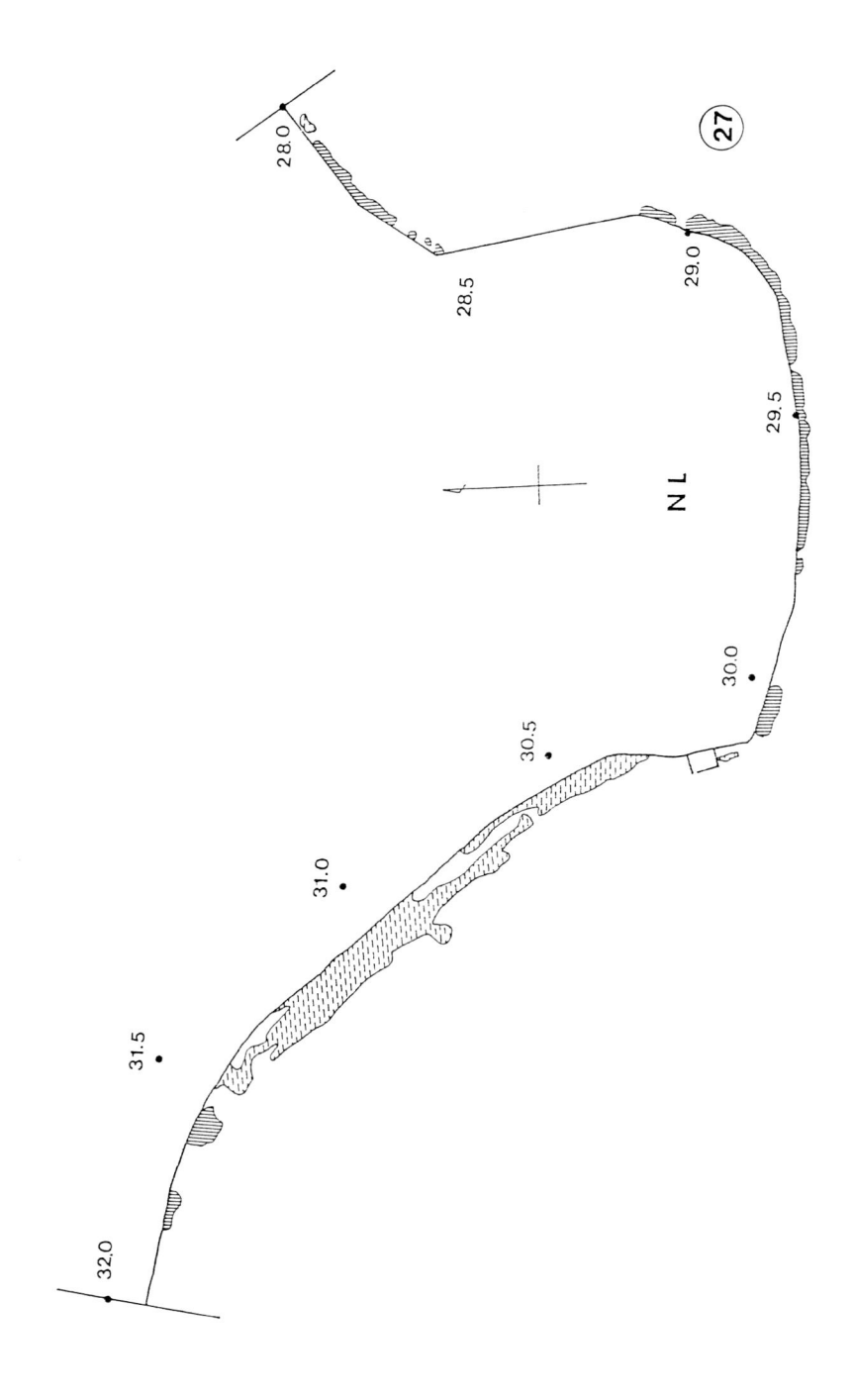

㉗

N L
28
25.0
25.5
26.0
26.5
27.0
27.5
28.0
29
22.5
23.0
23.5
24.0
24.5
25.0
30
19.5
20.0
20.5
21.0
21.5
22.0
22.5

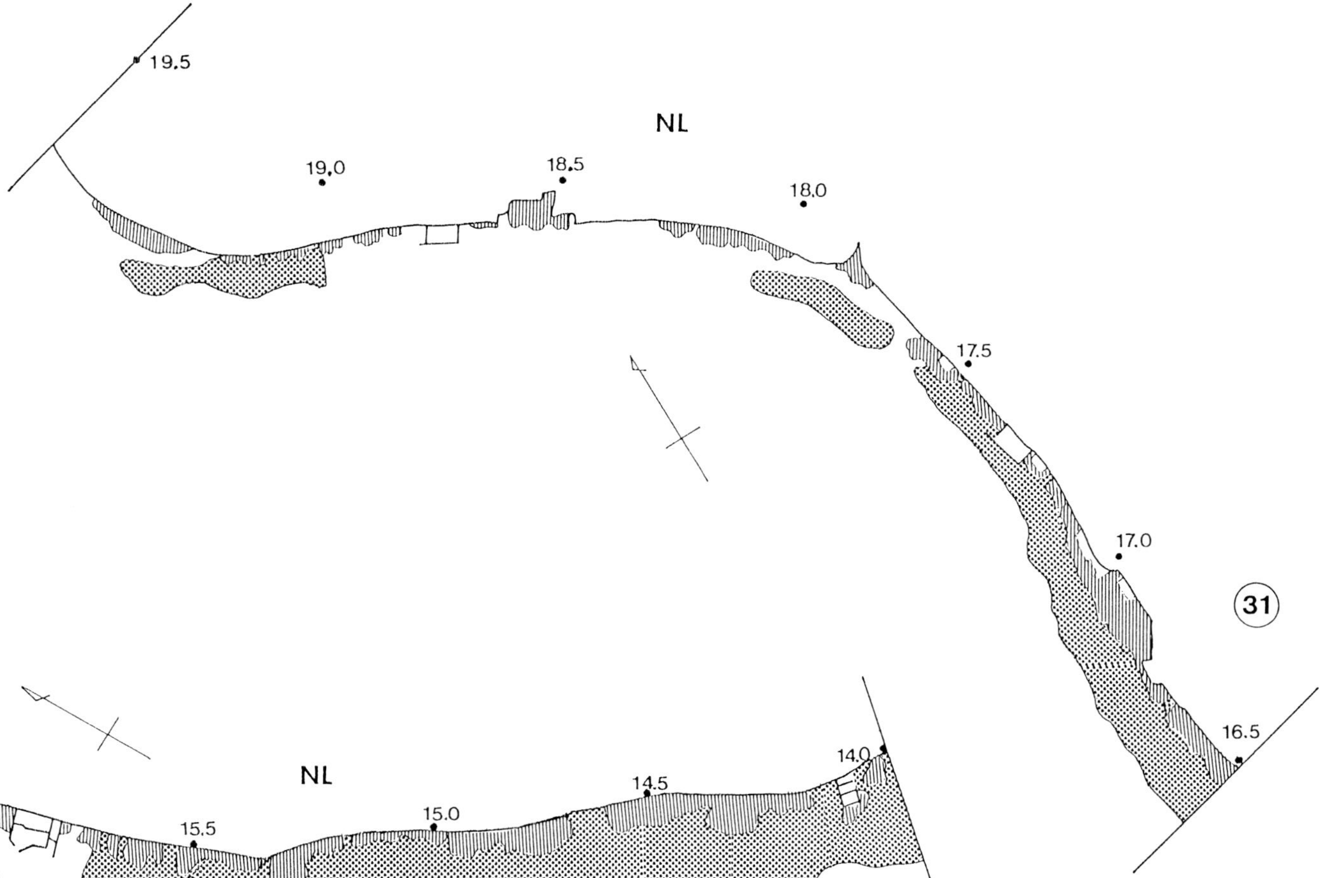
19.5
NL
19.0
18.5
18.0
17.5
17.0
31
16.5

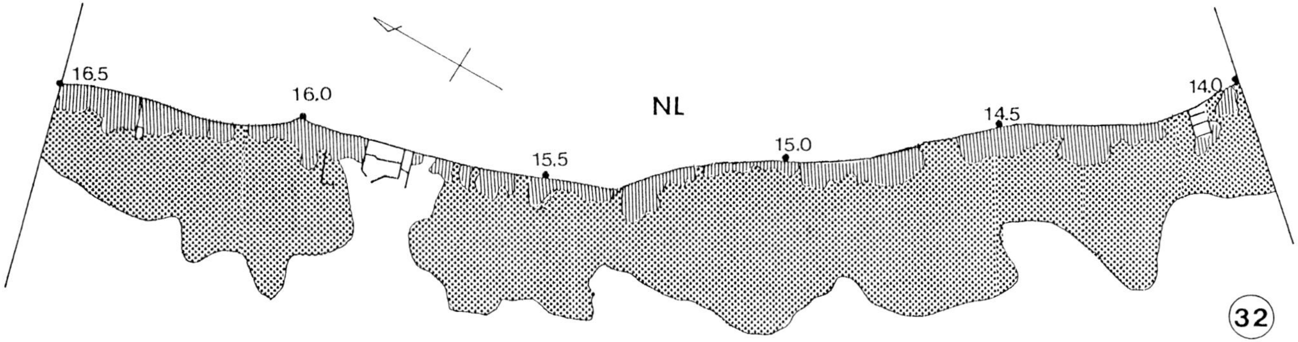
16.5
16.0
NL
15.5
15.0
14.5
14.0
32

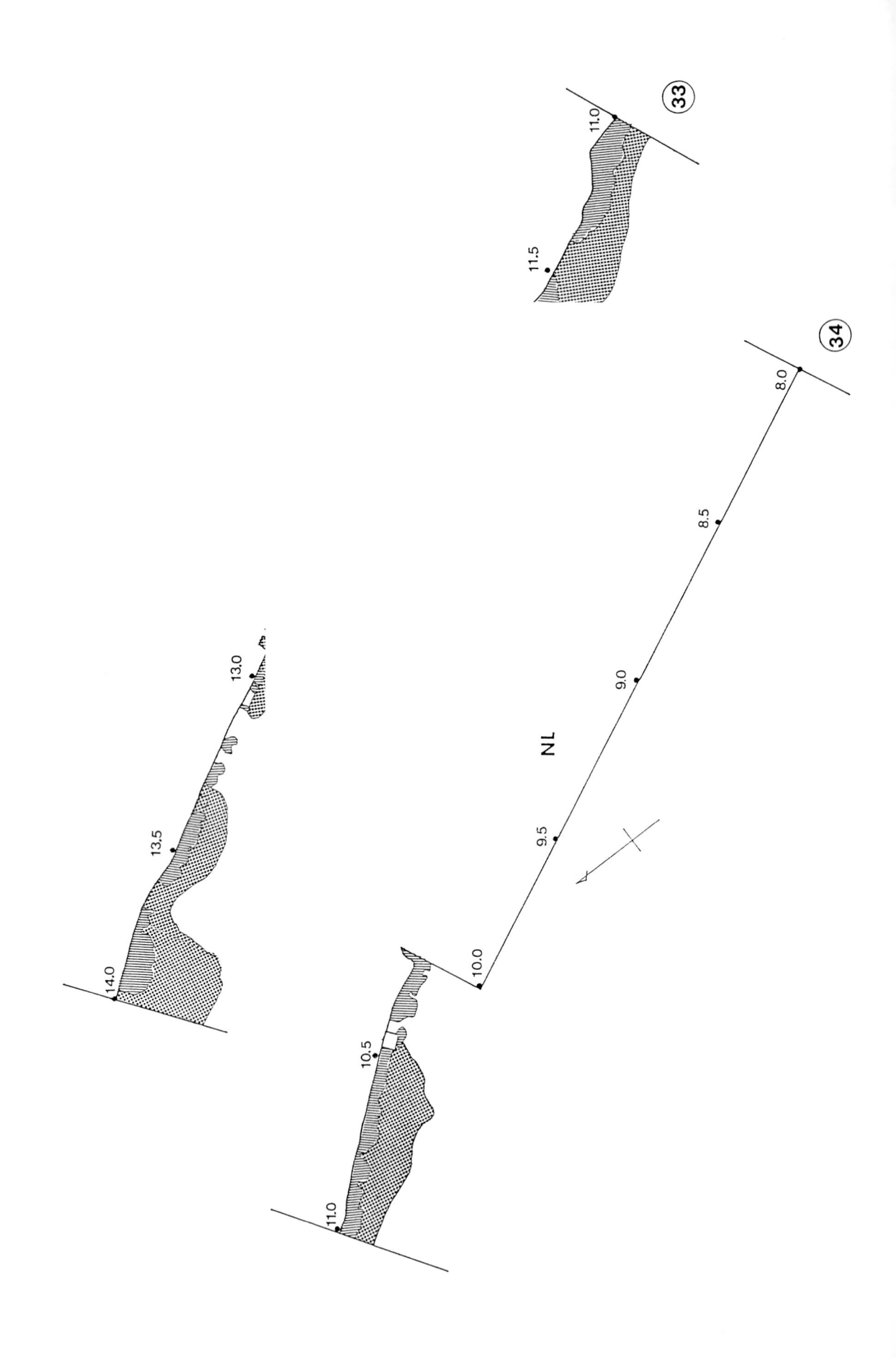

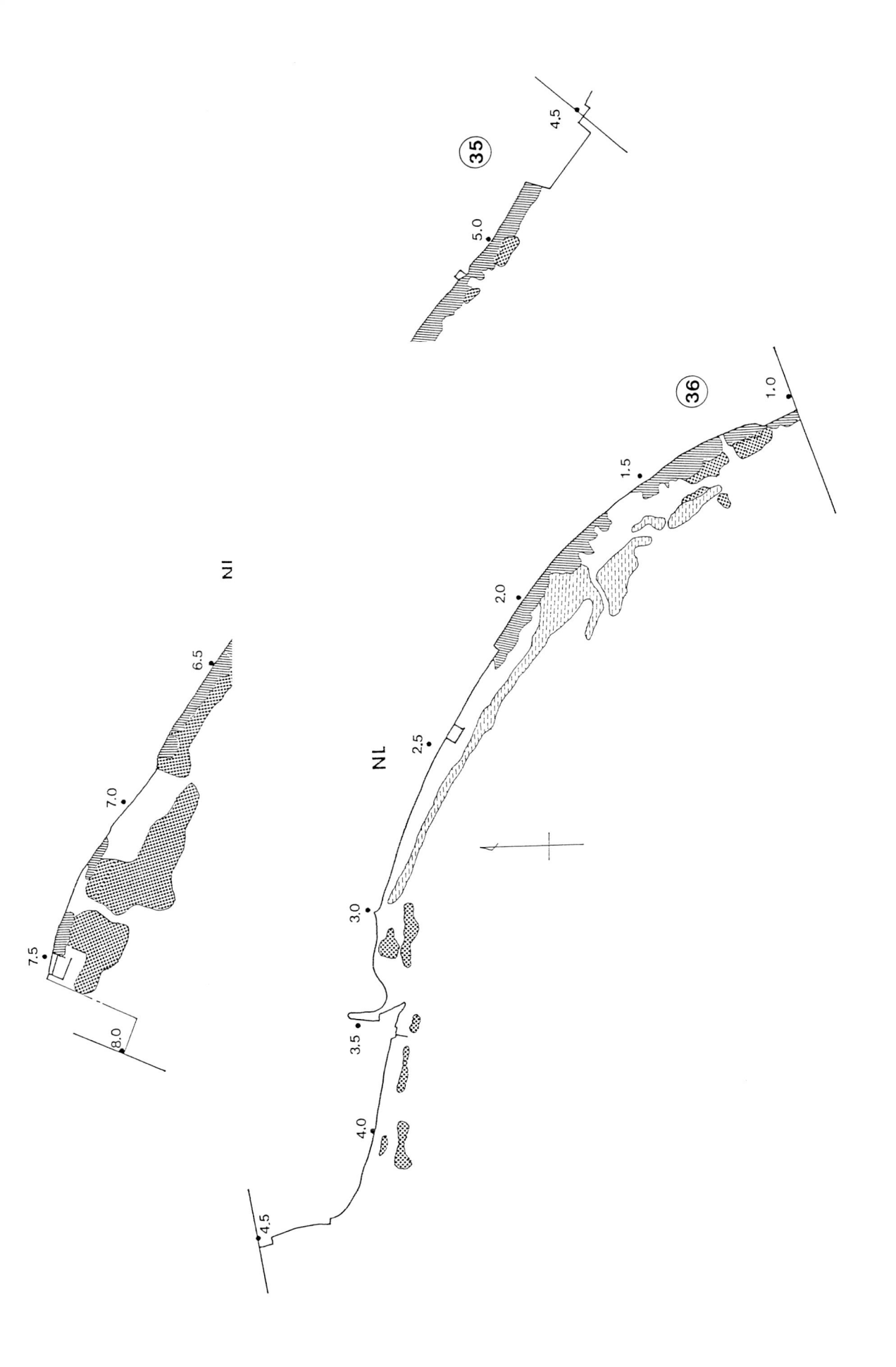

常陸川水門

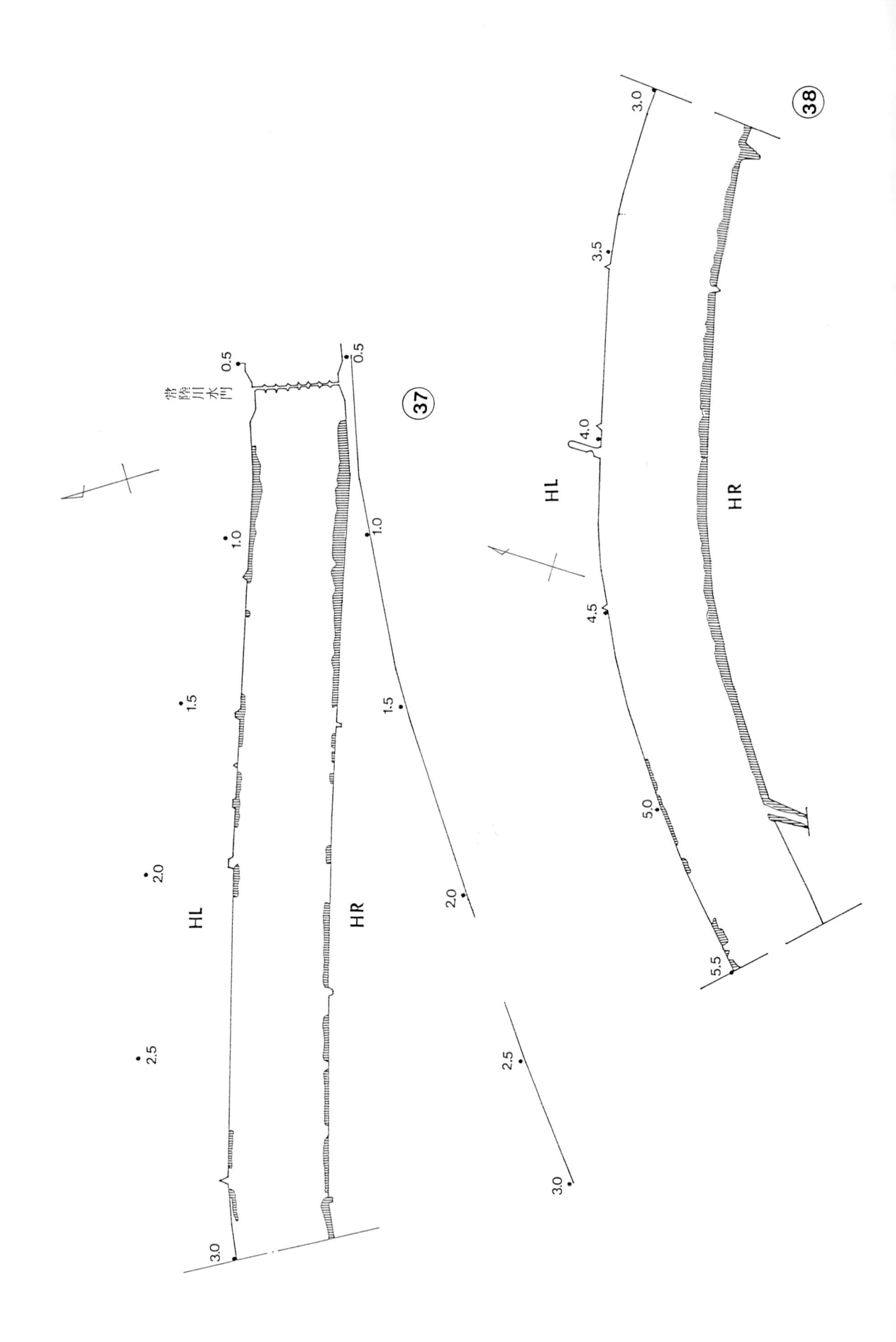

㊲

㊳

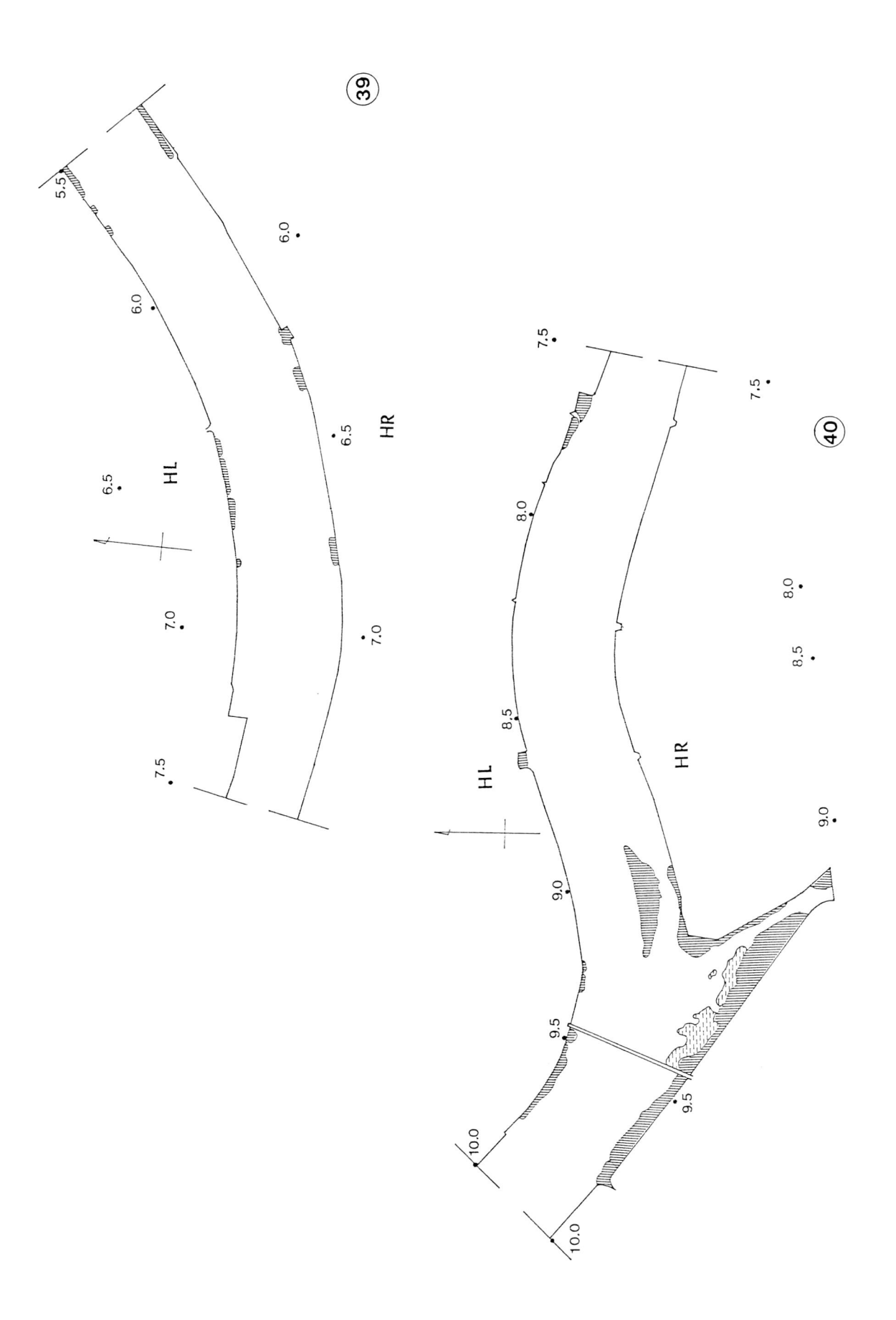

VI. 1982年（昭和57）の水生植物と植生図

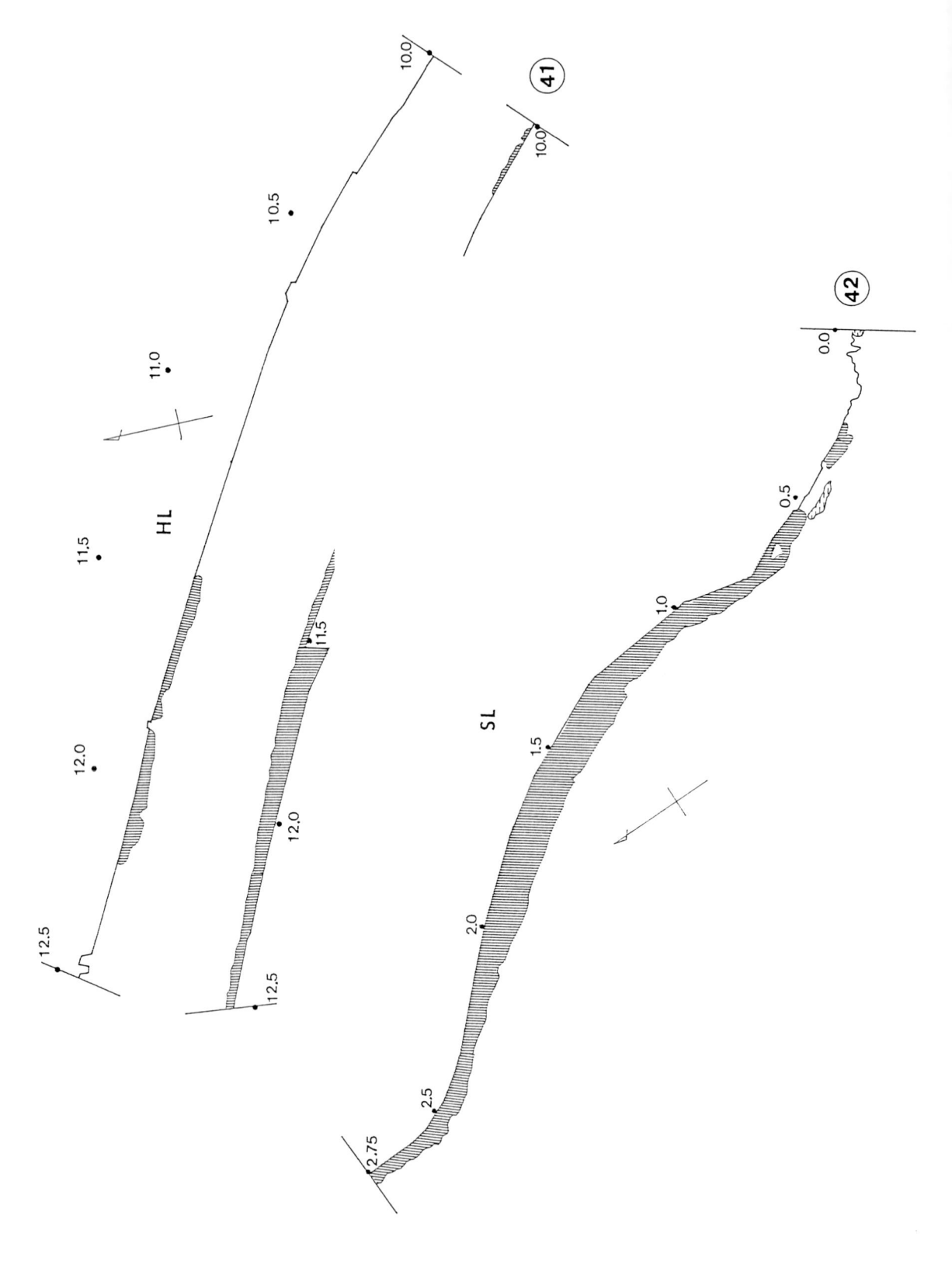

43

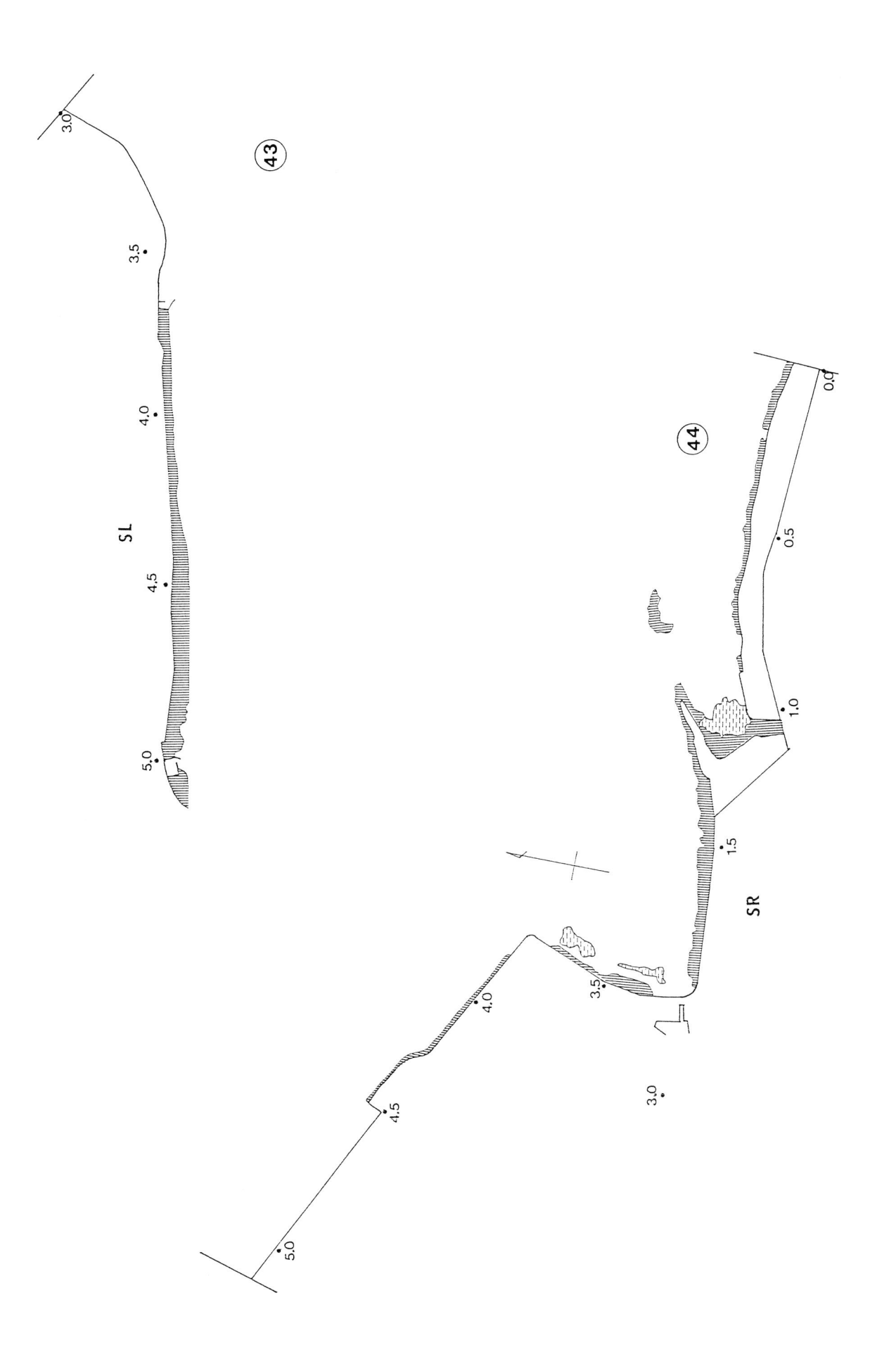

SL

44

SR

VI. 1982年(昭和57)の水生植物と植生図

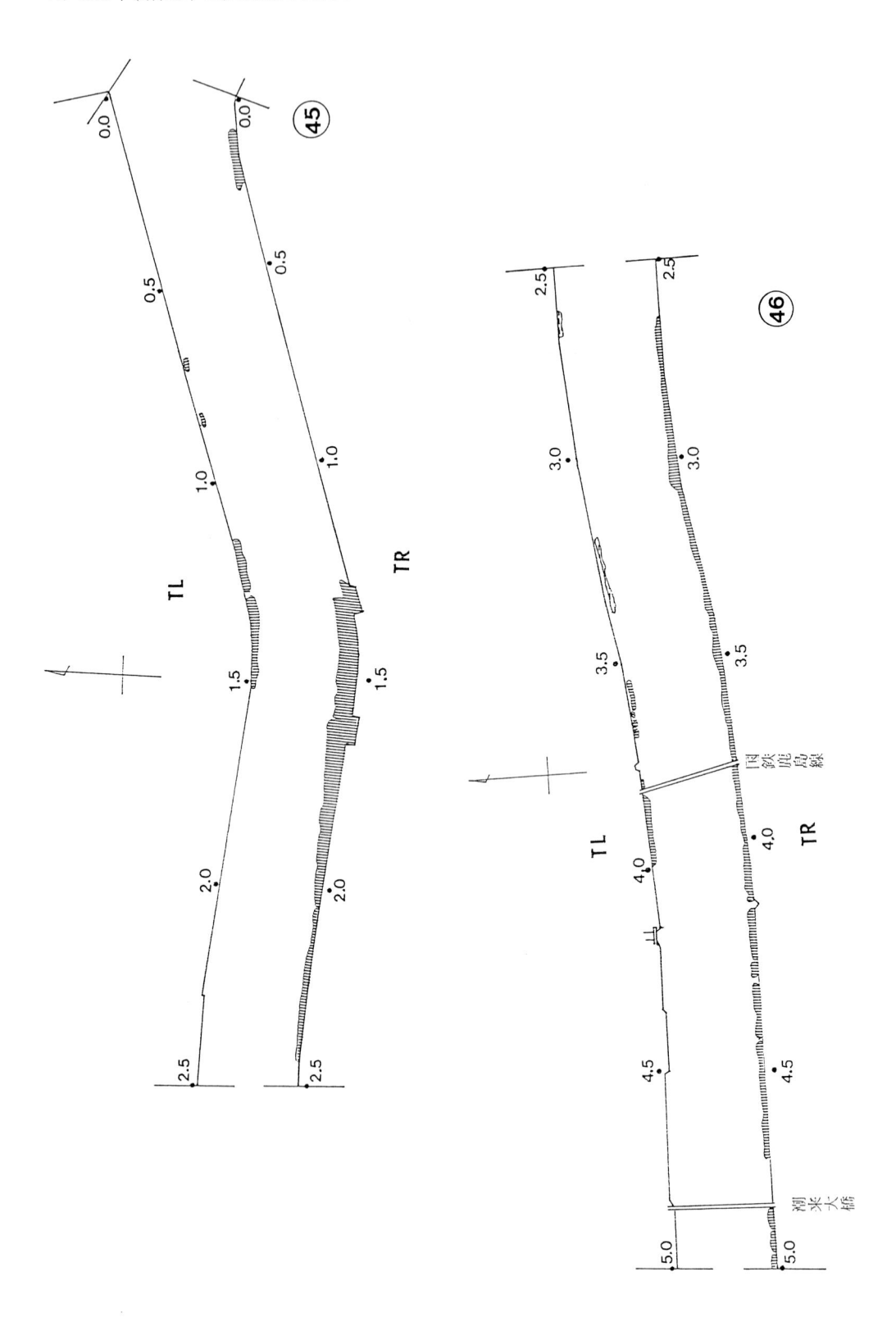

霞ヶ浦水生植物の生活形による植生図（1982年9月）

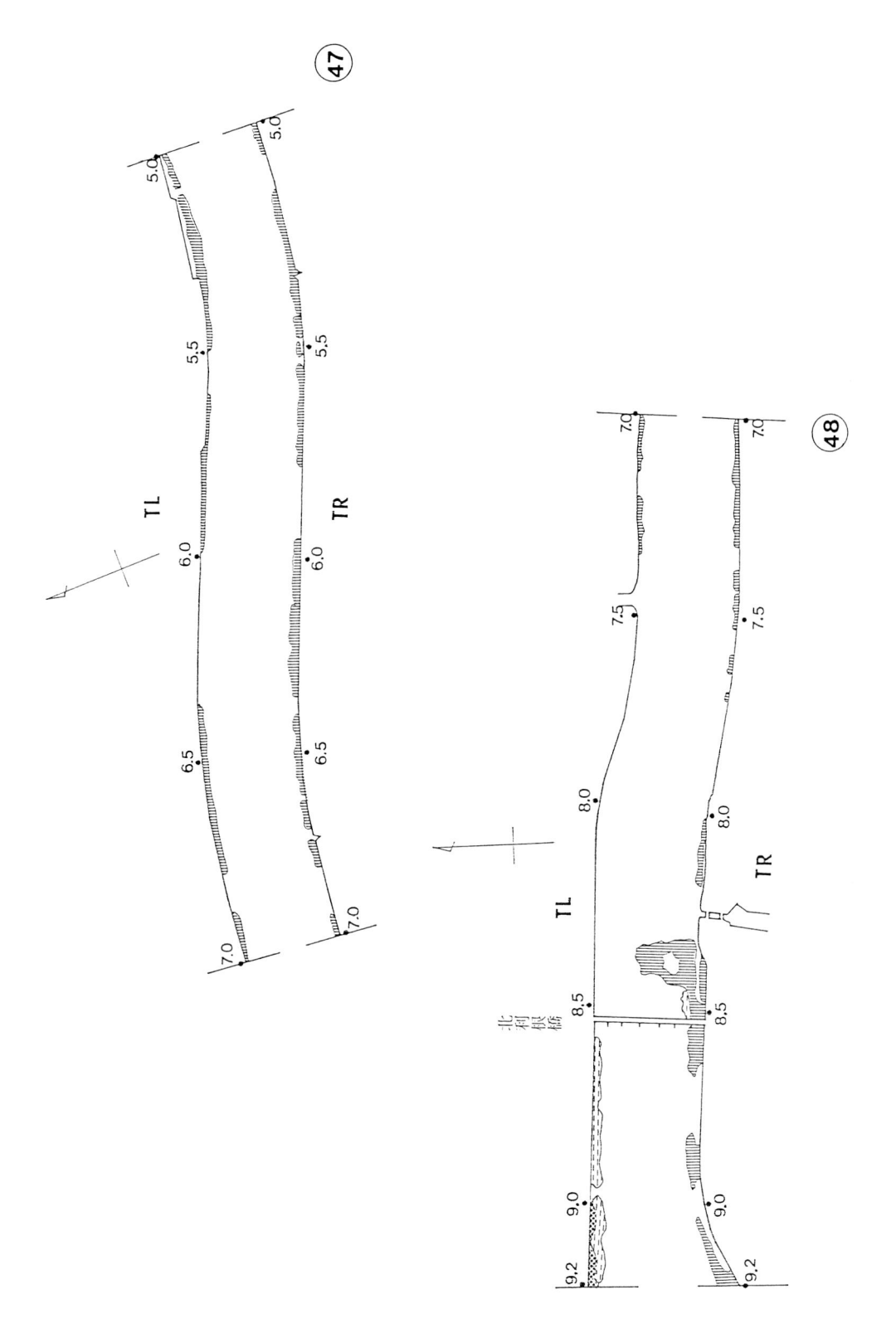

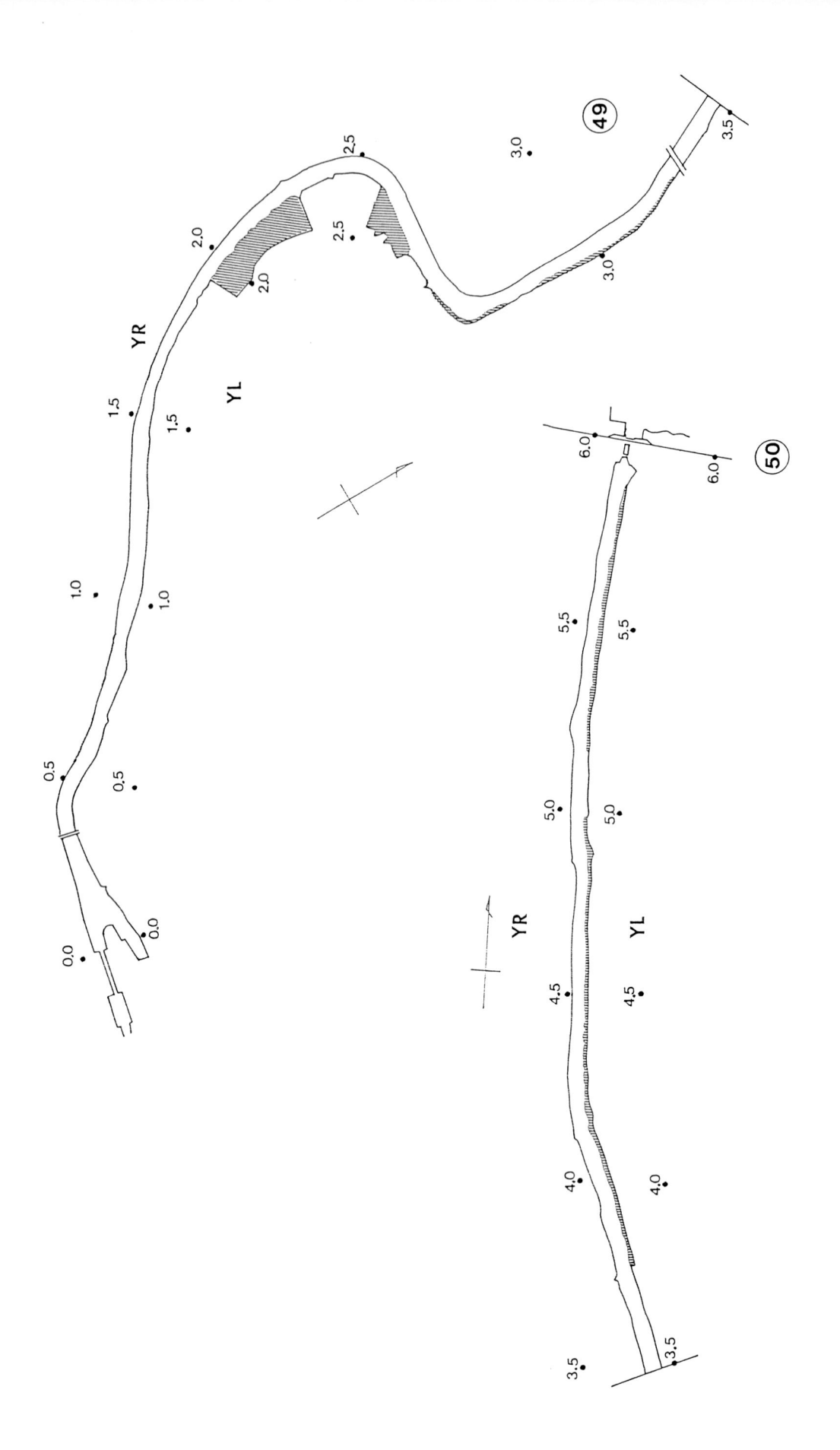

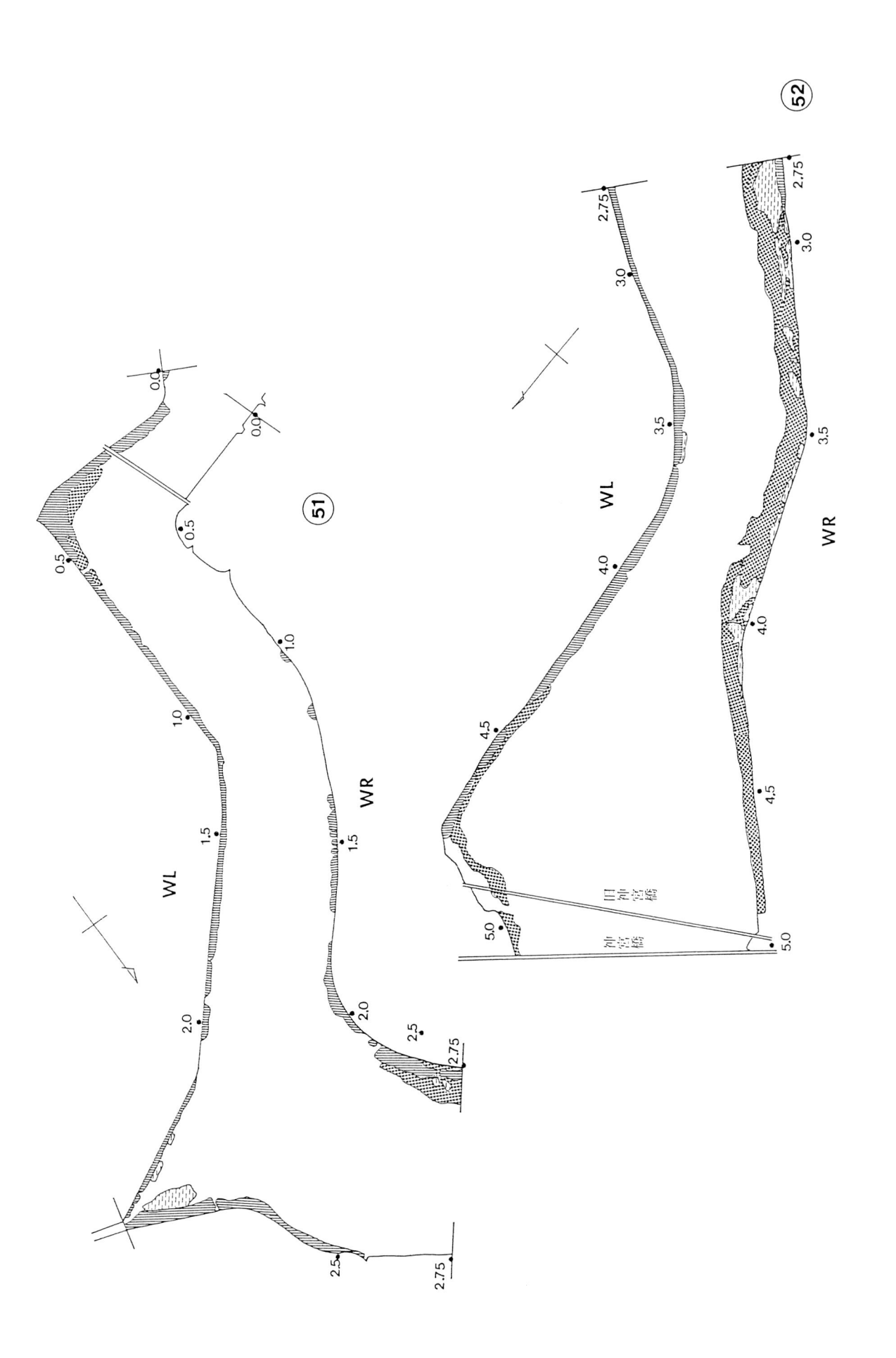

Ⅵ. 1982年（昭和57）の水生植物と植生図

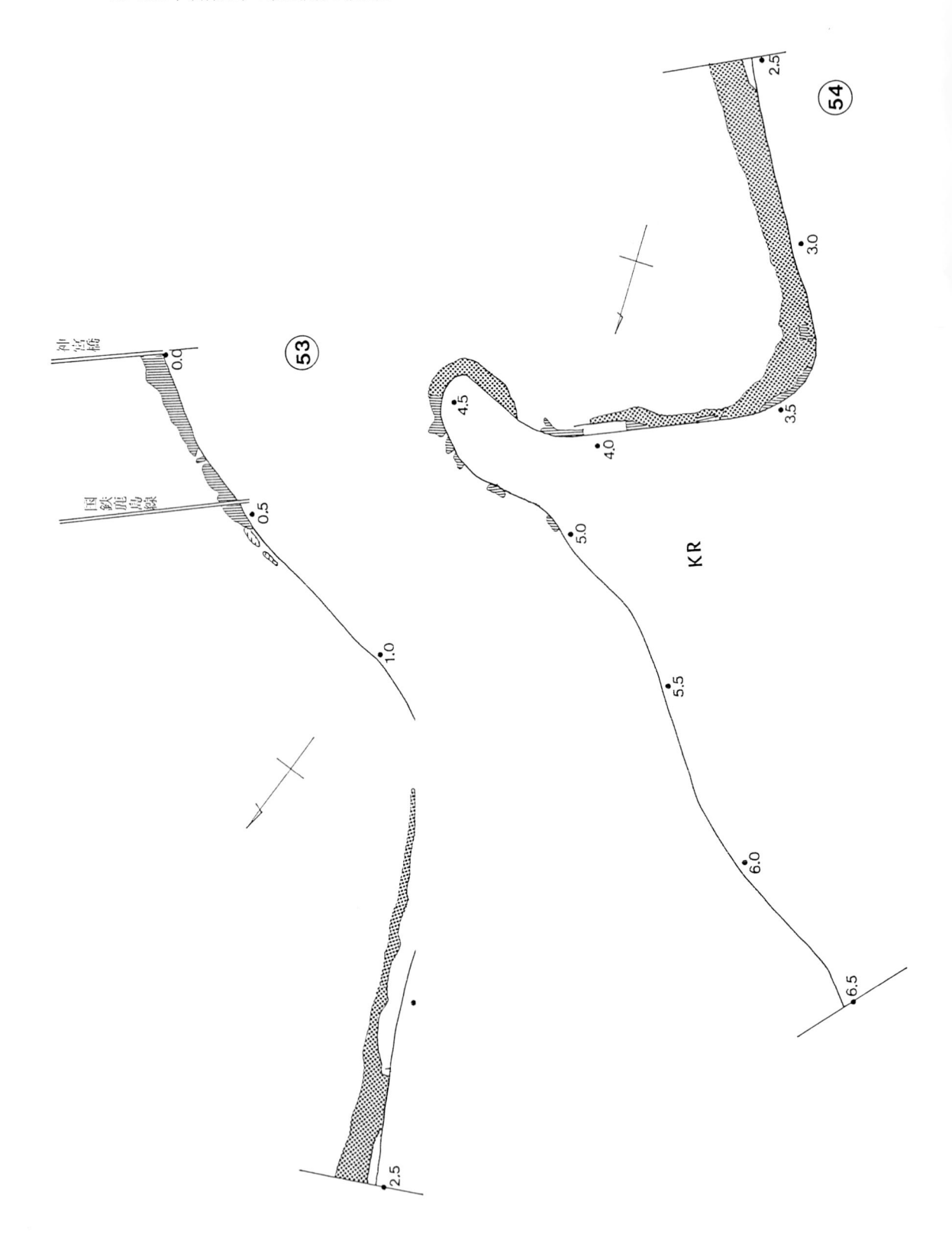

霞ヶ浦水生植物の生活形による植生図（1982年9月）

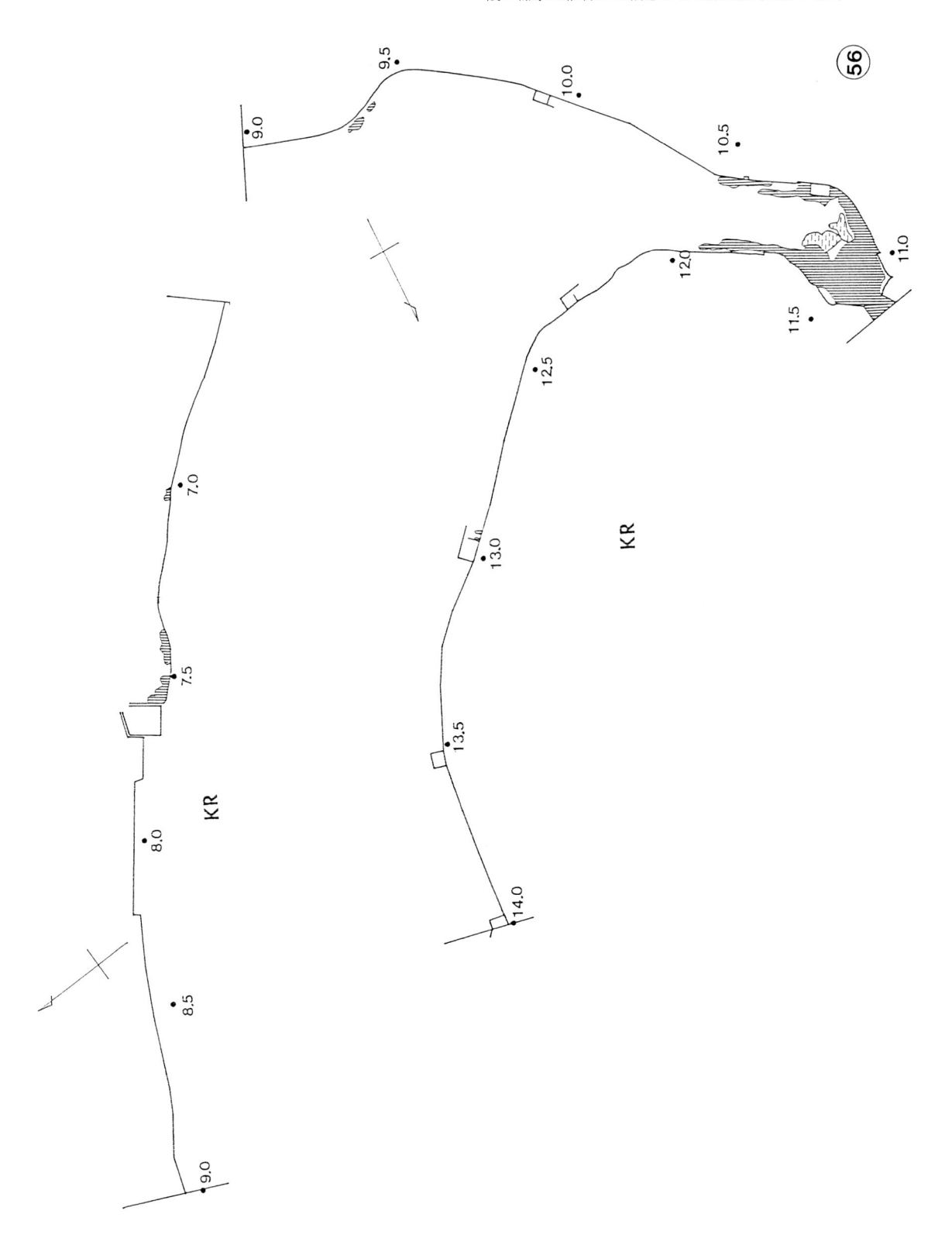

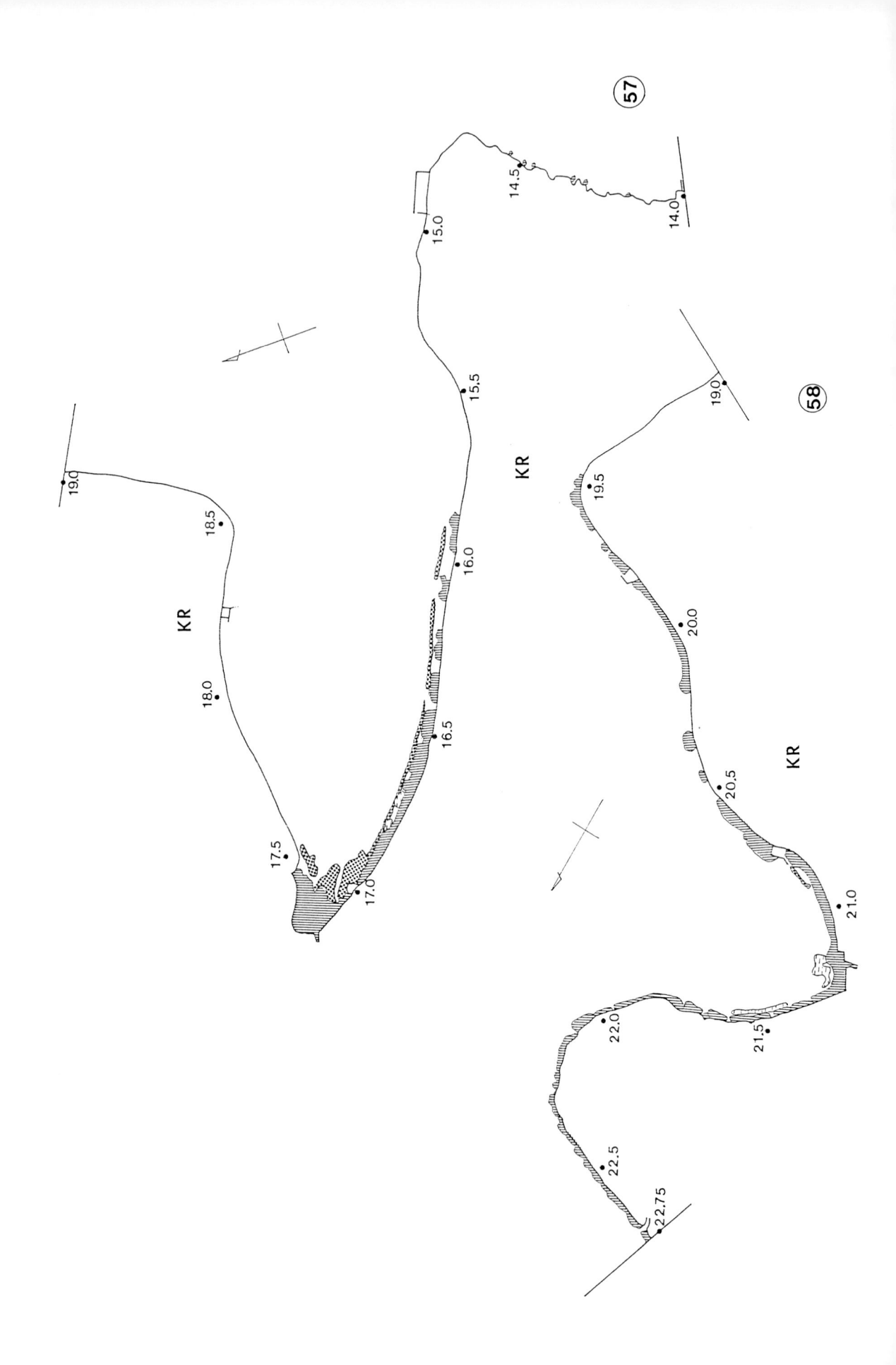

59

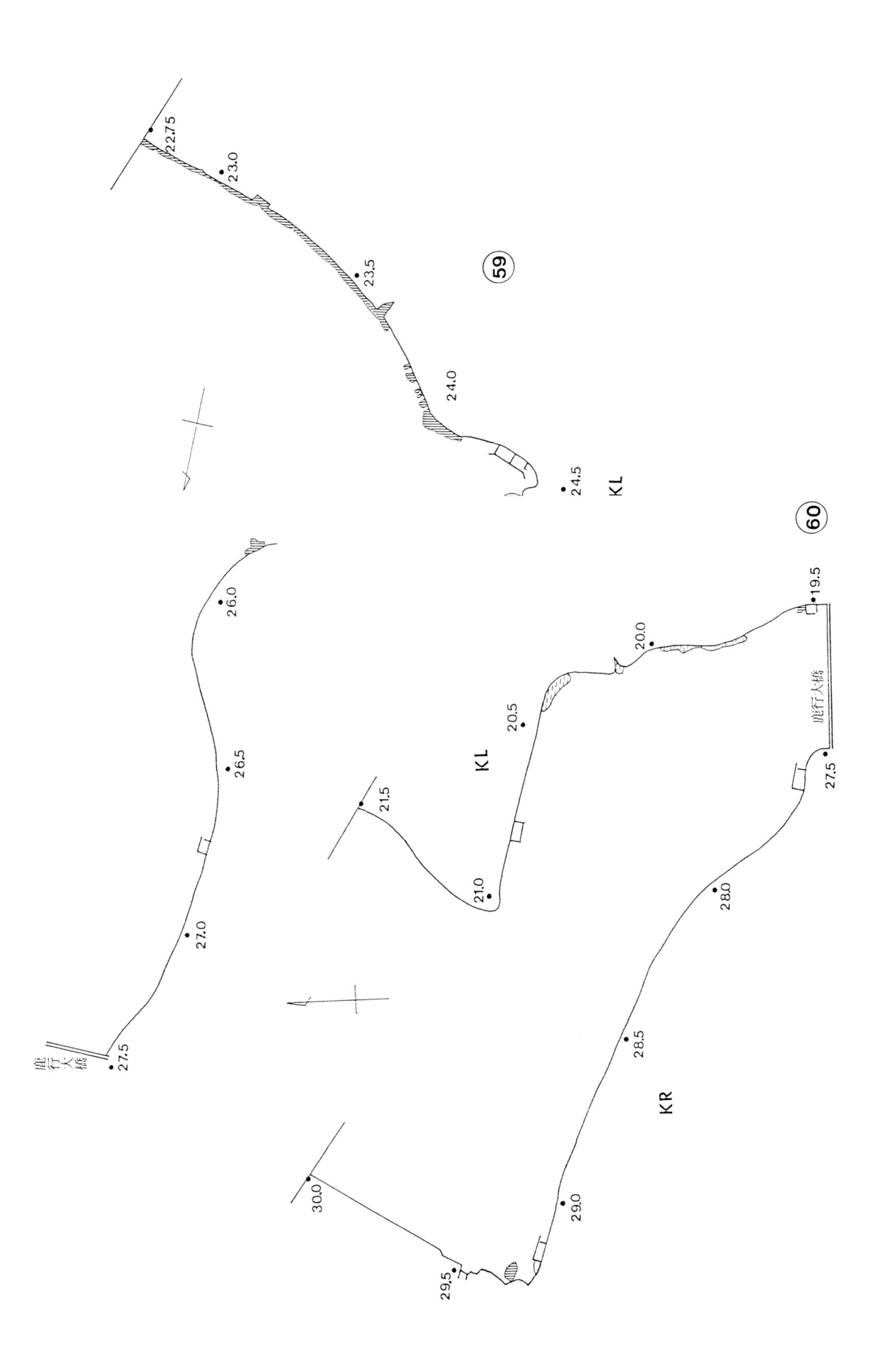

22.75
23.0
23.5
24.0
24.5
KL

60

26.0
26.5
27.0
27.5 鹿行大橋
21.5
21.0
20.5
20.0
19.5
27.5 鹿行大橋
KL
28.0
28.5
29.0
29.5
30.0
KR

62

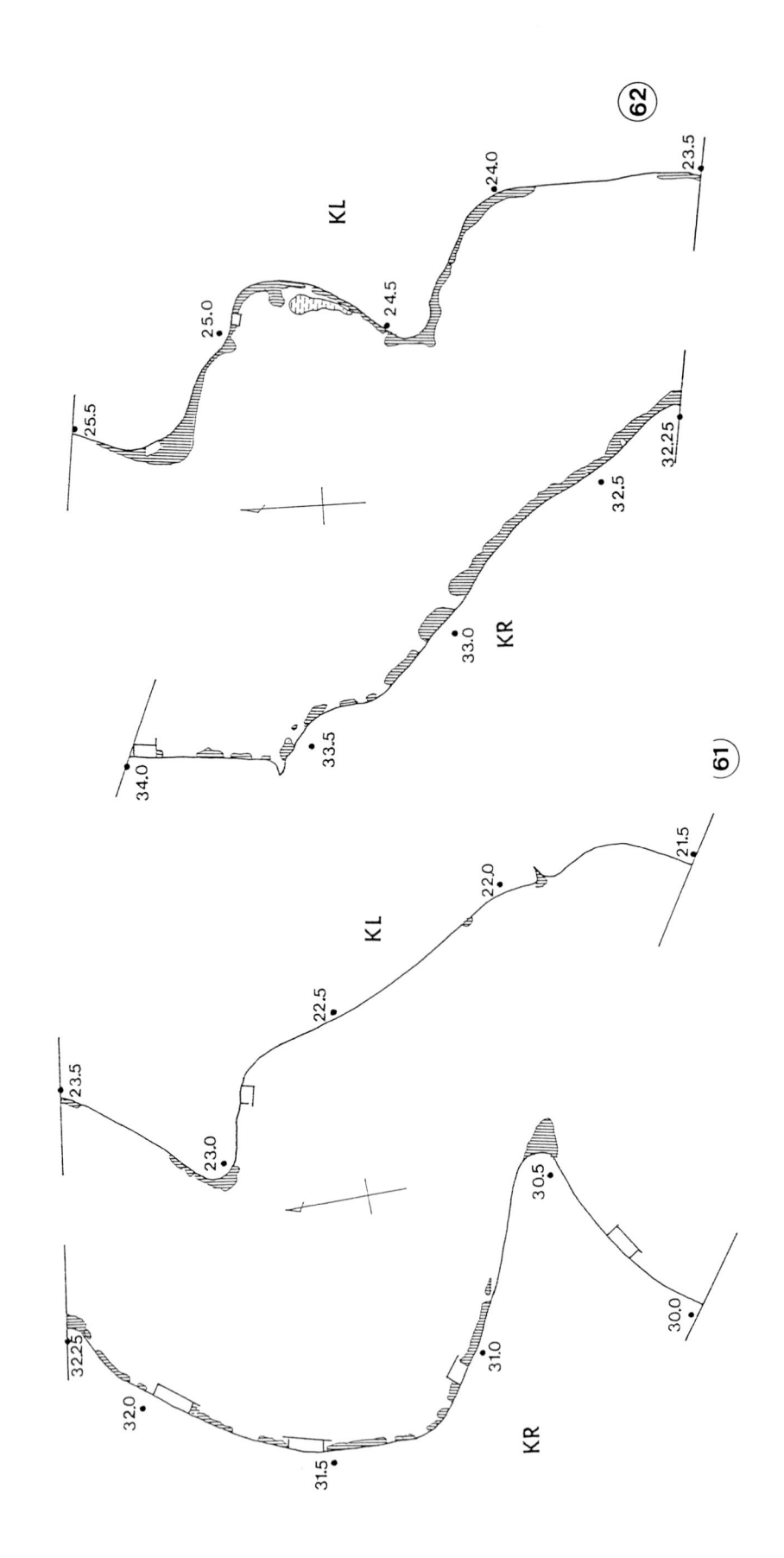

KL: 25.5, 25.0, 24.5, 24.0, 23.5

KR: 34.0, 33.5, 33.0, 32.5, 32.25

61

KL: 23.5, 23.0, 22.5, 22.0, 21.5

KR: 32.25, 32.0, 31.5, 31.0, 30.5, 30.0

霞ヶ浦水生植物の生活形による植生図（1982年9月）

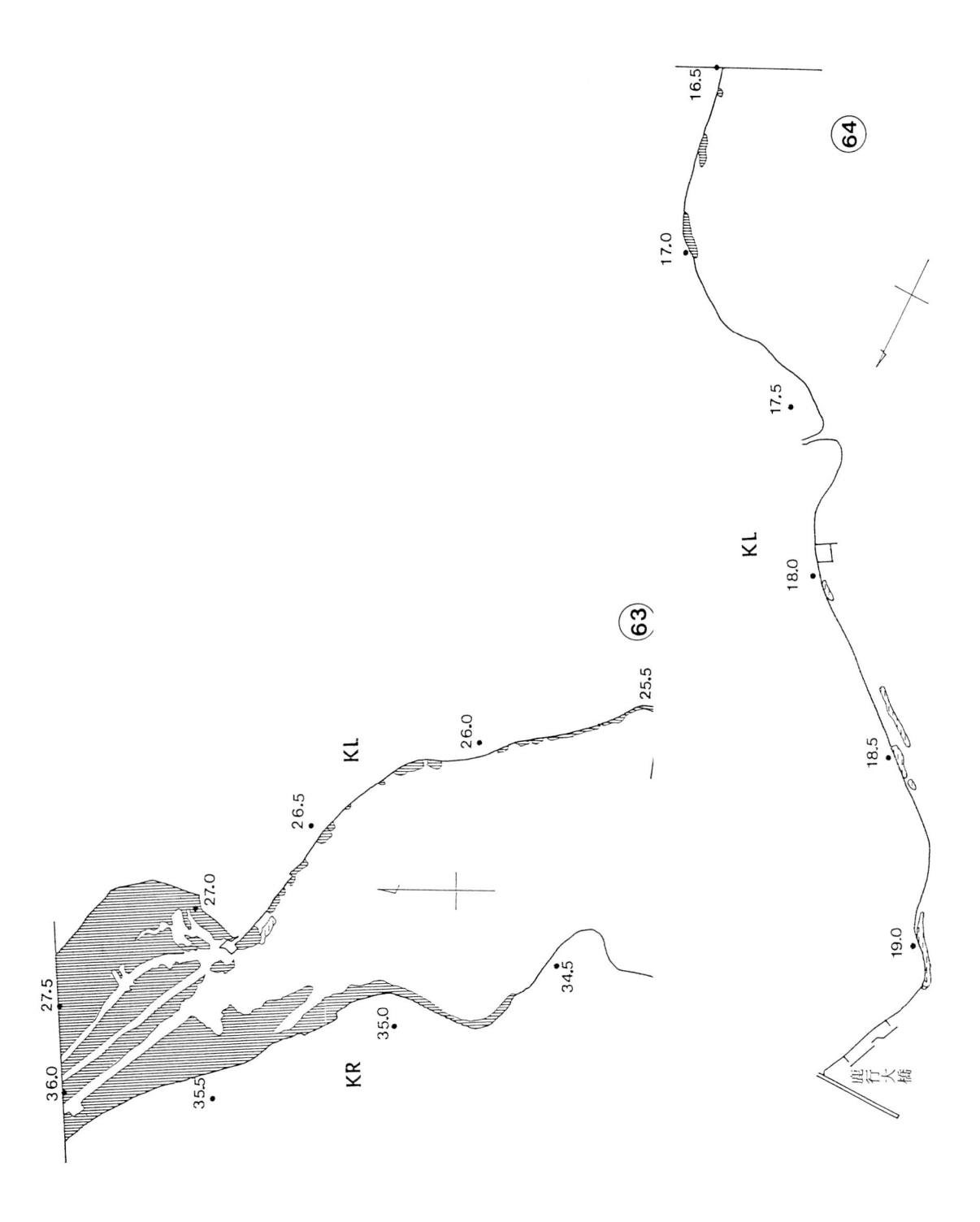

VI. 1982年（昭和57）の水生植物と植生図

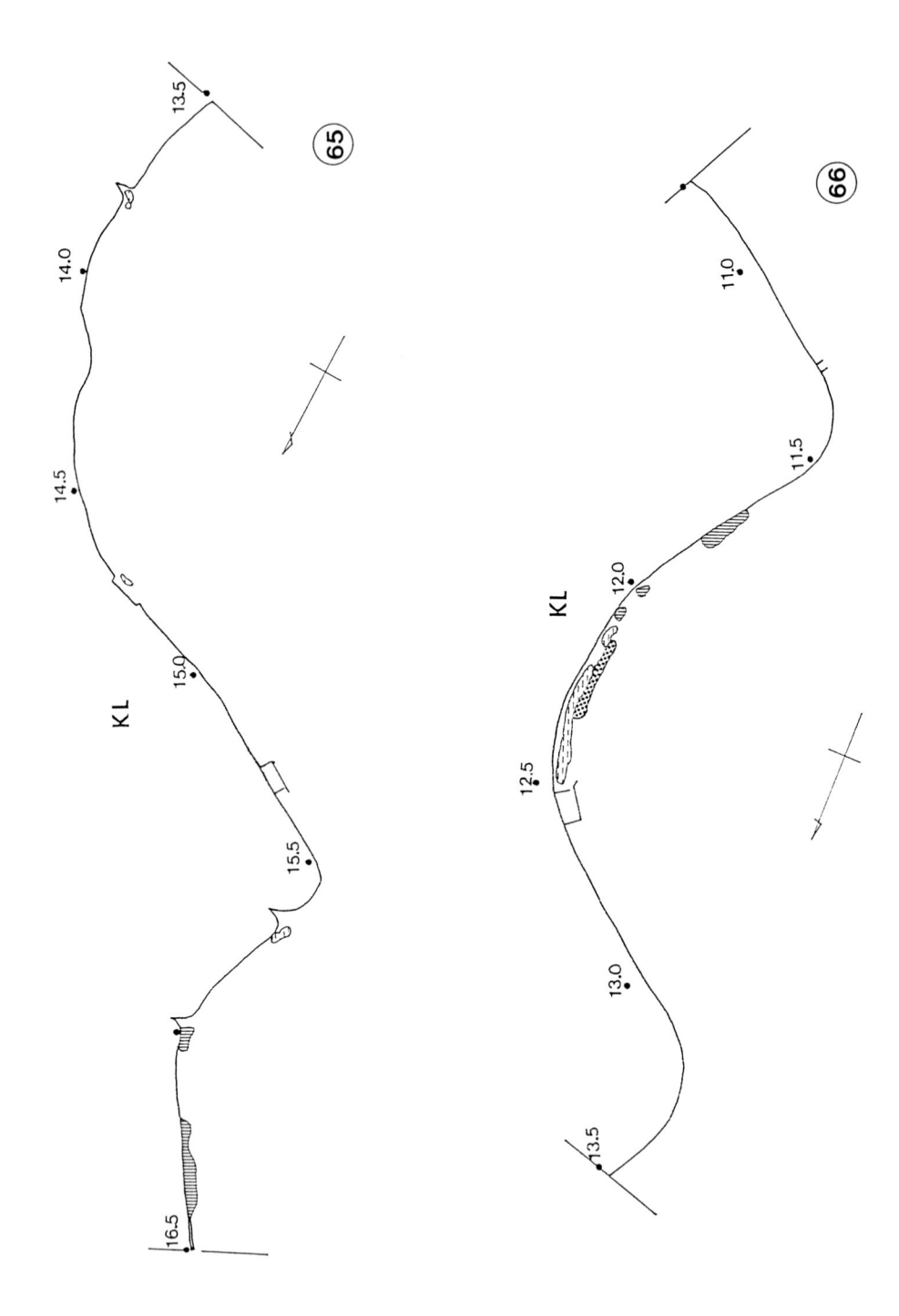

(68)

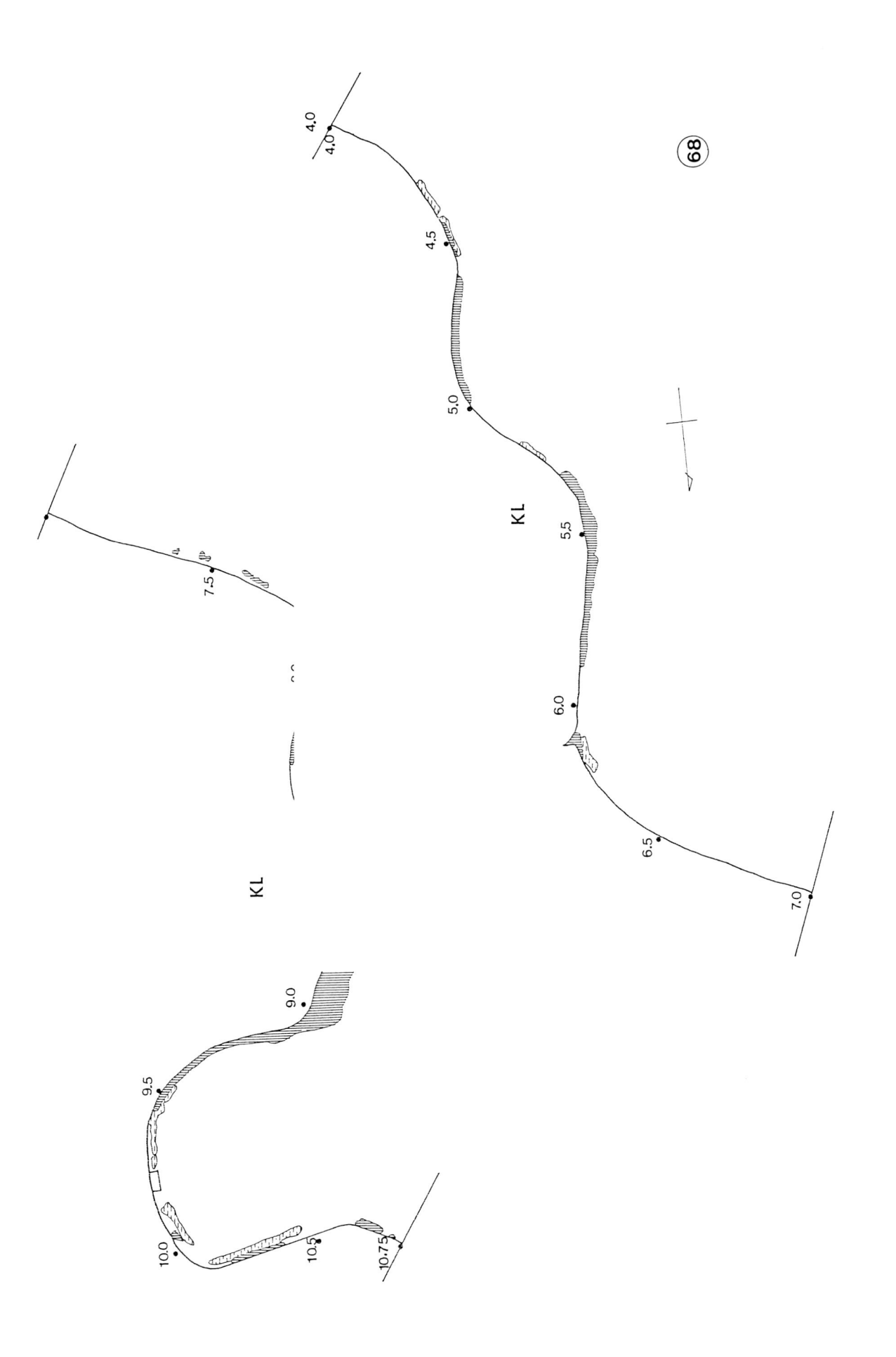

VI. 1982年（昭和57）の水生植物と植生図

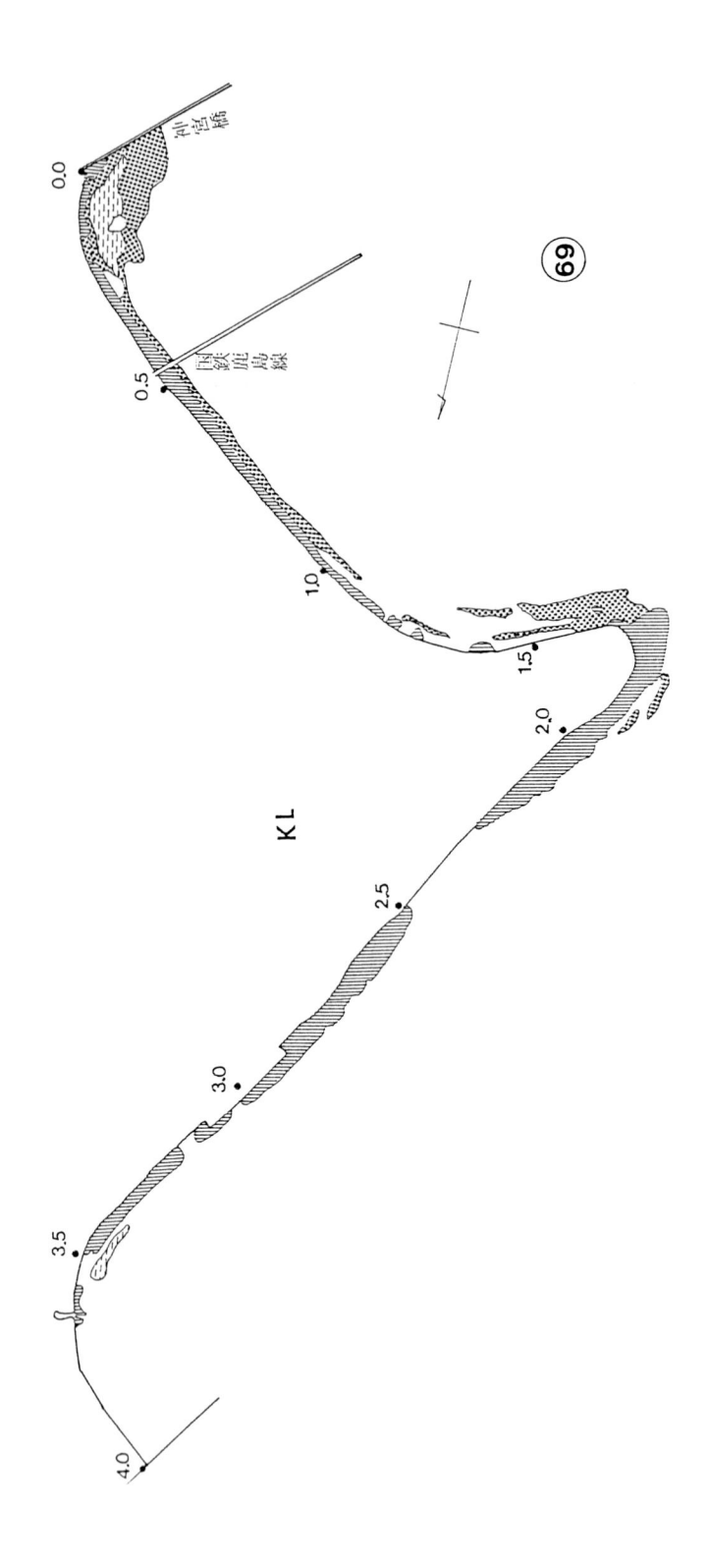

VII.
1972～1982年の間における霞ヶ浦の水生植物の変化

はじめに

　霞ヶ浦の水生植物に著しい変化がみられた1972、'78、'82年について、それぞれの年の9月上旬に湖岸の46～55地点で行ったフロラの調査結果、および全湖岸の1/10,000空中写真（アジア航測（株）撮影、赤外カラー、透明ポジフィルム）を用いて作成した植生図から測定した植被面積、ならびに方形枠刈取りにより得られた測定値と植被面積から求めた生活形別総現存量等の調査結果にもとづいて、近年における霞ヶ浦（西浦）の水生植物の変化について大要を述べる。これらの調査方法の詳細はこれまでの各章および「湖沼環境調査指針」（日本水質汚濁研究会編、1982）に記述したので省略する。

1. 種の変化

　西浦における水生植物の種の出現頻度をみると、表7－1のように、抽水植物については著しい変化がみられないが、浮葉植物については、ヒシ、ヒメビシおよびアサザの出現頻度が、1978年に増加したのち、最近はかなり低下している。これに対し、オニビシおよびヒシ属中間型（国土交通省霞ヶ浦工事事務所編：1980）の出現頻度は上昇する傾向がみられる。沈水植物では変化が著しく、表7－1に△印を付した多くの種の出現頻度が、近年急速に低下している。しかし沈水植物の中で、ササバモ、ホザキノフサモおよびマツモには大きな変化がみられない。これらの種は、富栄養湖において、しばしば優占種となる傾向が強い種である。

　1つの調査地点で見出される種数の頻度分布は、図7－1のように、1978年には左側に偏り、平均出現種数も2/3に減少している。図7－2によれば、この傾向は主として沈水植物の低下によることがわかる。

2. 湖岸線長に対する水生植物群落の占有率の変化

　各年の調査により作成した西浦の水生植物の生活形別植生図（1/10,000）を用い、湖岸線の延長約120kmに対して、生活形の組み合わせによって区別したさまざまなタイプの水生植物群落が占有する比率を、図7－3の上段に示した。これによると、浮葉植物群落のそれは、急激に低下していることがわかる。図7－3の下段は、個々の生活形について集計したものであり、沈水植

VII. 1972～1982年の間における霞ヶ浦の水生植物の変化

表7-1 霞ヶ浦(西浦)における水生植物の種の出現頻度*の変化

			調査年	1972	1978	1982
			調査地点数	53	55	46
抽水植物	ヨシ		Phragmites communis		70.9	71.7
	マコモ		Zizania latifolia		56.4	54.3
	ヒメガマ		Typha angustifolia		38.2	41.3
	コガマ		T. orientalis		0	2.2
	ガマ		T. latifolia		0	2.2
	ハス		Nelumbo nucifera		1.8	6.5
	ミクリ		Sparganium erectum		1.8	6.5
	フトイ		Scirpus lacustris subsp. creber		3.6	0
	コオホネ		Nuphar japonicum		1.8	0
浮葉植物	ヒシ		Trapa bispinosa v. Iinumai	6.0	16.4	6.5
	オニビシ		T. natans v. japonica	0	7.3	15.2
	ヒメビシ		T. incisa	2.0	14.6	4.3△
	ヒシ中間型		Trapa intermediate type	0	10.9	13.0
	アサザ		Nymphoides peltata	6.0	12.7	8.7△
	ガガブタ		N. indica	2.0	5.5	8.7
	トチカガミ		Hydrocharis dubia	4.0	5.5	6.5
	オニバス		Euryale ferox	2.0	1.8	0
沈水植物	ササバモ		Potamogeton malaianus	53	60.0	52.2
	リュウノヒゲモ		P. pectinatus	6.0	30.9	4.3△
	ヒロハノエビモ		P. perfoliatus	25.0	25.5	6.5△
	センニンモ		P. Maakianus	17.0	18.2	6.5△
	エビモ		P. crispus	15.0	29.1	2.2△
	ヤナギモ		P. oxyphyllus	0	1.8	0
	イトモ		P. pusillus	0	3.6	0
	ササエビモ		P. gramineus v. gramineus	13.0	18.2	4.3△
	ホザキノフサモ		Myriophyllum spicatum	42.0	43.6	30.4
	クロモ		Hydrilla verticillata	21.0	14.6	2.2△
	コカナダモ		Elodea Nuttallii	0	1.8	0
	オオカナダモ		Egeria densa	9.0	7.3	2.2
	コウガイモ		Vallisneria denseserrulata	0	12.7	0
	セキショウモ		V. gigantea	21.0	27.3	10.9
	ネジレモ		V. gigantae v. biwaensis	0	1.8	0
	マツモ		Ceratophyllum demersum	6.0	12.7	10.9
	トリゲモ		Najas minor	0	1.8	0
	フサジュンサイ		Cabomba caloriniana	2.0	1.8	0
	シャジクモ		Chara brawnii	0	0	2.2

*出現頻度(％)＝(その種が見出された地点数／全調査地点数)×100

2. 湖岸線長に対する水生植物群落の占有率の変化

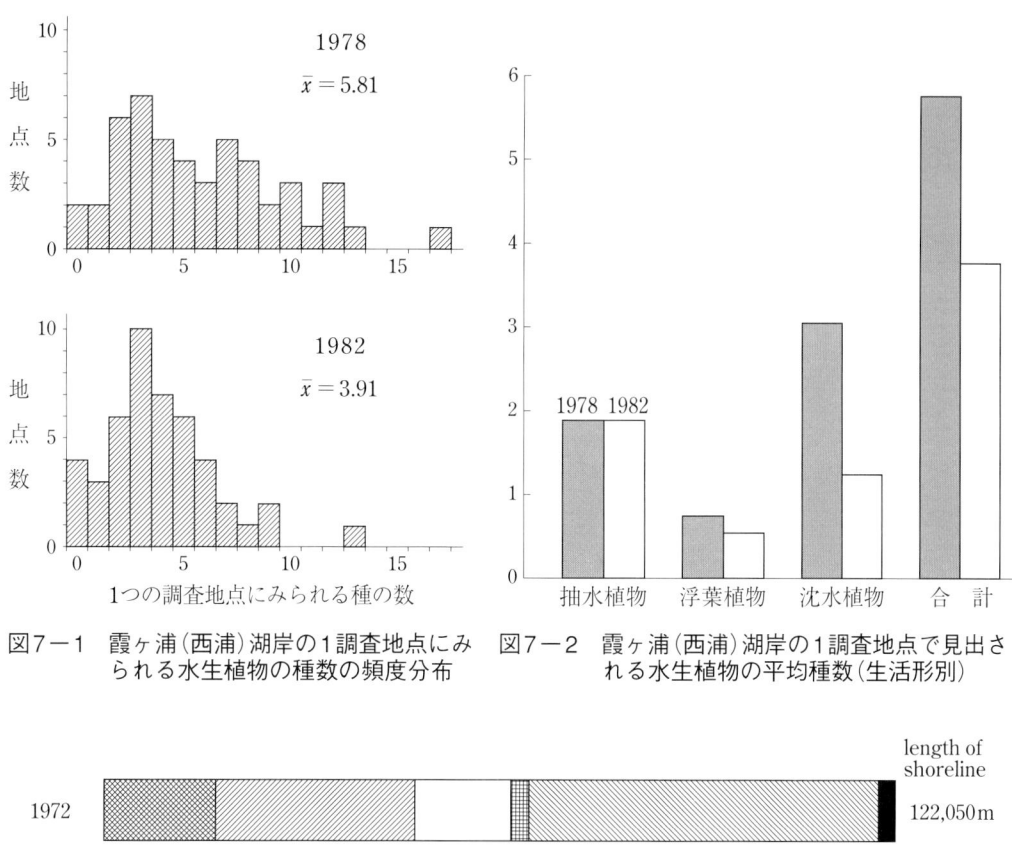

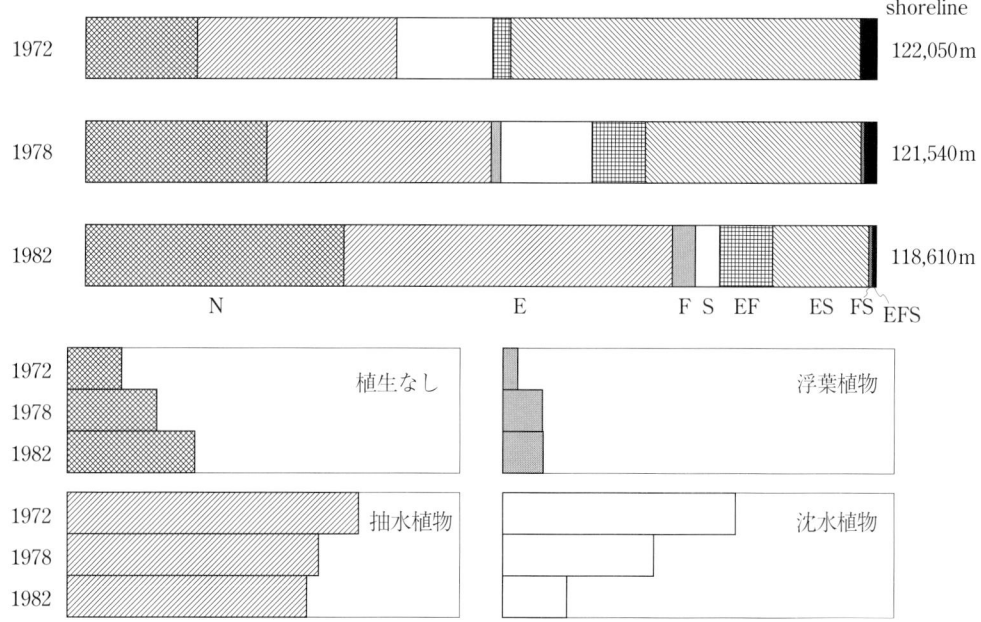

図7-1 霞ヶ浦(西浦)湖岸の1調査地点にみられる水生植物の種数の頻度分布

図7-2 霞ヶ浦(西浦)湖岸の1調査地点で見出される水生植物の平均種数(生活形別)

図7-3 霞ヶ浦(西浦)の湖岸線上における水生植物群落の占有率
(E：抽水植物群落、F：浮葉植物群落、S：沈水植物群落、N：植生のない湖岸)

物の分布の急激な低下が一層明白である。この図によれば、抽水植物が分布する湖岸線も近年次第に減少し、一方で無植生の湖岸が増加していることがわかる。

3. 植被面積の変化

表7-2は西浦の1/10,000植生図から測定した、水生植物の生活形別植被面積の経年変化をまとめたものである。すなわち、抽水植物群落の面積は次第に減少し、この10年間で2/3となった。浮葉植物は1978年には増加したが、最近は再び減少しつつある。沈水植物群落の面積の減少は特に著しく、最近10年間に21.6％まで低下した。群落の平均幅にも同様の傾向がみられることは、いうまでもない。このことは、水生植物の分布限界水深が次第に浅くなっていることを意味するものである。

表7-2 霞ヶ浦（西浦）における水生植物群落の面積および平均幅

	面積（アール）				平均幅（m）			
	E	F	S	合計	E	F	S	合計
1972	42,300	3,165	74,780	120,245	34.7	2.6	61.3	98.6
1978	30,239	8,046	36,406	74,691	24.9	6.6	30.0	61.5
1982	29,335	6,411	16,216	51,962	24.7	5.4	13.7	43.8

4. 現存量の変化

西浦の水生植物の各々の生活形の群落について、被度階級ごとに測定した単位面積当り現存量に植被面積を乗じて求めた全湖現存量の変化を表7-3に示した。経年変化には、前述の植被面積とほぼ同じ傾向の変化がみ

表7-3 霞ヶ浦（西浦）における水生植物の現存量（乾量、トン）

	E	F	S	合計
1972	5,515.9	45.7	216.3	5,777.9
1978	3,507.7	127.2	339.1	3,974.0
1982	3,383.2	64.5	118.6	3,566.3

られるが、沈水植物の現存量については、ササバモのような優占種の密生群落が増加しているため、総現存量の近年における低下は、植被面積の場合ほど著しくない。

5. まとめ

以上のように、霞ヶ浦（西浦）の水生植物群落には、この10年間に注目すべき変化がみられる。このような変化のうち、沈水植物の急激な減少は、湖水の富栄養化にともなう植物プランクトンの著しい増加により透明度が低下したことが主因と考えられる。浮葉植物が一旦増加したのち再び減少を示しているのは、まず沈水植物の減少によって生育場所が拡大されたことにより増加し、その後富栄養化が一層進行して*Microcystis*による水の華が大発生し、それが風により吹き寄せら

5. まとめ

れ、沿岸帯の浮葉植物群落の表面を軟泥状に覆いつくし、枯死せしめる状況が湖内の各地で発生したために減少したものと推定される。マコモのような抽水植物群落についても、根元に吹き寄せられた堆積した*Microcystis*の腐敗によるものと思われる枯死が、入江の奥などで局部的にみられた。しかし、抽水植物群落の減少の主因は、コンクリート湖岸堤の築造によるものである。

水生植物群落は、①水生植物の産卵および成長の場所、②両生類、水生昆虫などの生育場所、③水鳥の産卵および育雛の場所、④水中の着生生物の着生基体となることにより高等動物の幼生に対する餌の供給と湖水の浄化、⑤栄養塩の競合による植物プランクトンの増殖抑制、⑥湖岸の自然景観の構成、⑦波浪による湖岸の侵食の防止、等々多くの優れた機能によって、湖の自然環境および生物群集の保全に貢献している。

しかし、近年わが国の多くの湖では、西浦と同様に、湖水の富栄養化と湖岸における土木工事によって、水生植物群落が急激に消滅しつつある。中でも、水生植物群落の総合的な機能から考えて、ヨシ群落の消滅が最も重要な問題と考えられる。わが国においても、西ドイツにおけるごとく、これを保護する制度を設けるとともに、生態学的原理にもとづいて、失われた群落を回復する方途を早急に検討しなければならない。

参考文献

1) 日本水質汚濁研究会編（1982）：湖沼汚濁調査指針—12・4・4　大型水生植物．公害対策技術同友会．
2) 国土交通省霞ヶ浦工事事務所編（1980）：霞ヶ浦の生物—Ⅲ・4　水生植物．
3) 桜井善雄（1981）：霞ヶ浦の水生植物のフロラ、植被面積および現存量－特に近年における湖の富栄養化に伴う変化について．国立公害研報告．

VIII.
1988年(昭和63)および1993年(平成5)の水生植物調査結果

1. 1988年(昭和63)の調査結果(西浦)

　この年には抽水植物を除く水生植物の群落はほとんど消滅していたので、8月23日に1982年に作成した植生図をもってモーターボートで湖中をまわり、植生図に記録されている群落の存否を確認した。沈水植物については湖底に投じて引き回す採集具を用いた。
　調査結果を下記に要約する。
(1) 1982年に記録された沈水植物の群落は西浦の全湖においてほぼ完全に消滅した。その原因は、毎年続けて発生しているアオコの水の華による湖水の透明度の低下と考えられる。わずかに数本採取することができた沈水植物は、ホザキノフサモとリュウノヒゲモであった。
(2) 浮葉植物の群落も大幅に減少したが、場所によっては拡大した群落もあった。浮葉植物の残存種はアサザとヒシ(種は未確認)であった。
(3) 抽水植物群落については全湖の調査を行わなかったが、本年度別の機会に調査した結果によれば部分的に消滅した群落もあり、また全湖にわたって特にヨシ群落の外縁部の株化と退行現象がみられるので、早い機会に全湖岸の調査を行うことが望ましい。

2. 1993年(平成5)の調査結果(西浦および北浦)

　本年も浮葉植物群落および沈水植物群落の回復はまったくみられないので西浦と北浦の全湖岸を自動車で回り、一部ではボートを用いて、1982年に作成した植生図に基づいて水生植物群落の変化を調査した。沈水植物群落の確認には前回と同様な採集具を用いた。
　調査桔果は下記のとおりである。
(1) 沈水植物は全湖の調査地点において全く発見されなかった。
(2) 浮葉植物のアサザは3カ所で小規模な群落が発見されたが、ヒシは1カ所でわずかに2,3株がみられたのみであった。
(3) 船着場に係留されている廃船の水たまりや堤脚水路の中に、トチカガミ、ヒシ、アサザ、オオカナダモ、エビモ、クロモ等が散見された。このような植生は、湖内の生育環境が回復あるいは改善された場合の種の供給源となるので、流入河川や湖の周囲の蓮田、用排水路等について、詳しく調査しておくことが望ましい。

VIII. 1988年（昭和63）および1993年（平成5）の水生植物調査結果

　本調査には桜井のほか、（財）ダム水源地環境整備センター、（株）環境調査技術研究所および（株）建設環境研究所の研究者も参加した。

IX. 関連資料

1. 霞ヶ浦の水生植物

まえがき

　1972年以来今日まで、私たちは霞ヶ浦の現地において、水生植物のフロラ、植生図、現存量やそれらの経年的な変化を調査する一方で、機会をとらえて、水生植物の生態的なはたらきやその保全・再生に関係のあるさまざまな課題についても断片的に調査や試験をおこなってきた。この関連資料の章には、それらの結果を収録した。

　これらの調査・研究は、元信州大学講師の渡辺義人氏、元筑波大学教授の林一六氏および私の応用生態学研究室の職員と学生諸氏の参加・協力によっておこなわれたものである。それぞれの調査・研究を担当した人々のお名前は、各節のおわりに記した。なお、林一六氏は、この調査の中途から長期の海外出張となったので、とりあえず要旨のみを収録した。また現地における調査研究には、元建設省霞ヶ浦工事事務所ならびにその職員各位の懇切なご協力があった。付記して深謝の意を表する。

(1) 霞ヶ浦・北浦の水生植物群落の分布（要旨）

　昭和49年6月7〜9日、8月7〜10日に行なった現地調査、および昭和47年8月23日に撮影した航空写真に基づいて、北浦の沿岸帯の水生植物の群落タイプを分類すると、6つのタイプが識別される。

　これらのうち、図－1に示すように、岸から沖に向かって抽水－浮葉－沈水植物の順に植物群落が発達している湖岸が、最も自然度の高い湖岸ということができる。

　北浦の湖岸線を1kmごとに区切って、その区間に出現するそれぞれの群落タイプの頻度をみると表－1のようになる。表のように、抽水植物群落のみの湖岸が最も多く、無植生の湖岸、抽水－沈水植物群落の湖岸、沈水植物群落のみの湖岸、抽水－浮葉－沈水植物群落の湖岸、抽水－浮葉植物群落の湖岸がこれに次いでいる。

　おのおのの群落タイプをもつ典型的な場所を選んで、岸から湖心に向かっての群落の分布と水平距離、水深を測定した。結果の代表例を図－1に示した。湖岸タイプ5および6は図を省略した。

表－1　北浦の湖岸のタイプとその頻度

湖岸のタイプ	頻度
1. 抽水－浮葉－沈水植物群落	5
2. 抽水－浮葉植物群落	4
3. 抽水－沈水植物群落	8
4. 沈水植物群落のみ	7
5. 抽水植物群落のみ	36
6. 無植生	20

IX. 関連資料

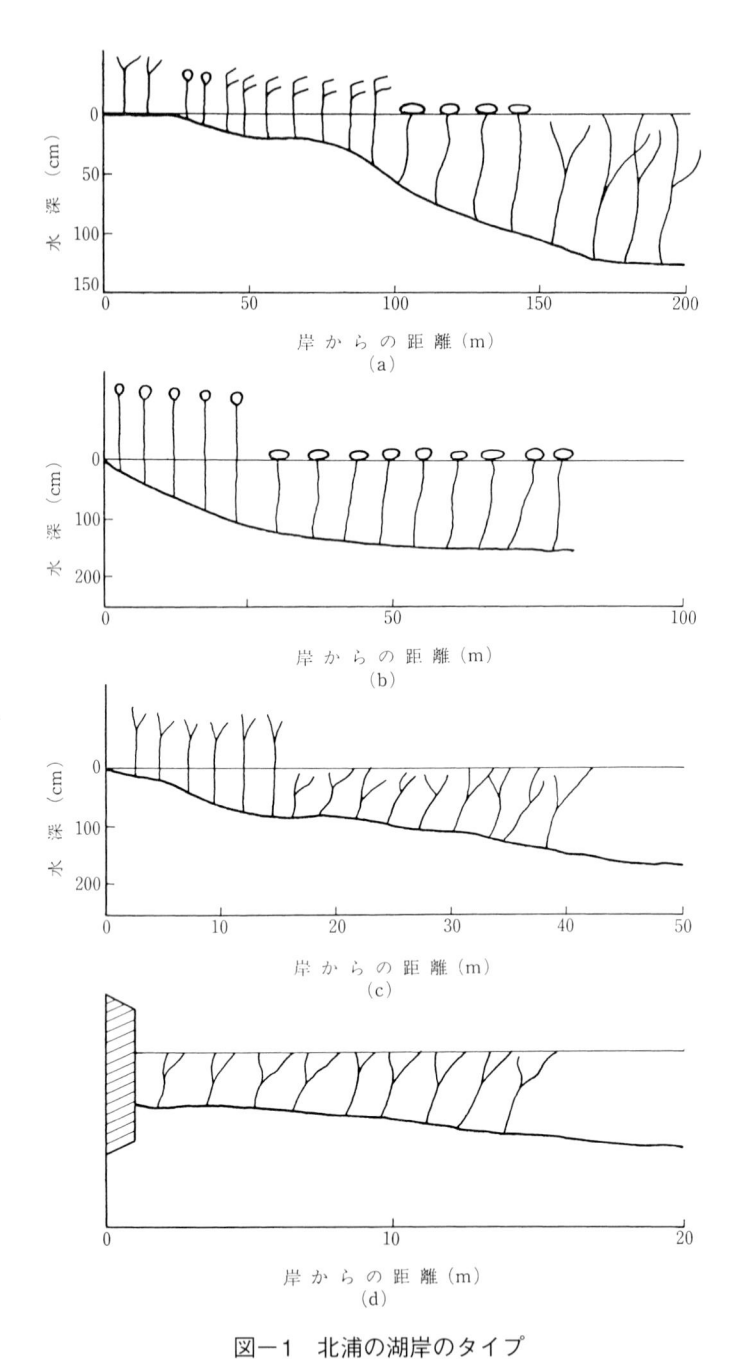

図－1　北浦の湖岸のタイプ
(a)～(d)は表－1の1～4までの湖岸タイプを図示した。

（林　一六）

(2) 水生植物の沈水部の体表面積(要旨)

　湖の沿岸帯の水中に密生する水生植物の体表は、着生生物群集に手ごろな着生基体を提供する。このような役割を果たす植生が存在する湖岸は、無植生の湖岸に比べて、どの程度着生面積が増加しているかを検討した。

　水深60cmの場所に生育するガマとマコモの個体の草たけと水中の茎の表面積との関係を図－2で示す。両者の関係は次の式で近似される。

　　ガ　マ　　　$\log S = 0.2 \log H \times 2.02$
　　マコモ　　　$S = 4.11(H - 99.4)$

ここで、S は水中の体表面積(cm^2)、H は草たけ(cm)である。1972年の調査で得た単位面積当たりの個体数と草たけのデータから、上式を用いて、ガマとマコモの群落について、単位面積当たりの水中の体表面積を計算すると表－2のようになる(水深60cmの場合)。

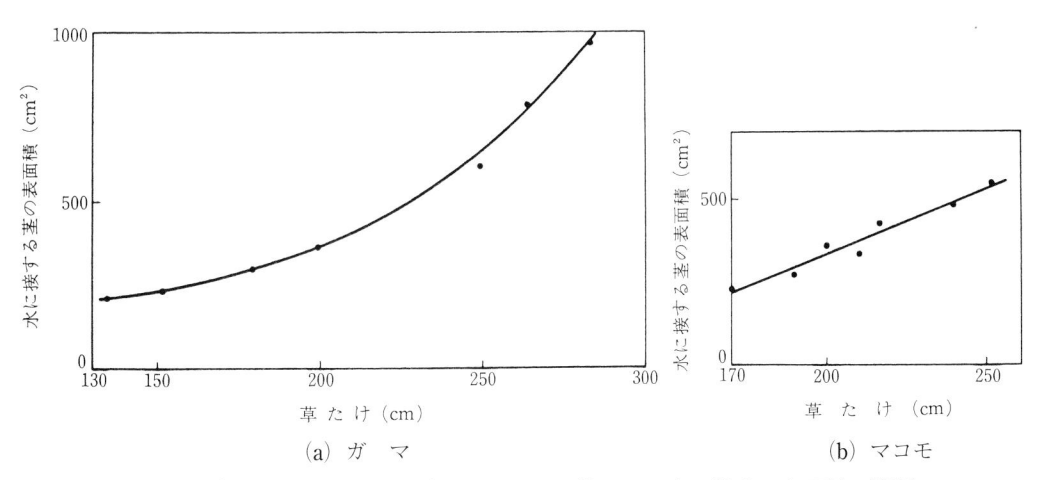

(a) ガマ

(b) マコモ

図－2　水深60cmのときのガマ、マコモの草たけと水に接する表面積の関係

表－2　ガマおよびマコモ群落の水中の体表面積(水深60cm)

植　物	個体数(N/m^2)	平均草たけ(cm)	水中の総体表面積(cm^2)
ガ　マ	24	280	22,560
	33	287	33,930
	36	220	16,560
マコモ	39	217	15,600
	46	215	17,940

(林　一六)

IX. 関連資料

(3) 水生植物の沈水部体表の着生細菌量

河川や湖沼の水中に存在する固体の表面には、着生微生物群集が発達し、水中の汚濁有機物の分解・浄化に役だっている。わが国の河川の流程の大部分を占める水深の浅い河床では、石礫の表面がこのような微生物群集に着生基体を提供しているが、水生植物群落をもつ天然湖沼の沿岸帯では、水中に林立する水草の茎や葉の表面が重要な役割を果たす。水中に没した水草の体表には細菌、藻類、原生動物、輪虫類、苔虫類、ヒドロ虫類など多岐にわたる着生生物が生活しているが、この調査はそれらのうち、湖に流入した汚濁有機物の分解に最も関係ある従属栄養細菌について、単位面積当たりの着生量を明らかにし、霞ヶ浦の水生植物群落の保護にかかわる1つの知見を得ようとしたものである。

1) 調査時期と場所

調査は西浦と外浪逆浦について行なった。その時期と場所を表-1に示す。

表-3 調査時期と場所

調査時期	場　　　所
1974年6月	西浦右岸0.5km地点 外浪逆浦左(北)岸4.5km地点
8月	西浦右岸10km地点(浮島地先) 西浦右岸25.5km地点 　(柏崎地先、菱木川河口付近)
12月	西浦右岸0.5km地点 外浪逆浦左(北)岸4.5km地点

2) 調査方法

上に述べたそれぞれの地点で、湖岸から沖に向かって並ぶ抽水植物、浮葉植物、および沈水植物の群落について、それぞれ1カ所ずつと、対照として水生植物が全く存在しない沖帯の1カ所を選び、植物体表の着生細菌、湖水中の浮遊細菌、および水温、溶存酸素など環境要因を測定した。これらの測点は、だいたい湖岸線に直角に沖に向かう線上にあるように配慮した。

各測点における測定深度は、水深が50cm以下の場合は2点、水深がそれ以上のところでは表層、中層、および底層の3点とした。底層の水深は、底泥表面より10cm上とした。

a) 着生細菌量の測定方法

各測点に生育する水生植物を舟上から長柄かま、またははさみを用いて根本から採取し、舟上で深度別に切り分けて、新しいビニールの小袋に入れ、氷を入れたクーラーに収めて実験室にもち帰り細菌の定量に供した。試料の量は、体表面積が1試料当たり $100 \sim 200 \, cm^2$ になるようにした。また試料の採取から細菌の定量操作を開始するまでの時間は、長くても2.5時間を越えていない。

着生細菌の定量のための培養に先だって、まず植物体の表面積を求めるのに必要な計測を行なった。アサザやヒシの浮葉は葉の裏面の面積だけを求めた。またホザキノフサモの葉のように、葉身が細く分かれて表面積の測定がむずかしい植物は、同大の試料をホルマリンづけにして保存し、あとで顕微鏡下で詳しく測定した。

着生細菌は桜井の培地を用い、希釈平板法により生菌数を測定した。まず、表面積の明らかになっている試料を細かくきざみ、分散媒として殺菌水を適量加え、ホモジナイザーを用い、最高

回転（180.00 R/min）で1～3分間、破砕・分散させたのち、分散液について常法により平板培養して生菌数を数えた。培養温度は25℃、または培養時の室温がそれ以上の場合は室温とし、3日間培養した。このように、計数した細菌は好気性従属栄養細菌であり、上述のような破砕・分散法では植物体表面に集塊をなして着生する細菌を、細胞ひとつひとつに十分に分散できるとは考えられないので、実際の細菌数は得られた数字よりはるかに多いものと考えねばならない。

植物体の枯死した部分は、体表だけでなく組織中にも大量の細菌が存在するので、このような部分は試料から除外した。

湖水中の浮遊細菌の測定も、上述と同様桜井の培地を用いる希釈平板法によった。また水温、溶存酸素の測定は、EIL-1520型DOメーターを用いた。

3）調査結果

各図、各地点ごとの調査結果を、それぞれ表－4から表－9に示した。

表－4　西浦右岸0.5km地点における調査結果（昭和49年6月7日）

測定場所	植物体表着生細菌			浮遊細菌		水温およびDO			
	植物名	水深 (cm)	生菌数 (×10³/cm²)	水深 (cm)	生菌数 (×10³/ml)	水深 (cm)	水温 (℃)	DO (mg/l)	(℃)
抽水植物群落	マコモ	0～12	2,250	0	118	0	21.7	5.65	65.8
		12～24	763	24	135	35	21.0	4.47	51.5
浮葉植物群落	アサザ	0～29	128	0	155	0	27.0	10.1	128.0
		29～58	246	45	139	50	21.5	8.44	98.0
		58～87	452	87	160	90	20.3	3.21	36.5
沈水植物群落	ササバモ	0～32	182						
		32～64	525	0	39.7	0	25.5	15.4	191.0
		64～96	375	48	109	50	22.0	10.2	120.0
	リュウノヒゲモ	0～32	127	96	121	90	20.3	4.4	50.0
		32～64	238						
		64～96	194						
沖帯				0	3.5	0	23.5	11.0	132.0
				160	23.8	100	23.2	10.0	132.0
				330	13.1	200	21.4	8.62	100.0
						300	20.6	7.13	81.5
						330	20.2	2.20	25.0

IX. 関連資料

表-5 外浪逆浦左(北)岸4.5km地点における調査結果(昭和49年6月8日)

測定場所	植物体表着生細菌			浮遊細菌		水温およびDO			
	植物名	水深(cm)	生菌数($\times 10^3/cm^2$)	水深(cm)	生菌数($\times 10^3$/ml)	水深(cm)	水温(℃)	DO (mg/l)	(℃)
抽水植物群落	ガマ	0〜12	6,310	0	12.5	0	22.7	10.0	119.0
		12〜23	5,240						
	マコモ	0〜12	12,500	23	8.4	35	22.0	7.29	85.5
		12〜23	5,100						
沈水植物群落	ホザキノフサモ	0〜16	189	0	4.6	0	23.0	13.1	156.0
		16〜32	128						
		32〜50	65	25	2.0				
	ササバモ	0〜16	119						
		16〜32	505	50	2.0	50	22.0	13.3	156.0
		32〜50	475						
沖帯				0	1.3	0	22.0	11.3	132
				90	1.1	100	21.8	11.3	132
				186	0.8	175	21.3	10.7	124

表-6 西浦右岸10km地点における調査結果(昭和49年8月7日)

測定場所	植物体表着生細菌			浮遊細菌		水温およびDO			
	植物名	水深(cm)	生菌数($\times 10^3/cm^2$)	水深(cm)	生菌数($\times 10^3$/ml)	水深(cm)	水温(℃)	DO (mg/l)	(℃)
抽水植物群落	ガマ	0〜30	7,200	0	6.5	10	30.2	6.5	86.0
		30〜58	5,180	58	11.7	35	28.4	3.8	49.0
						73	28.2	2.7	35.0
沈水植物群落	ササバモ	0〜60	591	0	8.5	10	30.2	9.0	120.0
		60〜120	413	100	7.2	90	28.2	5.9	76.0
		120〜190	649	190	4.8	180	27.5	3.1	40.0
沖帯				0	3.9	10	29.5	2.5	112.0
				110	2.6	100	28.2	5.6	73.0
				226	3.2	220	27.2	3.6	46.0

表-7　西浦中岸25.5km地点における調査結果（昭和49年8月8日）

測定場所	植物体表着生細菌			浮遊細菌		水温およびDO			
	植物名	水深(cm)	生菌数(×10³/cm²)	水深(cm)	生菌数(×10³/ml)	水深(cm)	水温(℃)	DO(mg/l)	(℃)
抽水植物群落	ガ　　マ	0～30	2,850	0	41.6	0	29.7	9.4	124.0
		30～60	3,800	50	18.8	50	29.2	8.5	112.0
		60～90	2,530	90	18.1	90	28.5	0.35	4.5
浮葉植物群落	ヒ　　シ	0～40	1,070	0	5.4	0	29.6	10.0	132.0
		40～80	321	60	9.5	50	29.4	9.9	131.0
		80～120	566	120	19.1	100	29.0	1.0	13.5
沖　　帯				0	3.8				
				70	9.3				
				140	10.5				

表-8　西浦右岸0.5km地点における調査結果（昭和49年12月19日）

測定場所	植物体表着生細菌			浮遊細菌		水温およびDO			
	植物名	水深(cm)	生菌数(×10³/cm²)	水深(cm)	生菌数(×10³/ml)	水深(cm)	水温(℃)	DO(mg/l)	(℃)
抽水植物群落	マ　コ　モ	0～15	8,820	17	14.1	0	2.5	11.6	87.5
		15～30	200			30	2.5	11.3	85.5
沖　　帯				0	2.0	0	2.8	14.2	108.0
				60	21.2	60	2.8	14.2	108.0
				130	5.6	130	2.8	14.2	108.0

表-9　外浪逆浦左（北）岸4.5km地点における調査結果（昭和49年12月19日）

測定場所	植物体表着生細菌			浮遊細菌		水温およびDO			
	植物名	水深(cm)	生菌数(×10³/cm²)	水深(cm)	生菌数(×10³/ml)	水深(cm)	水温(℃)	DO(mg/l)	(℃)
抽水植物群落	ヨ　　シ	0～25	2,640	25	6.8	0	6.5	10.9	91.5
		25～50	77						
	ガ　　マ	0～25	13,070			50	6.5	10.9	91.5
		25～50	12,210						
沈水植物群落	サ　サ　バ　モ	0～25	1,490	0	1.5	0	6.5	11.1	93.5
		25～50	296	40	0.7	40	6.5	10.8	90.0
		50～80	541	80	0.8	80	6.3	10.8	90.0
沖　　帯				0	0.9	0	7.0	10.8	91.5
				100	0.7	100	6.5	10.9	91.5
				230	1.2	230	6.0	10.6	88.0

IX. 関連資料

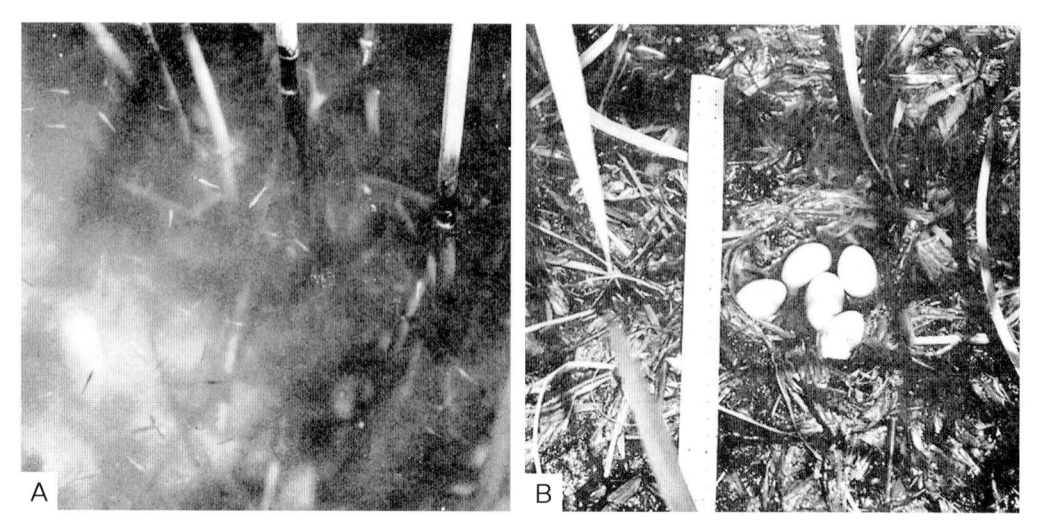

写真—3　変化に富み、豊かな生物群集からなる沿岸帯の水生植物群落は、大型の
　　　　動物にもよい餌場、かくれ場、繁殖の場を提供している。
A：ヨシの群落の中で魚の攻撃を逃れて育つエビの幼生（昭和49年6月、外浪逆浦）
B：マコモ群落の中の水面につくられたカイツブリの巣と卵。親鳥は巣を離れるとき卵を水草の葉で隠すが、
　　それを取り除いて撮影した。"におの浮巣"と呼ばれる（昭和49年6月、西浦右岸0.5km）

（桜井　善雄・三船義博）

(4) 水生植物の分解速度

　湖の水生植物は、生育期間を終えると地下茎などの越年器官を除き、早晩湖底に沈降して腐敗・分解し、その構成要素は湖水中に回帰する。しかし、それらの分解の速度や一定期間内の分解量は、植物の種類や部分によって著しい違いがある。湖の富栄養化に関係の深いN、P、Cなどの元素が、水生植物体を経由して循環する速度を明らかにするには、上述のような点について知見を得ておく必要がある。この試験は、霞ヶ浦産の抽水植物の代表種と二、三の沈水植物について、実験的に分解速度を測定したものである。

1) 供試材料と実験方法

　供試植物は分解のおそい抽水植物（ヨシ、マコモ、ガマ）を主とし、これに沈水植物2種（オオカナダモ、セキショウモ）について行なった。これらの植物は、いずれも昭和49年8月に西浦で採取したものである。分解試験は長期間にわたるので、上田市の信州大学繊維学部の防火用水池で行なった。

　供試植物とその部分は次のようである。

　　　ヨ　シ　……………　葉および茎
　　　マコモ　……………　葉、葉鞘部（匍匐茎より上部約30cm、水中に在る部分）および匍匐茎
　　　ガ　マ　……………　葉の抽水部および水中に没している基部（約45cm）

IX. 関連資料

　　オオカナダモ ……… 全植物体
　　セキショウモ ……… 全植物体

　これらの植物体を、約15cmに切り、30〜70gずつプランクトンネット用のナイロンメッシュ（NXX7、網目の長径は約190μ）でつくった袋に入れ、防火用水池の水深160cmのところにつり下げ、原則として5日ごとに生重を測定した。重量測定時には、試料を袋ごと遠心脱水機にかけ、およそ恒量になってから秤量し、直ちに池中にもどした。

　実験は昭和49年8月30日に開始し、11月下旬までおよそ3カ月間継続した。

2) 実験結果

　実験結果を表－11および図－3に示した。

表－11　霞ヶ浦産水生植物の水中における分解速度（昭和49年8月30日〜11月25日）

植物名	部　分	経過日数	0	5	10	15	20	25	31
ヨシ	葉	生重(g)	42.1	42.9	43.4	42.3	42.9	42.6	42.3
		残存率(%)	100.0	101.9	103.1	100.5	101.9	101.2	100.5
ヨシ	茎	生重	38.6	42.7	41.1	39.6	39.8	39.3	38.8
		残存率	100.0	110.6	107.3	102.6	103.1	101.8	100.5
マコモ	葉	生重	30.5	38.4	36.3	31.2	29.6	28.1	25.2
		残存率	100.0	125.9	119.0	102.3	97.0	92.1	82.6
マコモ	葉鞘部	生重	35.3	33.9	27.0	20.7	18.7	18.6	16.9
		残存率	100.0	96.0	76.5	58.6	53.0	52.7	47.9
マコモ	匍匐茎	生重	31.4	29.5	27.7	24.9	23.7	22.9	21.3
		残存率	100.0	93.9	88.2	79.3	75.5	72.9	67.8
ガマ	葉	生重	35.0	41.7	41.9	40.1	41.1	41.8	40.2
		残存率	100.0	119.1	119.7	114.6	117.4	119.4	114.9
ガマ	葉の基部	生重	66.8	66.4	56.7	46.0	42.5	40.5	37.3
		残存率	100.0	99.4	84.9	68.9	63.6	60.6	55.8
オオカナダモ	全植物体	生重	27.1	23.3	14.5	9.4	7.9	7.5	6.7
		残存率	100.0	86.0	53.5	34.9	29.2	27.7	24.7
セキショウモ	全植物体	生重	27.9	20.9	11.4	7.6	6.1	5.1	4.3
		残存率	100.0	74.9	40.9	27.2	21.9	18.3	15.4
水温(℃)		表層	25.4	23.6	23.3	22.2	20.2	16.5	18.9
		60cm	23.8	23.2	21.8	21.4	20.0	16.5	18.2

IX. 関連資料

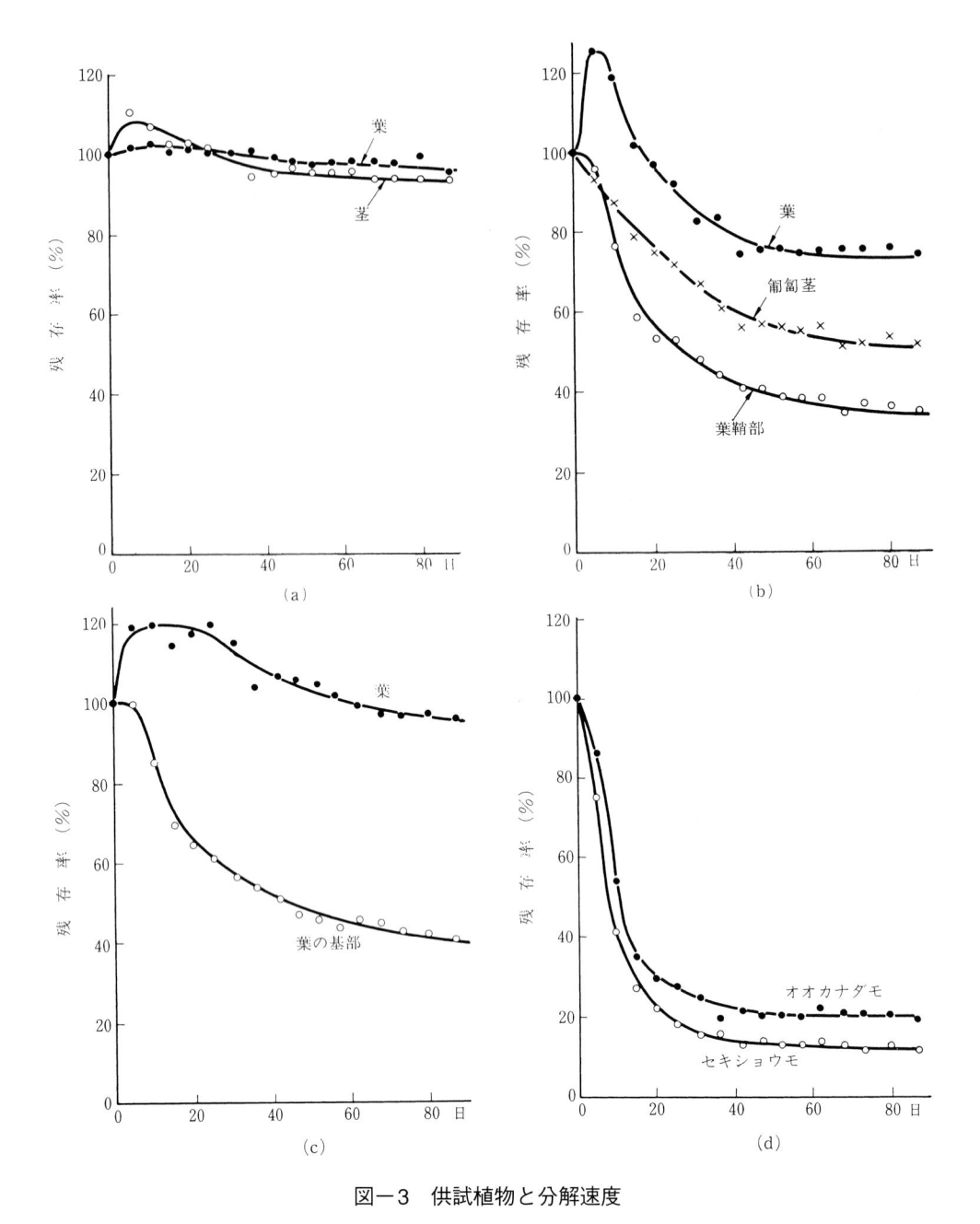

図-3 供試植物と分解速度

(a) ヨシ、(b) マコモ、(c) ガマ、(d) オオカナダモおよびセキショウモ

3) 実験結果の要約

①供試した3種の抽水植物のうち、マコモの葉鞘部、匍匐茎およびガマの葉の基部のように、生育時に水中に没している部分は比較的分解が速く、87日間で35～50％まで減量する。これに対し、ヨシの葉茎およびガマの葉の抽水部は分解がきわめて遅く、3カ月経過してもほとん

ど減量しない。マコモの葉は比較的分解しやすく、3カ月後に74％になる。

②オオカナダモ、セキショウモのような沈水植物は分解がすみやかで、30～40日経過すれば20％以下に減量し、維管束部の細片を残すのみとなる。他の沈水植物もほぼこれに準ずるものと考えられる。

(桜井善雄)

(5) 沈水植物による湖水からの無機NおよびPの吸収速度

湖に生育する水生植物が、全発育期間を通して体内に取り込む栄養塩の量は、前回(昭和47年)に行なったような水生植物の現存量とそれらの栄養塩含有量から推定することができる。この実験では、水生植物による栄養塩吸収にかかわる重要な問題である、沈水植物による湖水からの直接の無機NおよびPの吸収速度について検討した。この実験はまだ予備的段階であり、さらに継続して検討する必要がある。

1) 供試材料と実験方法

霞ヶ浦の西浦で採取したエビモ、ホザキノフサモ(以上6月中旬採取)、オオカナダモ(8月下旬採取)を用いた。これを信州大学繊維学部の研究室に運び、その一定量を無機NおよびPなどを添加した池水4 l 中に投入し、水中のNおよびPの濃度変化を経日的に測定した。N源としては KNO_3 を用い、Nとして10mg/l 添加、P源としては KH_2PO_4 を用い、Pとして1mg/l 添加した。なお、有機炭素源としてグルコースを50mg/l 添加する区も設けた。容器は直径30cmのポリ容器を用い、試験期間中は水温の上昇を防ぐため流水水槽中に浸し、容器の口を透明ポリフィルムでおおって、自然の日照下に置いた。

なお試験に用いた池水の無機N、Pの濃度は右表のようである。

	NO_3-N	NO_2-N	NO_4-N	PO_4-P
6月17日	0.046	0.008	0.26	0.008
8月31日	0.047	0.006	0.23	0.007

数字はmg/l を示す。

2) 実験結果

①エビモおよびホザキノフサモ

実験区の設定は次のようにした。

　A …… エビモ(39g生体)—池水(＋N、P)
　B …… エビモ(40g生体)—池水(＋N、P、グルコース)
　C …… ホザキノフサモ(40g生体)—池水(＋N、P)
　D …… ホザキノフサモ(42g生体)—池水(＋N、P、グルコース)
　E …… 池水(＋N、P)

実験期間は昭和49年6月17～27日である。実験結果を表-12に示す。

IX. 関連資料

②オオカナダモ

実験区の設定は次のようにした。

　　A……オオカナダモ（56g生体）—池水（＋N、P）
　　B……オオカナダモ（56g生体）—池水（＋N、P、グルコース）
　　C……池水（＋N、P）

実験期間は昭和49年8月31～9月5日である。実験結果を**表—13**に示す。

表—12　エビモ、ホザキノフサモによるN、Pの吸収

植物名	区		経過日数 0	2	5	10
エビモ	A	NO_3-N (mg/l)	9.64	8.97	6.63	4.63
		PO_4-P (mg/l)	0.66	0.24	0.14	0.11
		植物体重（生重,g）	39	—	—	35
	B	NO_3-N	9.46	7.54	5.09	3.54
		PO_4-P	0.66	0.17	0.11	0.15
		植物体重	40	—	—	36.5
ホザキノフサモ	C	NO_3-N	9.46	8.57	6.51	3.71
		PO_4-P	0.66	0.33	0.20	0.12
		植物体重	42	—	—	49
	D	NO_3-N	9.46	7.54	7.54	2.00
		PO_4-P	0.66	0.27	0.51	0.12
		植物体重	42	—	—	48
池水	E	NO_3-N	9.46	9.89	5.02	5.01
		PO_4-P	0.66	0.53	0.46	0.17

試験中の水温はほぼ20～27℃、pHは9.6～10.9の範囲であった

表—13　オオカナダモによるN、Pの吸収

植物名	区		経過日数 0	2	3	5
オオカナダモ	A	NO_3-N (mg/l)	6.50	4.30	0.26	0.16
		PO_4-P (mg/l)	0.81	0.74	0.75	0.82
		植物体重（生重,g）	56	—	—	60
	B	NO_3-N	6.50	1.12	1.03	tr
		PO_4-P	0.81	0.19	0.32	0.18
		植物体重	56	—	—	66
池水	C	NO_3-N	6.50	6.58	6.41	5.33
		PO_4-P	0.81	0.64	0.66	0.46

試験中の水温はほぼ24～27℃、pHは8.2～10.1の範囲であった
5日目における水中のNH_4-Nは、A、B、C区それぞれ0.36、0.22、0.22mg/lであった

3) 実験結果の要約

①エビモおよびホザキノフサモによる水中のNO_3-Nの吸収はそれほど多くない。しかしオオカナダモを加えた水槽ではかなり著しい濃度低下がみられる。

②湖水中のPO_4-Pは生物による吸収だけでなく、非生物的なさまざまな要因により不活性化される割合が大きい。この実験の範囲では、水生植物が特に水中のPO_4-Pの吸収に効果的に働いているとはいえないようである。

③水生植物による湖水からの栄養塩の吸収速度について定量的知見を得るには、さらに実験的検討が必要である。

(桜井善雄)

(6) 霞ヶ浦の湖底泥および水生植物の重金属含量

水圏の底質部への重金属の蓄積過程を明らかにすることは、水質保全の立場からもまた重金属の挙動を研究する面からも重要な問題である。著者らがこれまでに行なってきたいくつかの水域の底質部の調査によると、有機物含量が高い試料では、一般に重金属の含量も相対的に高いことが認められている。このような傾向は他の研究者によっても指摘されているところである。これらの事実は、底質部への重金属の蓄積過程に、有機物がなんらかの形で関与していることを示唆するものである。

本調査は、以上のことを念頭においておもに西浦を対象に、沿岸部と沖帯部で採取した湖底泥試料について、重金属と有機物含量を調べ、さらに湖内からの有機物の主要な供給源の1つである水生植物中の重金属含量を調べたものである。また、これらの結果と予備的に行なった水生植物の分解実験から、重金属の蓄積過程と有機物との関連について考察を加えた。

1) 調査時期と場所

湖底泥の試料採取は昭和49年6月と8月の2回にわたり、西浦と外波逆浦で行なった。採取地点は図-4のとおりである。地点を選ぶにあたっては、沿岸部と沖帯部にまたがるように留意し、浮島―西濱間および柏崎―船津間の2ヵ所で横断採取を行なった。そのほかに沖帯部としては湖心付近Cを、沿岸部では基準点より右岸約0.5km地点Hと浮島湾U、柏崎菱木川河口付近Kおよび外波逆浦の福島地先Sの4ヵ所で採取した。

また、水生植物の採集は昭和49年8月に行なった。採集場所は外波逆浦の福島地先(セキショウモ)、浮島湾付近一帯(リュウノヒゲモ、オオカナダモ、エビモ、ササバモ、ホザキノフサモ、アサザ)、柏崎の入江(ヒシ)、それと常陸利根川の潮来建設事務所前(マコモ、ヨシ)である。

2) 調査方法

試料の採取と調製は次のような方法で行なった。湖底表層泥については、エクマンバージ式採泥器により採泥し、採泥器の上側のふたをあけて、金属面に触れていない表層から約5cmまで

IX. 関連資料

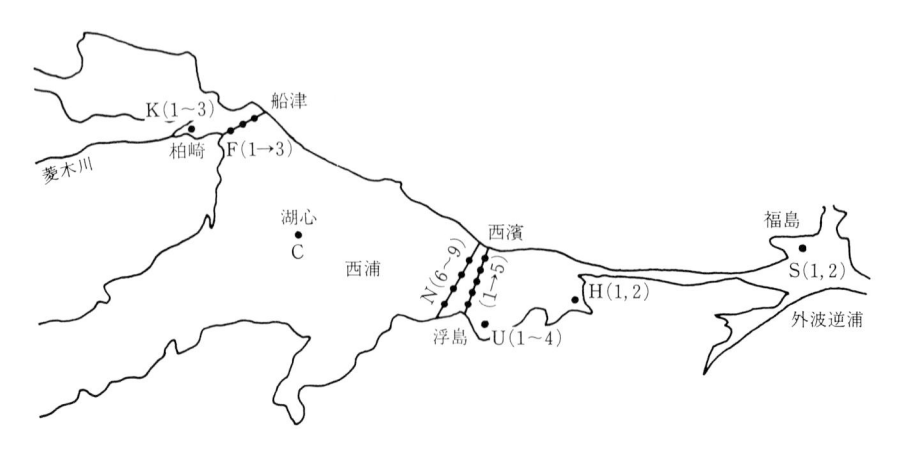

図－4　湖底泥試料採取地点

の部分をとった。また、柱状試料は内径5cm、長さ50cmの塩化ビニル管に竹ざおを取り付けた手製のコアサンプラーにより、水深2m以下の地点で20～45cmの柱状試料をとり、これを5cmごとに切って層別に分取した。

採取した試料は、風乾後、乳ばちで細粉し、砂質泥は50メッシュ、その他はすべて100メッシュのふるいを通過させ分析に供した。

水生植物では、ヒシについては葉茎と根の部分を分けて採取したが、その他の浮葉植物、沈水植物は分けず、また抽水植物は葉茎部分のみを採集した。採集した試料は風乾後、さらに105℃で乾燥し、乳ばちでできるだけ細かくし分析に供した。

重金属は、底泥についてはCd、Zn、Cu、Pbの4種類、水生植物はZn、Cuの2種類について分析した。分析方法は、まず王水－過塩素酸（底泥試料）または硫酸－硝酸－過塩素酸（水生植物試料）で分解後、さらにジチゾン－四塩化炭素で抽出し、原子吸光法で測定した。底泥の有機物量は、試料を600℃、1時間灼熱して求めた灼熱減量をもって表わした。

3) 調査結果および考察

a) 底泥の有機物および重金属含量

底泥の全試料の有機物および重金属の分析結果を表－14に示す。有機物量をみると、水深が浅く砂質の多いS、H地点では2％前後と小さく、浮島湾および浮島－西濱間でもその表層泥は10％を越えるものはなく、相対的に低い値であった。これに対して湖心C点の18％をはじめ、柏崎の入江や柏崎－船津間の表層泥はかなり高く、特に柏崎K地点一帯は50％を越えるところもあり、菱木川からの有機物の流入の影響は明らかである。また、K－1, 2, 3の各柱状試料による有機物含量の垂直分布は深部に向かって減少する傾向にあるが、40cm付近でも10％以上とかなり高い値を示した。

次に重金属含量は、全般的な特徴として有機物含量の比較的低いS、H、U、N地点と、それらの地点よりも有機物含量の高いF、C、K地点とで、各重金属の含量に明らかな差異が認められ、

IX. 関連資料

表-14 霞ヶ浦底泥の有機物と重金属含量

試料番号	採取地点・地点番号		採点地点の水深(m)	有機物(%)	Cd (mg/kg)	Zn (mg/kg)	Cu (mg/kg)	Pb (mg/kg)
	外浪逆浦福島付近							
1	S-1	表層	0.4	1.9	0.11	41.7	2.3	2.2
2	S-2	〃	0.4	0.5	0.35	35.9	9.3	5.1
	西浦常磐利根川付近右岸							
3	H-1	表層	0.4	1.4	0.19	38.3	6.4	5.9
4	H-2	〃	3.3	3.5	0.19	63.8	11.7	11.8
	浮島湾							
5	U-1	表層	2.3	2.4	0.20	21.8	4.1	6.8
6	U-2	〃	3.0	3.1	0.22	27.9	6.5	6.2
7	U-3-A	0～5 cm	2.0	2.0	0.27	17.1	3.8	6.8
8	B	5～10		1.7	0.11	18.0	3.6	5.3
9	U-4-A	0～6 cm	2.0	7.6	0.36	27.5	4.7	7.3
10	B	6～10		2.0	0.27	15.0	5.0	5.8
11	C	10～15		3.4	0.32	25.3	14.1	9.2
12	D	15～20		4.7	0.31	28.3	12.0	9.4
13	E	20～25		5.0	0.21	37.8	14.6	12.6
14	F	25～30		4.7	0.52	40.1	14.0	12.5
15	G	30～35		4.5	0.14	29.4	6.9	12.0
16	H	35～40		4.3	0.32	31.3	8.7	10.1
17	I	40～45		3.3	0.15	22.0	4.3	7.5
	浮島—西濱横断区間							
18	N-1	表層	4.5	5.8	0.30	43.4	5.0	11.8
19	N-2	〃	4.5	4.8	0.46	43.1	7.0	12.2
20	N-3	〃	4.5	4.7	0.24	55.2	9.1	25.9
21	N-4	〃	4.5	4.8	0.47	57.6	17.5	13.6
22	N-5	〃	2.0	3.3	0.26	56.8	5.8	13.9
23	N-6	〃	5.0	0.7	0.11	11.2	0.0	3.1
24	N-7	〃	5.0	10.9	0.33	85.5	15.7	21.9
25	N-8	〃	5.2	2.7	0.41	65.2	20.3	21.3
26	N-9	〃	2.0	9.5	0.45	66.3	15.6	19.6
	柏崎-船津横断区間							
27	F-1	表層	6.1	17.5	0.75	79.7	26.6	87.2
28	F-2	〃	6.7	22.7	0.68	84.7	47.8	33.1
29	F-3	〃	5.8	5.0	0.38	53.9	12.5	12.9
	西浦湖心							
30	C-1	表層	6.0	18.1	0.78	89.0	43.6	35.5
	柏崎菱木川河口付近							
31	K-1-A	0～5 cm	1.0	54.6	0.96	207	44.2	174
32	B	5～10		28.9	0.52	204	50.9	156
33	C	10～15		25.8	0.67	261	34.0	247
34	D	15～20		34.6	0.79	66.3	51.8	36.6
35	K-2-A	0～5 cm	1.0	52.8	0.75	229	44.6	206
36	B	5～10		27.8	0.67	206	39.6	228
37	C	10～15		19.9	0.82	224	35.7	162
38	D	15～20		40.8	0.66	129	39.6	71.7
39	E	20～25		29.5	0.75	98.0	50.6	49.2
40	F	25～30		25.9	0.34	42.8	61.8	25.9
41	G	30～35		24.4	0.40	37.4	44.9	13.9
42	K-3-A	0～10cm	1.0	39.7	0.92	307	58.4	287
43	B	10～15		48.4	0.84	324	66.3	247
44	C	15～20		20.5	0.68	216	38.3	142
45	D	20～25		37.9	0.70	116	56.2	48.6
46	E	25～30		34.4	0.55	56.1	51.2	19.8
47	F	30～35		—	—	—	—	—
48	G	35～40		18.6	0.82	21.5	25.8	9.2
49	H	40～		14.4	0.21	16.9	14.9	6.3

試料番号1、2、3、4、23は50メッシュ、あとの試料はすべて100メッシュのふるいを通過させたものである

Ⅸ. 関連資料

前者は低く後者はかなり高い値を示した。これを重金属ごとにみると、Cdは、前者はいずれも0.5ppm以下であり、後者はそのほとんどが0.5～1ppmの範囲にあった。Znは17～324ppmと変動幅が大きく、前者は50ppm前後あるいはそれ以下なのに対して、後者では、100ppmを越えるものが多かった。Cuは前者で10ppm前後、後者は約50ppmと4種類の重金属のうちでは、その両者の差は最も小さかった。Pbは前者ではCuとほぼ同じ10ppm前後であったが、後者では特にK地点の表層付近で140～280ppmと大きい値を示した。

次にこれらの結果から、重金属含量と有機物含量の関係を見てみよう。図－5は有機物含量とZn含量の相関図である。この図からもわかるように、両者には明らかな一次的相関はないが、有機物含量が高い底泥にはZn含量の高いものが多い傾向は否定できない。図－6は底泥を有機物含量の差異によって、A（10％以下）、B（10％～20％）、C（20％以上）の3つのグループに分け各グループに属する底泥の重金属含量の変動範囲と算術平均値を重金属ごとに示したものである。この図からもわかるように、有機物含量が高くなると、重金属によって変動範囲の変化の大きさの違いはあるものの、いずれも最小値・最大値・平均値は高くなっていく傾向は明らかである。

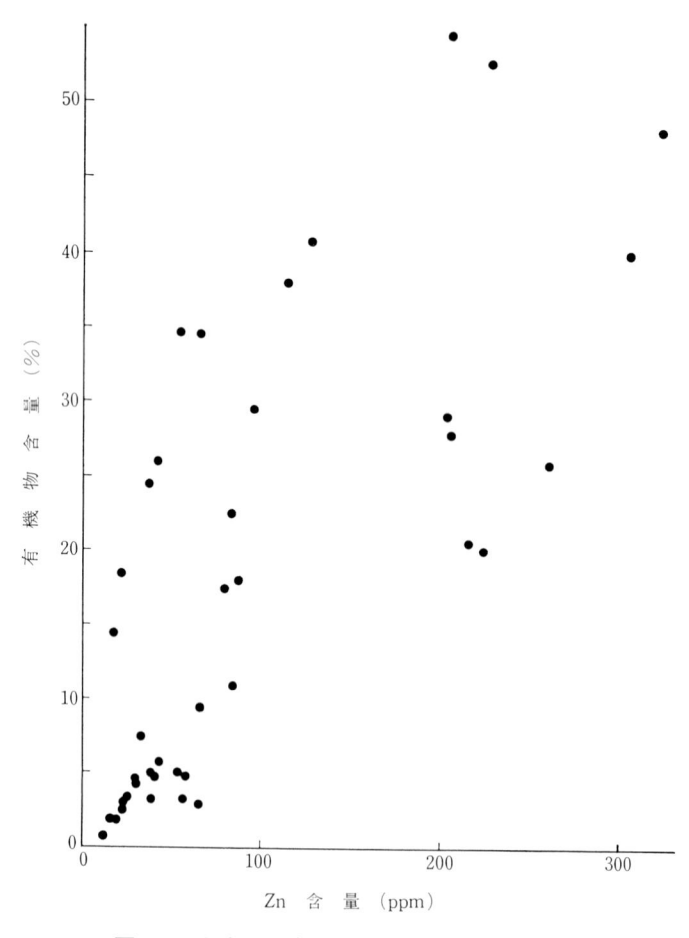

図－5　湖底泥の有機物含量とZn含量の関係

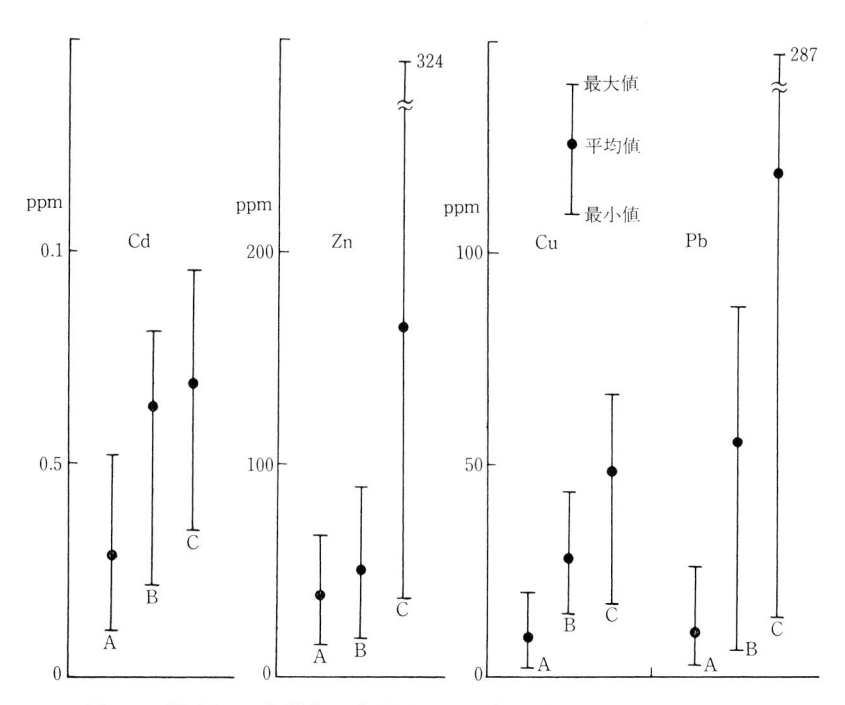

図－6 湖底泥の有機物の含量別にみた各重金属の変動幅と平均値
A：10％以下（有機物含量）、B：10～20％（有機物含量）、C：20％以上（有機物含量）

表－15 底泥中のZnに対する各重金属の含有量

	有機物含量 10％以下 （A）	有機物含量 10～20％ （B）	有機物含量 20％以上 （C）
Zn/Cd	148	143	238
Zn/Cu	5.2	4.8	3.7
Zn/Pb	4.2	3.1	1.7

　表－15は、各底泥中におけるZnに対するCd、Cu、Pbの各含有比を、図－6と同様に有機物含量によってグループ分けして、その平均値をまとめたものである。この表からもわかるように、有機物含量が高くなると、重金属含量も相対的に高くなるものの各重金属の比はかなり異なってくる。Zn/CdではCはAの約1.5倍大きくなるが、Zn/Cu、Zn/Pbでは逆に小さくなり、Zn/PbではCはAの1/2以下になる。このような重金属間の量的割合が異なる原因としては、一般に流入する供給源の重金属組成の違いによるか、底泥に蓄積後、各重金属の溶解・沈澱・吸着などの物理・化学的あるいは生物学的反応の過程で異なってくることなどが考えられる。

b）水生植物のZn、Cu含量

　水生植物中のZn、Cuの分析結果を表－16に示す。Znについてみるとセキショウモとオオカナダモが高く、またヒシの根が240ppmと同じヒシの葉茎に比べて4倍以上の値であった。その

IX. 関連資料

表—16 霞ヶ浦水生植物のZn、Cu含量

水生植物の種類		Zn(mg/kg)		Cu(mg/kg)		Zn/Cu
		乾重当たり	生重当たり	乾重当たり	生重当たり	
沈水植物	エビモ	60.5	3.6	9.9	0.6	6.1
	ササバモ	33.7	3.8	9.5	1.1	3.5
	セキショウモ	163.1	11.2	18.5	1.3	8.8
	ホザキノフサモ	32.4	2.0	8.0	0.5	4.1
	リュウノヒゲモ	63.2	6.3	6.6	0.7	9.6
	オオカナダモ	196.7	17.3	18.8	1.6	10.5
浮葉植物	アサザ	30.2	2.3	0.3	0.02	100.7
	ヒシ（根）	240.0	—	8.6	—	27.9
	（葉茎）	51.8	6.2	7.9	0.9	6.6
抽水植物	ヨシ	18.2	9.1	0.3	0.15	60.7
	マコモ	21.8	5.0	2.6	0.6	8.4

表—17 付着藻類・植物プランクトンのZn、Cu含量

試料	Zn(mg/kg)	Cu(mg/kg)	Zn/Cu
付着藻類（千曲川）[*1]	169	57	3.0
植物プランクトン（諏訪湖）[*2] 湖心	24	12	2.0
河口	94	47	2.0

[*1] 渡辺義人ら(1973)　[*2] 小林値(1971)
ただし数値は乾重当たりを示す

他の種類は一般に20〜60ppm（乾重当たり）の範囲にあった。Cuについては、やはりセキショウモとオオカナダモが他に比べてかなり高い値を示したが、ヒシの根はZnのような高含量は示さなかった。また、一般に抽水植物のCu含量は相対的に小さく、特にヨシはアサザとともに0.3ppmと非常に低かった。その他は6〜10ppmの範囲であった。

　参考のために、これらの値を付着藻類や植物プランクトンなどと比較すると（表—17）、Zn含量については両者はほぼ同じレベルにあるが、Cuは水生植物のほうが一般に低い。その結果、Zn/Cu比は付着藻類などが2〜3であるのに対して、水生植物は4以上とかなり高くなっている。特にCu含量の極端に低いアサザ・ヨシでは60〜100である。もちろん植物体の重金属含量も各重金属の含有比は、水中の重金属の濃度と組成に影響を受けるので、霞ヶ浦の水生植物のZn/Cuの高いことが水生植物の一般的な特徴かどうかは、今後の詳細な調査を待たねばならない。

　なお、参考に昭和47年に桜井らによって調査された西浦の水生植物の現存量を基礎にして、水生植物による年間のZn、Cuの吸収量を試算するとZnが約130kg、Cuが約10kgである。

c）底泥の重金属の蓄積過程と有機物との関連

　上述したように、霞ヶ浦においても、底泥の有機物含量が高いところでは重金属含量も高く、

重金属の蓄積過程に有機物がなんらかの形で関与していることが示された。そこで、この底泥の重金属の蓄積過程と有機物との関連をより明らかにする手がかりを得るために、水生植物の予備的分解実験を行ない、水生植物中の重金属の挙動を調べた。実験方法と結果を要約すると次のようである。

①方　法

　　試　　料：オオカナダモ　生重1kg（乾重60g）

　　分　散　液：霞ヶ浦湖水10l＋蒸留水30l　　50lポリ容器使用

　　実験期間：昭和49年8月31～昭和50年4月30日　8カ月間

　　実験条件：室温、前半4カ月曝気、後半4カ月静置

　　　　　　　分解残渣は遠心集積し、風乾後分析

②結　果

　　分解率 { 乾　重　75％　　分解残渣の有機物含量　30％
　　　　　　 有機物　90％

　　重金属含量 { Zn { 水生植物 …… 197ppm
　　　　　　　　　　 分解残渣 …… 2,014ppm
　　　　　　　　Cu { 水生植物 …… 18.8ppm
　　　　　　　　　　 分解残渣 …… 229ppm

　このように分解残渣中には高濃度に重金属が蓄積されていたが、この濃度は、分解率からみて実験当初植物体として加えた重金属の計算量よりもかなり高く、大気から曝気中に混入するなどの外部からの汚染があったと思われる。しかし興味あることは、外部から混入した重金属もこの分解残渣中に取り込まれ、蓄積されているという事実である。これらのことから、底泥における重金属の蓄積過程に有機物が関与する場合、次のような2つの過程が考えられる。

　1つは、生物体内に取り込まれた重金属が湖外から有機廃水として、また湖内からは水生生物の遺体として湖底泥に供給され、有機物が分解されても水中に溶出せず残渣中にとどまり濃縮されていくという過程である。この場合、底泥の酸化還元電位が大きな影響をもつと思われる。

　表－18に示したのは家庭下水溝の黒色腐泥中の重金属含量と各重金属の含有比である。有機物含量が60％と高く、還元状態にある。各重金属とも高濃度に蓄積されていることがわかる。またこれらの各重金属の含有比が、霞ヶ浦底泥の有機物含量が20％以上のCグループの底泥の重金属の含有比の平均値（表－15参照）に近い値であることは興味あることである。

表－18　家庭下水溝堆積物の重金属含量と含有比

Zn	1,167ppm	Zn/Cd	212
Cd	5.5	Zn/Cu	1.3
Cu	883	Zn/Pb	2.6
Pb	598		
有機物60％			

　もう1つは、このように底泥に堆積した有機物分解残渣は、分解実験でも見られたように、水中に存在している重金属をキレート化や吸着などの物理・化学的作用によって取り込み、蓄積していくという過程である。

IX. 関連資料

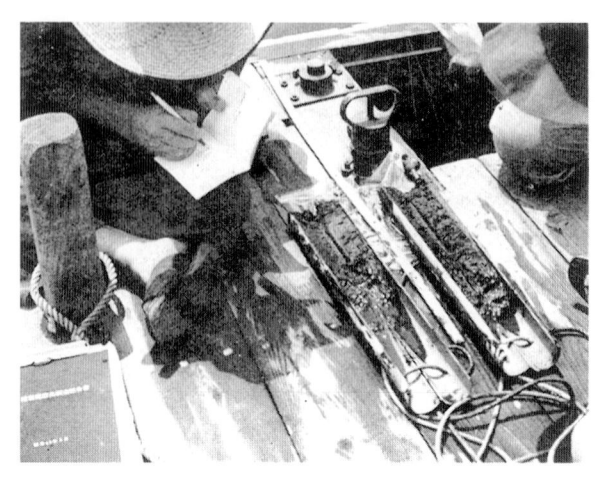

写真-4　柏崎入江で採取した柱状試料

　以上述べたことは、いまだ推論の域を出ず、重金属の蓄積機構を明らかにするにはさらに詳細な研究が必要であるが、水圏の底泥への重金属の蓄積過程には、重金属廃水などによる直接の経路のほかに、有機物を通しての間接的な経路があることも見のがしてはならない事実である。

（渡辺義人・山本満寿夫）

（昭和49年度霞ヶ浦生物調査報告書、建設省霞ヶ浦工事事務所発行より）

2. 琵琶湖、霞ヶ浦および千曲川における抽水植物の成長速度と生産力

ヨシ、マコモ、ヒメガマの成長速度、生産力、群落密度、現存量などを、1985年4月から継続測定した。場所は琵琶湖左岸の矢橋（ヨシ）、霞ヶ浦（外浪逆浦）の福島（ヨシ、マコモ、ヒメガマ）、千曲川の下之条（ヨシ）、千曲川の派川である桝網用水（ヨシ、マコモ）および依田川湿地（ガマ）である。

ヨシの地上部の1本重量の変化を図－1に示した。ヨシは4月下旬から7月下旬にかけて急速に成長する。この間の成長速度は生育地によって著しく異なり（表－1）、その原因は底質にあるように思われる。この期間にそれぞれのstandのshootの密度から群落地上部の純生産力を求めると表－1のような大きな値となり、4地点間にあまり差がない。ヒメガマおよびガマは1本の成長は速いが、疎生するため群落の生産力はヨシに比べはるかに小さい。マコモの成長速度は上記の

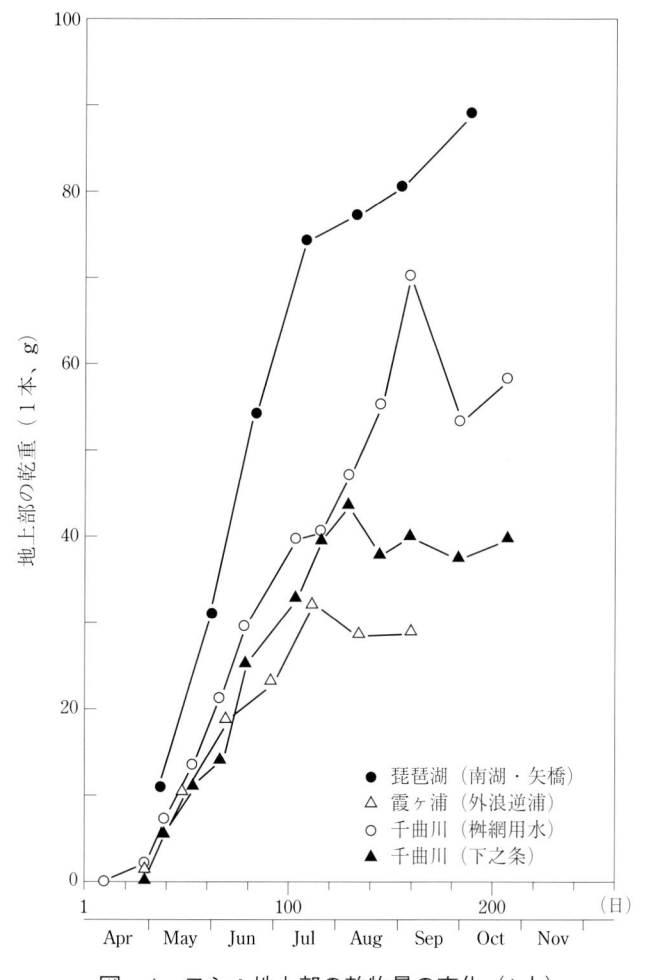

図－1　ヨシ：地上部の乾物量の変化（1本）

IX. 関連資料

3種に比べ劣るが、今回の方法では群落生産力を求めることができなかった。

ヨシの長さと1本の重量の間には各生育地に共通する明らかな相関関係（図－2）があるが、長さ約1.3mを境に係数の異なる回帰式をとる。図－2左の式は発芽からおよそ5月中旬までに相当し、shootのN、P含量の高い時期（渡辺・植田・桜井、1985）に一致する。

表－1　ヨシ、ヒメガマおよびガマの最大成長期における地上部の生産力

植物	生育地	期間 (月/日、1985)	日数 (日)	期間中の重量 (始—終) (乾、g/1本)	期間中の 成長量 (g/1本)	1本の生産力 (g/日)	密度 (本/m²)	群落の生産力 (g/m²・日)
ヨ シ	琵琶湖・矢橋	5/7～7/17	72	11.0—74.3	63.3	0.88	44.2	38.9
	霞ヶ浦・外浪逆浦	4/27～7/20	85	2.2—31.5	29.3	0.34	67.7	23.0
	千曲川・桝網用水	4/29～8/7	101	1.8—47.0	45.2	0.45	85.2	38.3
	千曲川・下之条	5/9～8/7	91	5.7—43.6	37.9	0.42	78.0	32.8
ヒメガマ	霞ヶ浦・外浪逆浦	4/27～8/12	108	3.7—76.8	73.1	0.68	19.9	13.5
ガ マ	依田川・立岩	4/29～7/5	68	3.8—87.5	83.7	1.23	9.2	11.3

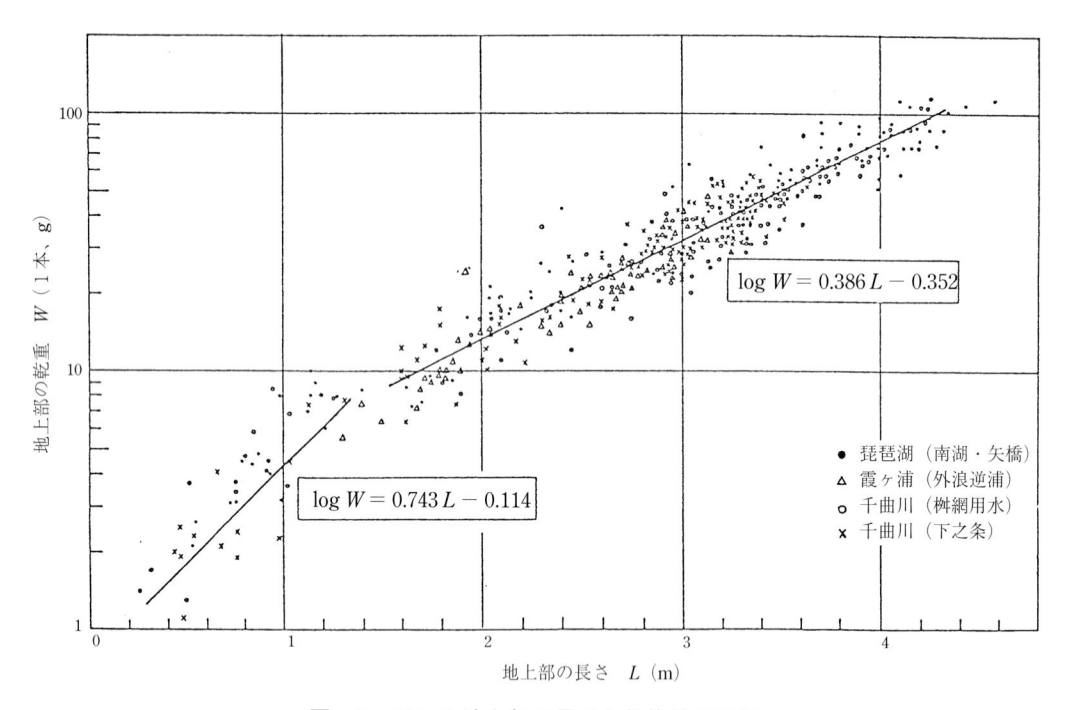

$$\log W = 0.386 L - 0.352$$

$$\log W = 0.743 L - 0.114$$

図－2　ヨシ：地上部の長さと乾物量の関係

琵琶湖（10地点）と霞ヶ浦（17地点）でヨシ群落のshootの密度を測定し、長さ、1本重量、および現存量との関係を求めた。霞ヶ浦では密度と長さおよび1本重量の間には負の、現存量との間には正の相関がみられたが、琵琶湖では相関がなかった。

継続測定の4地点と上記27地点のヨシの現存量を表−2と表−3に示した。琵琶湖と霞ヶ浦の平均現存量は共に約1,900g/m^{2}であったが、千曲川の下之条の群落では、5,955g/m^{2}に達した。マコモ、ヒメガマおよびガマの現存量はヨシに比べ一般に低い。

表−2 定点におけるヨシ、ヒメガマおよびガマの最大現存量

植物	生育地	最大成長量		密度	最大現存量
		測定月日 （月/日、1985）	1本の平均重量 （乾、g/1本）	（本/m^2）	（g/m^2）
ヨシ	琵琶湖・矢橋	10/06	88.6	44.2	3,916
	霞ヶ浦・外浪逆浦	7/20	31.5	67.7	2,132
	千曲川・桝網用水	9/06	69.9	85.2	5,955
	千曲川・下之条	8/07	43.6	78.0	3,401
ヒメガマ	霞ヶ浦・外浪逆浦	8/12	76.8	19.9	1,528
ガマ	依田川・立岩	7/24	91.0	9.2	837

表−3 琵琶湖と霞ヶ浦におけるヨシ、マコモおよびヒメガマの現存量

植物	湖沼	測定月日 （1985）	地点数	現存量（g(乾)/m^2）	
				最低〜最高	平均
ヨシ	琵琶湖	8/08〜10	10	851〜3,574	1,922
	霞ヶ浦	9/17〜18	17	776〜3,320	1,899
ヒメガマ	霞ヶ浦	9/17〜18	5	294〜974	524
ガマ	霞ヶ浦	9/17〜18	5	456〜1,022	712

（桜井善雄・松本佳子・宮入美香）

（日本陸水学会甲信越支部1985年研究発表会講演要旨より）

IX. 関連資料

3. 枯死した抽水植物の分解による湖水からの奪酸素

ヨシ、マコモ、ヒメガマが枯死して湖水中で分解する場合における初期の分解速度と、分解に伴う湖水からの奪酸素について実験的に検討した。

1) 分解速度

1985年3月27日に霞ヶ浦から枯れたヨシ(茎)、マコモ(葉と茎)、およびヒメガマ(葉)を採取し、それぞれ約5cmに切って、2.5〜4.5gの一定量を秤取し、ナイロン・ゴース布に包み、池中および27.5℃の水槽中(毎日4時間づつ曝気した)におき、一定期間ごとに取り出して乾燥重量を測定した。また1985年6月30日に採取した生植物の乾燥試料についても実験を行った。

分解による減量が $W_t = W_o \cdot e^{-Kt}$ 式(ただし、$t = \mathrm{day}^{-1}$)にしたがって進むものと仮定した場合のK値をまとめて表−1に、また第2回実験における残存量の経日変化を図−1に示した。表−1、図−1の如く枯死したヨシ茎の分解は著しくおそい。ヨシ茎に比べ、ヨシの葉およびマコモ、ヒメガマの分解はかなり速い。また生植物体の分解は枯死体に比べ著しく速い。ちなみに、この条件下で残量が1年間に約1/10になるK値は0.0063である。

2) 分解に伴う奪酸素量

上記の植物体を乾燥・粉砕(0.5mm以下)し、その一定量(ヨシは60または40mg/l、マコモとヒメガマは20mg/l)を水道水中に均一に分散させ、酸素びん中に入れ、20℃暗条件に保ち、DOの変化を一定期間ごとに測定した。

各実験回の5日間と20日間における単位植物体当りの酸素消費量を表−2に、また第3回実験における酸素消費量の経日変化を図−2に示した。結果にみられる傾向は前記の分解速度のちがいに符号している。

表−1 抽水植物の分解速度：K値*

植物	部分・状態		第 1 回			第 2 回	
		日数(日)	池中(21.6〜25.5℃)	水槽中(27.5℃)		日数(日)	水槽中(25℃)
ヨシ	茎	枯死	37	0.0018	0.0026	35	0.0016
		生	—	—	—	35	0.0047
	葉	枯死	—	—	—	35	0.0082
		生	—	—	—	35	0.0156
マコモ	茎・葉	枯死	37	0.0065	0.0113	35	0.0075
		生	—	—	—	35	0.0226
ヒメガマ	葉	枯死	37	0.0060	0.0079	35	0.0058
		生	—	—	—	35	0.0144

* $W_t = W_o \cdot e^{-Kt}$ (ただし、$t : \mathrm{day}^{-1}$)と仮定。

IX. 関連資料

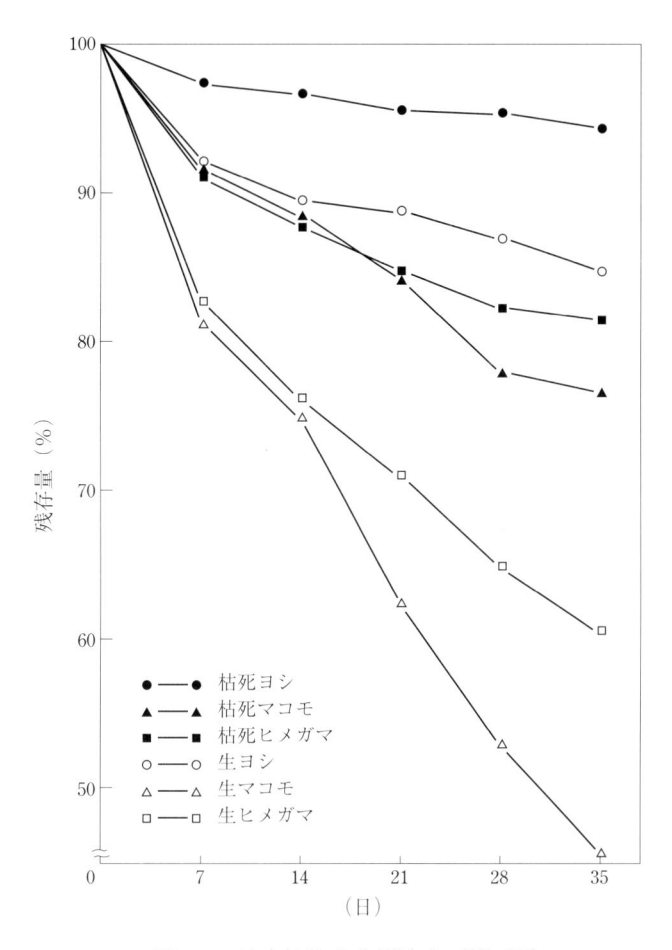

図-1 抽水植物の分解速度（第2回）

表-2 抽水植物の分解に伴う5日間および20日間の酸素消費量

植物	部分・状態		5日間（O_2 mg/mg植物体）				20, 21日間（O_2 mg/mg植物体）		
			1回	2回	3回	平均	2回	3回	平均
ヨ シ	茎	枯死	0.020	0.019	0.032	0.024	0.071	0.108	0.090
		生	—	—	0.054	—	—	0.162	—
マ コ モ	茎・葉	枯死	0.047	0.045	0.034	0.042	0.200	0.183	0.192
		生	—	—	0.143	—	—	(0.26<)	—
ヒメガマ	葉	枯死	0.054	0.045	0.051	0.050	0.150	0.162	0.156
		生	—	—	0.086	—	—	0.319	—
グルコース			—	—	0.121	—	—	0.646	—

Ⅸ. 関連資料

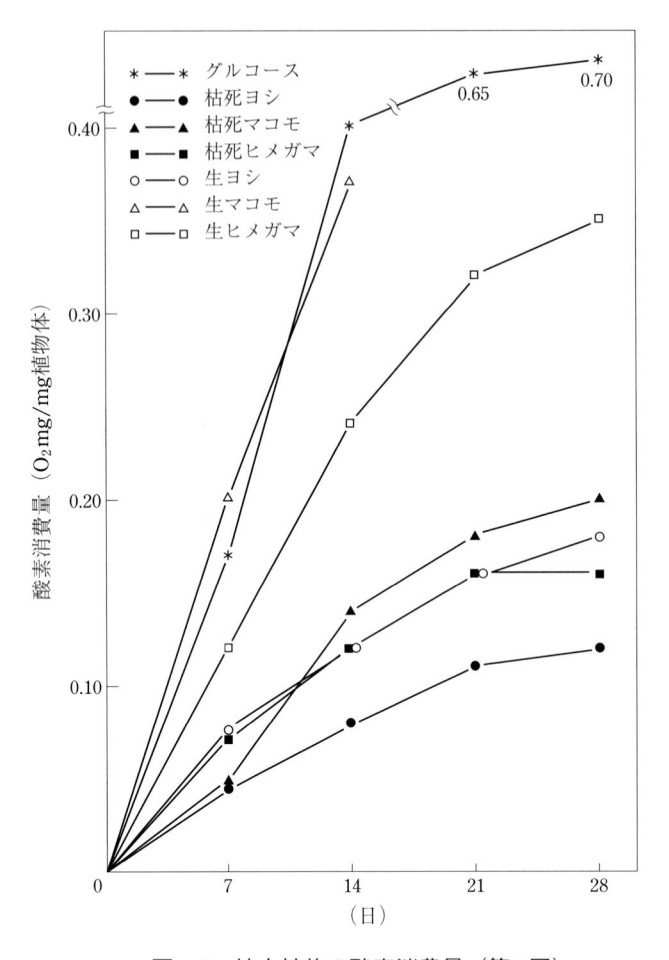

図－2　抽水植物の酸素消費量（第3回）

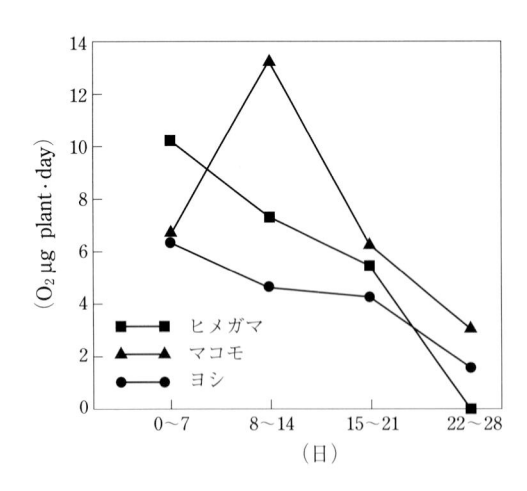

図－3　分解の進行に伴う1日当りの酸素消費量の変化

　図－3は枯死植物体の分解の進行に伴う1日当りの酸素消費量の変化である。霞ヶ浦の抽水植物の現存量は3,383.2トン（桜井、1982）なので、これが枯死したのち全部が約1カ月の間に湖水中に浸って分解し始めると仮定し、図－3の総平均値を現存量に乗じ、さらに5日間の酸素消費量（推定BOD_5）を霞ヶ浦（西浦）の全湖水量（$684 \times 10^6 m^3$）に対して求めると0.14 mg/lとなり、湖水質への影響は小さいことがわかる。

（桜井善雄・宮入美香・松本佳子）
（日本陸水学会甲信越支部会報、1985より）

IX. 関連資料

4. 湖沼沿岸帯における抽水植物の立地条件

近年わが国では、土木工事による湖沼沿岸帯の自然環境の損傷・破壊が進行する一方、土木学会的発想による沿岸帯植物群落の再生が部分的に試みられている。しかし、それらをみると、工法の中に採用されている植物（多くの場合、ヨシ、マコモ、ガマ類など）の良好な成育に必要な立地条件の整備に不十分な例が多く、あまり成果をあげているとはいえない。本所究は、すでに失なわれた湖沼沿岸帯の植生回復技術の確立に資するため、沿岸帯植物群落の中で特に重要な役割りを果たしているヨシ、マコモ、ヒメガマについて、それらの自然立地の土壌条件について調査を行ったものである。

調査は、1986年の7月～9月に、霞ヶ浦（8地点）、琵琶湖（4地点）、諏訪湖（上川1地点）で実施した。

植物の地上部については密度、長さ、生重量を測定した。地下部および土壌の試料はシンウォールサンプラー（ステンレス鋼製、内径74mm、長さ1.3m）を用いて採取し、得られた土壌コアを10cmごとの層別に分け、各層について植物の地下茎と根の量を測定するとともに、土の水分含量、粒度組成、ケルダールNおよび全P（Andersen法、アスコルビン酸還元－モリブデン青法）の分析を行った。ただし、NとPの分析は20～30cm層と50～60cm層の2層とした。なお、このサンプリング法では、ヨシについては根の最深部までの試料はとれなかった。

各地点の地上部の状況を表－1に、地下茎および根の垂直分布を図－1に示した。図－1によれば、ヨシの根は60cm深まではかなりの量分布しているが、地下茎の大部分は多くの場合40cm以浅に分布しているようである。マコモとヒメガマでは、ヨシに比べ、もっと浅い30cm以浅の表層に地下部のバイオマスの大部分が分布している傾向がみられる。地下部の全バイオマスは3

表－1　各調査地点の植物の種類・現存量・その他

調査地点番号	水域		植物	調査年月日	密度 (n/m^2)	長さ (cm)	現存量		備考
							生 (kg/m^2)	乾 (kg/m^2)	
S1	諏訪湖	上川右岸	ヨ シ	86/07/14	56	346	7.2	3.1	水なし
K2	霞ヶ浦	外浪逆浦左岸	ヒメガマ	86/07/23	37	270	8.8	1.0	水深25cm
K3			マ コ モ	〃	60	225	3.7	0.6	水深25cm
K4			ヨ シ	〃	143	282	7.4	3.4	水深10cm
K5		西浦海岸	ヨ シ	〃	95	321	5.8	2.7	水深10cm
K6			ヨ シ	〃	51	273	2.3	1.1	水深10cm
K7			マ コ モ	〃	49	176	2.5	0.4	水深30cm
K8			ヒメガマ	〃	25	306	8.8	1.0	水深40cm
K9			ヨ シ	〃	51	320	4.2	2.0	水なし
B10	琵琶湖	南湖左岸矢橋	ヨ シ	86/09/18	44	407	7.1	3.7	水なし
B11		南湖左岸北山田	ヨ シ	〃	38	246	4.2	2.2	水なし（常時水深10～30cm）
B12			マ コ モ	〃	46	110	1.7	0.4	水深10cm
B13		南湖右岸苗鹿	ヨ シ	〃	36	400	5.5	2.9	水深1～2cm

IX. 関連資料

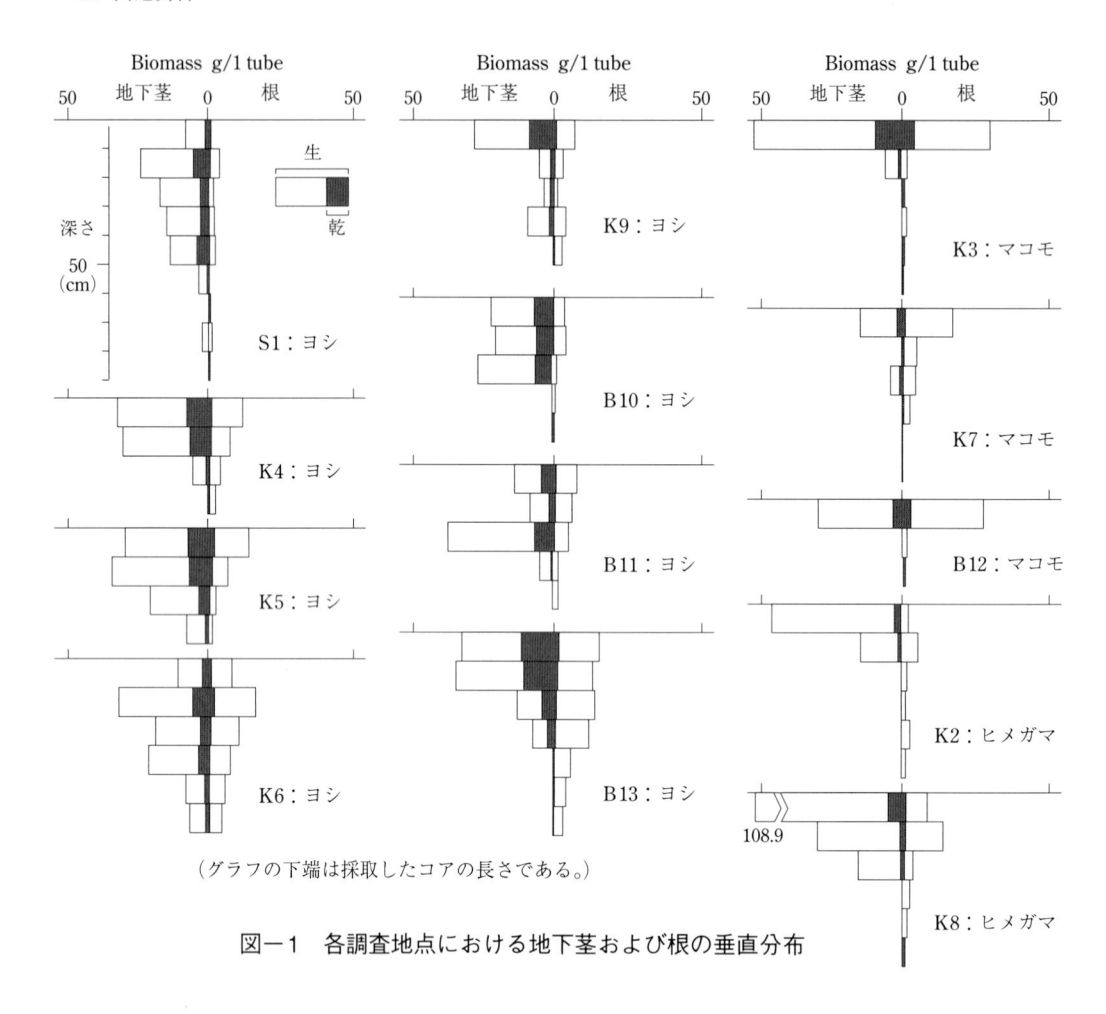

図―1　各調査地点における地下茎および根の垂直分布

（グラフの下端は採取したコアの長さである。）

種の植物の中ではヨシが最も多い。前記の垂直分布のパターンと相まって、ヨシ群落が特に波浪による沿岸の侵食防止に役立つ所以であろう。

　調査した立地の土の粒度組成は、**表―2**のように2・3の地点で粗砂の含有量が高いほか、ほとんどが微砂以下の細かい粒子から成っている。表―2には全層の平均植を示してあるが、1・2の地点を除き粒度組成は層位によりあまり変化がなかった。

　土壌中のN・Pの含量を**表―3**に示した。これらの値は陸上の表土に比べ高いものではない。地上部の現存量との関係をみると、50〜60cm層のN、P含有量との間に、かなり明らかな正の相関がみられる。

　以上の結果から、湖沼沿岸帯にヨシ等の抽水植物群落を成立させるには、少なくとも深さ60cmの安定した土壌の層が必要と考えられる。

IX. 関連資料

表−2 各地点の土壌の粒度組成（全層平均、%）

調査地点	粒径 (mm)				
	2.0以上	1.0〜2.0	0.5〜1.0	0.25〜0.5	0.25以下
S1	0.3	0.4	4.1	3.5	91.7
K2	0.1	2.6	19.9	8.4	69.0
K3	0.3	1.8	19.5	10.3	68.1
K4	4.3	5.4	54.8	16.8	18.7
K5	3.1	2.8	6.1	6.3	81.7
K6	0.0	0.3	1.9	2.3	95.5
K7	0.0	0.4	1.3	1.3	97.0
K8	0.0	0.2	4.2	2.4	93.2
K9	3.3	4.0	16.7	7.4	68.6
B10	1.5	2.3	5.7	1.4	89.1
B11	0.4	0.7	1.8	0.7	96.4
B12	0.0	0.4	1.8	1.3	96.5
B13	0.0	1.5	3.4	1.7	93.4

表−3 各地点の土壌のNおよびP含有量

調査地点	深さ (cm)	N (%)	P (%)
S1	20〜30	0.204	0.101
	50〜60	0.104	0.081
K2	20〜30	0.053	0.012
	50〜60	0.078	0.016
K3	20〜30	0.035	0.013
	50〜60	0.044	0.011
K4	20〜30	0.029	0.010
K5	20〜30	0.040	0.014
K6	20〜30	0.145	0.026
	50〜60	0.017	0.014
K7	20〜30	0.031	0.016
	50〜60	0.017	0.018
K8	20〜30	0.032	0.018
	50〜60	0.020	0.016
K9	20〜30	0.018	0.013
B10	20〜30	0.062	0.027
	50〜60	0.133	0.065
B11	20〜30	0.025	0.020
	50〜60	0.055	0.018
B12	20〜30	0.021	0.008
B13	20〜30	0.161	0.037
	50〜60	0.035	0.012

（桜井善雄・渡辺義人・松沢久美子・滝沢ちやき）

（日本陸水学会甲信越支部会報、1986より）

IX. 関連資料

5. 植生と湖岸景観 ― アンケート調査の結果から

　湖の沿岸帯と人間の生活および生産活動との関係は多岐にわたるが、沿岸帯の一定の区域を構成する諸要素の総合が、景観として人々の目に映り、特定の感情を呼び起こす働きもその中の重要な一つである。

　近年、わが国各地の湖沼沿岸帯は、水資源開発、治水、道路建設、浚渫と埋め立て、観光開発等に関連する土木工事によって破壊と損傷が進み、植生その他の自然環境が急速に減少している。そして一方では、各地の湖沼や河川で、「親水護岸」とか「アメニティー湖岸」というような人工の水辺の造成か進められている。

　このような現状にがんがみ、わが国の人々が好ましいと考える湖岸景観はどんな性格のものであり、沿岸帯の植生はその景観構成にどのような役割をはたしているか、また人々は「水辺」についてどのような考えをもっているか、等について全国にアンケート調査を行い、湖沼沿岸帯の保護・保全に必要な基礎的知見の一つを得ようとした。ここでは、その全体集計から得られた結果の大要を報告する。なお、この調査には、後述のように全国各地の多くの人々にご協力をお願いした。記して深謝の意を表する。

1) 講査の方法

　アンケート調査には、国内とヨーロッパの各地で撮影した湖岸景観の中から、自然度の高いものから全く人工的なものまでを含む30の湖岸景観を選び、これをB4判にカラー印刷したチャート（本書ではモノクロ写真、258ページ見開き）を使用した。これらの写真は次のような湖沼で、何れも筆者が撮影したものである。

　　　1, 6, 12, 22, 24, 25；霞ケ浦　　2, 10, 19, 20, 21, 23, 26, 29；琵琶湖　　11；諏訪湖
　　　18；野尻湖　　3, 14；木崎湖　　17；古池（志賀高原）　　16；蓬池（志賀高原）
　　　9；支笏湖　　4；栗林公園（高松市）　　30；二条城庭園（京都市）　　7；千葉市内公園
　　　5, 13, 27；アルスター湖（西ドイツ、ハンブルク市）　　8；ティティ湖（西ドイツ）
　　　28；ボーデン湖（西ドイツ）　　15；西ドイツ南部農村の小湖

　上記のカラーチャートとともにアンケート用紙を配布して、30の景観の各々について、好ましい(5)、どちらかといえば好ましい(4)、どちらともいえない(3)、どちらかといえば好ましくない(2)、好ましくない(1)の5段階の中から1つを選んで評価してもらった。また、上記のような湖岸景観の個別評価とは別に、「水辺」という言葉からの連想についても下記のような13の項目をあげて、任意の複数選択による回答を求めた。

　「水辺」という言葉からの連想についての選択項目（任意複数選択）
　　　1. 心が安まる憩いの場所
　　　2. 水に手を触れることができる場所
　　　3. 洪水その他の災害
　　　4. 雑然とした場所

5. 危険な場所
6. 水鳥や昆虫などが育つ場所
7. 魚やえびなどが育つ場所
8. 魚釣り
9. ボート、ヨット、ウィンド・サーフィン、遊覧船などのレクリェーション
10. 水泳や水あそび
11. ごみや水の汚れが目立つ汚いところ
12. 堤防などがつくる幾何学的な美しさ
13. ヨシ、マコモ、ガマなど水草の茂み

回答用紙にはそのほか、わが国での湖の水辺環境の現状についての見解や回答者の性別、年齢、職業、居住地、等についても記入する欄を設けた。

調査は1986年の4月から9月に行い、全国各地に居住する水草研究会および日本陸水学会の会員や知人にカラーチャートと回答用紙を数部ずつ依頼し、周囲の専門分野に関係のない広い階層の人々にアンケートしてもらった。

2) 調査結果

アンケートの回答は2551人から寄せられた。**表ー1**にそれらの人々の性別、年齢、職業、居住地等の背景を示した。表のG、Hの各項をみると、多くの人々が「水辺」に関心をもっていることがわかる。

30の湖岸景観の評価結果は、前記の5段階に対する選択数の分布の型から、比較的容易に**表ー2**のような6つの類型に分類することができた。

一方、カラーチャートに示した30の湖岸景観について、空と水面を除いた景観構成要素を、自然の要素と人工の要素に分類すると**表ー3**のようになる。表のうち10と11は人工の構造では

表ー1 アンケート調査の回答者数とその背景分布 (回答者総数は実数、他は％)

回答者総数：2551									
【A】性別：	男 63	女 37	【B】年齢：	10代 20	20代 22	30代 26	40代 16	50才以上 16	
【C】職業：	農業 1	自営業 3	会社員 7	公務員等 30	教師・研究者 12	主婦 12	学生 31	その他 4	
【D】住所：	北海道 3	東北 2	中部 18	関東 25	東海 5	北陸 3	近畿 25	中国 12	四国 3 九州・沖縄 3
【E】地域環境：	農村 19	漁村 1	地方都市 60	大都市 20	【F】川・湖のそばに住む 50		それ以外 50		
【G】水辺を訪れる 72		訪れない 28		【H】水辺に関心ある 86		関心ない 14			

Ⅸ. 関連資料

▲ No. 1

▲ No. 2

▲ No. 3

▲ No. 4

▲ No. 6

▲ No. 7

▲ No. 8

▲ No. 9

▲ No. 11

▲ No. 12

▲ No. 13

▲ No. 14

IX. 関連資料

▲ No. 16

▲ No. 21

▲ No. 26

▲ No. 17

▲ No. 22

▲ No. 27

▲ No. 18

▲ No. 23

▲ No. 28

▲ No. 19

▲ No. 24

▲ No. 29

259

IX. 関連資料

表－2　アンケート調査の結果による湖岸景観の類型区分

類型	特　徴	景観の番号（カラーチャート参照）
A	評点5（好ましい）に選択数の最大があり50％をこえる。	17, 9, 15, 5, 13, 1, 28
B	評点5（好ましい）に選択数の最大があるが50％以下。	18, 4, 19, 26, 20
C	評点4（どちらかといえば好ましい）に選択数の最大がある。	21, 3, 27
D	評点3（どちらともいえない）に選択数の最大がある。	30, 29, 22, 10, 12, 16, 25, 14
E	評点2（どちらかといえば好ましくない）に選択数の最大がある。	2, 24, 23, 7
F	評点1（好ましくない）に選択数の最大がある。	16, 18, 11

表－3　評価の対象とした30の湖岸景観にみられる景観構成要素の分類

【Ⅰ】自然の要素
  1. 汀線を含む緩傾斜の地形
  2. 湿生および抽水植物の群落
  3. 浮葉および抽水植物の群落
  4. 表沿岸帯とその内部陸域の樹叢
  5. 砂浜

【Ⅱ】人工の要素
 (A) 6. 汀線をはさんで段差のある地形
   7. コンクリート壁、石垣、等の護岸
   8. 建築物、桟橋、等
   9. 広告等、彩色された構造物
 (B) 10. 自然景観に似せた配石
   11. 緩傾斜の石張り護岸

あるが、その場所の景観または親水機能を高めるために設けられた要素なので他と区別し、6～9を人工の要素(A)、10, 11を同じく(B)とした。

30の個々の湖岸景観における表－3のような自然および人工の景観構成要素の存否と、表－2に示したようなその景観に対する評価との関係をみると、両者の間にはかなり明瞭な一定の関係が認められる。

図－1はこのような関係を示したものである。図－1の上段には、表－3の自然の要素の数を、下段には人工の要素(A)の数を、それぞれの景観ごとに示してある。人工の要素(B)は中段に示した。

IX. 関連資料

　図-1からわかるように、表-3の1～5のような自然の要素を備えた湖岸景観は、表-2の類型A、B、C、およびDに属しており、高い評価を得ている。特に、汀線および湖水中の植物群落、ならびにその内側の陸域に存在する樹叢は、景観の評価を高める効果をもっていることがわかる。また、このような湖沼沿岸帯における植物群落成立の基盤となる緩傾斜の地形が、類型A、Bに属する景観のすべて、および類型A～Dに属する景観の91％にみられることは注目に値する。緩傾斜の湖岸に広がる砂浜も好ましい景観の形成に寄与している。

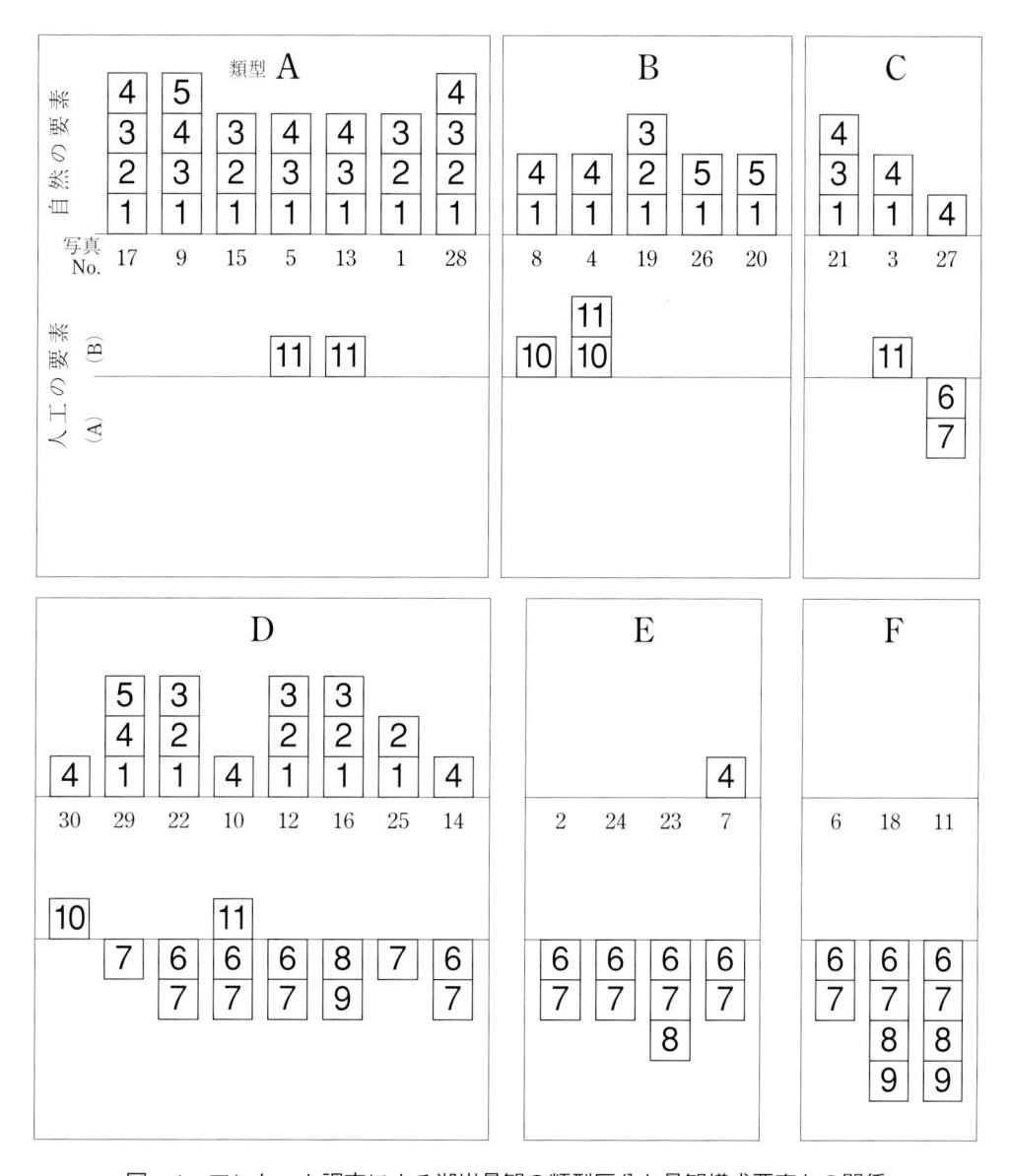

図-1　アンケート調査による湖岸景観の類型区分と景観構成要素との関係
　（注）類型 A～F；表-2参照、景観構成要素 1～11；表-3参照、写真No.はチャートを参照。

IX. 関連資料

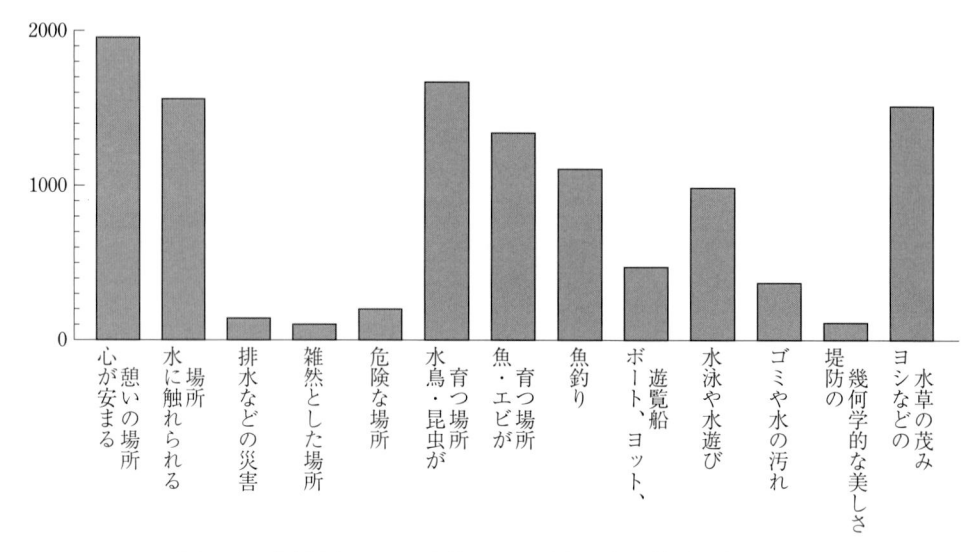

図−2 「水辺」という言葉からの連想―任意複数選択の結果
(注) 縦軸の数値は2,551人による選択数を示す。

　以上とは逆に、類型Dにみられるように、たとえ1〜5の自然の要素を具備していても、6〜9のような(A)群の人工の要素が加わると景観の評価は低くなり、さらに類型EおよびFのように、自然の要素を欠き人工の要素が卓越すると景観は好ましくないものになることがわかる。なお、(B)群の人工要素は少ない自然の要素を補い、景観の評価を高める役割を果たしていることがわかる。
　「水辺」という言葉からの連想についての回答結果をまとめると、図−2のような分布になった。これによれば、人々の「水辺」に対する想いは、精神的な安らぎと憩いおよびそれに関連するレクリエーション、ならびに水生植物の群落とそれに支えられる魚類、水鳥、昆虫、えび類などの生息に強いつながりをもっていることがわかる。これらに比べて、堤防がつくる幾何学的な美しさ、危険あるいは雑然とした場所、洪水、などへの連想は極めて少ない。
　なお、わが国の水辺環境の現状について、回答者の55％の人々はその破壊・損傷の程度がひどいとし、また742の人々は保護・修復が緊急かつ重要であると回答している。

3) まとめ

　以上のように、今回のアンケート調査によって、湖岸の景観に対するわが国の人々の選り好みとその景観を備えている湖沼沿岸帯の自然度、いいかえれば生態系としてみた場合の充実度との間には、強い対応関係があることが明らかになった。すなわち、多くの人々に好ましい印象を与える景観をもつ湖岸は、湖内および湖辺の植生が豊かであり、漁業資源や野生生物の生存・繁殖、湖水の浄化等にも好条件を備えている。「水辺」に対する連想についての回答の結果もこのことを裏付けている。
　以上のような、この調査で得られた人々の水辺景観に対する考え方は、わが国の湖沼や河川の

水辺の自然環境の改変や保護・修復の在り方について、大きな示唆を与えるものと考えられる。

わが国においても、近年、コンクリートブロック等を用いた護岸工の中にヨシ、マコモ、ガマなどの水生植物をとりいれようとする試みが、二、三の湖で行われている。しかし、これらの工法をみると、植物の生育に必要な土壌その他の環境条件、造成する群落の規模、植物種の多様性などについて、生態学的な観点からみて問題のある場合が多い。また、河川の親水公園などの造成においても、その場所にもともと存在した豊かな植生と自然環境を壊して、単純な人工の公園を造るような例が各地にみられる。

湖沼沿岸帯やその他の水辺の改修に当って、すべての場合に植生の保護や修復が可能なわけではなく、治水等を主目的にした硬構造のみの護岸工も止むをえない場合がある。しかし、わが国の現状は、あまりにも水辺の自然環境や自然景観に対する配慮を欠いているのではないだろうか。

このような状態を改善するには、水辺の自然環境の重要性について社会の認識を高めるとともに、その保護・保全の制度や生態学的な観点をとり入れた水辺管理の技術を整備しなくてはならない。ここに報告した調査結果は、その必要性を強く示唆している。

参考文献
1) 桜井善雄（1987）：湖岸景観と生態的機能．景観生態研究会記録集（滋賀県琵琶湖研）、pp.9-24.
2) 桜井善雄（1987）：湖沼の水辺景観とその生態学的価値．国立公園、No.452（Jul.）, pp.2-11.

（桜井善雄）

（水草研究会報 No.29, 12-18, 1987 より）

IX. 関連資料

6. 抽水植物の成長・枯死過程における植物体中N、P含量の変動とその現存量

　従来、湖沼の物質循環に関する調査研究は、そのほとんどが湖心を中心とした沖帯で行われており、生態系の構造や機能の面で沖帯とはかなり異なる沿岸帯についての知見は極めて少ない。湖沼の沿岸帯、特に高等水生植物が繁茂している水草帯はN、P循環過程におけるプールとして、また藻類などの着性生物の基体を提供する場として重要な役割を果たしていると考えられる。

　本研究は、湖沼水草帯におけるN、Pの循環過程に果たす高等水生植物の役割を明らかにする研究の一環として、一般に高等水生植物のうち最も現存量の多い抽水植物の成長・枯死過程におけるN、P含量の変動について基礎的知見を得ようとしたものである。

　抽水植物のN、P含量については矢木(1967)や渡辺ら(1984)など、いくつかの報告があるが、いずれも植物の最大成長期におけるものであり、またヨシの季節変動についてはKvet(1978)の報告があるが、シュートの発芽から枯死に至る過程でのN、P含量の変動についての知見は不十分である。本報告は湖沼、河川など生育環境の異なる5カ所の水域にそれぞれ定点を設け、ヨシを中心にマコモ、ヒメガマ、ガマについて定期的に調査し、地上部を対象にそれらのC、N、P含量や各成分比および変動傾向について検討したものである。また、最大成長期における抽水植物のN、P現存量についても検討を加えたので合わせて報告する。

1) 調査地点と調査湖間

　各水域における植物の採取地点と、その地点の概況は以下のようである。

霞ヶ浦 ── 外浪逆浦の北部、福島付近。岸から沖に向かってヨシ、マコモ、ヒメガマの順に群落を形成し、水深は0〜20cm、土壌は砂質である。

琵琶湖 ── 南湖の左岸で、矢橋地区に発達しているヨシ群落。水深は10〜20cm、土壌は泥質である。

千曲川 ── 上田市下之条付近の右岸。河川敷に発達しているヨシ群落。増水時以外は水につからない。土壌は砂質。

桝網用水 ── 上田市内を流れる川幅4mほどの千曲川の派川。土砂やヘドロが堆積している川幅の半分ほどの所にヨシの群落、やや離れて水に浸かった状態で生育しているマコモ群落。土壌は黒味がかった軟泥。

依田川 ── 長野県長門町立岩付近。依田川の後背湿地(もとの水田)に発達しているガマ群落。水深0〜20cm、土壌は泥質。

　調査はいずれも1985年に行った。植物の枯死体は3月の初旬にかけて1回、4月中旬以後の発芽期から11月ないし12月までは、およそ20日ないし30日に1回採取した。

2) 試料の調整と分析

採取した植物体（地上部）は室内で風乾した後、さらに熱風乾燥機により80℃で乾燥した。この乾燥した試料を種類別、水域別にそれぞれ2ないし3本とり、粉砕機により25メッシュ以下の粒子に粉砕し分析に供した。

Nの分析はケールダール法とCHNコーダー（柳本社製、MT-3）を併用して行った。PはAndersen(1976)の方法に準じた。すなわち、マッフル中で550℃で1時間灼熱した後、その残渣を1N HCl溶液で溶解し、その溶液をモリブデンブルー法で比色定量するものである。Cについては、一部はCHNコーダーによったが、そのほかは実測したC含量と灼熱減量(VS)から両者の比(C/VS)の平均値を求め、灼熱減量から算出した。

3) 結果と考察

a) 植物の成長・枯死過程における植物体中のNおよびP含量の変動

図－1はヨシの成長過程におけるN、P含量の変動をみたものである。その変動傾向をみると、植物の種類、採取した水域を問わずN、Pともにその含量は4月の成長初期に最も高く、その後5月後半までに急速に減少し、夏期の最大成長期にほぼ一定の値となり、その後半あたりから再び減少している。Nは成長初期では3～4％であったものが5月末にはその半分に、最大成長期では1～2％となり、枯死体では0.5％以下となる。Pは4月の約0.5％が5月末にはその半分に、最大成長期では0.1％弱になる。枯死体では0.02％以下となる。変動幅はPの方が大きい。また水域別にみると、N、Pともに琵琶湖と桝網用水の方が霞ヶ浦と千曲川に比べて明らかに高い傾向を示している。この違いは、各採取地点の生育条件の違いを反映しているものと思われる。事実、前者の2水域の土壌が泥質であるのに対して、後者はいずれも砂質であることもそのことを裏付

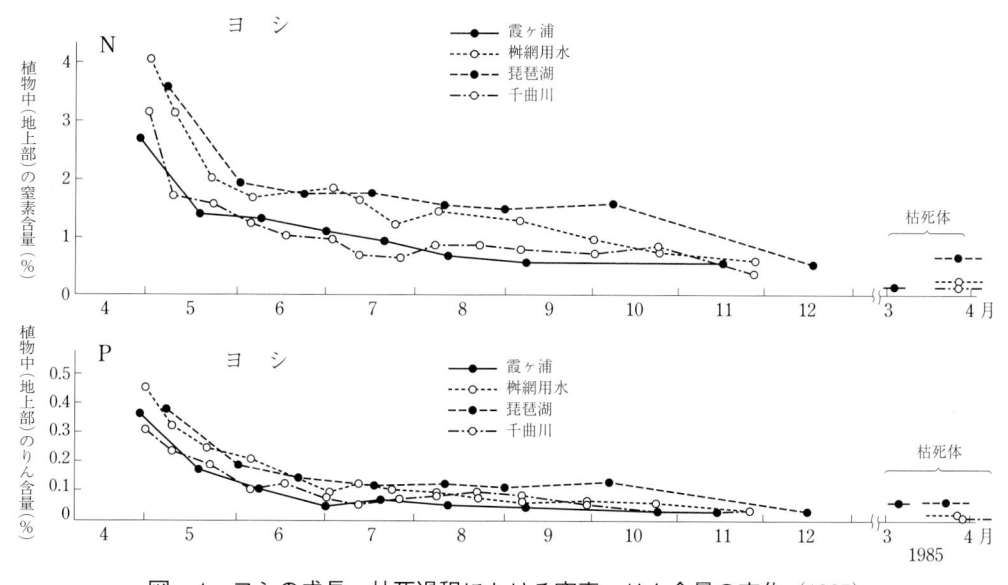

図－1　ヨシの成長・枯死過程における窒素、りん含量の変化（1985）

IX. 関連資料

けている。

　ちなみに、上記4地点の最大成長期における1本当たりの乾物量（桜井、1986）で比較すると、琵琶湖88.6g、桝網用水69.7g、千曲川40.0g、霞ヶ浦28.9gであり、水域によって成長量にかなりの差がみられる。

　図-2はマコモのN、P含量の変動を示したものである。その変動傾向はヨシのそれによく似ており、各含量のレベルや変動幅もヨシに近い。しかし、ヨシの場合にみられた水域間の含量の差はほとんどみられなかった。

　図-3はヒメガマとガマについての変動をみたものである。ヒメガマはN、Pともに成長初期

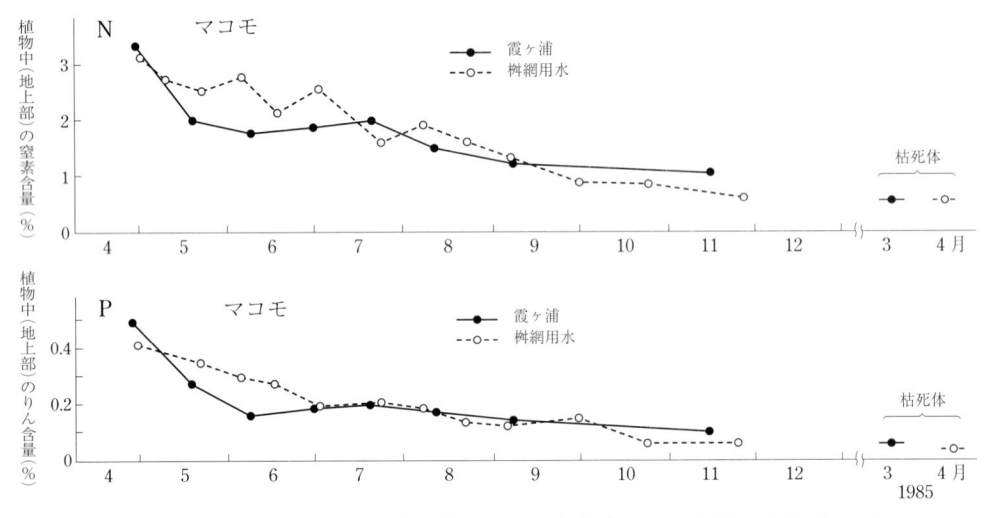

図-2　マコモの成長・枯死過程における窒素、りん含量の変化（1985）

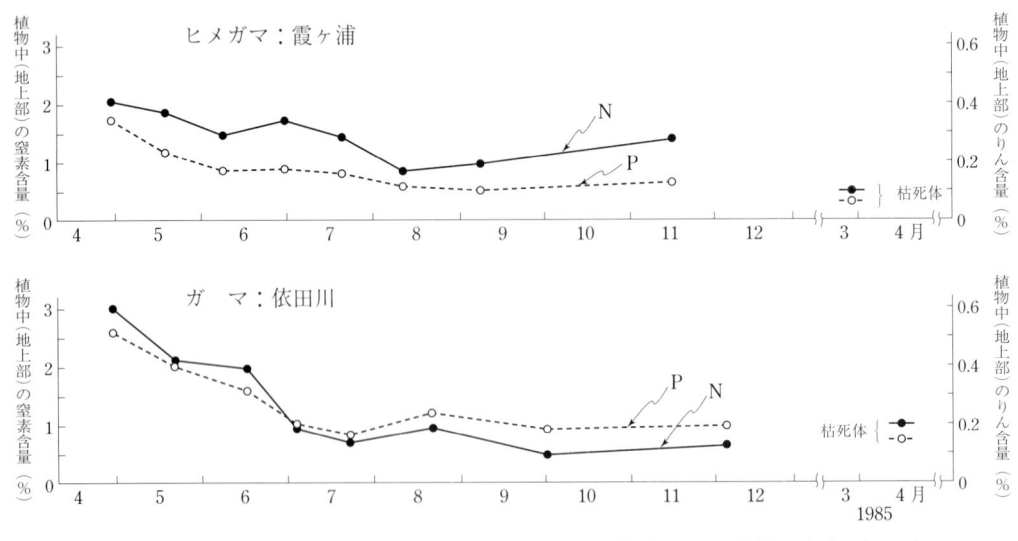

図-3　ガマ、ヒメガマの成長・枯死過程における窒素、りん含量の変化（1985）

の含量が高いのはヨシ、マコモと同じであるが、その後の変動は後者に比べて緩慢で変動幅は小さい。ガマの変動傾向はヨシ、マコモとほぼ同じである。今回の調査ではヒメガマ、ガマともにそれぞれ一つの水域についてのみしか行わなかったが、これらの種類の一般的な変動傾向を明確にするためには、さらにデータを蓄積する必要がある。

b）植物体中のC/N比およびN/P比の変動傾向

図－4と図－5はヨシの成長過程におけるC/N比とN/P比の変動を示したものである。C/N比についてみると、5月の成長初期では各水域とも最も小さいが、その後成長するにしたがい徐々に大きくなる傾向があり、最大成長期では5月の2～3倍になる。さらに、秋から冬にかけての成長の衰退期で増大し、その比は70～90に達する。このように、成長過程でC/N比が大きくなるのは、この期間に地上部で生産されたセルロースなどの炭水化物による希釈効果のためと考えられる。また、衰退期における増大は、この時期に地上部のNの一部が地下の貯蔵組織に移送、回収されるためと推定される。Teal（1980）は、ガマの衰退期に地下組織のPの増加の一部が明らかに地上部から移送、還元されたPに由来することを確認している。Nについても同様の移送機構が機能しているものと推定される。

N/P比はC/N比に比べてその変動幅は大きくないが、ほぼ同様の傾向が認められる。衰退期におけるN/P比の増大もC/N比と同じ理由によるものと思われる。

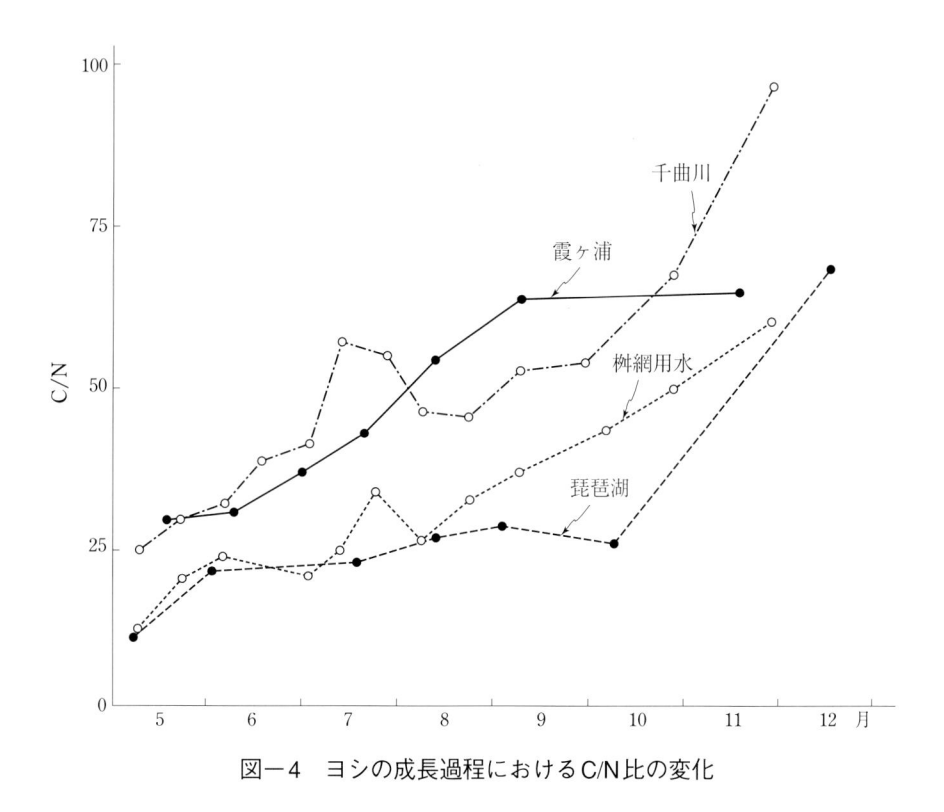

図－4　ヨシの成長過程におけるC/N比の変化

IX. 関連資料

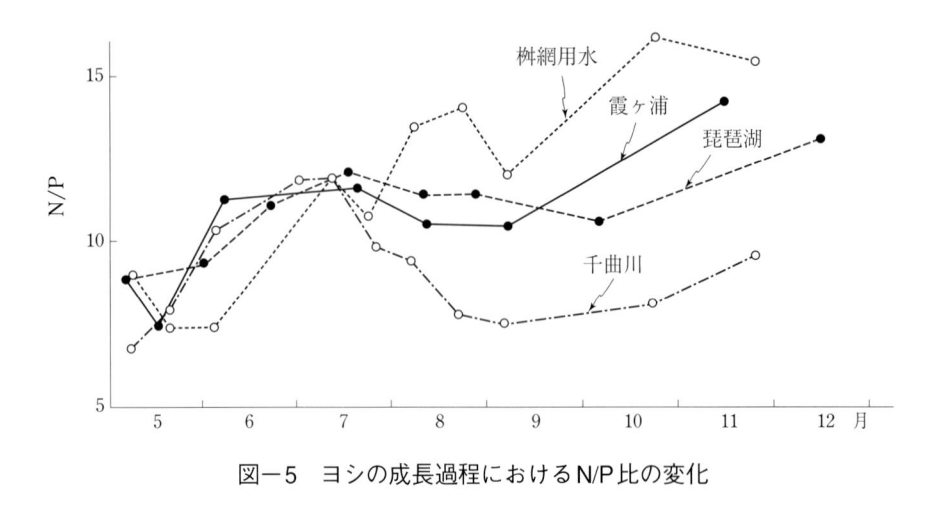

図−5 ヨシの成長過程におけるN/P比の変化

c) 抽水植物のC、N、P含量と各成分比

表−1と表−2は抽水植物の成長初期と最大成長期、ならびに枯死体のC、N、P含量と各成分比を種類別、水域別にまとめたものである。C含量は成長初期、最大成長期、枯死体のどの時期においても40％前後とほとんど変わらない。Nについては、成長初期は2〜4％、最大成長期では1〜2％と成長初期の1/2から1/3になる。枯死体ではさらに0.5％前後まで減少する。Pは成長初期の0.3〜0.5％が、最大成長期ではおよそ0.1〜0.2％となり、枯死体では0.05％前後となる。N、P含量からみた種類別特徴はヨシ以外の種類の試料数が少ないので判然としないが、今回の調査ではガマのP含量が他の種類に比べて高かった。その他はヨシの含量の変動範囲に入っている。また、マコモはN、Pともに他よりも変動幅が小さく、枯死体でも初期の含量の1/5程度と比較的高い。

これまでに報告されている水草のN、P分析値の多くは最大成長期のものである。渡辺ら（1984）が1971〜1972年にかけて調査した諏訪湖と霞ヶ浦（西浦）の抽水植物のN、P含量は、諏訪湖のヨシの3.41％を除くとほぼ今回の含量の範囲に入る。また、水草でも抽水植物とは生活形が異なる沈水植物や浮葉植物のN、P含量（渡辺、1984）と比較すると明らかに抽水植物の方が低く、沈水植物や浮葉植物の方が1.5から2倍程高い。

次にC/N比についてみると、成長初期は10〜15、最大成長期では25〜45程度であるが、枯死体になると70〜200倍と大きくなり、枯死・分解の過程で有機態Nの方がより早く分解していくことを示している。枯死体のC/N比のうち、2水域のマコモおよび琵琶湖のヨシのそれは70前後と他に比べて低い。また、最大成長期においてもそれらのC/N比は低くなっている。このことは、マコモと琵琶湖のヨシの分解が他よりもおそいことを示唆している。枯死体におけるこれらのN、P含量が相対的にまだかなり高い値を維持していることもそのことを裏付けている。

一方、N/P比は成長初期で7〜10、最大成長期で10〜14、枯死体で15前後と徐々に増加する傾向がみられるが、C/N比ほど大きな変動はない。

表−1　抽水植物の成育初期および最大成長期におけるC、N、P含量と各成分比（1985）

種類	調査水域	成育初期（4月）					最大成長期				
		C(%)	N(%)	P(%)	C/N	N/P	C(%)	N(%)	P(%)	C/N	N/P
ヨシ	霞ヶ浦	43.1	2.71	0.375	15.9	7.2	41.7	0.80	0.071	52.1	11.3
	桝網用水	38.3	4.07	0.467	9.4	9.3	41.0	1.27	0.086	32.2	14.5
	千曲川	41.3	3.20	0.322	12.9	9.9	40.0	0.84	0.090	47.6	9.3
	琵琶湖	42.4	3.62	0.399	11.7	9.0	42.1	1.65	0.140	25.5	11.8
マコモ	霞ヶ浦	40.7	3.31	0.491	12.3	6.7	39.4	1.40	0.163	28.0	8.6
	桝網用水	39.4	3.13	0.415	12.6	7.7	39.0	1.65	0.149	23.6	11.1
ヒメガマ	霞ヶ浦	41.2	2.04	0.341	20.2	6.0	40.3	0.88	0.118	45.8	7.5
ガマ	依田川	39.6	3.00	0.512	13.2	5.9	31.1	0.82	0.206	37.9	4.0

表−2　抽水植物枯死体のC、N、P含量と各成分比（1985）

種類	調査水域	C(%)	N(%)	P(%)	C/N	N/P
ヨシ	霞ヶ浦	43.0	0.43	0.076	126.5	4.4
	桝網用水	41.9	0.34	0.016	123.2	21.3
	千曲川	41.5	0.21	0.012	197.6	17.5
	琵琶湖	53.1	0.73	0.074	72.8	11.4
マコモ	霞ヶ浦	36.1	0.56	0.062	64.5	9.0
	桝網用水	40.6	0.61	0.049	66.6	12.5
ヒメガマ	霞ヶ浦	46.2	0.53	0.068	87.2	7.9

d）最大成長期における抽水植物のN、P現存量

　最大成長期における抽水植物のN、P含量と桜井（1986）が同時期、同地点で行った抽水植物生産力調査から得た基礎データをもとに、各抽水植物の1本当たりおよび各群落の単位面積当たりのN、P現存量を求めた。これは、この時期における抽水植物体（地上部）としてのN、Pのストック量に相当する。なお、現存量の計算に用いた各植物の1本当たりの乾物量とN、P含量は、各水域の最大成長期に行った3ないし4回の分析値の平均値である。

　図−6（a）は、各抽水植物1本当たりのN、P量を示したものである。これをみるとNは0.24〜1.32g、Pは0.02〜0.19gの範囲である。ヨシではN、Pともに成長の良好な琵琶湖と桝網用水が成長の悪い霞ヶ浦、千曲川より高く、特に琵琶湖は後者の約4倍となっている。次に、単位面積当たりのN、P現存量を図−6（b）に示した。これは、各群落の密度（本/m^2）に1本当たりのN、P量を乗じて算出したものである。Nは7〜64、Pは1.2〜5g/m^{2}の範囲である。ちなみに、これまでに報告されているヨシのN、P現存量の例（表−3）をみると、およそNは17〜35g/m^2、Pは1〜3g/m^{2}である。こうしてみると、N、Pともに高かった琵琶湖の現存量（N：58g/m^2、P：5g/m^2）は湖沼のヨシの群落としては最高に近い現存量と推定される。ヨシのN現存量で桝網用水が最も高かったが、これは都市排水の影響を強く受けた立地環境を反映したものと思われる。

IX. 関連資料

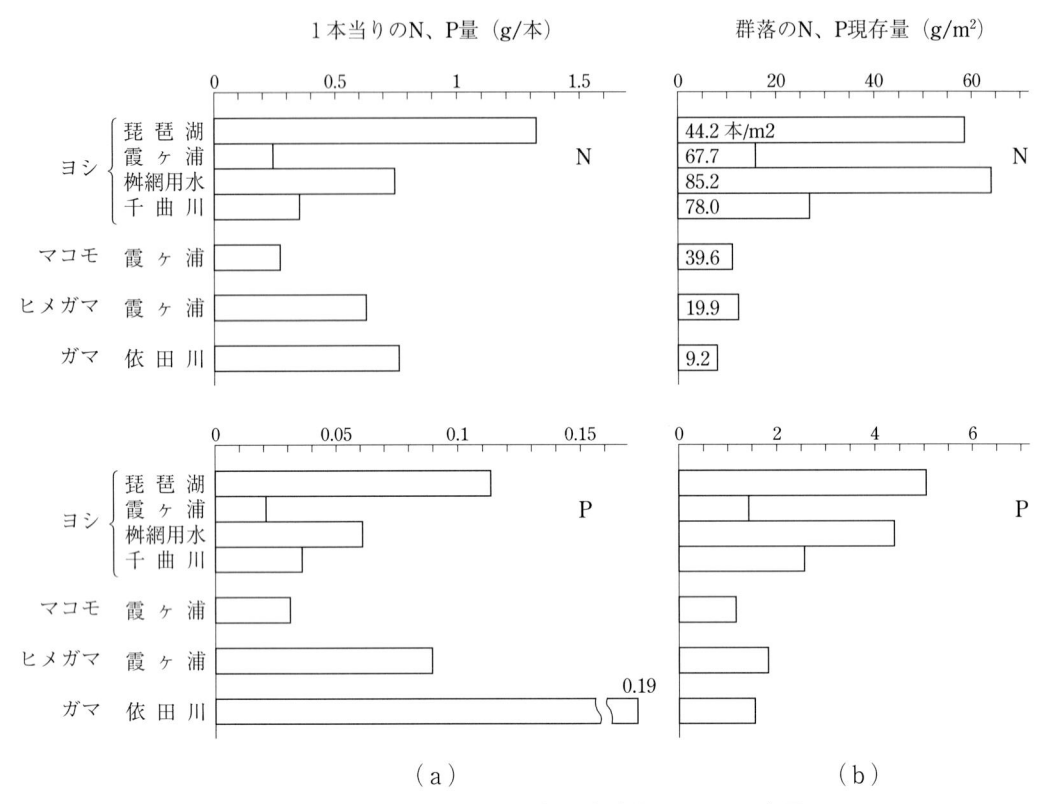

(a) 1本当りのN、P量（g/本）／(b) 群落のN、P現存量（g/m²）

図－6 最大成長期における各抽水植物のN、P現存量

表－3 池・湖におけるヨシのN、P現存量の報告例

池・湖（報告者）	N (g/m²)	P (g/m²)	備考
霞ヶ浦（桜井ら、1973）	17.0	2.0	西浦の平均値
児島湖（藤井、1973）	34.2	—	
養魚池（Kvet, 1973）	17〜35	1〜3	チェコスロバキア15の養魚池の最小値、最大値

図から明らかなようにマコモ、ヒメガマ、ガマはいずれも群落の密度が小さいため、群落としてのN、P現存量もかなり小さく、夏季から秋にかけてのN、Pのプールとしての役割もヨシに比べて小さいといえる。

4）まとめ

以上、本研究で得られた主な知見を要約すると以下のようである。

① 抽水植物の成長・枯死過程におけるN、P含量は種類や水域にかかわらず4月の生育初期に最も高く、5〜6月にかけて急速に減少し、夏季の最大成長期にほぼ一定となるが、その後半あたりから再び減少する傾向が認められる。含量の変動幅はPの方が大きい。

② ヨシのN含量は生育初期で3〜4％、最大成長期で1〜2％になり、枯死体では0.5％以下と

なる。Pは生育初期で約0.5％、最大成長期では0.1％弱、枯死体では0.02％以下となる。成長の良い植物の方が明らかにN、P含量は高い。

③ 植物体中のC/N比は生育初期に10～15、最大成長期で25～45、枯死体では70～200と増加する。N/P比も増加の傾向が認められるが変動幅は小さい。

④ 各抽水植物群落のN、P現存量は、N：7～64、P：1.2～5g/m^{2}の範囲である。マコモ、ヒメガマ、ガマの各群落のN、P現存量はヨシに比べて小さい。

はじめにも述べたように、今回は地上部を対象に調査、検討を行ったが、抽水植物全体のN、Pの動向を知る上でも、また水草帯におけるN、Pの循環過程を明らかにする上でも、地上部に匹敵するバイオマスをもつ地下組織におけるN、Pの動態について知見を得ることが必要である。今後、根系部を含めた総合的な観点からの調査研究が望まれる。

引用文献

1) Andersen, J. M.（1976）：An ignition method for determination of total phosphorus in lake sediments. Wat. Res., **10**, 329-331.
2) 藤井茂美（1973）：児島湖における大型水生植物の物質生産．日本陸水群集の生産力に関する研究、JIBP-PF分科委員会編集、226-229.
3) Kvet, J.（1973）：Mineral nutrients in shoots of reed（Phragmites communis Trin.）. Pol. Arch. Hydrobiol., **20**（1）, 137-146.
4) 桜井善雄ほか（1973）：霞ヶ浦の水生植物．霞ヶ浦生物調査報告書（建設省）、77-148.
5) 桜井善雄（1986）：琵琶湖、霞ヶ浦および千曲川における抽水植物の成長速度と生産力．第51回日本陸水学会大会講演要旨、99.
6) Teal, J. M.（1980）：Primary production of benthic and fringing plant communities. Fundamentals of aquatic ecosystem. ed. Barnes, R. K. *et al.*, 67-83.
7) 渡辺義人・桜井善雄（1984）：湖沼の物質循環系における高等水生植物の役割．水草研究会報、**17**, 13-20.
8) 矢木 博（1967）：諏訪潤の水生植物の化学成分．**288**（2）, 64-67.

（渡辺義人・桜井善雄）

（環境科学研究報告 B-341-R02-2「閉鎖水域の浄化容量」、26-37, 1988 より）

IX. 関連資料

7. ヨシ植栽地の土壌条件に関する実験的検討

ヨシ（*Phragmites communis* Trin.）は、世界各地の湖沼沿岸帯、湿地、河畔等に広く分布し、優占度の高い大きな密生群落を形成して、このようなビオトープがもつ生態学的ならびに物理的機能の大部分を担っている重要な植物であり、西ドイツ、スイス等のヨーロッパ諸国では、かなり徹底したヨシ群落の保護対策がとられている（桜井、1983）。しかし、わが国では近年、土木工事等によるヨシ群落の減少が著しく、その保護と復元は陸水環境保全における重要な課題の一つと考えられている。

土木の分野においても、一部ではこのような事情が考慮されるようになり、護岸の先地にヨシその他の大型抽水植物（ヒメガマ、マコモなど）を植栽する試みも行なわれるようになった。しかし、二三の湖沼で行なわれたそのような事業の成果をみると、植栽の方法に問題があり、満足すべき群落はできていない。各地の事業現場を観察した結果によれば、その主な原因は、植栽地の土壌基盤の整備が適当でない点にあるように思われる。

筆者らが、霞ケ浦と琵琶湖の沿岸帯において、ヨシの自然群落の立地の土壌からコアサンプルを採り調査した結果（桜井ら、1986）によれば、よく発達した群落の下には、いずれも数十cm以上の厚さをもつ細かい粒子の土壌の堆積がみられる。また、Szczepanskaら（1976）は、ヨシ、ガマ、およびヒメガマをポットで育てた場合、砂に対して湖底から採取した細泥の添加量が多いほど、成長が旺盛であることを報告している。

筆者らは、ヨシの人工植栽地の土壌条件についてさらに知見をうるため、この実験を行なった。なお、この実験で必要な測定を終えたヨシの試料は、化学成分の分析に供された。その結果は、渡辺ら（1989）によって別に報告されている。

1) 実験の方法

実験は、さまざまな土質の土を入れたプラスチックコンテナに、春先にヨシの苗を植え、秋に掘りとって成長を比較するという簡単な方法によった。

使用したプラスチックコンテナは、30×40cm、深さ約30cmであり、1区について2個ずつ用いた。これに千曲川の河原から採取した礫（ϕ20〜40mm）、小礫（ϕ4〜6mm）、粗砂（ϕ0.4〜0.5mm）、細砂（ϕ約0.2mm）、および当学部の付属農場から採った畑土（ϕ0.2mm以下の粒子を44％以上含む）をそれぞれ満たした。実験は1987年と1988年に2回反復したが、両年とも全く同じ場所から採った土質試料を用いた。

ヨシ苗の植付けは5月上旬（1987）または中旬（1988）に行なった。植付け方法はBittmann（1965）にならい、千曲川の河原のヨシ群落から、30〜50cmに伸びた新芽を植付けの当日に地下茎に近い根元から切り取り、苗として用いた。**写真ー1**は植付け直後の状態である。**表ー1**からわかるように、土質が適当な場合にはこの方法で高い活着率がえられた。

植付け後、掘りとり調査までの生育期間中はコンテナには常に水を満たした。ヨシの生育調査は、9月の中旬（1987）または下旬（1988）に実施し、すべてのコンテナからヨシを掘り上げて、株

表-1　ヨシの成長と土質の関係—株数と茎の本数

	植付月日〜測定月日	植付本数		土 質				
				畑土	細砂	粗砂	小礫	礫
1987	5／3〜9／14	25	株　数	25	25	22	15	8
			活着率（％）	100	100	88	60	32
			茎本数	148	91	73	51	36
1988	5／14〜9／26	28	株　数	28	25	24	12	9
			活着率（％）	100	89	85	42	32
			茎本数	112	147	103	69	31

数、茎の本数と長さ、地上部の重量、地下茎と根の重量などを測定した。

2）実験結果と考察

写真-2は、1988年の実験における生育調査直前の各区の成長状態である。両年の調査時における各土質区の株数と茎本数を表-1に、地上部の長さおよび地上・地下各部の重量を図-1にまとめて示した。また、写真-3は1988年の実験の調査時における細砂区の地下部の発達状態である。実験区のヨシの成長、植付けた当年でもあり、また栽培容器も小さいので、苗を採った自然の生育地のそれに比べれば全体としてはるかに劣っているが、各土質区の間には明らかな相違が認められた。

まず、苗の活着率については、表-1のように粒子の細かな畑土区と細砂区ではほとんど差がなく、ほぼ100％活着しているが、粗砂区はこれらに劣り、小礫、礫区と粒径が大きくなるにしたがって著しく低下し、礫区では畑土、細砂区の1/3になっている。しかし、1株当たりの平均茎数（分けつ数）に

写真-1　ヨシ苗の植付け直後の状態
（1988年5月中旬）

写真-2　調査時における各区の成長状態
（1988年9月下旬）
左から畑土、細砂、粗砂、小礫、礫の各区。

は、土質の違いによる一定傾向の差がなく、3.3〜5.9（本／株）の範囲であった。

地上部の長さ（図-1a）および1本当たりの平均乾重量（図-1c）は、2回の結果を総合して畑土と細砂の間には大差かないが、土質の粒径が大きくなるにつれて成長が劣ってくる。全体の乾重量（図-1b）ではこの傾向が一層顕著である。一方、［地下部／地上部］比（図-1d）につい

IX. 関連資料

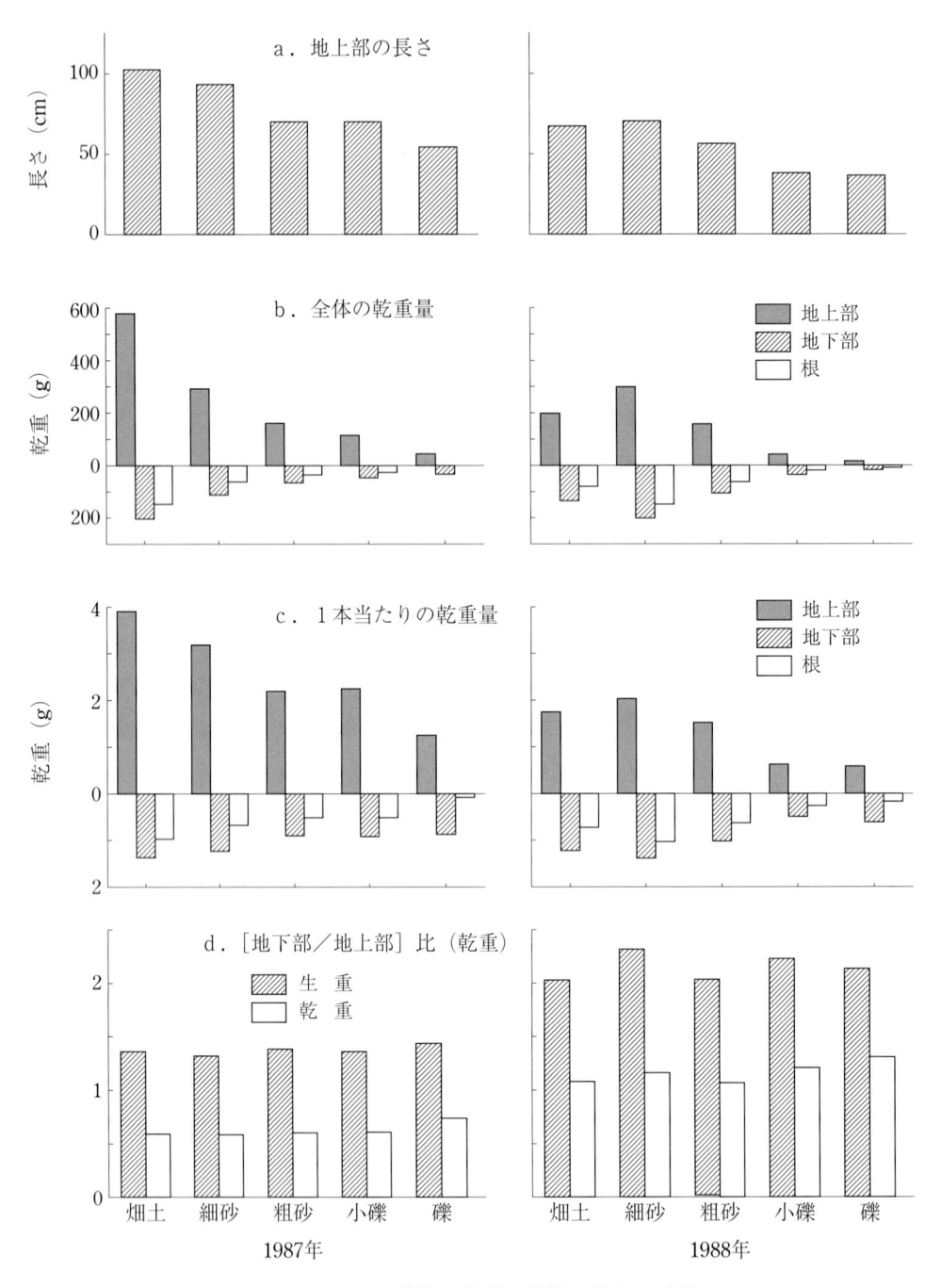

図—1 ヨシの成長と土質の関係—長さと重量

写真−3　細砂区の調査時における根茎の発達状態（1988年9月下旬）

ては、各土質区の間にほとんど差がない。しかし、1987年と1988年についてこの値を比較すれば両年の間に明瞭な差が認められ、1988年には地上部に比べて地下部の増加が著しい。これは、1988年は気候が不順で日照時間が少なく、全体的に成長が劣った（図−1a～c）ことに関係があるのかもしれない。

　以上のように、ヨシの生育は根付け当年の結果でみる限り、活着率も成長も生育地の土の粒子が細かいほど勝っており、礫質の土地では著しく劣ることが明らかである。

　このことは、すでに述べたSzczepanskaら（1976）および桜井ら（1986）の報告とあいまって、ヨシを植栽する場合には、細砂以下の細かい粒子を多量に含む土壌が、50～60cm以上の厚さに存在する立地を先ず造成する必要があることを示唆している。

引用文献

1) 桜井善雄（1983）：西ドイツ、ボーデン湖における浅瀬帯と水生植物群落の保護．水草研会報．No.14, 2-6.
2) 桜井善雄・渡辺義人・松沢久美子・滝沢ちやき（1986）：湖沼沿岸帯における抽水植物の立地条件．日陸水甲信越支部報．No.11, 15-16.
3) Szczepanska, W. and Szczepanski, A.（1976）: Growth of Phragmites communis Trin,. *Typha latifolia* L., and *Typha angustifolia* L., in relation to the fertility of soils. Pol Arch. Hydrobio., **23**, 233-248.
4) Bittmann, E.（1965）: Grundlagen und Methoden des biologischen Wasserbaus. "Der biologische Wasserbau an den Bundeswasserstrassen", Verlag Eugen Ulmer Stuttgart, 17-78.
5) 渡辺義人・桜井善雄（1989）：ヨシの地上部と地下部における無機成分の分布．水草研会報．No.38, 6-10.

（桜井善雄・苧木新一郎・上野直也・渡辺義人）

（水草研究会報　No.38, 2-5, 1989より）

IX. 関連資料

8. ヨシの地上部と地下部における無機成分の分布

　湖沼水草帯の物質循環過程における諸元素のプールとしてのヨシの役割は、一般にその現存量が大きいだけに極めて重要である。しかし、これまでに行われてきたヨシの現存量調査の多くは地上部を対象としたものであり、地下茎や根を含めた例は、それらの採取法の難しさもあってほとんどない。従って、これまでに報告されているN、Pなどのヨシの成分の現存量は地上部についてのものである。年間に成長するヨシの地下部の器官のバイオマス量は地上部のそれに匹敵するといわれているだけに、物質のプールとしてのヨシの役割を明らかにする上で、地下茎や根についても各物質の現存量に関する知見が求められるところである。

　本研究は上記のことを念頭において、ポット栽培したヨシを対象に、N、Pや重金属など10種類の成分が、地上部、地下茎、根の3器官にどのような割合で分布しているかを検討したものである。

1) 材料および方法

　本実験に用いたヨシは、桜井ら(1989)がヨシの植栽地の土壌条件を検討するためにポット栽培したものである。すなわち、小礫、細砂、粗砂、畑土のそれぞれ粒子の大きさが異なる4種類の土を深さ約30cmのプラスチックコンテナに入れてヨシを植付け、9月の中旬から下旬にかけて採取したものである。

　採取したヨシは器官別に分け、地下茎および根は十分に水洗したのちに風乾させて、その後さらに熱風乾燥機にて乾燥し、アルミナ製ボールミルにて粉末にし分析に供した。

　各成分の化学分析は下記の方法にしたがった。
　　　N：ケールダール法
　　P, Ca, Mg, Fe, Al, Zn, Cu, Mn：硝酸、過塩素酸で分解、ICP発光分光法
　　　K：硝酸、過塩素酸で分解、原子吸光法

2) 結果と考察

a) ヨシの各部位における無機成分含量

　表－1、表－2はヨシの各部位における無機成分含量を示したものである。いずれも栽培に用いた土壌区毎にまとめてある。なお、地上部の成長量を1本当りの乾重量で比較すると、畑土と細砂はほぼ同じ程度であるが、粗砂、小礫と土壌粒子の粒径が大きくなるにしたがって成長は悪くなっている。

　表－1の主成分含量についてみると、Nはいずれの土壌区でも地上部が最も高く、根、地下茎の順に低くなる傾向にある。なお、畑地土壌のヨシの地上部と根のN含量が高いのは、施肥により畑地土壌のN含量が他の土壌に比べてかなり高かったことを示唆している。PはNと異なりむしろ地下部に高く、特に地下茎が比較的高いのが特徴である。なお、これらN、Pの地上部の含量のレベルを琵琶湖など自然水域のヨシの最大成長期におけるN、P含量(渡辺ら、1988)と比較

表-1 ヨシの各部位における主成分含量

土壌	部位	N (%)	P (%)	K (%)	Ca (%)	Mg (%)
畑土	地上部	1.18	0.12	1.29	0.399	0.150
	地下茎	0.47	0.19	1.97	0.154	0.053
	根	1.15	0.17	2.00	0.710	0.124
細砂	地上部	0.63	0.08	1.25	0.362	0.169
	地下茎	0.44	0.11	1.82	0.066	0.061
	根	0.60	0.12	2.43	0.298	0.174
粗砂	地上部	0.60	0.08	1.02	0.356	0.129
	地下茎	0.35	0.12	1.70	0.056	0.052
	根	0.49	0.11	2.74	0.196	0.145
小礫	地上部	0.60	0.08	1.29	0.426	0.203
	地下茎	0.36	0.11	2.16	0.044	0.045
	根	0.38	0.10	2.97	0.207	0.121

表-2 ヨシの各部位における微量成分含量

土壌	部位	Al (ppm)	Fe (ppm)	Mn (ppm)	Zn (ppm)	Cu (ppm)
畑土	地上部	583	356	239	42.6	14.6
	地下茎	3,480	2,870	166	28.0	12.1
	根	14,650	13,300	517	46.0	58.8
細砂	地上部	629	419	300	39.0	12.3
	地下茎	1,280	1,750	130	29.2	12.1
	根	4,730	19,400	805	55.7	16.5
粗砂	地上部	471	318	240	23.4	13.0
	地下茎	486	1,550	144	25.1	8.6
	根	2,670	10,903	904	65.0	16.9
小礫	地上部	565	428	120	41.9	12.2
	地下茎	296	324	50	18.4	9.8
	根	731	1,280	186	66.9	17.0

すると、Nで20％ほど低く、Pはほぼ同じレベルである。Kは根が最も高く、次いで地下茎、地上部の順である。Caは畑地土壌区を除くと地上部が最も高く、根、地下茎の順である。畑地土壌区の根が他の土壌区よりも際立って高いのは、Nと同様施肥の影響によるものと思われる。因みに、渡辺ら(1987)が調べた琵琶湖と霞ケ浦のヨシの根のCa含量は0.2～0.3％の範囲である。

表-2は微量成分含量である。この表に挙げた5種類の成分は、いずれも共通して根が最も高い。このうちAlとFeの含量は極めて高く、小礫区を除くと地上部の含量と比較して5～50倍のレベルである。これは、AlとFeが土壌の主成分であることに起因するが、小礫区ではこれらの主成分が多く含まれる土壌粒子が極めて少ないので他の土壌区ほど高くない。AlとFeは小礫区を除くと地下茎が2番目に高い値を示しているが、Mn, Zn, Cuの3成分はどの土壌区もほとんどが根＞地上部＞地下茎の順になっている。

b) ヨシの各部位における乾物と主成分の分布

図-1はヨシの全植物体の乾物量を100％として、土壌区毎に各部位における乾物の分布割合を示したものである。これからもわかるように、ヨシの生育状況が異なっても、部位間の乾物の分布割合はほとんど変わらず、その平均値はおよそ地上部で47％、地下茎33％、根20％であり、地下部が全体の53％を占めている。以下に報告するヨシの部位における各無機成分の量的分布は、この乾物の分布割合と表-1と表-2に示した各無機成分含量の平均値から算出して求めたものである。

図-2は主成分のうち、N, P, Kの3成分について図-1と同様に、各部位への分布割合を示したものである。まず、3成分について全般的にみると、乾物の場合と同じようにヨシの生育状況の良否にかかわらず、それぞれの成分に特徴的な分布傾向を示していることがわかる。Nは地上部の方が若干多く、また地下部では、地下茎と根の分布割合はほぼ同じ程度である。PはNとは逆に、地下部の方に多く分布しており、特に地下茎が根より多いのが特徴的である。KもPと同

IX. 関連資料

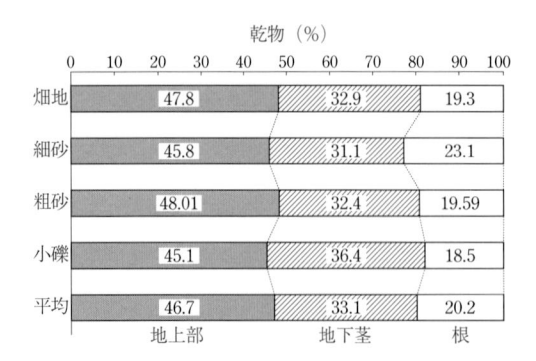

図−1 ヨシの各部位における乾物の分布割合

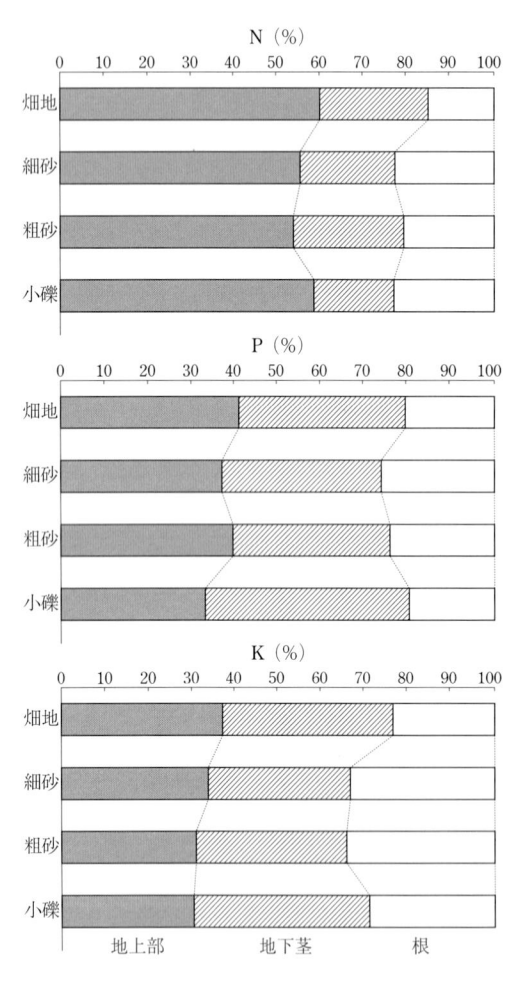

図−2 ヨシの各部位におけるN, P, Kの分布割合

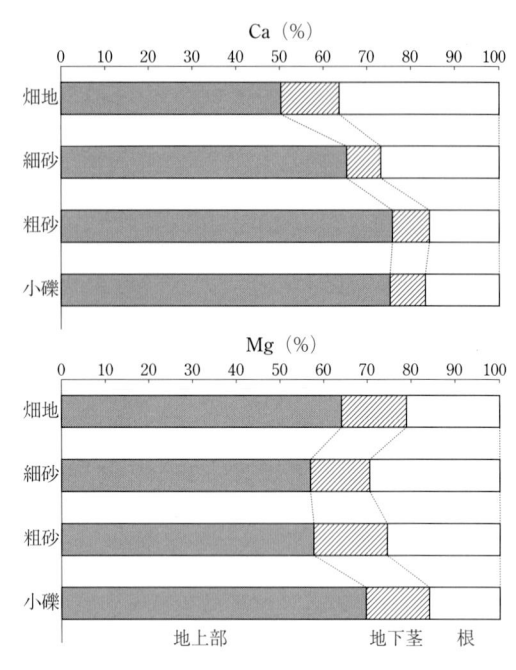

図−3 ヨシの各部位におけるCaとMgの分布割合

様に地下部に多いが、地上部、地下茎、根の部位間にはあまり差はない。

図−3は主成分であるCaとMgの分布割合についてみたものである。Caは畑地土壌区を除くと60〜70％とかなり地上部が高い。畑地土壌区のヨシは表−1に示したように、施肥の影響で根のCa含量が自然の湖沼で生育したヨシの根より異常に高いため、根への分布割合が高くなっており、その分地上部の分布割合は50％と他の土壌区のヨシより低くなっている。地下茎への分布は極めて少ない。MgはCa程多くはないが明らかに地上部の方が高く、やはり地下茎が最も低い。このようにCaやMgが地上部に多く分布しているのは、それぞれが葉の細胞壁や光合成色素の主要な構成成分であるためと思われる。

c）ヨシの各部位における微量成分の分布

図−4は微量成分のうち、FeとAlについて各

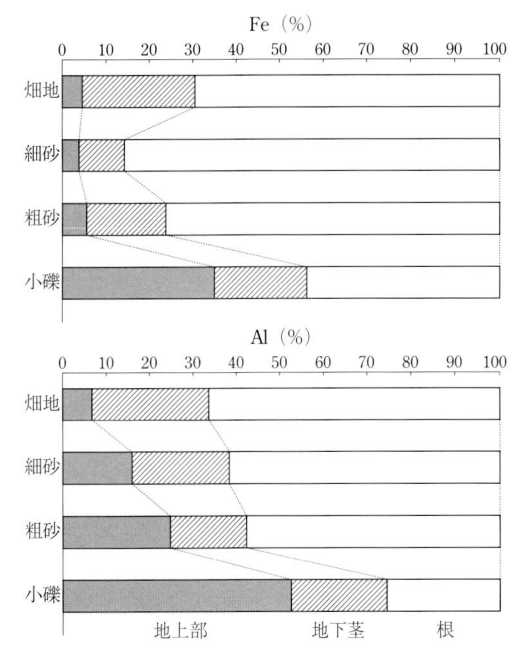

図-4 ヨシの各部位におけるFeとAlの分布割合

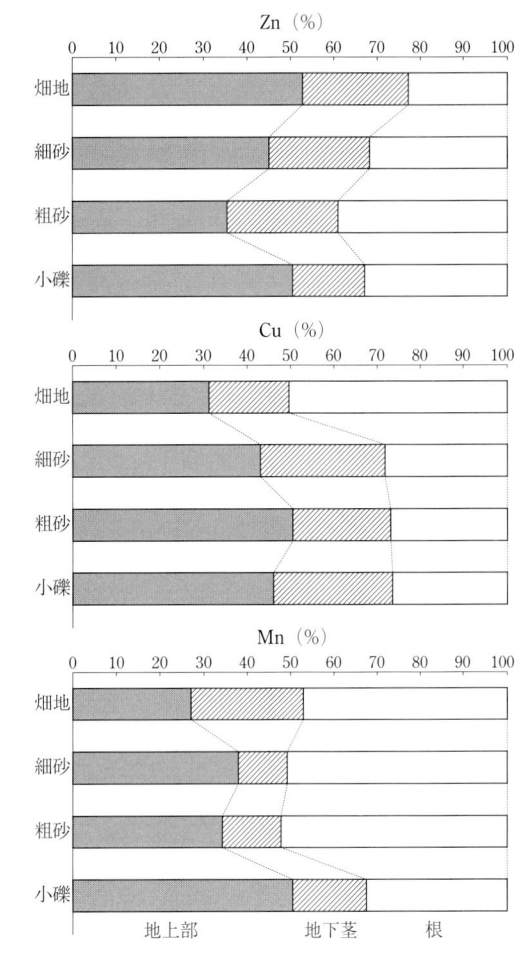

図-5 ヨシの各部位におけるZn, Cu, Mnの分布割合

部位の分布割合をみたものである。両成分とも圧倒的に地下部に多いことがわかる。特に根に多く、小礫区を除くとFeで70％以上、Alで60％以上分布している。小礫区のヨシはすでに述べたように、土壌が小礫のために根のFe, Al含量が他の土壌区よりかなり低いために、それだけ根への分布割合が小さくなっている。

図-5はZn, Cu, Mnの3成分についての分布割合をみたものである。3成分とも土壌区間にややバラツキがあるが、Cu, Mnは明らかに地下部の方により高い分布を示している。特にMnはその傾向は顕著で、その大部分は根に分布している。Znはバラツキがやや大きいので分布の傾向が明瞭ではないが、地上部と地下部と半々ぐらいに分布しているとみるのが妥当であろう。

d) ヨシの各部位における無機成分の分布の特徴

図-5はこれまでに述べてきた各土壌区のヨシの分布割合を成分毎に平均して示したものである。なお、Caは畑地区分を、またAlとFeは小礫区分を除外して平均してある。この図をもとに、ヨシの地土部と地下部における各成分の分布の特徴をまとめると図-6のようである。

Nは55％前後と地上部に多いが、Pは逆に地下部に多く、特に地下茎に40％と高い。Kも地下部に多く、3つの部位にほぼ均一に分布している。Ca, Mgはいずれも地上部が65％で高く、地下茎への分布は小さい。微量元素はZnを除くと地下部に多く、特にFeとAlの大部分は根に分布し

IX. 関連資料

ている。Znは地上部と地下部におよそ同程度に分布していると推定される。

以上の結果から、各無機成分はヨシの地上部、地下茎、根の各部位に特徴的なパターンで分布され、またその分布パターンはヨシの生育状況の良否にかかわらず、ほとんど変わらないことが明らかになった。

3) おわりに

本研究に用いたヨシは、最初に述べたように9月の中旬から下旬にかけて採取されたものであり、ヨシにとっては最大成長期を過ぎて枯死過程に入った時期である。ヨシなどの抽水植物は、最大成長期の前後から秋にかけて徐々にNやPなどの栄養元素の一部を地下部に移行、貯留することが知られている（Teal, 1980；鈴木ほか、1988）。したがって、こうした無機成分の各部位への分布の割合は、ヨシの成長時期に

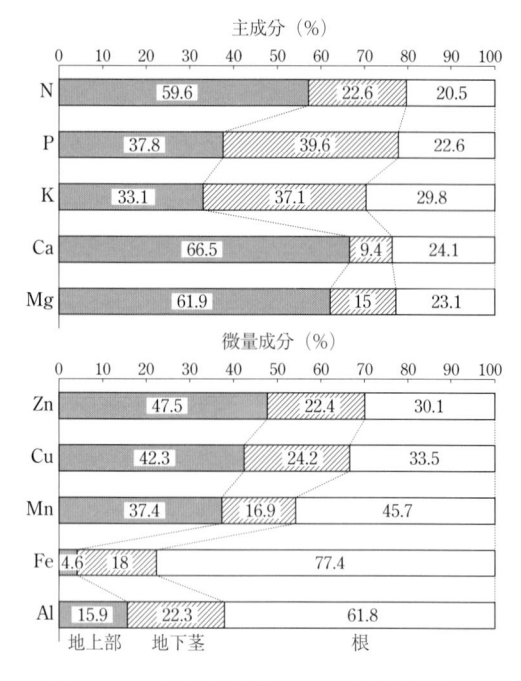

図－6　ヨシの各部位における無機成分の分布割合

よって異なってくることが当然予想されるところである。今後は、ヨシの成長・枯死過程で種々の無機成分の各部位への分布がどのように変化していくかを検討していくことが必要であろう。

引用文献

1) 桜井善雄・苧木新一郎・上野直也・渡辺義人（1989）：ヨシ植栽地の土壌条件に関する実験的検討．水草研究会報、No.38, 2-5.
2) 渡辺義人・桜井善雄（1988）：抽水植物の成長・枯死過程における植物体中N, P含量の変動とその現存量．環境科学研究報告書．B-341-RO2-2, 26-37.
3) 渡辺義人・松沢順一（1987）：抽水植物の化学組成．日本陸水学会52回大会講演要旨、D26.
4) Teal, J. M.（1980）：Primary Production of Benthic and Fringing Plant Communities. Barnes, R. K. ed., "Fundamentals of aquatic ecosystem", 67-83.
5) 鈴木孝男・武田　哲・栗原　康（1988）：塩性湿地, "河口・沿岸域の生態学とエコテクノロジー"、栗原　康編著、東海大学出版会、142-149.

（渡辺義人・桜井善雄）

（水草研究会報　No.38, 6-10, 1989より）

9. 抽水植物群落復元技術の現状と課題

　陸界と水界の間のエコトーンを形成する湖岸，河岸帯の植物群落は、①漁業資源その他の野生動物に対する多様な生息環境の提供、②外部から流入する汚濁物質の補足と分解による水質の浄化、③波浪や流れによる湖岸・河岸の侵食の防止、④農業、畜産、人間生活への資源の供給、⑤水辺の穏やかな自然景観の形成など、良好な自然環境および生活環境の形成に多面的に寄与している。このような植物群落の中で最も広く分布し、かつ重要な貢献をしているのは、大型抽水植物の群落であろう。

　しかし、わが国の湖岸および河岸帯の植物群落の面積は、近年、土木工事や水質汚濁等によって急速に減少しており、その保護やまたそれが失われた水辺における植物群落など自然環境復元の必要性が各方面から指摘されるようになった。このようなわが国の現状を反映して、1990年11月には、建設省河川局から"「多自然型川づくり」の推進について"の通達と実施要領が出されるに至った。このことは、わが国の河川管理方式における注目すべき前向きの変化であり、その実施に必要なきめ細かい技術の開発や関連する情報の整理が望まれる。

　本編では、これまで筆者の研究室で検討してきたところを中心に、わが国における大型抽水植物群落の復元技術について、その現状と今後の課題などを述べる。

　ところで、わが国の湖沼帯や河岸帯に広く分布する大型抽水植物としては、ヨシ属、ガマ属、マコモ、フトイ、ミクリ属などの植物があり、このうちヨシ属の植物では、ヨシ（*Phragmites communris* Trin.）、ツルヨシ（*Phragmites japonica* Steud.）およびセイタカヨシ（一名、セイコノヨシ、*Phragmites Karka* Trin.）がある。このような大型抽水植物の主要な種の中で、水際線をはさんで水中および陸上にまたがる広い群落をつくり、はじめに述べたような沿岸帯植物群落がもつさまざまな機能の面からみて、最も重要な役割を果たしているのはヨシである。

　ヨシは世界的にも最も広く分布する大型水生植物であり、その生物学についてはHaslam (1972, 1973) の詳しい総説がある。ここでは、ヨシの植栽と群落の復元および管理を中心に述べ、マコモやガマ類の植栽についても多少ふれることにする。

1) 湖岸と河岸の生態的工法におけるヨシの位置づけ

　わが国でも、近年、自然環境の保全あるいは復元を考慮した湖沼や河川の治水対策が取り上げられるようになり、そのための工法として"近自然河川工法"または"多自然型河川工法"などの名称が用いられている。これらはドイツ語の"naturnaher Wasserbau"または"biologische Wasserbau"に由来しており、いずれも河川の必要とする治水対策の実施に当たって、可能な限り生物の生息環境および自然景観を保全あるいは創出することを目的とするものである。ここでは、これらの呼称をまとめて生態的工法と呼ぶことにする。

　ヨシは、マコモ、ガマ類、フトイなどに比べて、根茎（地下茎）のは発達が著しく、密にからみ合って土をおさえており、波浪や流水による侵食に耐える力が大きいとはいえ、自然の水域でヨシの群落がみられるのは、低水〜平水時の流速がせいぜい20〜30cm/secの平地の緩流部か湖

IX. 関連資料

沼の沿岸帯に限られる。したがって、水際部の生態的工法にヨシが使えるのは、上記のような静水域か緩流部であり、河川の中～上流部の流速が速い水際では、低木性のヤナギと草本植物ではツルヨシが適している。この問題については、稿を改めて述べることにする。なお、急流河川であっても、高水敷や流路沿いの湿地にヨシを植栽することは可能であり、望ましいことである。

2) ヨシ植栽地の土壌条件について

わが国でも近年、湖岸にヨシなどの大型抽水植物の植栽が試みられた二、三の例はあるが、十分な成果はあがっていないようである。その原因は、植栽地の土質が不適当であったか、または根茎の発達に必要な土の深さが不足していたためと思われる（桜井、1988）。

ヨシの良好な成長には粒子の細かい土壌が適していることは、すでにHaslam（1972）およびSzczepanska and Szczepanski（1976）によって指摘されており、筆者らの実験でも確認されている（桜井ほか、1989）。

ヨシの自然群落の地中における根茎の分布は、普通で深さ1m、土壌条件が良いところでは2m付近まで達するが、大部分は表層50cmまでの深さに分布しており（Haslam, 1973；桜井ほか、1986）、この地層の根茎が栄養や水分の吸収、越冬、立地の侵食防止等に主として役立っている（写真－1）。

われわれが霞ヶ浦や琵琶湖のヨシ群落について土壌のコアを採取して調査した結果によれば、よく発達した群落の立地では、粒子の細かい土壌（直径0.25mm以下の粒子を80～90％またはそれ以上含有する）が数十cm以上の厚さに堆積していた（桜井ほか、1986）。

写真－1　網の目のように絡み合ったヨシ群落の地下茎
手前の部分が掘削されたため、洗い出された（霞ヶ浦）。

以上を総合すると、水際に新たに一定規模のヨシ群落を造成する場合には、細砂以下の細かい粒子を多量に含む土壌が、少なくとも50〜60cm以上の厚さに堆積する立地を必要とすることがわかる。

3）ヨシの植え付け方法

ヨシの植え付け方法については、ドイツ連邦の運河の生態護岸造成に関連してBittmann（1965）の詳しい記述がある。ただし、旧西ドイツの運河では、近年、経済の発展にともない船の運航が増加して河岸に打ち寄せる航波の頻度が高まり、ヨシ群落の破壊が著しいため、最近はヤナギの植栽による河岸の侵食防止が連邦河川研究所によって検討されている（von Dalwigk, Flasche and Kolb, 1989）。

ヨシ群落の造成には、播種、ブロック植え（株植え）、地下茎植え、茎植えなどの方法があり、これらのうち後の3つの方法が実用的である。

a）播種による方法

立花（1980）は、わが国産のヨシの種子は発芽歩合がかなり高いことを報告しているが、Haslam（1972, 1973）によれば、ヨシは一般に結実歩合も発芽歩合も劣る場合が多く、またその幼植物は他の植物との競争に弱いので、自然の湖岸ではヨシの種子繁殖はほとんど不可能であろうと述べている。

かりに発芽歩合のよい種子がえられる場合でも、採種、播種、育苗、植え付けおよびその後一定の大きさになるまでの間の除草等の手間を考えると、種子繁殖によるヨシ群落の造成は手間がかかり実用性が低い。

b）ブロック植え（株植え）

この方法は、ヨシの密生群落から地下茎および根を含む20〜30cm角のブロックを切り取って移植する方法である。植え付けの間隔は1m前後とする。時期は冬の休眠期の終わりから春先に新芽が地上に少し出始める頃が最も良い。その後でも、伸びた芽を痛めないように注意すれば、初夏の頃まで植えられる。夏から秋の間は上記に比べて成績が劣る。

ブロック植えは、水際の陸部や湿地だけでなく水中のヨシの植栽にも採用できるが、水中に植える場合はなるべく早く新芽が水面上に出るよう、水深30cmが限度であろう。

ブロック植えは最も常識的な方法であるが、苗の採取と運搬に労力を要するばかりでなく、苗を入手するのにかなりの面積の群落が必要であり、また採苗したヨシ群落を傷つける。ただし、植栽地の付近に工事などによって潰れるヨシ群落がある場合は、好都合である。そのような場合には、潰れるヨシ群落の根茎を含む表土を深さ50cmくらいまで削りとり、植栽地に客土してもよい。

c）地下茎植え

ヨシの休眠期の終わりから春先の新芽が伸び始める頃までの間にヨシの群落の地下茎を掘り起こし、新芽をつけて20〜50cm（長いほどよい）の長さに切り分けたものを苗として移植する方法である。水分が多く冠水していない土地の植栽に適した方法であるが、浅い水中でもよい。植え

IX. 関連資料

付けの密度は、およそ40～50cm間隔とする。この方法も苗を供給するヨシ群落にかなりの損傷を与える。

d) 茎植え

茎植えはBittmann (1965)によって考え出されたすぐれた方法で、その年に伸びた新しい茎を苗として用いる。苗は、ヨシの新芽が地上に数十cmから1mくらいまでに伸びた（本州の中部では4月上旬から5月中旬）頃、ヨシの茎の根元に、先が刃のようになっているショベルか踏み鍬を斜めに踏み込んで切り取る（写真－2）。土の中に鎌を差し込んで切り取ってもよい。この場合、その春出た短い新根や新芽の原基をたくさんもっている、茎の根元の節間のつまった部分を必ずつけて切り取ることが大切である（写真－3）。この部分の有無が活着とその後の成長および株立ちの良否を左右する。この部分がついていれば、地下茎は全くついていなくてもよい。

茎植えでは、切り取った苗を植え付けまで乾燥させないことが特に大切である。そのためには、根元を水中に浸すかビニールの袋に入れるなどして日陰に置く。また、1日の作業量を考え、その日か遅くとも翌日には植え終わるように計画的に採苗する。したがって、苗の供給地は植栽地に近いほど好都合である。

植え付ける場所は、湖岸の陸地から水深20～30cmの水中まで可能である。植え付けには、直径2.5～3cmの棒（土木作業に使う長さ120cmの鉄製のバールが便利である）を土の中に20～30cmの深さに打ち込んで植え穴をつくり、その中に2～3本のヨシ苗を入れ、穴の横を足で踏んで土を圧着させる。陸上の水分の少ない土地に植える場合には、ヨシの苗を入れた後、植え穴に注水してから横を踏みつければ根付きがよくなる。ヨシの茎植えのためにBittmann (1965)は、中棒と鞘から成る鉄製のヨシ植

写真－2　ヨシの茎植え用苗の採取
5月中旬、上田市の千曲川の川原。

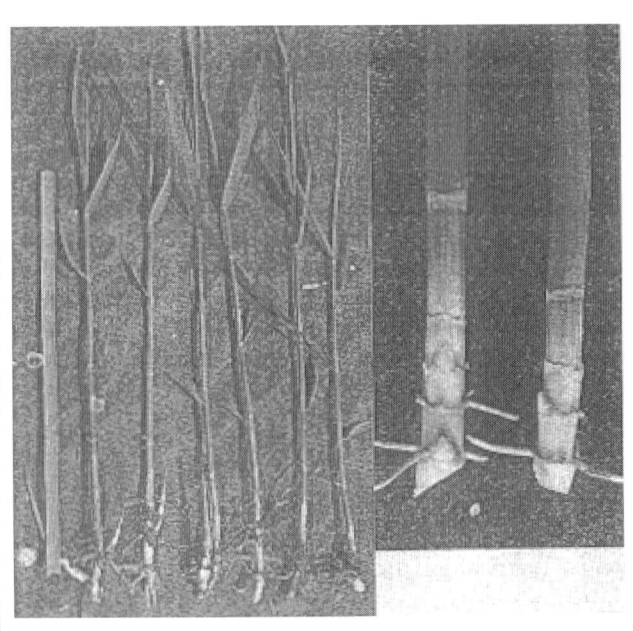

写真－3　茎植え用のヨシ苗
新根や新芽の原基がたくさんある根元の節間のつまった部分（右の写真に葉鞘をはいで示した）をつけて切り取ることが大切である。スケールは50cm。

写真−4 湖岸におけるヨシの植栽（茎植え）の状況
植栽地は侵食防止用のマットで覆われている。
（1990年4月下旬、霞ヶ浦）

写真−5 茎植えしたヨシの植え付け1ケ月後の状況
植えた茎は枯れ、根元から何本もの新芽が出ている。上田市におけるポット試験、6月中旬。

え付け器を考案しているが、砂利が多い固い土地でも上記の鉄バールを使えば、さして困難なく植え付けることができる。

写真−4は霞ヶ浦の湖岸で、後述の防食マットの上からヨシを植えつけている状況である。植え付けの密度は任意で、狭いほど早く密生した群落になるが、50cm間隔より狭く植える必要はない。

陸上の場合は、植え付けがすんだら過度の蒸散を防ぐため、苗の上部の葉を切り取る。水中に植えたものは、地下部への空気の供給をはかるため、たとえ枯れても水面上の葉や茎を切り取らないでおく。茎植えはその時期が適当であれば、ほとんど100%近く活着する。苗が活着した後、植え付けた時の茎は多くの場合枯れるが、間もなく根元から新芽が出て（写真−5）、秋までには1本の苗から数本の茎が立ち、まわりの地中には地下茎が広がる。

ヨシの茎植えは植え付けの適期は短いが、親群落をあまり傷めないで大量の苗を採ることができ、苗の運搬と植え付けが容易で、大規模の植栽には最も適した方法である。多くの植物と同様に、ヨシも休眠の末期から成長開始直後の時期が最も移植に適している。表−1は、おおむね本州の中央部を想定して、ヨシの生活環（あるいは生物季節）と植栽方法の適期との関係を示したものである。それぞれの地方のヨシの成長に応じて、植栽の時期を選ぶ必要がある。

なお、マコモ、ガマ類のようなヨシにつぐ重要な大型抽水植物の植栽には、一般に株植えの方法がとられるが、これらの植物もヨシと同様に、茎の基部に新根・新芽の基となる小さな突起がたくさんある部分がついていさえすれば、親株から切り分けた細い苗でもよく活着し、秋には数本から10本以上に分けつした株に成長する。植え付けの適期は、おおむねヨシと同様である。

4）ヨシ植え付け時の立地の侵食防止対策

ヨシは、植え付け後2〜3年目から地下茎が密に立ち、地下茎が旺盛にはびこって土をおさえ侵食を防ぐが、植え付け直後にはなんらかの方法で波による土の侵食と苗抜けを防いでやる必要

IX. 関連資料

表－1．ヨシの生活環と植栽の適期

月	1	2	3	4	5	6	7	8	9	10	11	12	1
ヨシの生活環				******■■■■■■■■■■■**** 成　長					****■■■■■■**** 開花・結実・成熟 地下に新芽形成				
	■■■■■■■**** 休　眠										****■■■■■■ 地上部枯死・休眠		
植栽の適期				******■■■■■■■■■**** ブロック植え・地下茎植え									
				***■■■■** 茎植え									

（注）本州中央部を想定してある。

がある。この目的には、地面の披覆と簡単な防波壁が有効である。

　植栽地の被覆材料としては、波により簡単に破れたり土の吸い出しが起きたりしないこと、新芽や地下茎が容易に貫通できること、植物が活着後は分解または崩壊して消失すること、などの性質をそなえていることが望ましい。

　この目的で使えるのは、筆者ら（桜井・苧木、1990）の試験と経験によれば、屑羊毛製のマットレスまたは織りの細かいわら莚である。ただし、後者の場合には縦糸に合成繊維の組糸を使ったものは避けた方がよい。これは、わらが腐った後も残って植物群落を訪れる野鳥の足に絡まるおそれがある。

　侵食防止の被覆を行う場合には、植え付け前に植え場所全体を被覆材で覆い、波や風でまくれないように砂袋や足の長さが30cm以上あるU字ピンをさして押さえ、被覆材の上から植え穴をあけて植え付ける（写真－4）。

　植栽地の前面に簡単な防波壁を設けることは、波浪の攻撃を防ぐばかりでなく、洪水などで湖内に流入した丸太、長い板切れ、竹竿、古タイヤなどが強風で湖岸に打ち寄せられ、植栽地の上で繰返しローリングして、析角できかかった植物群落を台無しにする（**写真－6**）のを防ぐためにも重要である。防波壁は、植栽地の前面に適当な間隔で杭を打ち、これに板を打ちつけるか、あるいは"しがらみ"をつけてもよい。高さは地先の湖面の広さによっても異なるが、平水位＋1mくらいは必要であろう。

　ちなみに、上記のような湖内に流入する丸太、板切れのような粗太ごみの対策は、最近各地の湖でそれが激増していることを考えると、単に植栽地の保護だけでなく、沿岸帯の水生植物群落全体の保護のためにも重要な問題である。

　川の緩流部の岸にヨシ群落を造成する場合には、平水～低水時には緩流であっても高水時には水位と流速が高まるばかりでなく、流木等による破壊作用が加わることを考慮する必要がある。

写真－6 植栽した湖岸（防波壁なし）に漂着した長い板切れは、活着したヨシやヒメガマをなぎ倒し、ひきちぎってしまった（1990年7月、霞ケ浦）

写真－7 ケレップ水制による堆砂上に形成されたヨシその他の抽水植物の群落
（1990年8月、木曽川下流右岸）

そのためには、単に植栽地面の被覆だけではなく、上流側に水制を設けるなど植栽地全体の保護が必要になろう。かつて明治年間に木曽川や淀川の下流部に設けられたケレップ水制による堆砂の上に、自然に形成されたヨシ群落その他の河岸植生の状態（**写真－7**）は、そのような対策を考える上でよい参考になろう。

5）植栽する群落の規模と形状

　ヨシに限らず湖岸に植生を復元する場合は、できるだけ水際線を直線または単純な曲線にせず、大小の凹凸あるいは入江を設けることが望ましい。既存の入江や内湖の保存はもちろん大切である。湖岸堤や河岸堤の法線を複雑にすることは難しいが、できるだけ引き堤をおこなえば、堤外地の前浜や高水敷の水際線にはそのような形態をもたせることが可能である。**図－1**は、そのような植栽計画の一例である。

　湖岸帯の植栽と同時に、径が10～数十mある小さな池（ラグーン）や湿地を含むような環境造成ができれば、水辺の野生生物の生息環境は一層多様で豊かなものになる。

　植栽地の先の湖底は緩傾斜で、急に深くならない地形にする。もし、植栽した湖岸の直ぐ先地に浚渫による深みがある場合には、埋め戻して緩斜面を回復することが望ましい。抽水植物群落の先の広い浅瀬帯は、波浪のエネルギーを減少させるだけでなく、植え付け不可能であった湖中への群落の自然拡大を促す。ヨシは一旦活着して親株ができると、まわりに生育に適した土地があれば、1年間に周囲に1～2mずつ群落を拡大する力をもっている（Haslam, 1973）。

　造成するヨシ群落の面積は、土地の事情が許す限り大きいほうがよい。魚類やエビ類の産卵と稚魚・幼生の育つ場所、水鳥その他の野鳥の営巣とかくれ場等を考慮すれば、最小限、水際線をはさんで水中に10m、陸側に20mの幅で、かなりの長さが必要になろう。水辺のヨシ原の特徴的な夏鳥であるオオヨシキリのなわばりを調査した羽田・寺西（1968）の報告によれば、1つのなわばりの大きさは平均856m^2であり、小さいもので約20×20m、大きななわばりはその数倍を

IX. 関連資料

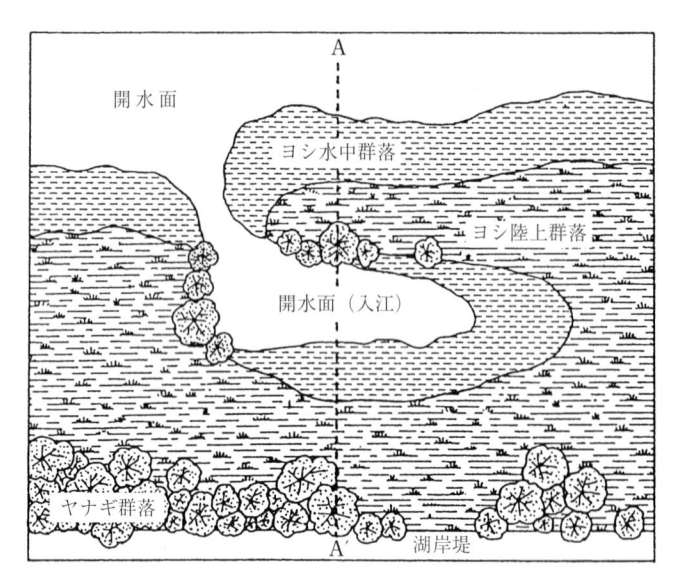

図－1　多様な生息環境の創出を考えた湖岸堤外地のヨシ、ヤナギの植栽計画の一例
（上：平面図　下：A－A′断面）

越えている。このような、なわばりが隣接して多数確保できないと、オオヨシキリにとっては良好な生息環境とはいえない。

　このように、造成する植物群落の大きさは、期待する生態学的な効果によって異なるものであるが、その場合の効果は、鳥類、魚類などのような行動範囲が広く、食物連鎖の上位に位置する種を含む動物群集の生息場所の確保を目標にして考えることが望ましい。そのためには、植栽地に生息することが期待されるようなさまざまな動物の種について、採餌、産卵・繁殖、かくれ場、ねぐらなどに、いかなる質と大きさの環境を必要とするかという情報が整理されていなければならない。このことは、今後、関連する既存の研究報告の収集・整理や、新たな調査・研究を必要とする重要な課題であり、植栽の技術と並んで、生態的工法を支える車の両輪となるものである。

6）ヨシ群落の管理

　わが国のヨシ原の多くは、昔は毎年刈り取られて、屋根葺き、垣根、すだれ、土壁の木舞（こまい）などの材料や肥料、燃料などに利用されていた。そのような管理がまたヨシ群落の自然遷移をおさえ、一定の規模と性質をそなえた群落を維持するのに役立ってきた。しかし近年は、水辺の土木工事や土地開発によって群落が減少する一方で、このような人為的なヨシ群落の利用や

管理もされなくなり、有機物や土砂が堆積して立地が乾燥化し、ヨシ以外の草本植物やヤナギ類、ハンノキ類などの樹木が侵入したりして、多くのヨシ群落に変化が起きている。

このような変化は植生遷移の自然のなりゆきで、それはそれでよいとする考え方もあるが、ヨシ群落としてもっている働きやその特徴的な景観を維持するためには、それなりの管理が必要である。ヨシ群落の管理としては、定期的な刈り取りと群落外への搬出、休眠期における地上部の焼き払い、立地の表土（根茎を含む）の削り取り、水位の調節、水路やラグーンの掘削による開水面の新設、および既存の水路やラグーンの浚渫による水深の回復、水質の改善等々、さまざまな作業を含んでいる。

最近英国で出版された、サンカノゴイ、ヨーロッパチュウヒ、ヒゲガラなどの野鳥の生息地の保全を目的としたヨシ原管理についてのガイドブック（Burgess and Evans, 1989）などは、このような面で参考になる。わが国でも、野鳥だけでなく魚類その他の水産生物や水生昆虫、両生類などの生息環境の保全、水質浄化機能の保全等も考慮に入れ、さらにわが国の風土に即したヨシ群落その他の水辺の植物群落管理の理論や技術を早急に検討・整理する必要があろう。この問題については、また別の機会に詳しく扱う予定である。

引用文献

1) Bittmann, E.（1965）：" Derbiologische Wasserbau an den Bundeswasserstrassen". Bundesanstalt fur Gewasserkunde Koblenz, Verlag Eugen Ulmer, Stuttgart, 17-28.
2) Burgess, N. D. and C. E. Evans（1989）：Management Case Study － The management of reedbed for birds. Reserv. Ecol. Dep., Reserv. Div., RSPB, 78pp.
3) 羽田健三・寺西けさい（1968）：日生態誌、**18**, 825-833.
4) 建設省河川局（1990）：多自然型川づくりの推進について．平成2年11月6日、治水課長・都市河川室長・防災課長通達．
5) Haslam, S. M.（1972）：J. Eco1., **60**, 585-610.
6) Haslam, S. M.（1973）：Polsk. Arch. Hydrobiol., **20**, 79-100.
7) 桜井善雄・渡辺義人・松沢久美子・滝沢ちやき（1986）：日陸水甲信越支報、**11**, 15-16.
8) 桜井善雄（1988）：水草研会報、**33**, 34, 7-9.
9) 桜井書雄・苧木新一郎・上野直也・渡辺義人（1989）：水草研会報、**38**, 2-5.
10) 桜井善雄・苧木新一郎（1990）：日陸水甲信越支報、**15**, 3-4.
11) Szczepanska, W. and Szczepanski, A.（1976）：Polsk. Arch. Hydrobiol., **23**, 233-248.
12) 立花吉茂（1980）：びわ湖とその集水域の環境動態（環境科学研報、B57-R12-4）、79-89.
13) von Dalwigk, V., P. Frasche and S. Kolb（1989）：Field Studies for River Bank Protection and Plantation with the Help of Nylon － Structure Mattresses on a Federal Waterway., Research Material of "Bundesanstalt fur Gewasserkunde Koblenz", 10pp.

（桜井善雄）

（水草研究会報 No.43, 1-8, 1991より）

IX. 関連資料

10. 湖岸・河岸帯の植栽時における土壌浸食防止材料の検討（第1報）

　湖岸や緩流河川の河岸帯に、ヨシ、マコモ、ガマ類、または低木性のヤナギなどを植栽する場合、石やコンクリートブロックの空積みのような、波浪や流水による土壌侵食を防ぐ構造物を伴わない場合には、植え付け後密生した群落が形成されるまでの間、何らかの材料で植栽地の表面を覆い、侵食を防いでやる必要がある。このような目的で、かつてK湖の埋立て地先の水際において、法面保護に使われるブロックマットを用いて植栽面を覆う工法が試みられたが、植物の成長の点で必ずしも満足すべき結果がえられなかった（桜井、1988）。

　上記のような目的で用いられる侵食防止材料は、①必要な期間、それ自体が崩壊あるいは分解せずに地面を保護する構造を保つが、②活着した植物の根茎や萌芽の貫通が容易で、成長を妨げず、③植物群落が成立する頃には崩壊または分解して消滅し、④後に合成繊維の糸などが残って野鳥や水辺に住む動物に障害を与えないこと、等々の条件をそなえていなければならない。

　この実験では、そのような諸条件を満足する素材の一つとしてフェルトマットを取り上げ、信州大学繊維学部の応用生態学研究室と株式会社フジコーの開発室とが協力して、次頁に述べるような、綿、麻、羊毛、およびレーヨンの4つの素材のフェルトマットを特製し、ポット試験により侵食防止材料としての特性について基礎的な検討を行った。

1）供試材料と実段方法

　試験に用いたフェルトマットは、表−1に示したような4種の素材の、各々2種の厚さの8種類であり、いずれも株式会社フジコー（本社・伊丹市）がこの試験のために特製したものである。

　供試植物としては、湖岸・河岸帯の草本植物の中で最も広く分布し、かつ重要な役割を果たしている大型抽水植物のヨシ、マコモおよびガマを用いた。

　試験用のポットは、30×40cmで深さ30cmのプラスチックコンテナを用い、これに細砂と畑土を等量混合した土壌を半分の深さに入れ、その上に上記のフェルトマットを一重にいっぱいに敷き、さらにその上に同じ土壌を満たして植物を植え付けた。植え付ける場合の根の深さは、マコモとガマはフェルトマットの上のみとしたが、ヨシについてはマットの上だけでなく、マットに穴をあけて苗の基部がマットの下になるような植え付けも行った（図−1）。

　ヨシの苗は40〜50cmに伸びた新しい茎を地下茎のつけ根から切り取ったものを、またマコモとガマの苗は親株から1本ずつ切り分けた新芽を用いた（桜井、1991：参照）。植え付けの時期は、1989年の5月中旬である。植え付け後は、常にポットに湛水しているように随時給水管理をし、同年の10月中旬に掘上げて、植物の成長や地下の根茎とフェルトマットとの関係、およびフェ

表−1　供試したフェルトマットの性状

素材 （ ）内は略号	厚さ (mm)	単位面積重量 (g/m^2)
綿　　（C）	2.5	150
	5.0	300
麻　　（H）	5.0	600
	10.0	1,000
羊毛　（W）	4.0	550
	8.0	550
レーヨン（R）	2.5	250
	5.0	500

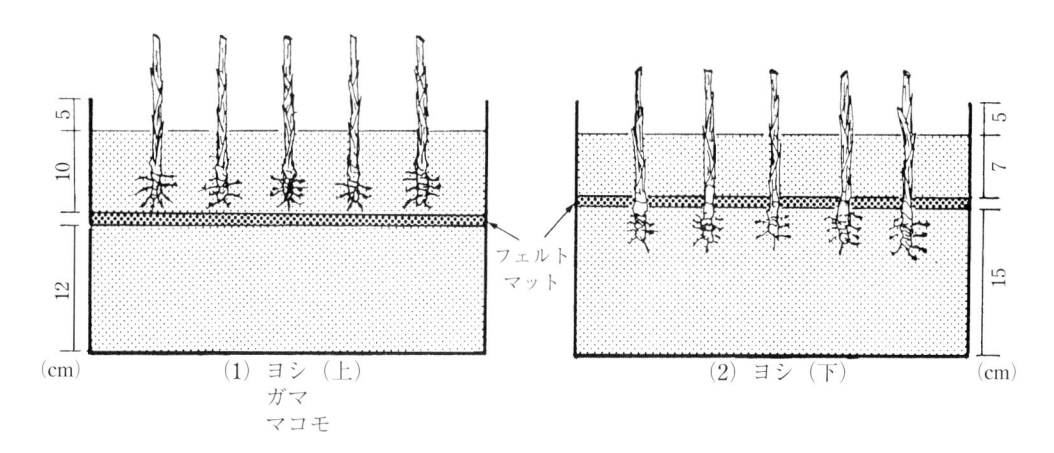

図-1　フェルトマットの位置と植物の植付け方

ルトマットの崩壊状態などを調査・測定した。

なお、上記のポット試験と並行して、参考のためにフェルトマットの細片（10×10cm）を目の細かいナイロン網袋に入れ、池の水中とポットの土中に上記と同じ期間放置し、前後の乾重量の変化から分解の難易を測定した。

2）実験結果と考察

a）フェルトマットの分解と崩壊

池の水中および土中に置いたフェルトマットの減量を表-2に示した。すなわち、綿製のフェルトマットは5カ月間で90％近く消失しており、分解が速やかで侵食防止

表-2　池の水中および土中に5カ月間おいた
　　　　フェルトマットの重量減少率（％）

	綿	麻	羊毛	レーヨン
池の水中	88.5	15.2	0.0	29.8
土　中	88.7	35.4	36.7	31.3

（注）放置期間は1989年5月中旬から10月中旬。

材料としては不適当であることがわかる。麻、羊毛、およびレーヨンは綿に比べて減少率が小さい。しかし、前2者では土と接触することにより分解が促進されている。ポット試験におけるフェルトマットの崩壊の程度を表-3でみると、綿はほとんど消失し、麻も崩壊・消失が著しいが、羊毛とレーヨンはほとんど原形を留めており、この期間は侵食防止の機能を保持しうることがわかる。

b）根、地下茎および茎の伸長とマットの関係

侵食防止用のマットが崩壊しない場合でも、植栽した植物の根茎や新芽がこれを貫通できなければ、成長や群落形成が阻害される。表-3の右欄から、崩壊の程度が少ない羊毛とレーヨンについて植物の根、地下茎および茎のマット貫通状態をみると、レーヨンマットでは貫通数が少なく、また貫通できない地下茎や茎がマットの下でとぐろを巻いている状態（写真-1）がいくつも観察された。しかし、羊毛のマットでは貫通数が多く（写真-2）、さらにマットの下に植えたヨシの茎本数が他に比べて多いことは、新芽の伸長にも障害がなかったことを示している。

IX. 関連資料

表-3 フェルトマットのポット試験結果

植物	マットの種類* 厚さ・植付部位		地上部の 長さ（cm）	茎本数 （本）	地上部重量 乾物（g）	地下部重量 乾物（g）	マット 崩壊度**	根茎のマット貫通数	
								根〔10cm²当り〕	地下茎〔マット当り〕
ヨ シ	C 2.5	上	102	39	112	139	4	∞	∞
	C 5		98	64	153	184	4	∞	∞
	H 5		115	52	114	148	3	14	9
	H 10		103	48	95	129	2	11	3
	W 4		137	89	240	232	—	23	15
	W 8		153	83	224	218	—	23	9
	R 2.5		83	59	105	162	—	15	3
	R 5		91	80	130	160	—	14	3
	C 2.5	下	94	52	99	134	4	∞	∞
	C 5		107	49	116	139	4	∞	∞
	H 5		84	52	104	180	3	9	14
	H 10		96	42	78	130	1	7	9
	W 4		134	73	288	225	—	18	17
	W 8		138	67	219	206	—	15	13
	R 2.5		105	47	108	138	—	10	4
	R 5		106	34	94	134	—	5	1
マコモ	C 2.5	上	72	8	53	256	4	∞	∞
	C 5		77	12	53	264	4	∞	∞
	H 5		103	10	73	362	2	17	4
	H 10		77	8	59	280	1	24	6
	W 4		122	20	217	668	—	37	21
	W 8		123	8	331	620	—	33	18
	R 2.5		84	7	74	341	—	43	5
	R 5		74	9	67	302	—	22	2
ガ マ	C 2.5	上	76	4	15	74	4	∞	∞
	C 5		96	2	7	51	4	∞	∞
	H 5		62	9	39	162	3	∞	∞
	H 10		67	3	15	122	2	38	1
	W 4		132	11	79	258	—	23	0
	W 8		133	12	103	209	—	22	0
	R 2.5		73	7	76	174	—	30	1
	R 5		83	14	56	157	—	18	0

 *フェルトマットの種類：C；綿、H；麻、W；羊毛、R；レーヨン。数字は厚さ（mm）を示す。
 **フェルトマットの崩壊度：4；ほとんど消失、3；約70％消失、2；約20％消失、1；約10％消失、—；原型をとどめている。

3) 植物の成長

表-3に示したように、供試した3種の植物について地上部の長さ、地上部・地下部の重量ともに、羊毛のフェルトマット区が最も優っていた。

写真−1　レーヨンのフェルトマット
貫通できないヨシの根がとぐろを巻いている。

写真−2　羊毛のフェルトマット
植物（ヨシ）の根茎は自由に貫通するがマットは崩壊しない。

4）まとめ

　以上の実験結果から、湖岸や緩流河川の河岸における植栽の際に、密生群落が形成されるまでの間植栽地の土壌の侵食を防ぐために用いる防食被覆材料としては、今回の試験結果に関する限り、屑羊毛を再生したフェルトマットが適していることがわかった。この材料について厚さ4mmと8mmのものを用いたが、両者の間には差を認め難い。ちなみに、この羊毛フェルトマットを実際の水際の植栽に用いた場合の材料費を試算すると、$1m^2$当り350円程度であり、かつてK湖における植生護岸工に用いて問題があったブロックマットの価格（商品名ソルコマット。$1m^2$当たり5,450円。「建投物価」No.737、1989年10月号による）に比べると十分の1以下である。

　また、ブロックマットは小さなコンクリートブロックをポリエチレンまたはポリエステルの布に貼付して連結したもので非常に重く、その敷設にはクレーンを必要とするが、フェルトマットはいうまでもなく軽量なので、人力だけで簡単に敷設できる点も便利である。

　羊毛フェルトマットを用いた実際の湖岸における植栽試験は、引き続き1990年に霞ヶ浦で実施し良い結果がえられたが、また問題点も明らかになった。それについては次報で述べる。

引用文献

1) 桜井善雄・苧木新一郎・上野直也・渡辺義人（1989）：ヨシ植栽地の土壌条件に関する実験的検討．水草研会報、No.38, 2-5.
2) 桜井善雄（1991）：抽水植物群落復元技術の現状と課題．水草研会報、No.43, 1-8.

（桜井善雄・苧木新一郎・田代清文）

（水草研究会報　No.43, 9-12, 1991より）

注：この実験は㈱フジコーの協力によっておこなわれた。

IX. 関連資料

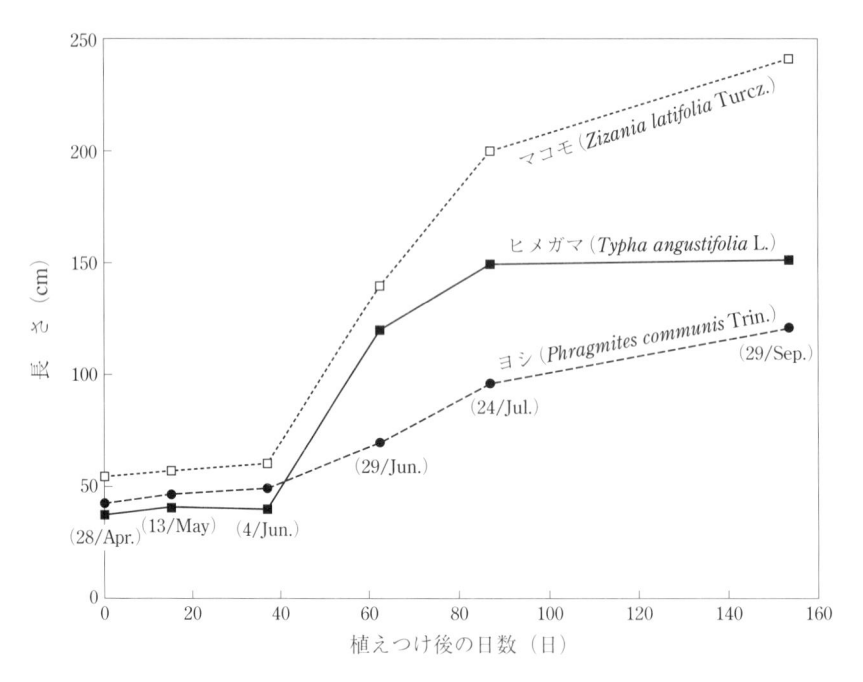

図－1　植栽した抽水植物—ヨシ、マコモ、ヒメガマの成長

写真－2　植付け後87日目（1990年7月24日）における抽水植物の成長
左からヨシ、マコモ、ヒメガマ。ポールは2m、目盛りは20cm。

んどみられなかった。

b）分けつ数と残存率

活着した抽水植物の分けつは、最大成長期を過ぎた段階で、ヨシでは5〜32（平均13.7）本、マコモでは9〜23（平均12.9）本であった。これらは、いずれも植えつけた親株から直接分けつした

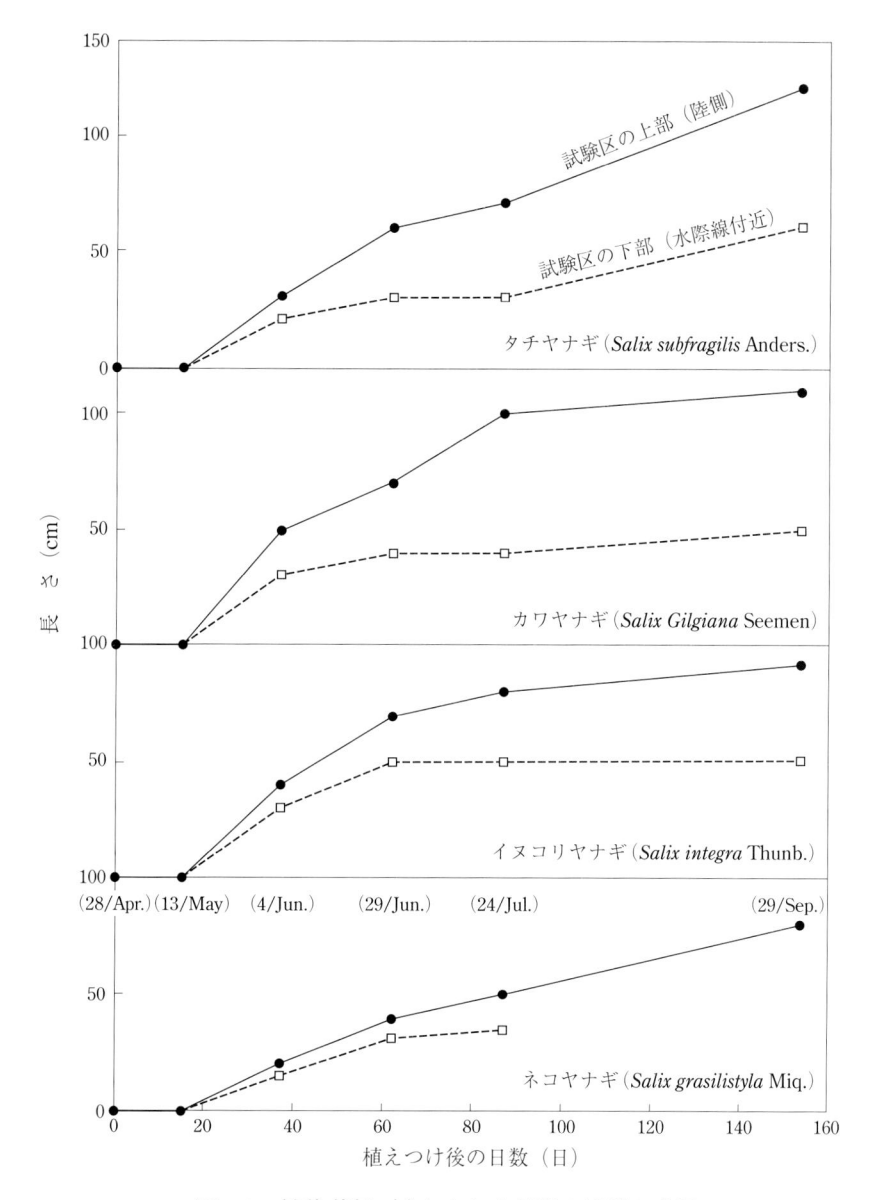

図−2 植栽(挿し木)したヤナギ類の新梢の成長

ものである。なお、ヒメガマでは分けつはみられなかった。

いったん活着した植物のその後の残存率をみると、抽水植物では秋期(9月29日調査)にはかなりの欠株がみられ、残存率50％以下の区が多く、ヒメガマの残存は0〜4％となった。このような傾向は、特に水際で顕著であった。

成育期間中に欠株が生ずる原因は、病気、害虫、生理的枯死、あるいは単純な波浪の影響などによるものではなく、台風や強風に見舞われた場合に試験地の前浜に流れついた丸太、角材、竹

Ⅸ. 関連資料

写真－3　強風時の流木のローリングのために損傷を受けた試験地の抽水植物群落

写真－4　台風28号（1990年11月29～30日）通過1ヵ月後の試験地の状況
高波と流木によって著しい損傷を受けたが、手前のマコモと奥のヤナギの群落はかなり残存している。

竿、古タイヤなどが、強い波によって試験地の上をくりかえしローリングした結果と判断された（写真－3）。特に、1990年11月29日から30日にかけて、季節はずれの台風28号がこの地方を通過し試験地に大きな損傷を与えた（写真－4）。この損傷は、ヨシとヒメガマに対して特に著しかったが、マコモとヤナギ類には数十％の残存株がみられた（ただし、マコモの茎葉はなぎ倒されている）。

c）フェルトマットの機能

供試した再生羊毛のフェルトマットは、植栽した植物が活着し密生群落を形成するまでの間の立地の保護については、十分の機能を果たし、植物の地上部の成長を阻害するような影響もみられなかった。また、4mmと8mmの厚さの違いについてもその効果に差異は認められなかった。

しかし、8月以降、植物がかなり繁茂して、もはや地面を保護する必要がない段階に至っても、フェルトマットの羊毛の部分はかなり消失したが、ポリプロピレンの基布の部分がほとんどそのまま残っており、抽水植物、特にヨシの地下茎の伸長やそこから立ち上がる茎の新芽の成長をおさえ、それらがマットの下で"とぐろ"を巻いている状態が観察された（写真－5）。

写真－5　フェルトマットの崩壊しない部分の下で伸長が妨げられ、とぐろを巻いているヨシの地下茎

6）まとめ

　この試験によって、土壌の条件が整っている湖岸の立地においては、植えつけ後十分成長するまでの間の土壌の侵食をフェルトマットによって防止する措置をし、抽水植物やヤナギ類の1本苗（ヤナギ類は挿し木用の切り枝）を数十cm間隔で1～3本ずつ植える方法で早春に植栽を行なえば、その年のうちにかなり密生した群落を形成しうることがわかった。

　しかし同時に、下記のような問題点も判明した。

　その一つは、土壌侵食防止用のマットは、植物の活着から3～4カ月後には崩壊して消失するか、または新芽の貫通を妨げないような性質をそなえていなければならないことである。フェルトマットの強度をあげるために基布を入れる場合には、その材質を崩壊あるいは分解性の高いものにかえることも一つの方法である。

　第2の問題は、湖に流入する大きな材木、竹竿、古タイヤ等のローリングによる植物群落の破壊である。このような現象は湖岸の水生植物の自然群落にも及んでおり、浮葉植物群落の減少や抽水植物群落の後退の大きな原因になっているものと考えられ、その実情については現在調査中である。

　このような被害を防ぐには、湖へのこれら粗大ごみの流入を防止することが根本的な対策である。しかし当面、植栽地の植物を保護するためには、植栽地の地先に何らかのフェンスを設ける以外にはないと思われる。

引用文献

1) 桜井善雄・松本佳子・宮入美香（1985）：琵琶湖、霞ヶ浦および千曲川における抽水植物の成長速度と生産力．日陸水甲信越報、No.10, 20-21.
2) 桜井善雄（1991a）：抽水植物群落復元技術の現状と課題．水草研会報、No.43, 1-8.
3) 桜井善雄・苧木新一郎・田代清文（1991b）：湖岸・河岸の植栽時における土壌侵食防止材料の検討（第1報）．水草研会報、No.43, 9-12.

（桜井善雄・苧木新一郎・田代清文）

（水草研究会会報 No.44, 9-14, 1991 より）

注：この実験は（株）フジコーの協力によっておこなわれた。

IX. 関連資料

12. 霞ヶ浦におけるヨシ群落崩壊の現状とその原因

霞ヶ浦（西浦）は、面積171km^2、湖岸線長は約121kmあり、この湖の沿岸帯には1972年の調査時には1,202haの水生植物群落が存在したが、その後富栄養化の進行による透明度の低下とアオコのスカムが群落を覆うことによる枯死、浚渫、築堤、粗大漂流物の流入などにより、まず沈水植物群落が、次いで浮葉植物群落が減り、1982年には全体で520haに減少した。現在、沈水植物はほとんど皆無であり、さらに近年は、ヨシ、マコモ、ヒメガマ等の大型抽水植物群落が、沖側の外縁部から損傷を受け、崩壊が進行している。

図－1は1/10,000の空中写真から測定した霞ヶ浦の大型抽水植物群落（主にヨシ群落であるが、コガマ、マコモの群落も含む）の面積の変化である。1990年には1972年の58％に減少している。なお、"妙岐の鼻"半島の陸部のヨシ群落（約45ha）を除いた湖岸線沿いのヨシ群落に限れば、53％に減少している。

霞ヶ浦の湖岸におけるこのようなヨシを主とする大型抽水植物群落の崩壊の現状とその原因を解明するため、1991年秋に、土浦の入り江奥部の右岸12km（管理距離標36.25～48.25km）について、群落外縁部の現状を調査した。この湖岸は、霞ヶ浦のなかでも引き堤によってヨシ群落がかなり広く残されている部分である。

群落外縁部の現況を表－1のような6つの類型に分けて記録し、調査結果を表－2に示した。表のようにヨシ群落外縁部の損傷と崩壊は調査した全区間にみられ、群落は年々陸側に後退している。

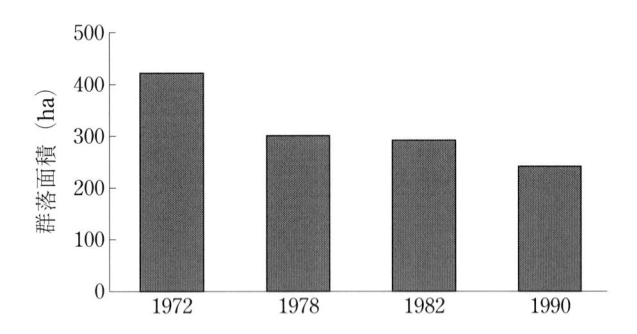

図－1　近年における霞ヶ浦（西浦）のヨシ群落面積（ヒメガマ、マコモの群落を含む）の変化

表－1　ヨシ群落外縁部（沖側）の状況

類型	状況
N	群落外縁部は沖に向かって次第に粗になる。健全な状態。
E	密生群落の外縁は断崖状に切れる。その先は急に深くなる。
C$_1$	密生群落の外縁部が直径数～数十mの島状に孤立する。周囲は断崖状。
C$_2$	密生群落の外縁部が直径1～2m、またはそれ以下の株状に孤立し、倒伏するものもある。
D	群落の外縁部が流木等の粗大ゴミによってなぎ倒される。
O	抽水植物群落がない。

表－2　霞ヶ浦の土浦入り江奥部のヨシ群落崩壊の現状

類型	湖岸線長（km）	割合（％）
N	0.0	0.0
E	1.40	11.6
C$_1$＋C$_2$	7.12	59.2
D	0.80	6.7
O	2.70	22.5
（合計）	12.02	100.0

IX. 関連資料

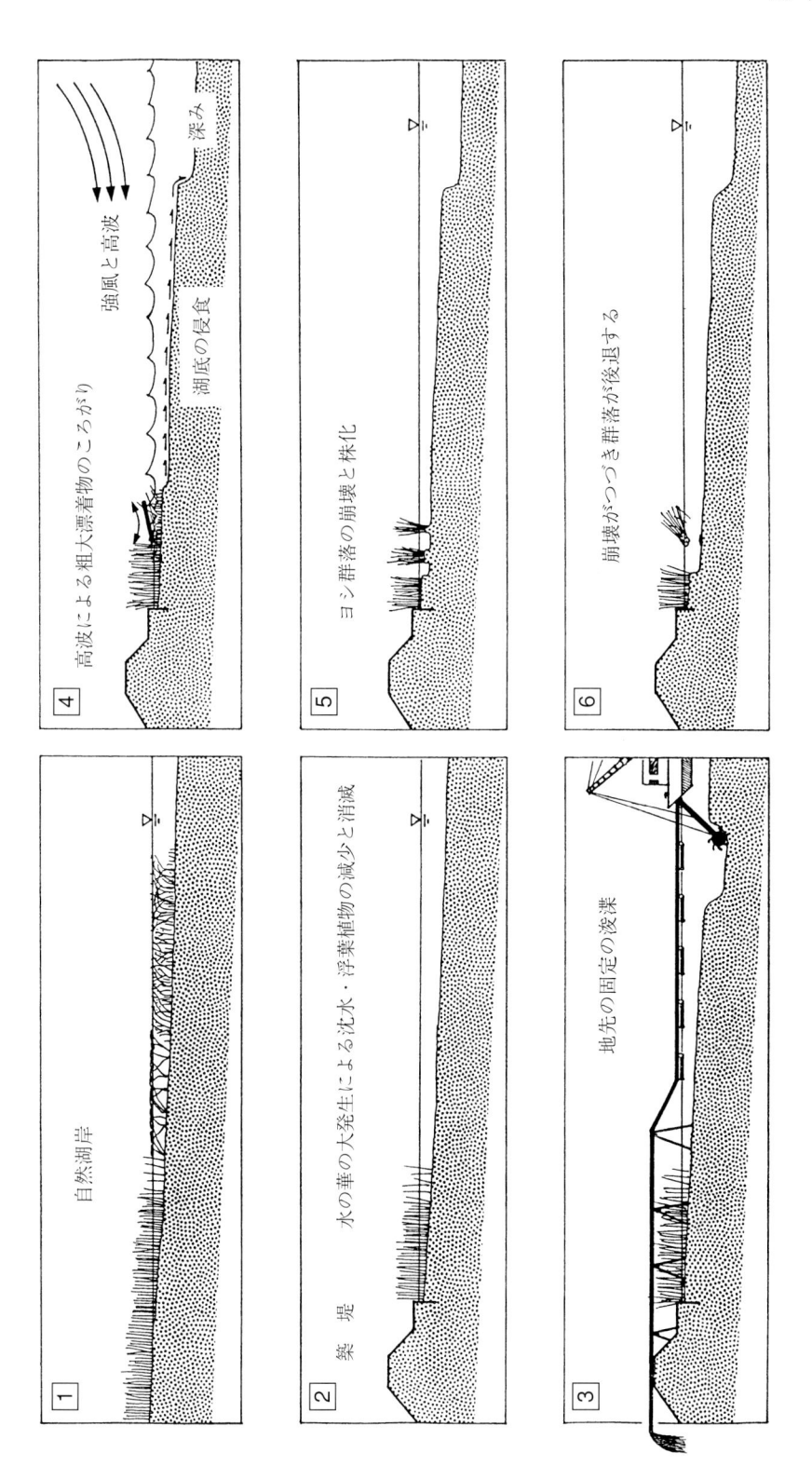

1 自然湖岸

2 築堤　水の華の大発生による沈水・浮葉植物の減少と消滅

3 地先の固定の波浪

4 高波による粗大漂着物のころがり／強風と高波／湖底の侵食／深み

5 ヨシ群落の崩壊と株化

6 崩壊がつづき群落が後退する

図−2　霞ヶ浦におけるヨシ群落の株状化と崩壊の過程

301

IX. 関連資料

　霞ヶ浦にみられるこのようなヨシ群落の崩壊は、おおむね**図ー2**のような過程をたどるものと推定される。その主な原因としては、群落の沖部に広がる浮葉・沈水植物群落の消滅、地先の湖底の浚渫による群落基盤の土壌侵食の促進、さらに台風などの高水・強風時に湖内に流入した材木、竹竿、古タイヤ等が群落の上でころげまわり損傷を与えること、等があげられる。このような現象の進行を抑制する直接の対策としては、①地先の浚渫を止め、これまでにできた深みを埋め戻す(地先にできた深みは土砂のsinkとなって湖岸の侵食を促進する)、②粗大漂流物の流入防止と除去、などが重要である。

（桜井善雄・越中直樹・上野直也）
（日本陸水学会甲信越支部報 No.18, 45-46, 1992より）

13. 固化剤を混合した浚渫排土へのヨシ、マコモ、ヒメガマの植栽に関する基礎試験結果

1）試験の目的

浚渫排土に添加されるセメント系固化剤は土を強アルカリ性にする。霞ヶ浦の堤外地にこのような排土を用い前浜を造成して沿岸帯の植生を復元する場合、植栽すべき重要な抽水植物であるヨシ、マコモ、ヒメガマ等の活着率や初期成長に固化剤の添加がどのような影響を及ぼすかを明らかにするため、この試験を行なった。

2）試験の場所と時期

試験は建設省関東地方建設局霞ヶ浦工事事務所の協力をえて、同工事事務所土浦出張所（茨城県土浦市）で実施した。試験の期間は、1992年5月15日から11月2日で、5月15日に植え付け、11月2日に全植物を掘り上げて最終の測定を行なった。この間、土浦出張所が随時、試験ポットへの水の補給や生育状況の写真撮影等を行なった。

3）試験方法

a）供試した浚渫排土と試験区の設定

試験に供した排土は、茨城県新治郡玉里村地籍で浚渫された霞ヶ浦の底泥にセメント系固化剤を各々3, 5, 7, 10％の濃度に混合したもので、対照区としては固化剤を添加しない排土を用いた。これらの供試排土を縦53.0cm、横40.5cm、深さ33.3cmのプラスチックコンテナに9分目ほど入れ、水を張り植栽した（写真1－1、写真1－2）。コンテナは各植物の各濃度について1個とした。

b）供試植物と植え付け方法

供試植物は、霞ヶ浦の沿岸帯の抽水植物として最も重要なヨシ、マコモ、ヒメガマの3種とした。植え付け用の苗は、植え付け当日に試験地の周辺から採取し、1本植えの方法で1ポットに15本づつ植え付けた。

c）管理と調査・測定

植え付け直後に各ポットのpHを測定した。

写真－1　5月15日
試験ポットの準備状況。

写真－2　5月15日
試験排土を入れ終わったポット。
　上：ヨシ植栽区、中：マコモ植栽区、
　下：ヒメガマ植栽区（左から無添加、3、5、7、10％のポット）

IX. 関連資料

写真—3　7月1日（植え付け後47日）
　　　　の状況：全景

写真—4　10月5日（植え付け後143日）
　　　　の状況：全景

その後、常にポットに満水しているように適宜給水しながら生育状況を観察し、7月1日（写真1-3）と10月5日（写真1-4）に生育状況を写真撮影した（これらの管理と撮影は土浦出張所が行なった）。11月2日（写真1-5）には全部の植物を掘り上げ、草丈、茎の直径、地上部と地下部の湿重量および乾重量、ならびに土のpHを測定した。

4) 試験結果

a) 植え付け時のpH

写真—5　11月2日（植え付け後171日目）
　　　　掘り上げ時の状況：全景

底泥と水が十分に混合された状態の植え付け直後の各ポットの水について測定したpHは、表—1に示すようにかなり強アルカリ性であった。

表—1　植え付け直後のpH

植　物＼固化剤濃度(%)	対照区	3	5	7	10
ヨ　シ　（P）	6.91	11.01	11.55	11.65	11.73
マコモ　（Z）	6.76	11.15	11.55	11.76	11.82
ヒメガマ（T）	6.58	11.20	11.49	11.55	11.76

b）植え付け後の生育状況

6月10日（26日後）：いずれの植物も対照区では新芽が出て良好な生育を示した。ヨシとマコモの固化剤添加区では、いずれも新芽は出ているが対照区より数が少なくて成長が劣った（10cmくらい）。また、ヒメガマの固化剤添加区では新芽が出ず、苗の外側の葉から枯れ始めた。

7月1日（47日後）：対照区はいずれも生育良好で、ヨシは1m、マコモとヒメガマは1.2mを超えた。固化剤添加区では、ヨシの新芽は対照区に比べて少ないが30～50cmに伸び、マコモの新芽は各ポットともわずか数本ではあるが20～30cmに成長した。ヒメガマの固化剤添加区はすべて枯死した。

10月5日（143日後）：写真1－4に示したように、おおむね上記と同じ状況であるが、マコモの7％および10％添加区は全部枯死した。

c）試験終了時（11月2日）の測定結果

11月2日（植え付け後171日目）に掘り上げて、各ポットについて草丈、茎の直径、地上部と地下部の湿重量および乾重量、ならびに土のpHを測定した。それらの結果を表－2および表－3に示した。また、写真1－5に最終調査時における地上部および地下部の成長状況を示した。

表－2　浚渫排土植栽試験・最終測定結果（1992年11月2日）

植物	固化剤濃度(%)	茎本数	草丈 (cm) 最小	草丈 (cm) 最大	草丈 (cm) 平均	茎直径平均(cm)	地上部重量(g) 湿重	地上部重量(g) 乾重	地下部重量(g) 湿重	地下部重量(g) 乾重
ヨシ	0	93	29	175	118.0	5.8	1,260	680.4	3,470	608.9
	3	175	11	118	64.0	4.7	920	486.8	1,850	452.1
	5	141	15	141	80.5	5.5	1,140	615.6	1,680	417.1
	7	114	10	114	57.5	4.0	435	189.2	1,270	293.4
	10	83	11	83	53.0	3.4	255	110.9	700	159.1
マコモ	0	15	95	143	120.7	—	670	225.1	3,550	512.1
	3	2	95	105	100.0	—	125	36.0	420	75.1
	5	3	39	83	57.0	—	85	24.5	210	36.0
	7	全部枯死								
	10	全部枯死								
ヒメガマ	0	12	83	192		—	570	187.0	3,100	458.3
	3	全部枯死								
	5	全部枯死								
	7	全部枯死								
	10	全部枯死								

┈┈┈ 編著者略歴 ┈┈┈

桜井　善雄（さくらい　よしお）・農学博士

　　昭和3年　　　長野県生まれ
　　　　23年　　上田繊維専門学校（現；信州大学繊維学部）卒業
　　同年～平成6年　同校で46年間研究と教育にたずさわる
　　　　　　　　　応用生態学講座を担当
　　　平成6年　　信州大学を定年退官（名誉教授）
　　　　　　　　　応用生態学研究所（私設）を開設・主宰
　　　　　　　　　以降、国内外において、特に湖や川の水辺の自然環境保全の理
　　　　　　　　　論と方法について調査・研究を行い、国や地方自治体の委員会
　　　　　　　　　や懇談会および市民との交流を通して、その成果を実際に生か
　　　　　　　　　す活動に取り組んでいる。国土交通省・環境省等をはじめ各県
　　　　　　　　　の審議会・委員会等の委員を歴任。

主な著書：
『水辺ビオトープ―その基礎と事例（1993）』監修・『都市の中に生きた水辺を
（1996）』監修・『ビオトープ―復元と創造（1993）』共著・『エバーグレースよ
永遠に―広域水環境回復をめざす南フロリダの挑戦（1999）』・『川づくりとす
み場の保全（2003）』以上、信山社。『水辺の環境学―生きものと共存
（1991）』・『続・水辺の環境学―再生への道をさぐる（1994）』・『生きものの
水辺―水辺の環境学3（1998）』・『水辺の環境学4.―新しい段階へ（2002）』
以上、新日本出版社。『自然環境復元の技術（1992）』共著、朝倉書店・『信
州・ふるさとの自然再発見（2001）』共著、ふるさとの自然21推進委員会・『千
曲川中流域・植物観察の手引き（2002）』編著、国土交通省千曲川工事事務所。

霞ヶ浦の水生植物――1972～1993. 変遷の記録

2004年（平成16年）3月30日　　　　　　　初版発行

　　編　著　　桜井善雄
　　　　　　　国土交通省霞ヶ浦河川事務所
　　発行者　　今井　貴・四戸孝治
　　発行所　　㈱信山社サイテック／信山社出版㈱
　　　　　　　〒113-0033　東京都文京区本郷6-2-10
　　　　　　　TEL 03 (3818) 1084　FAX 03 (3818) 8530
　　発　売　　㈱大学図書（東京・神田駿河台）
　　印刷／製本　松澤印刷／大三製本

ⓒ 2004 桜井善雄・国土交通省　Printed in Japan
ISBN4-7972-2578-5 C3045